泡菜加工学

陈 功／编著

四川科学技术出版社

图书在版编目（CIP）数据

泡菜加工学 / 陈功编著. -- 成都：四川科学技术
出版社, 2018.7
ISBN 978-7-5364-9075-8

Ⅰ.①泡… Ⅱ.①陈… Ⅲ.①泡菜 – 蔬菜加工 Ⅳ.
①TS255.54

中国版本图书馆CIP数据核字(2018)第107308号

泡 菜 加 工 学

编　著	陈　功
出品人	钱丹凝
责任编辑	徐登峰　李　珉
封面设计	墨创文化
责任出版	欧晓春
出版发行	四川科学技术出版社
	成都市槐树街2号　邮政编码 610031
	官方微博：http://e.weibo.com/sckjcbs
	官方微信公众号：sckjcbs
	传真：028-87734035
成品尺寸	185 mm × 260 mm
印　张	23.75　字数 480 千
印　刷	四川省南方印务有限公司
版　次	2018年7月第 1 版
印　次	2018年7月第 1 次印刷
定　价	48.00元

ISBN 978-7-5364-9075-8

邮购：四川省成都市槐树街2号　邮政编码：610031
电话：028-87734035　电子信箱：sckjcbs@163.com

 **前　言**

　　"世界泡菜在中国，中国泡菜在四川"，中国泡菜以四川泡菜为代表，历史悠久，文化深厚，生生不息，千年传承。泡菜是典型的有益微生物发酵的食品，享誉世界。

　　四川泡菜是以微生物乳酸菌主导发酵而加工的传统生物食品，富含以乳酸菌为主的优势益生菌群，具有"清香、嫩脆、爽口"的特点，深受人们喜爱。泡菜发酵是对生鲜蔬菜进行的"冷加工"，常温或低温下有益微生物的新陈代谢活动贯穿于始终，赋予泡菜产品的色、香、味及其健康成分，所以泡菜是名副其实的健康养身食品。

　　四川泡菜堪称"国粹"，被誉为"川菜之骨"，品质优良而延续至今。为满足日益增长的市场需求，促进产业的持续发展，传承与创新是永恒的主题，也是我们肩负的历史使命！为此，泡菜科研团队（项目组）勇于担当，一方面，保持传统之精华，传承延续其工艺；另一方面，开拓创新，用现代技术改造提升，从泡菜功能微生物解析到直投功能菌的制备应用、从传统工艺及参数到现代标准及新技术新产品的研究转化、从高盐到低盐的技术突破、从家庭风味到货架期的保质，泡菜科研团队（项目组）潜心研究开发，坚守奉献努力，历经30多年！推动了泡菜从小作坊手工操作到规模化、现代化生产加工的转型升级，小泡菜做成了大产业，是科技引领传统发酵食品产业创新发展的一个典范。

　　本书集理论与实践于一体，在《中国泡菜加工技术》（中国轻工业出版社出版）的基础上，进行凝练提升，着重著述了以乳酸菌为主的泡菜功能微生物及其替变规律、传统和现代泡菜加工技术、泡菜工厂设计及实例、泡菜质量与安全控制、泡菜综合利用等内容。其中对国际泡菜（中国、日本、韩

国）的现状与发展趋势进行了论述，完善了"盐渍菜—泡菜"理论并首次提出"稳态发酵"理论，为泡菜现代加工奠定了理论基础。

本书由四川省食品发酵工业研究设计院和四川东坡中国泡菜产业技术研究院从事泡菜研究的专业技术人员结合30多年的研究及工厂实际，在连续承担完成国省市等各个泡菜科研项目的基础上，参考国内外最新文献资料编著而成。语言力求简明、扼要，内容力求科学、实用，可供泡菜生产加工企业或从事泡菜研究的高等院校、科研院所学习参考。

参与本书编著的还有张其圣、李恒、汪冬冬、游敬刚、唐垚、张伟、朱翔、王勇、伍亚龙、陈相杰、余文华、李洁芝、申文熹、张红梅等泡菜科研团队（项目组）的专业技术人员。

借此机会，特向参加编著的专业技术人员和参考的著书、论文、文献资料的作者表示深深的谢意！感谢泡菜科研团队（项目组）及企业同仁对我及团队的支持和厚爱！

因时间仓促并作者能力所限，本书有不妥甚至错误之处，敬请批评指正！

于四川成都温江和眉山东坡区

2017 年 12 月

目　录

绪　论

　　蔬菜的盐（泡）渍贮藏及加工是中华民族对世界食品发展的特殊贡献之一。蔬菜的盐（泡）渍贮藏加工起源于中国，并在上千年的发展过程中成为我国最普遍和大众化的蔬菜加工方法。泡菜是我国传统特色发酵食品的典型代表之一，历史悠久，文化深厚，风味优雅，是源自中国本土的生物技术产品，生生不息，世代相传。

　　泡菜，古称菹（zū），是指为了利于长时间存放而经过发酵的蔬菜。"盐渍菜—泡菜"理论指出"盐渍菜是泡渍菜（即泡菜）的雏形，泡菜是盐渍菜的完美表达"。盐渍菜是我国生鲜蔬菜最基本和最主要的贮藏及加工方式，而泡菜是盐渍菜的后续发展的结果，是蔬菜发酵加工的主要途径，并且是可以即食的产品。

　　泡菜通常是以生鲜蔬菜（或蔬菜咸坯）为原料，添加（或不添加）辅料，经中低浓度食盐水泡渍发酵、调味（或不调味）、包装（或不包装）、杀菌（或不杀菌）等制作过程生产加工而成的蔬菜制品。中国泡菜以四川泡菜最具代表性，在四川几乎家家户户都有泡菜坛，几乎人人都会做泡菜。

　　泡菜是以乳酸菌主导发酵而生产加工的传统生物食品，富含以乳酸

菌为主的优势益生菌群，产品具有清香、嫩脆、爽口的特点。泡菜的泡渍发酵是对生鲜蔬菜进行的"冷加工"，常温或低温下有益微生物的新陈代谢活动贯穿于始终，泡渍与发酵伴随着一系列复杂的物理、化学和生物反应的变化，不仅赋予了泡菜产品独特的色、香、味，而且增加了泡菜的营养价值，使泡菜这一传统特色发酵食品传承千年，延续至今。

第一章
泡菜的起源与现状

第一节　泡菜的起源

我国是世界上蔬菜资源最丰富的国家，早在3 500多年前就有蔬菜栽培的记载。据不完全统计，我国已知的常见蔬菜达130多种，在漫长的实践过程之中，我们勤劳的祖先已经掌握了食盐、曲霉、瓷器等生产和应用技术，如《禹贡》中的"青州盐"，《乐府》中的"黄帝盐"，这些都为泡菜的发展提供了极为有利的物质基础和先决条件。

蔬菜从古代至今是人类赖以生存的食物资源，许多蔬菜在原始社会时期已被劳动人民所利用（食用）。为了满足人们基本的食物需要，在收获旺季必须把部分蔬菜贮藏起来，以便在淡季时食用。于是人们在实践中，用盐将蔬菜通过渍或腌的方式贮藏起来，这就是蔬菜的盐渍，是泡菜制作的第一步。经过食盐泡渍的蔬菜称为盐渍菜，所以盐渍菜是泡菜的雏形，是我国传统的生物发酵制品，是我国珍贵的民族遗产而延续至今。

泡菜制作的基本要素一是蔬菜，二是食盐（或盐卤），所以应该是先有蔬菜和食盐，之后才有泡菜。蔬菜和食盐之后多久才有泡菜则很难考究，但作者粗略估计它们应该是邻近的时期或时代。

我国最早的诗集《诗经》中有"中田有庐，疆场有瓜，是剥是菹，献之皇祖"的诗句。瓜是蔬菜，"剥"和"菹"是腌渍加工的意思。

据汉·许慎《说文解字》解释"葅菜者，酸菜也"，"葅"即是酸（泡）菜，今天的泡菜。《商书·说明》记载有"欲作和羹，尔惟盐梅"，"盐梅"即是用盐来渍梅。这说明最迟在3 100多年前的商代武丁时期，我国劳动人民就用盐来泡渍蔬菜和水果了。由此可见，我国（盐渍）泡菜的历史早于《诗歌》，应起源于3 100多年以前的商周时期。

公元前1058年，我国西周周公姬写成《周礼》一书，其中分天官、地官、寿官、夏官、秘官和冬官六篇。据《周礼·天官》记载："下羹不致五味，铏羹加盐菜"，所谓羹是用肉或咸菜做成的汤，由此更进一步证实泡菜的历史。

西汉（公元前206~公元25年）初年，诸侯长沙国丞相轶侯利仓的妻子辛追大约于公元前168~前160年去世，葬于长沙马王堆，经发掘，所出土的殉葬品中就有盐渍品——酱和豉，还有豆豉姜这种盐渍菜。

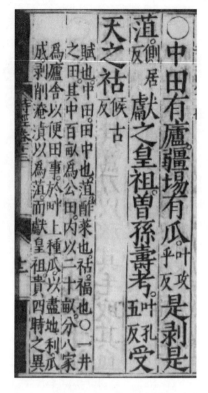

图1-1　朱熹：《诗经集注》第十二卷

北魏（公元386~534年）时期，著名农业科学家贾思勰在《齐民要术》中，较为系统和全面地介绍了北魏以前的泡渍蔬菜的加工方法，这是关于制作泡菜的较规范的文字记载。例如：

咸葅法。"收菜时，即摘取嫩高，菅蒲束之……作盐水，令极咸，于盐水中洗菜，即内瓮中"。"内瓮"即入坛之意。这是盐水泡渍泡菜的方法。

瓜葅法。"瓜，洗净，令燥，盐揩之"。这是高盐分渍瓜类蔬菜的腌渍方法。

藏蕨法。"蕨一行，盐一行"。"蕨"即蕨菜，为野生植物。这是一层菜一层盐的蔬菜盐渍制作方法，至今仍在沿用。

卒葅法。"以酢浆煮葵菜，擘之，下酢，即成葅矣"。"卒"即快速之意，说明了快速制作泡菜的方法。

葅法。"粥清不用大热，其法才会相淹，不用过多，泥头七日便熟"。"泥头"即是用泥土密封泡渍坛（容器），可见当时就已经知道厌氧以利泡菜的发酵制作了（即利于乳酸发酵）。

唐朝《唐代地理志》记载有"兴元府土贡夏蒜、冬笋、糟瓜"，所谓"糟瓜"就是现在的糟渍蔬菜，例如今天的"糟黄瓜条"等泡菜。

到了宋朝、元朝、明朝，泡渍菜已有很大的发展，如酱渍、醋渍、糖渍等蔬菜品种均有。宋朝孟元老《东京梦华录》中记载有"姜辣萝卜、生腌木瓜"等"淹藏菜蔬"。宋朝诗人陆游写有"菘芥可菹，芹可羹"的诗句。元朝韩弈《易牙遗意》的"三煮瓜法"。明朝刘基《多能鄙事》中的"糟蒜"。明朝邝璠《便民图纂》中记载有萝卜干的腌渍方法，"切作骰子状，盐腌一宿，晒干，用姜丝、橘丝、莳萝、茴香，拌匀煎滚"。

泡渍菜传至清朝，其品种已十分丰富，清朝袁枚《随园食单》和李化楠《醒园录》等都有详尽的记载。诸如四川泡菜、四川宜宾的芽菜、四川南充的冬菜、重庆涪陵和浙江余姚的榨菜、浙江萧山的萝卜干、贵州镇远的陈年道菜、云南曲靖的韭菜等已形成独具风格的泡渍产品。清朝时期，川南、川北民间还将泡菜作为嫁妆之一，直至今天在四川的有些地方还保留有这种习俗，可见自古以来泡菜在人们生活中占有重要的地位。

说起泡菜的起源，应该提到制作泡菜的另一基本要素——盛装蔬菜和食盐的容器，即现在的泡菜坛（或缸）。在漫长的实践过程中，人们利用容器以自然发酵的方式制作泡菜，这"容器"，古称"瓮"或"陶瓮"，今称"缸"（即"陶缸"）、"罐"（即"陶罐"）。古人不仅用它来盛装必需物品（例如"水"等），而且还用来制作渍（腌）菜，即盐渍菜、腌菜、淹（泡）菜。我国历年考古发现表明，泡菜坛的特殊结构（坛沿或坛唇）在汉墓中发现的最多，例如，上海出土的西汉泡菜坛和东汉泡菜坛（图1-2和图1-3），所以一般认为泡菜坛的发明是汉代（公元前206~公元220年）。泡菜坛出土地点大多在黄河以南，尤以江南为多，可见泡菜是古代中国人常吃的菜。我国安徽出土的唐代（公元618~907年）泡菜坛（图1-4）与现代并无多大区别，都是平底大肚、双唇式口沿，只是口沿小些。据《中国陶瓷史》记载，从出土的陶器看，我国三国时期的越窑就有泡菜坛生产了；上海金山亭林镇发掘到的战国时期的双口沿黑陶大坛，特别是四川成都三星堆遗址发掘到的陶瓮，把我国泡菜坛的历史又向前推进了若干年；全国重点文物保护单位三星堆遗址，位于四川省成都平原北部（广汉市城西南兴镇），是古蜀文化遗址，经考古发掘证实，三星堆遗址文化距今4 800~2 800年，延续时间近2 000年，该遗址从新石器时代晚期延续发展至商末周初，曾为古蜀国都邑所在地，其影响之大、价值之高，堪称世界文化遗产，被誉为"世界第九大奇迹"，发掘出土的陶瓮（图1-5），应是现代四川泡菜坛的雏形。四川成都川菜博物馆中陈列着清康熙开光泡菜坛和酱釉缠枝花卉泡菜坛（1661年）等精美的川菜容器，延续生产至今的四川成都彭州的桂花泡菜坛和内江隆昌的下河口泡菜坛，已说明了四川泡菜坛的发展历史，由此可推断：四川泡菜坛的历史可追溯到商周，即距今至少3 000年前，与泡菜历史相近。

图1-2　西汉泡菜坛

图1-3　东汉泡菜坛

图1-4　唐代泡菜坛

图1-5　三星堆遗址发掘的陶瓮（古四川泡菜坛）

在制作泡菜的众多容器中，以四川泡菜坛最负盛名。四川泡菜坛结构特殊（有坛沿，即坛唇），坛沿内盛水以密封坛口，而坛内发酵产生的气体又能通过水逸出，开启方便而又清洁卫生，设计创造巧妙，十分神奇。四川泡菜坛不仅可以隔离有害微生物的侵入，而且还能进行厌氧或兼性厌氧发酵，生产出味美脆嫩的泡菜，它是世界上最原始的生物反应器，蕴含着很深的科学理论。

第二节　泡菜的现状

时至今天，泡菜制作工艺已传承千年之久，但其真正的发展却是在中华人民共和国成立后，尤其是改革开放后40年。市场的不断需求，政府的引导，人们的努力，在继承传统工艺的基础之上，通过生产加工实践之中的不断改进与创新，促进了我国泡菜产业的快速发展，形成了今天这样品种繁多的泡菜产品。泡菜龙头企业的增多，泡菜产品质量的提高，知名泡菜品牌的不断涌现，泡菜生产加工的规模化和标准化，泡菜新产品新技术的开发与应用，泡菜原料基地的建立等，都是产业发展的具体表现。

一、国内泡菜产业发展情况

我国是世界上蔬菜第一生产大国，产量逐年上升，其中四川、山东的泡菜企业最多。2015 年，我国泡菜产量为 543.4 万 t，产量较 2014 年同期增长 8.14%。国家海关数据显示：2015 年，我国泡菜出口数量为 51.90 万 t，出口同比增长 3.26%，主要为韩式泡菜；进口数量为 0.75 万 t，进口同比增长 33.93%；2009 年，我国泡菜需求市场规模为 260.28 亿元，到 2015 年产品需求规模增加至 466.36 亿元。

图 1-6 展示了我国各个省级行政区的泡菜企业数量（台湾、香港、澳门除外）。

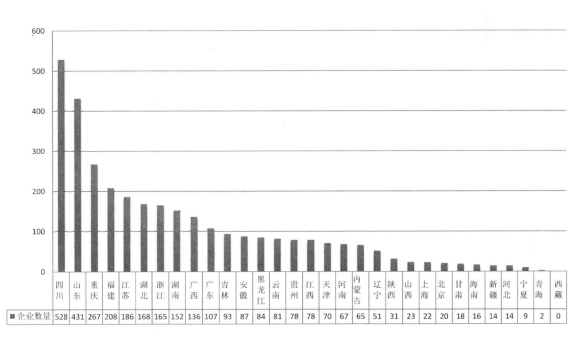

	四川	山东	重庆	福建	江苏	湖北	浙江	湖南	广西	广东	吉林	安徽	黑龙江	云南	贵州	江西	天津	河南	内蒙古	辽宁	陕西	山西	上海	北京	甘肃	海南	新疆	河北	宁夏	青海	西藏
■企业数量	528	431	267	208	186	168	165	152	136	107	93	87	84	81	78	78	70	67	65	51	31	23	22	20	18	16	14	14	9	2	0

图 1-6 2015 年中国泡菜企业分布情况（数据来源：国家及各省市食品药品监督局）

（一）四川泡菜

四川泡菜产量、销量均居全国第一，每年以 10%~25% 速度递增，特别是 2000~2013 年，年增幅均达到 20% 以上，涌现出全国知名的泡菜品牌，例如"吉香居"泡菜、"李记"泡菜、"味聚特"泡菜、"川南"泡菜、"惠通"泡菜、"新繁"泡菜、"广乐"泡菜、"盈棚"泡菜、"周萝卜"泡菜等，形成了"眉山东坡—成都新繁"泡菜产业集群，眉山、成都被授予"中国泡菜之乡"称号。2008 年，四川省蔬菜产值 1 000 万元以上的蔬菜加工企业有 170 多家，其中泡菜加工企业有 120 家，泡菜产量 100 万 t，产值 75 亿元，加工鲜菜 310 万 t，占全省蔬菜总产量的 10%。2009 年，四川省泡菜产量 120 万 t，产值 90 亿元，四川省泡菜企业中省级农业产业化重点龙头企业 29 家，国家级农业产业化重点龙头企业 2 家，全省拥有 5 个泡菜"中国驰名商标"，并拥有自营出口权。2010 年，四川省泡菜产量 150 万 t，产值达到 120 亿元，企业 130 余家（其中国家级龙头企业 3 家）。2011 年，四川省泡菜产量 180 万 t，产值达到 150 亿元（其中销售收入达亿元的企业 16 家），全年加工鲜菜近 500 万 t，带动 150 万亩（一亩 =667 平方米）原料生产基地，农民增收近 8 亿元。2012 年，四川省泡菜产量 215 万 t，产值达到 180 亿元，带动泡菜原料基地面积 180 万亩，全年加工鲜菜 550 万 t，基地农民人均创收 1 452 元。2013 年，四川省泡菜产量 260 万 t，产值达到 220 亿元；仅眉山市泡菜产业突破百亿大关，达到 105 亿元，眉山市建成标准化泡菜原料基地 2.7 万 hm^2（其中东坡区达到了 1.9 万 hm^2）。2014 年，四川省泡菜产量 310 万 t，产值达到 260 亿元，其中眉山市达到 122 亿元。2015 年，四川省泡菜产量 330 万 t，产值达到 280 亿元，国家级龙头企业 5 家，仅眉山市东坡区，2015 年泡菜加工量就达 143 万 t，实现泡菜产值 130 亿元，拥有国家级农业产业化龙头企业 3 个，中国驰名商标 5 个。2016 年，四川省泡菜产量达到 360 万 t，产值 310 亿元。2017 年，四川省泡菜产量 390 万 t，产值 340 亿元。四川泡菜产品已远销美国、欧洲、澳大利亚、加拿大、日本、韩国等 100 多个国家和地区，深受国内外消费者的喜爱。四川泡菜产业发展呈现出以下几个显著特征：

1. 原料基地规模不断壮大

四川泡菜生产加工蔬菜原料基地的建设得到了快速的发展，大多数泡菜龙头企业都有自己的蔬菜原料基地，一般一个泡菜企业的蔬菜基地至少在 667 hm^2 以上，通过"公司 + 基地 + 农户"的方式保障原料的供给和原料的质量。以眉山为例，2015 年，眉山市泡菜原料基地达到 2.8 万 hm^2，建成标准化原料生产基地 1.73 万 hm^2、有机蔬菜基地 0.27 万 hm^2。"中国泡菜之乡"——眉山市东坡区被认定为国家级现代农业示范区、中国调味品原辅料（青菜）种植基地等，岷江现代农业园区被认定为国家农业产业化示范基地。

2. 企业集群发展不断升级

目前，四川泡菜已形成"眉山—成都"两大泡菜产业集群，其中眉山泡菜占四川省泡菜产量的 50% 以上。目前，眉山泡菜已建成中国泡菜城、松江镇工业园、太和镇经济开发区三大泡菜产业集群，拥有泡菜企业 66 家，标准化生产线 135 条，国家级农业产业化龙头企业 5 家、省级农业产业化龙头企业 8 家，规模以上企业 37 家，亿元企业 10 家，获得自营出口企业 9 家，取得国外投资资格企业 1 家。成都泡菜以新繁泡菜为代表，拥有"新繁""盈棚"等知名泡菜品牌。

3. 泡菜科技研发不断加强

四川泡菜产业的发展离不开科技的支撑，四川省委、省政府对泡菜产业进行了连续多年的科技项目支持，以四川省科技厅为代表的"优质安全中国泡菜现代产业关键技术研究与集成示范"（第一轮，编号 2009NZ0080）和"优质中国泡菜现代产业链关键技术研究集成与产业化示范"（第二轮，编号 2012NZ0002；第三轮，编号 2016NZ0007）及国家科技部的"十二·五传统蔬菜工业化生产技术集成与新产品开发"（编号 2012BAD31B04）、"十三·五盐渍菜典型加工劣变及调控机理"等的泡菜产业链科技项目的实施，以及四川省农业厅（四川省泡菜协会）、四川省经济和信息化委员会（以下简称经信委）、眉山市委市政府等的泡菜科技项目的开展，以四川省食品发酵工业研究设计院等为代表的科研院所大学和以吉香居公司等为代表的企业共计 11 个单位，构建起国省市泡菜科技项目组（作者有幸连续作为项目组的负责人，即首席专家），采取"产学研"（产业、学校、科研机构）紧密结合的方式，协同协作系统的研究，取得了系列科技成果并转化应用，有力地促进了泡菜产业的快速健康发展，得到了国际国内行业的一致认同。2009~2015 年，先后建立起多个泡菜研究开发平台（如泡菜创新团队、泡菜研究所、泡菜工程技术中心、泡菜创新联盟、泡菜产业技术研究院等）；在传统微生物学方法的基础上，应用现代分子微生物技术，系统开展了四川不同地区泡菜微生物菌群结构及变化的研究，率先确定了明串珠菌、乳杆菌、乳球菌等 3 个属 17 个种的乳酸菌（如肠膜明串珠菌、植物乳杆菌、短乳杆菌、发酵乳杆菌、片球菌等）为主要优势菌群，之后应用多重 PCR、高通量测序、API 等方法，进一步确定了泡菜中有明串珠菌、乳杆菌、乳球菌、魏斯氏菌、肠球菌 5 个乳酸菌属 11 个种（如柠檬明串珠菌、乳酸乳球菌、植物乳杆菌、短乳杆菌、食窦魏斯氏菌、海氏肠球菌等）为主要优势菌群；建成国内首个泡菜微生物菌种资源库，研究出"双高"直投式功能菌剂（高活性、高稳定性）；引进和选育出泡菜专用蔬菜品种 35 个（其中审定品种 5 个）；研究开发出泡菜现代产业关键技术 20 余项（如直投式功能菌制备技术、预处理技术、快速发酵技术、护色保脆技术、连续自控发酵泡菜技术、高效节水减排技术、副产物利用技术等）；开发出 8 大类 50 多个新产品（如低盐泡菜系列、直投乳酸菌泡菜、什锦泡菜、清酱泡菜、炒泡菜、休闲泡菜系列、养身泡菜系列等），副产物新产品 10 个（如调味酱、调味菜、蔬菜酱油等）；研制出泡菜生产自控单元、自控定量灌装封口、自控连续发酵等关键设备；鉴定成果 15 项，获各级科技奖 14 项（其中 2 项省部级一等奖）；起草国家行业和企业标准及技术规程 25 项；申请专利 91 项（以发明专利为主，授权发明专利 34 项，国际专利 1 项），国内外专业核心期刊发表论文 100 余篇，培养博士、硕士及学士 120 名以上；多项研究课题成果

填补空白（如泡菜风味成分及生物胺、泡菜健康等研究）；建立起泡菜现代中试线 1 条、（1 000 kg/a）直投菌剂制备与发酵生产车间各 1 个（获 QS、SC 认证）、1 000 t/a 盐水回收生产示范线 1 条、1 500 t/a 的直投式乳酸菌连续发酵泡菜生产线 1 条、10 000 t~20 000 t/a 现代化标准化生产示范线 5 条（其中 1 条 10 000 t/a，2 条 15 000 t/a，2 条 20 000 t）。2009~2015 年间，泡菜科技直接投入 1 亿元以上（以龙头企业投入为主），直接新增销售收入 5 亿元以上，吸纳 500 名以上农民就业，辐射带动基地 6 000 多公顷，综合带动效益 23 亿元以上（其中农民效益 13 亿元，带动眉山东坡区农民人均增收 2 500 元），成效显著。

4. 品牌效应不断显现

四川泡菜已建成国家级龙头企业 8 家，创建了 8 个"中国驰名商标"、19 个"著名商标"。"东坡泡菜"和以"新繁泡菜"为龙头的"新都泡菜"成为国家地理标志保护产品、国家级产地证明商标。四川泡菜先后被中央电视台、《人民日报》等媒体报道，端上了北京奥运会、全国两会、中央经济工作会议和党的十八大的餐桌。产品远销日本、韩国、美国、英国等 100 多个国家和地区。

5. 政策扶持力度不断加大

四川省、眉山市等各级政府连续出台扶持泡菜产业发展方面的政策，重点对原料基地建设、标准化生产、技术研发、品牌建设、缴纳税款、节约用地等方面给予支持和奖励，其中眉山近几年每年财政投入 1 亿元予以全产业链扶持，东坡区每年安排专项资金 2 000 万元以上持续扶持农业产业化泡菜龙头企业。

为更好地推动四川泡菜产业的发展，在四川省委省政府的推动下，（截至 2017 年）眉山市委市政府连续 9 年举办了"中国泡菜节"（各种研讨会、论坛、展销会，简称"中国泡菜节"），其间，省农业厅、省科技厅、省商务厅、省经信委等职能部门给予了大力协助。2009 年 7 月 18 日，首届"四川泡菜国际论坛"在四川省眉山市隆重举行，来自美国、日本、韩国等 30 多个国家（包括联合国粮农组织等）共 500 余人参加了此次会议。此次会议围绕"日本、韩国、中国泡菜现状及发展趋势，四川泡菜特色与产品、历史与文化、营养与健康，四川泡菜国际化发展方向"等内容展开了高水平、高层次的研讨，盛况空前，由此掀起了四川泡菜的研究热、开发热、标准热、品牌热、扩能热，此会无疑是四川泡菜发展史上的一个里程碑。此后，连续 8 年在眉山举办了"中国泡菜节"，极大地推动了泡菜产业的发展。每次盛会作者都有幸代表泡菜研究团队参加并作有关泡菜科技主题发言。

2011 年 1 月 11 日，由四川省科技厅和韩国知识经济部等部门主办的，四川省食品发酵工业研究设计院四川泡菜研究所承办的"中韩现代泡菜产业发展科技论坛"在成都隆重举行，来自中韩泡菜行业的顶级专家就泡菜科技进行了友好交流并签署了《中韩现代泡菜产业科技合作备忘录》。

2011年1月14日，四川省科技厅联合四川省委农工委和四川省农业厅等部门，在成都举行了隆重的以四川省食品发酵工业研究设计院为首席专家的"产学研"结合的"四川泡菜科技创新成果发布会"，发布内容包括四川泡菜专用"高活性直投式乳酸菌"新产品和安全性及保健功效、"乳酸菌发酵泡菜"新产品企业标准等6项最新成果，其中有的成果处于国际领先水平，此会将四川泡菜科技成果推向了历史的顶峰，为四川泡菜产业的发展奠定了坚实的基础！

2013年，四川省科技厅批准成立"四川东坡中国泡菜产业技术研究院"，是依托"泡菜产业技术创新联盟"和"泡菜创新团队"，集中了行业最优势的单位和最优秀的专家学者，"产学研"深度融合的新型研究机构，协同开展泡菜产业共性技术和关键技术的研究开发和成果转化，为独立法人资格的民办非企业组织，主要从事泡菜原料品种选育及生产、泡菜功能微生物研究及应用、泡菜生产加工及综合利用、泡菜新产品新技术新工艺开发、标准的制修订、分析检测和培训及咨询、规划与可研报告的编制等业务。

2013年5月，由四川省食品发酵工业研究设计院和四川东坡中国泡菜产业技术研究院主办的"泡菜生产工艺技术及质量提高"培训班在成都市温江区召开，来自全国40多个泡菜加工企业80余人参与了本次培训，为我国泡菜加工企业培训积累了人才团队。

2013年8月，四川省第一届泡菜感官质量省评委培训班在成都召开，150名来自四川省泡菜生产企业及相关科研院所的学员参加培训并通过了严格的考核，从此建立起了我国第一支泡菜感官质量省评委队伍，对泡菜的技术传承、质量安全的保障、市场的推广起到了至关重要的推动作用。

2017年，泡菜暨东坡味道产业技术培训班在眉山开班，来自全国各地一线泡菜技术人员及部分企业负责人等120余人参加培训，邀请有关专家及企业代表主要针对泡菜传承与发展、现代泡菜管理、泡菜标准解读等方面进行培训，大力提升了泡菜企业人才专业技术水平，并拓展了发展思路。

（二）山东泡菜

除四川外，中国泡菜在山东省产量最大，泡菜企业以青岛、威海居多，多为外资或外向型企业，出口主要面向韩国，日本位居其次，也有少量出口美国、加拿大、马来西亚、新加坡、新西兰和中国香港等，总计20多个国家和地区。2014年，山东省共有出口泡菜企业近60家，其中出口韩国泡菜企业54家，对韩国出口泡菜20.6万t、1.59亿美元，合9.9亿人民币，输韩泡菜总量占全国输韩泡菜总量的90%，占韩国进口泡菜总量的80%；对日本出口泡菜2.91万t、0.61亿美元。

（三）其他地方泡菜

重庆的"乌江"涪陵榨菜（清光绪二十四年），"鱼泉"榨菜，"辣妹子"榨菜和浙江的"斜桥""铜钱桥""四峰"和"国泰"榨菜等，具有菜（丝）匀称、肉地厚实、香味纯正、脆嫩味美等的品质，行销国内外，经久不衰，为榨菜行业的佼佼者。2010年4月24日，由中国高调味品协会和涪陵榨菜集团公司等部门主办，西南大学等部门承办的"2010年中国榨菜暨酱腌菜科技进步与产业发展高峰论坛"在榨菜之乡涪陵举行，来自全国各地的专家学者及企业同仁250余人出席了会议，盛况空前。

北京的"六必居酱园"（建于明嘉靖九年）、"天源酱园"（建于清同治八年）、"桂馨斋"等多家老字号的北味盐渍酱腌菜（北京酱菜）系列产品发展迅猛，"六必居酱园"和"天源酱园"及"桂馨斋"整合隶属于北京六必居食品有限公司，由于其品种不断增加，产量和质量不断提高，在国内外享有很高的声誉，产销两旺；扬州的"三和""四美""五福"等南味盐渍酱腌菜（扬州酱菜）都有百年历史，基础好，发展快，"三和""四美"整合隶属于扬州三和四美酱菜有限公司，实力更强了；云南昆明永香斋（玫瑰大头菜），贵州酸菜（独山盐酸菜等），太原泡菜，河北"槐茂酱菜"，北京泡菜（白菜等）、东北泡菜（如延边泡菜，即辣白菜；锦州"什锦小菜"小菜等）、湖北泡菜（酸白菜等）、山东"玉堂酱菜"、湖南"剁椒"、长沙"九如斋"酱菜、广东"致美斋"酱菜、上海萝卜干等各省市的各种特色泡渍酱渍蔬菜产品都得到了很好的发展，深受消费者青睐。

二、国外泡菜产业发展情况

近年来，随着全球社会经济的快速发展以及人们生活水平的不断提高，发酵蔬果制品具有益生功能得到人们的广泛关注。一些发达国家如韩国、日本及欧洲国家，大力宣扬传统发酵蔬菜制品，如 Kimchi（韩国泡菜）、Sauerkraut（欧洲酸菜）、Table olive（发酵橄榄）、Pickled cucumber（腌黄瓜）等正逐渐成为全球消费者公知的发酵蔬果食品，也形成了有影响力的产业。其中日本泡菜和韩国泡菜堪称世界一流，日本和韩国对泡菜进行了深入的研究开发，无论是泡菜发酵的微生物、风味、营养功能，或是泡菜生产加工的清洁化、自动化、标准化等方面都取得了很大的成效，在国际市场中占据垄断地位。

（一）韩国泡菜

泡菜是韩国的国菜，平均每人每天消费约100 g，其中辣白菜消费约70 g，平均每人每年要消费约13颗辣白菜，每天消费的泡菜约占食物日摄取总量的12%。韩国每年消费泡菜约在 150 万 t，约一半由公司生产提供。大部分韩国泡菜生产公司是中小企业，但增长幅度快，从 1992 年的 207 家到 2014 年的 967 家；2015 年注册的泡菜企业有 956 家，从业人员 1.4 万人，10 人以上的有 366 家（占 38%），100 人以上的有少数几个大企业，如大象集团（Daesang fNf）和宗家府（Chonga）等泡菜公司；通过 HACCP 认证的有 512 家。韩国泡菜已经超越了简单发酵的制作阶段，而发展成为加入各种鱼酱、调料、香辛料等的综合性的发酵食品。1988 年，汉城（现首尔）成功举办奥运会以来，韩国泡菜每年出口增长幅度稳定在 25%~30%，之后有下降的趋势。韩国泡菜被指定为奥运会比赛和 1998 年法国世界杯的正式食品，2001 年 7 月泡菜国际标准（Codex standard）的制定、2002 年韩日世界杯的举办和 2013 年韩国越冬泡菜申遗成功，将韩国泡菜文化推向了国际舞台。2016 年韩国泡菜正式入选了里约奥运会菜单，被冠上新名字"东方沙拉泡菜"（Oriental salad kimchi），加快了韩国泡菜的国际化步伐。韩国泡菜出口到 50 多个国家，其中主要出口对象是日本（占 60% 以上），还有美国、澳大利亚、新西兰以及中国的香港和台湾地区。近年来，由于韩国人口增长，泡菜市场规模逐年增加，其国内泡菜市场产值由 1999 年的 16.7 亿美元增长到 2013 年的 24.6 亿美元。

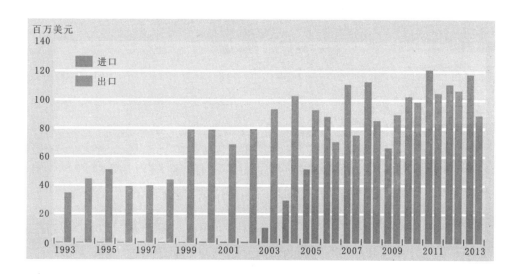

图 1-7　韩国泡菜进出口贸易额

韩国曾一度垄断了全球韩式泡菜出口市场（图 1-7），不过，近年来却呈现下降趋势，2010 年出口量 2.97 万 t（0.98 亿美元），2014 年出口 2.47 万 t（0.84 亿美元），2015 年出口 2.31 万 t（0.74 亿美元）。主要是因为日元走低削弱了韩国泡菜在日本的价格优势，而且日本的"嫌韩"氛围限制了韩国泡菜的宣传工作。此外，日企开始生产符合日本消费者口味的泡菜，也对韩国泡菜出口市场造成一定的影响。2016 年出口

又有所上升，其中出口量增幅达到 1.7%，价格增幅达到 7.3%。

中国市场方面，自 2012 年起，因韩国泡菜不符合中国政府食品卫生标准，中国大陆几乎停止了从韩国进口泡菜。

与之相对应，从 2003 年开始，韩国逐年增加泡菜进口量，从 2010 年至今，韩国每年的泡菜进口量保持在 20 万 t 以上，其中 2014 年进口 21.29 万 t（1.04 亿美元）、2015 进口 22.41 万 t（1.13 亿美元），2016 进口 25.34 万 t（1.22 亿美元），进口额保持在 1 亿美元以上。韩国进口的泡菜中有 90% 来自中国（图 1-8）。中国泡菜价格仅为韩国泡菜价格的一半或 1/3，凭借质优价廉的优势大量进入韩国的餐厅、医院和学校。

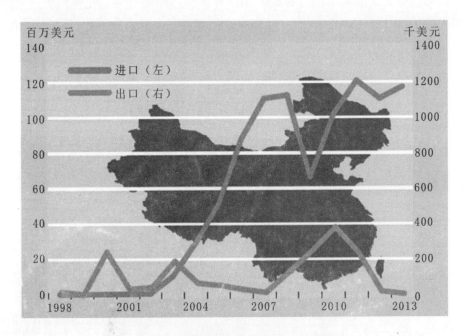

图 1-8　韩国泡菜对中国进出口交易额

韩国通过举办泡菜节、制定泡菜国际标准、泡菜改名等一系列活动不断加强韩国泡菜的宣传，着力打造出一个全球化的品牌，从而树立起韩国泡菜的高端形象。2013年 12 月，韩国越冬泡菜文化入选非物质文化遗产，更是极大地提升了韩国泡菜的国际知名度。

高端的形象加上泡菜的营养价值与保健功能逐步得到西方消费者的认可，使韩国泡菜逐渐打开欧美消费市场。2015 年，美国进口韩国产泡菜 534 万美元，同比增长 8.2%。世界第五大韩国泡菜进口国澳大利亚 2015 年进口泡菜 227 万美元，同比增长 10.9%。

（二）日本泡菜

日本是泡菜（渍物）消费大国，也是生产大国。2014年日本泡菜生产公司有1 200家，从业人员2.8万人，生产泡菜71万t，2016年达到72万t，产值225亿元。日本首先提出"低盐、增酸、低糖"的健康泡菜模式，进一步促使日本泡菜产业发展壮大。1988年韩国汉城奥运会以后，日本加强了向韩国泡菜制作方法的学习，并且在中国泡菜工艺和韩国泡菜加工特点的基础上加以改进，形成了自己风格的泡菜，目前在日本市场上销售的大部分是改良的韩国辣白菜（泡菜）。此后，日本依靠中国和美国等蔬菜输出国进口生鲜蔬菜和腌制半成品使其泡菜产量不断上升，2014年进口泡菜（含蔬菜及半成品）89亿日元，但随着日本人口的减少、高龄化以及欧美饮食习惯的影响，日本泡菜国内销量有减少的趋势。

（三）欧洲泡菜

欧洲泡菜主要是酸菜和橄榄等。酸菜生产工艺与我国东北酸菜类似。根据欧洲统计局数据，2008年欧洲自生产的各类灌装发酵蔬菜制品、灌装橄榄及酸菜的总量近30亿欧元，市场容量超过50亿欧元。

酸菜是欧洲泡菜的主要代表之一，欧洲酸菜的总体产量约160万t，市场容量超过20亿欧元。酸菜的主产区及消费区域是德国，德国人均年消耗酸菜约10 kg，市场容量约80万t。酸菜主要出口欧洲、美国、加拿大等地区。德国酸菜的市场预计超过10亿欧元，代表性企业为德国冠利食品有限公司（Carl Kühne KGgmbH & Co.）、骏马山食品有限公司（HENGSTENBERGgMBH & CO. KG）。酸菜在法国也比较受欢迎，每人每年平均消耗约800 g，最有名的酸菜是阿尔卑斯酸菜（La choucroute d'Alsace），其产量约3万t，占全国产量的70%。

发酵食用橄榄（Table olives）是欧洲泡菜的另一代表产品，全球主产国（欧洲、中东等地）橄榄的产量超过1 000万t，其中发酵食用橄榄的年产量270万t（IOC，2016年），产值约100亿美元。目前主产国为西班牙、意大利、希腊、土耳其、突尼斯、叙利亚、摩洛哥等国家。我国四川、甘肃、陕西、云南等省区也种植有橄榄，但由于地理、气候和技术等条件的限制，以油用橄榄（Oil olives）为主，发酵食用橄榄较少。

（四）美国泡菜

美国泡菜主要是腌黄瓜和酸菜。美国腌制蔬菜产品市场容量超过30亿美元。代表企业为美国蒙特奥利弗泡菜公司（Mount Olive Pickle Company, Inc.）。

美国腌黄瓜的产量10亿磅（约45万t），产值20亿美元。美国酸菜本土消耗卷

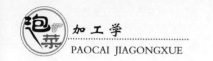

心白菜 15 万 t, 初级产品 (卷心白菜) 约 1 亿美元, 产成品酸菜约 5 800 万美元 (约 4 亿元)。部分酸菜出口加拿大、泰国、马来西亚等国家。年产值超过 100 万美元的灌装酸菜生产企业仅有 6 家。

(五) 俄罗斯泡菜

俄罗斯冬季漫长, 蔬菜十分匮乏, 常年需要进口, 罐装和腌制蔬菜在俄罗斯很受欢迎, 尤其是腌黄瓜, 是俄罗斯 Rassolnik (杂拌汤、酸辣浓汤) 最常用的配料。

俄罗斯加工蔬菜主要有灌装全形蔬菜、腌制蔬菜、打浆蔬菜 3 类, 产量分别约为 47%、27% 和 17%。俄罗斯本国加工蔬菜产量约 40 万 t, 加工蔬菜年产值仅有 157 亿卢布, 其中泡菜产量仅 10 万 t 左右, 远不能满足本国的需要。2015 年进口加工蔬菜 50 万 t 以上, 进出口蔬菜产值超过 200 亿卢布, 其中进口泡菜约 85 亿卢布, 进口泡菜产品主要是酸黄瓜, 进口国主要为德国、美国、日本、加拿大等。

目前, 俄罗斯本国人均年消耗罐装蔬菜 4~8 kg, 远低于欧美等发达国家 (欧洲 10~16 kg, 美国 50 kg, 澳大利亚 13 kg), 市场潜力巨大。

俄罗斯蔬菜加工代表企业为邦度埃勒库班食品公司 ("Bonduelle Kuban" LLC)。

第三节 我国泡菜产业发展存在的问题与发展趋势

泡菜是以微生物乳酸菌主导发酵而生产加工的传统食品, 富含以乳酸菌为主的功能益生菌群及其代谢产物, 风味优雅、清香脆嫩、营养丰富, 既可满足人们对美味的需求, 又可增进食欲、帮助消化、促进健康。泡菜作为人们生活必不可少的蔬菜制品, 自古以来就拥有稳定成熟的国内外市场, 我国泡菜生产和销售远没达到饱和状态, 具有广阔的市场空间, 但也存在不少的问题。

一、泡菜产业发展存在的问题

虽然我国泡菜产业的发展取得了很大的进步, 产销两旺, 但与泡菜发达国家 (如日本、韩国) 相比, 差距仍然很明显, 泡菜产业整体发展比较滞后, 存在以下问题。

(一) 生产加工仍然粗放

我国多数泡菜生产加工企业规模较小, 零星分散, 清洁化程度不高, 从蔬菜原料到泡菜产品，生产加工以人工操作的较多，仍然粗放。

（二）生产加工标准化程度不高

泡菜生产加工更多的是传承传统工艺，机械化、自动化程度不高，生产加工过程的规范化、标准化程度不高，生产效率低，产品成本较高，质量不稳定。例如：除龙头企业以外，多数企业的泡菜产品灌装以手工或半机械化为主。

（三）泡菜产品"同质化"严重

泡菜产品品种单一、附加值低，低端产品竞争激烈，高端泡菜产品研发不足。

（四）原辅料和产品质量不稳定

泡菜产品原料、辅料品种十分丰富，质量难以统一，不同地区原辅料参差不齐，而且缺乏主要泡菜专用原辅料品种。虽然龙头企业拥有固定的原料基地，但多数企业蔬菜原料基地建设比较滞后，导致原辅料和产品质量不稳定。

（五）创新不足，人才缺乏

大部分泡菜企业研发能力较薄弱，缺乏专业高端人才，虽然科技支撑了四川泡菜产业的发展，但对全国泡菜行业而言，创新仍然不足，科技成果转化较难，这与国家实施的"创新驱动"战略尚有差距。

二、发展趋势

我国泡菜产业发展方兴未艾，正当其时，呈现以下发展趋势。

（一）生产加工由传统向现代方向发展

从过去的手工家庭作坊、小规模生产加工方式向规模化、标准化、现代化方向发展。

（二）工艺技术设备提升改造升级

传承泡菜生产加工特点，同时创新改造提升，向着缩短发酵期、保持原有色香味、清洁化、自控智能单元、连续发酵、冷链贮运、高效综合利用化等方向发展。

（三）产品向功能化、差异化和保健化方向发展

泡菜产品更注重营养健康性、方便即食性。泡菜富含活性乳酸菌正是保健化的基础，需进行深度研究开发并推广应用，加大宣传力度。我国泡菜发酵盐度较高，发酵时间长，不利于规模化生产，未来低盐发酵泡菜是发展必然趋势，同时泡菜产品向着

无防腐剂、低糖化、特色化、差异化和保健化产品方向发展。

（四）建立优质泡菜原辅料基地

为保障原辅料和产品质量的稳定，不仅需建立泡菜专用主要原辅料基地，而且原辅料基地向着大型化、更专业专用化（如：青菜、萝卜、辣椒等专用品种基地）、优质生态化（如有机蔬菜）方向发展。

（五）企业逐步实现规模化、集团化，进一步走出国门，在国外建厂生产加工，打破韩日泡菜国际垄断局面

第一节　泡菜的定义

　　泡菜是源自我国本土的生物技术产品，制作生产工艺传承千年，但时至 2012 年之前，泡菜却没有一个较确切的定义，没有真正从科学的角度来定义泡菜。日本和韩国泡菜均发源于中国，但都有较明确的定义和分类。例如：国际食品法典委员会（CAC）对韩国泡菜（KIMCHI）的范围、定义都做了说明；日本的厚生省（今厚生劳动省）对日本泡菜（渍物）的范围、定义也都作了描述。

　　2012 年，我国正式发布了泡菜第一个国家行业标准，即"《泡菜》（SB/T 10756—2012）标准"，才对泡菜进行了较为明确的定义：泡菜是以新鲜蔬菜等为主要原料，添加或不添加辅料，经食用盐或食用盐水渍制等工艺加工而成的蔬菜制品。此外，《蔬菜加工名词术语》（NY/T—2014）标准中也对泡菜进行了定义。这应该是泡菜历史上极其重要的事件，作者有幸参加了这一工作。

　　作者根据多年的研究经验，在提出的"盐渍菜—泡菜"理论基础上，对泡菜进行了定义，即：泡菜是以生鲜蔬菜或蔬菜咸坯为原料，添加或不添加辅料，经中低浓度食盐水（食盐水浓度 1%~10%，一般为 2%~5%）泡渍发酵、调味（或不调味）、包装（或不包装）、杀菌（或不杀菌）等工艺加工而成的蔬菜制品。

第二节　泡菜的分类

从泡菜的定义可知，泡菜分类因蔬菜和工艺等不同而不同。我国泡菜因使用蔬菜原辅料、制作生产工艺、地域区间等差异，品种繁多，分类各异。无论哪种泡（渍）菜的加工，都要经过食盐水泡（腌）渍和发酵的过程；无论哪个地区或国家的泡菜，都有"渍""腌""泡"三者具其一的工艺特点。这和作者在多年前提出的"盐渍菜是泡渍菜（即泡菜）的雏形，泡菜是盐渍菜的完美表达"一起，构成了"盐渍菜—泡菜"理论基础。我国《汉语字典》解释：腌即用盐浸渍食物；淹即浸泡，通"腌"；渍即浸渍，腌渍。所以作者认为"腌、淹、渍、泡"字意，既有相同之处，也有不同的地方。按照实际加工的盐渍工艺通常理解，腌即"干腌"，用盐（不配成盐水而使用干盐）直接和蔬菜混合接触的加工方法；渍即"水浸渍"，用盐水（不使用干盐）和蔬菜直接混合接触的加工方法，此时"腌（渍）"和"泡（渍）"所代表的工艺就有区别。若不外加盐水而渍制蔬菜，则二者没有本质的区别，因为在腌时由于盐的脱水作用而变成了渍，而渍本身也是有盐直接参与作用于蔬菜的腌（特别是盐水较少的时候，渍就是腌）。所以，有的把泡菜列入"酱腌菜"之列（即腌菜、酱菜、泡菜统称为"腌菜酱菜""酱腌菜"或"酱腌泡菜"），有的列入"盐水渍菜"之中，有的将"腌菜酱菜"称之为"盐渍（腌）菜"等都有其合理和科学的一面，但都没有完全涵盖和体现我国泡菜产品的本质特征。

一般来说，只要是纤维丰富的蔬菜或水果，都可以被制成泡菜，像是卷心菜、大白菜、红萝卜、白萝卜、大蒜、青葱、小黄瓜、洋葱、高丽菜等。随着市场需求的增长和科技的发展，研究开发出许多泡菜新产品而使泡菜的含义得到了引申和扩展，泡菜的概念和范围已超越了传统概念本身，泡制的原料不仅仅局限于蔬菜，出现了以其他蔬菜植物（食用菌、豆科类、海藻类、山野菜等）为主要原料（或辅以畜禽肉类、水产品）等的泡菜新产品。

泡菜分类如下：

一、按泡菜加工工艺分类

2009年，四川省发布了"《四川泡菜》（DB51/T 975—2009）标准"（作者参与起草），首次按泡菜加工工艺分类，即：泡渍类、调味类和其他类。

泡渍类：以新鲜蔬菜或盐渍菜为原料，添加或不添加辅料，经食用盐或食用盐水（低浓度）泡渍发酵，然后配以泡渍液或调配液等加工制成的泡菜。泡渍类泡菜也称发酵泡菜或汤汁泡菜（属传统泡菜），食盐水泡渍发酵后，水菜不分离，固形物≥50%。

调味类：以新鲜蔬菜（或咸坯）为原料，添加或不添加辅料，经食用盐或食用盐水渍制，然后进行整形、脱盐、调味、灌装等工艺加工而制成的泡菜。调味类泡菜也称方便泡菜（属现代泡菜），食盐渍制后经脱盐脱水、调味而成。

其他类：以其他新鲜蔬菜植物（食用菌、豆科类、海藻类、山野菜等）为主，选择配以畜禽肉、水产品等为辅，经食用盐或食用盐水泡渍发酵，然后进行整形、调味、灌装等工艺加工而制成的泡菜（属现代泡菜）。

此工艺分类，充分体现了以四川泡菜为代表的我国泡菜的本质特征，既包含了传承千年的传统泡菜，又包含了有创新的现代泡菜，符合并代表了泡菜产业的发展方向，与时俱进，科学合理。

二、按泡菜加工原料分类

叶菜类泡菜，如白菜、甘蓝等。
根菜类泡菜，如萝卜、大头菜等。
茎菜类泡菜，如莴笋、榨菜等。
果菜类泡菜，如茄子、黄瓜等。
食用菌泡菜，如木耳、香菇等。
其他类泡菜，如泡凤爪、泡猪耳朵等。

三、按泡菜产品食盐含量分类

超低盐泡菜：食盐含量1%~3%。
低盐泡菜：食盐含量4%~5%。
中盐泡菜：食盐含量5%~10%。
高盐泡菜：食盐含量10%~13%。

四、按泡菜产品风味分类

清香味：风味清香，口味清淡，突出蔬菜本质香味。
甜酸味：口味既呈甜味又呈酸味。
咸酸味：口味既有咸味又有酸味。
红油辣味：颜色带辣椒红色，突出辣味和食用油香味。
白油味：颜色不带色，突出蔬菜本质和食用油香味。

五、按泡菜地域分类

1. 中式泡菜

中国泡菜以四川泡菜（有的地方叫"泡咸菜"或"泡酸菜"）为代表（图2-1），

其制作用料考究，一般用川盐、料酒、白酒、红糖及多种香料制成盐水，用特制的土陶泡菜坛作盛器，然后将四季可取的根、茎、瓜、果、叶菜（如各种萝卜、辣椒、生姜、苦瓜、茄子、豇豆、蒜薹、莲白、青菜等）洗净投入，盖严密封，经一定时间的乳酸发酵后而成。产品具有"新鲜、清香、嫩脆、味美"的特点。

图 2-1　中国泡菜

2. 日式（日本）泡菜

日本泡菜起源于中国，唐玄宗天宝十二年（公元 753 年），唐高僧鉴真和尚第六次东渡日本，把我国的泡渍菜制作方法传入日本，现代日本家喻户晓的奈良渍就是鉴真所传。至今日本还流传这样的诗句："豆腐酱菜数奈良，来自贵国盲圣乡，民俗风气千年久，此地无人不称唐。"奈良是日本著名古城，盲圣是日本人对鉴真和尚的尊称，唐即我国唐朝。日本因此才有了泡菜。日本厚生省这样定义泡菜："作为副食品，即食，以蔬菜、果实、菌类、海藻等为主要原料，使用盐、酱油、豆酱、酒粕、麹（麴）、醋、糠等及其他材料渍制而成的产品。"日本泡菜制作生产一般用"调味液"进行"渍"，突出"渍"（图 2-2）。

日本渍菜大致可分为浅渍法和保存渍法这两大类。浅渍法由于盐味无法长期保存，在2~3 d 内就要吃完，从盐、酱油等的调味料到沙拉酱皆可使用，其调味的方式相当多样化。

图 2-2　日本泡菜

3. 韩式（韩国）泡菜

约在 1 300 年前，我国的泡菜传入韩国。最早记载朝鲜半岛有泡菜类食品的是中国的《三国志》中的《魏志东夷传》。韩国泡菜中白菜、萝卜等蔬菜类，是经过初盐渍后拌入调制好的各种调料（如辣椒、大蒜、生姜、大葱及萝卜），在低温下发酵制成的乳酸发酵制品，色泽鲜艳、酸辣可口，堪称佐餐佳品。国际食品法典委员会（CAC）对韩国泡菜的定义：由各类大白菜制成，这些大白菜须无明显缺陷，经整理去除不能食用部分，盐渍，清水清洗，并脱去多余水分，可通过切分或不切分达到适合大小。用复合型调味料，主要有红辣椒粉、大蒜、生姜、葱叶和小胡萝卜，这些成分可切块、切片或打碎。将上述成分置于适合的容器中，低温下进行乳酸发酵，确保产品的后熟或贮存。

图 2-3　韩国泡菜

4. 西方泡菜

主要原料为酸黄瓜、甘蓝、食用橄榄。发酵原理同样是自然乳酸发酵。以酸黄瓜为例，未成熟的黄瓜经过加入莳萝后（如有需要，可加入其他增味香辛料）放入4%~6% 的食盐溶液中，或者在某些情况下进行加盐干腌。通常的做法是将盐水倾倒入装有黄瓜的容器中，然后让其发酵（如有需要，可加入葡萄糖）。发酵过程在18~20 ℃的条件下进行，产生乳酸、二氧化碳及其他挥发性酸、乙醇和少量各种各样的香味物质。发酵过程中较低的 pH 值环境抑制了非期望的敏酸型微生物的生长，同时影响酶对细胞及其组织的软化作用，而且发酵过程中盐的应用也起到了保藏的作用，介质的酸性 pH 值环境也有利于维生素 C 的稳定。

图 2-4　西方泡菜

第三节　泡菜的国内外标准

随着泡菜在全世界范围内越来越受欢迎，各类相关的泡菜标准应运而生。

我国有关泡菜或酱腌菜生产加工的标准包括：QB/T 2743—2015《泡菜盐》、SB/T 10756—2012《泡菜》、SN/T 2303—2009《进出口泡菜检验规程》、DB51/T 1069—2010《四川泡菜生产规范》、DB51/T 975—2009《四川泡菜》、GB 2714—2015《酱腌菜》、QB/T 2830—2015《榨菜盐》、SB/T 10439—2007《酱腌菜质量标准》、NY/T 437—2012《绿色食品酱腌菜质量标准》、GB/T 1012—2007《方便榨菜质量标准》、GB/T 19858—2005《地理标志产品涪陵榨菜质量标准》等。2009年，在四川省农业厅和四川省科技厅支持下，四川省质监局和四川省食品工业协会组织，四川省食品发酵工业研究设计院和成都市调味品研究所及四川泡菜龙头企业等单位承担，研究编制了《四川泡菜标准》《低盐四川泡菜标准》和《四川泡菜生产规范》等标准规程，其中的部分指标等效采用国际标准（例如，泡菜食盐含量小于或等于4%），有的指标严于国家标准（例如，泡菜亚硝酸盐含量小于或等于10 mg/kg）。这些标准由原国家质监总局、原商业部、原国内贸易部、原农业部、供销合作总社等部门发布，除过期作废的标准之外，其余的标准正在实施之中，这为规范我国泡菜的生产加工，确保泡菜的产品质量起到积极作用。

韩国农业部于1995年向Codex事务局提交了泡菜Codex规格（方案），2001年在Codex总会上被采纳为泡菜Codex规格。如对白菜泡菜的国际通用名称规定为"Kimchi"，泡菜酸度在1.0%以下，盐度为1%~4%等。随着指定泡菜的Codex规格，向进口国提供了合理的泡菜标准，可解除贸易中的非关税壁垒，并确保了发生泡菜的贸易纠纷时可向WTO投诉的手段，对增加泡菜出口量以及提高国际商品价值做出贡献。

一、泡菜的国内标准

表2-1　泡菜国内标准

标准号	标准名称	发布单位
SB/T 10756—2012	泡菜	商务部
QB/T 2743—2015	泡菜盐	工业与信息化部
SN/T 2303—2009	进出口泡菜检验规程	国家质量监督检验检疫总局
SN/T 1908—2007	泡菜等植物源性食品中寄生虫卵的分离及鉴定规程	国家质量监督检验检疫总局

续表

标准号	标准名称	发布单位
DB51/T 1069—2010	四川泡菜生产规范	四川省质量技术监督局
DB51/T 975—2009	四川泡菜	四川省质量技术监督局
DB51/T 931—2009	方便泡菜	四川省质量技术监督局
DB51/T396—2006	川式泡菜技术要求	四川省技术质量监督局
DB37/T 1232—2009	白菜泡菜通用技术条件	山东省质量技术监督局
SN/T 1953—2007	进出口腌制蔬菜检验规程	国家认证认可监督管理委员会
DB 33/T 342—2005	腌制用盐	浙江省盐务管理局
DB 32/T 1419—2009	乳黄瓜腌制规程	江苏省苏州质量技术监督局
GB/T 5009.54—2003	酱腌菜卫生标准的分析方法	卫生部
SB/T 10439—2007	酱腌菜	商务部
SB/T 10297—1999	酱腌菜分类	商务部
SB/T 10214—1994	酱腌菜检验规则	商务部
SB/T 10301—1999	调味品名词术语 酱腌菜	商务部
SB/T 10213—1994	酱腌菜理化检验方法	商务部
NY/T 437—2012	绿色食品 酱腌菜	农业部
DB 37/T 918—2007	酱腌菜生产质量安全控制	山东省质量技术监督局
DB 37/T 883—2007	酱腌菜生产企业 LCCP 应用指南	山东省质量技术监督局
DB15/T 454—2009	盐渍宝塔菜检验规程	内蒙古自治区质量技术
DB32/T 2513—2013	食用樱花盐渍加工技术规程	江苏省质量技术监督局
DB42/T 673—2010	双孢蘑菇采收与盐渍技术规程	湖北省质量技术监督局
DBS50/ 016—2014	食品安全地方标准传统风干榨菜	重庆市卫生和计划生育委员会
GB/T 19858—2005	地理标志产品涪陵榨菜	国家质量监督检验检疫总局
GH/T 1011—2007	榨菜	中华全国供销合作总社
GH/T 1012—2007	方便榨菜	中华全国供销合作总社
QB/T 1402—2017	榨菜类罐头	工业和信息化部
QB/T 2830—2015	榨菜盐	工业和信息化部
SB/T 10431—2007	榨菜酱油	商务部
CNS 1254—1989	酱菜类罐头	台湾地区标准
QB/T 1396—1991	酸甜红辣椒罐头	轻工业部
DBS51/ 002—2016	食品安全地方标准酸菜类调料	四川省卫生和计划生育委员会
NY/T 2650—2014	泡椒类食品辐照杀菌技术规范	农业部

续表

标准号	标准名称	发布单位
NY/T 1397—2007	腌渍芒果	农业部
NY/T 872—2004	芽菜	农业部
DB42/T 290—2004	来凤凤头姜	湖北省技术质量监督局
GB/T 19907—2005	地理标志产品萧山萝卜干	国家质量监督检验检疫总局
SN/T 1073—2002	出口瓶装酱菜检验规程	国家质量监督检验检疫总局

二、泡菜的国外标准

表 2-2　泡菜国外标准

标准号	英文名称	中文名称
SASO 840—1994	Pickles Arabic Version	阿拉伯泡菜
SASO 842—1994	Methods of Test for Pickles Arabic Version	阿拉伯泡菜试验方法
GOST 12231—1966	Vegetables salted and pickled, fruits and berries soaked. Sampling. Methods for determination proportion of liquid and solid parts	蔬菜腌制、水果和浆果浸泡、采样。液体和固体零件比重的测定方法
GOST 27853—1988	Vegetables salted and pickled, fruits and berries soaked. Acceptance rules, sampling	蔬菜腌制、水果和浆果浸泡抽样验收规则
GOST 7180—1973	Pickled cucumbers. Specification	酸黄瓜规范
GOST 7181—1973	Pickled tomatoes. Specifications	腌制西红柿规范
GOST 7694—1971	Canned sweet fruit and berry pickles. Specifications	甜水果罐头和浆果泡菜规范
GOST R 52477—2005	Canned foods. Vegetable pickles. Specifications	酱菜罐头规范
KS C 9321—2011	electrical storage box for kimchi	保险柜（韩国泡菜专用）
KS H 2169—2013	Kimchi	韩国泡菜
KS H 2139—2013	Seasoned and pickled products	调味酱和腌制品
KS H 2203—2009	Pickled cucumber	黄瓜泡菜（西方的做法）
CODEX STAN 223—2001	Codex standard for kimchi	朝鲜泡菜
CODEX STAN 115—1981	Codex standard for pickled cucumbers（cucumber pickles）	腌黄瓜标准
STN 46 3150—1989	Fresh vegetables. Zucchini, aubergines, muskmelons, watermelons, cucumbers pickles, cucumbers,garden peppers, pumpkin, tomatoes, squash	新鲜蔬菜：西葫芦、茄子、甜瓜、西瓜、黄瓜泡菜、黄瓜、辣椒、西红柿、南瓜

第三章
泡菜微生物

　　泡菜发酵过程中伴随着微生物群落种类和数量不断演替变化。我国传统发酵泡菜的加工方式多以自然发酵为主，即利用附着在蔬菜表面的微生物进行发酵。在盐水浸泡环境中，蔬菜本身携带的多种微生物迅速繁殖，呈现出以乳酸菌为主导的微生物系统，同时伴有酵母菌、醋酸菌及肠杆菌，有的还含少许霉菌，泡菜微生物系统见图3-1。

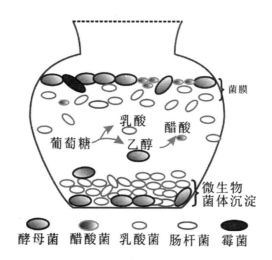

图 3-1　泡菜微生物系统简示

　　生物学研究起源于 20 世纪初，我国泡菜的微生物研究起源于 20 世纪 30 年代，典型成果有方心芳院士提出的"乳酸菌主导发酵"、20 世纪 40 年代赵学慧采用传统方法鉴定并首次提出的"乳杆菌属主导发酵"，这是我国老一辈科学家在泡菜微生物研究领域的重要发现。20 世纪 80 和 90 年代，我国泡菜微生态研究进入了快速发展的时期，结合国内外研究现状，

首次提出了中国泡菜的三段发酵，即发酵前期由肠膜明串珠菌启动发酵、中期以植物乳杆菌深化发酵、后期以植物乳杆菌、短乳杆菌及片球菌终止发酵的三段发酵理论。这一时期，大量学者采用可培养手段研究了我国泡菜微生物，大大丰富了我们对中国泡菜微生物菌群的认识。进入 21 世纪，随着分子微生物学技术的快速发展，采用传统分离纯化与分子微生物学鉴定（如 16S rDNA）方法相结合的技术手段被广泛应用于泡菜微生物的研究当中（图 3-2），2005 年以后逐渐出现了 PCR-DGGE（图 3-3）、克隆文库（图 3-4）等免培养方法分析泡菜微生物，过去一些难以培养的如嗜盐微生物、

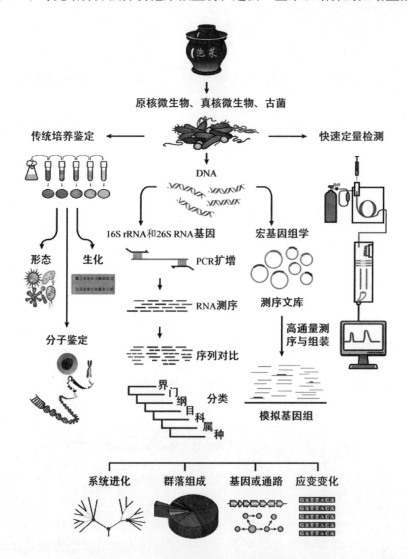

图 3-2 泡菜微生物的分析方法概览

非乳酸菌细菌等大量被发现，进一步推动了泡菜微生物学的发展。而近年来扩增子测序、宏基因组（图 3-5）等手段的兴起也带动了泡菜微生物学研究的深入开展，作者及其团队（项目组）采用传统分离鉴定（图 3-6）、高通量测序、定量 PCR 等多手段

解析了传统四川泡菜发酵过程中微生物的菌落构成及其变化，率先确定了明串珠菌、乳杆菌、乳球菌等 3 个属 17 个种的乳酸菌为四川泡菜主要优势菌群，之后陆续解析了四川泡菜主要优势菌群有 5 个属 11 个种，发现了传统四川泡菜母水中的微生物存在稳态发酵现象，基于此团队张其圣等人提出了"稳态发酵理论"，是近年来我国泡菜微生物研究领域的重要突破。除了微生物群落结构研究以外，人们还在泡菜微生物的安全性、功能性、营养健康等方面也做了一些研究，但这些研究都处于起步阶段，需要进一步深化。

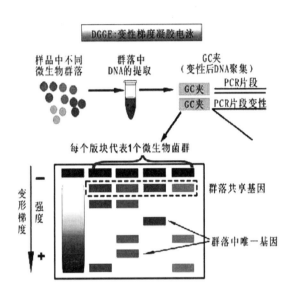

图 3-3　PCR-DGGE 分析流程（wiki）

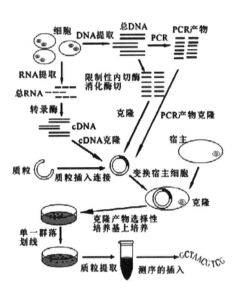

图 3-4　克隆文库

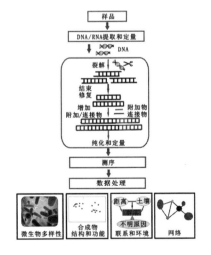

图 3-5　宏基因组分析

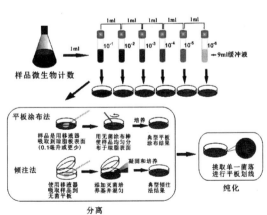

图 3-6　传统分离纯化、形态学、生化鉴定图

采用纯种微生物发酵泡菜是泡菜微生物研究的主要目的之一。我国泡菜科技工作者从 20 世纪 80 年代开始研究采用纯种发酵控制泡菜的发酵，通常情况下采用纯种发酵泡菜发酵速度更快，可以更好地控制泡菜的发酵，继而保证质量的稳定性。进入 21 世纪，将泡菜微生物菌种经过高密度培养、细胞富集、冷冻干燥等步骤后制备成冻干菌剂，方便运输及使用，是传统泡菜现代化标准化生产加工的方向，但由于设备投入较大等因素而导致成本较高，目前我国除少数大型泡菜龙头企业采用微生物纯种发酵泡菜（即直投菌剂）外，没有大规模的推广应用。

任何传统发酵制品中，都会存在保持传统特色与利用现代科技改造传统发酵制品的平衡。葡萄酒、啤酒、酸奶、奶酪制品等传统发酵食品，在西方发达的工业技术推动下，已经越来越多地影响了世界饮食与文化，而这其中主流化的现代方式控制发酵食品占据了绝大多。在亚洲地区，以日本主导的酱油、清酒等现代化生产，也在影响着我国传统酱油、曲酒的酿造方式。但是我国大部分传统发酵食品在采用现代科技改造浪潮中已经比较落后，日益增多的西式食品占领了我们的餐桌，甚至正在改变着我们的饮食文化，我国传统发酵食品正面临着前所未有的挑战。做强做大自主品牌、保持传统发酵食品与文化，已经形成了国家共识。而纵观历史上成功的发酵食品产业，无不是而采用现代生物技术改造提升，结合现代化的食品工程技术实现了传统发酵食品产业的腾飞。随着我国科技投入的加大和科技人才梯队的形成，以及强大的工业体系的支撑，目前已经初步形成了良好的科技基础与体系支撑。在泡菜产业化上，作者及其团队以乳酸菌制成的直投菌剂和集成技术的研究开发及应用推动（2016 年），我国泡菜产业集中区眉山市东坡区泡菜产值突破了 150 亿元，采用规模化、现代化的生产技术推动传统泡菜产业做大做强，已经跨出了历史性的一步。

泡菜微生物的研究与应用尽管已经取得了良好的进展，大大丰富了人们对传统泡菜的认识，然而我国泡菜产品分布广泛、种类繁多，影响因素较为复杂，泡菜的研究还仅仅是开始。基于此，作者认为细分国内泡菜工艺、产品，夯实研究基础，拓展研究领域，促进营养、健康的传统泡菜的工业化，以现代生物技术和食品工程技术推动这些产品的现代化生产是未来发展的主要方向。从微生物角度，探明不同类型泡菜的微生物群落结构及动态变化是控制泡菜发酵、提高泡菜品质及保证泡菜发酵安全性的基础。而不同加工类型的泡菜由于其温度、盐度、原料品种及工艺等因素的影响，微生物群落结构、代谢途径等差异显著，探明这些群落结构的差异，构建泡菜微生物群落结构与代谢产物、质构、微生物安全性等感官、微生物及理化品质之间的关系，泡菜微生物与人体肠道菌群、人体健康等方面的研究都将成为泡菜研发的重点。随着系统生物学、组学手段的普及应用，将为我们提供更为有效和便捷的研究手段，这些深入研究将为现代技术改造提升中国传统泡菜产业奠定基础，也是引导我国泡菜产业未来发展方向的基础。

第一节　泡菜常见微生物

一、乳酸菌

（一）概述

乳酸菌即乳酸细菌（Lactic Acid Bacteria，LAB），是一类能利用可发酵糖（碳水化合物）产生大量乳酸的细菌的总称。乳酸菌球菌（直径）一般为 0.5 ~ 1.5 μm，杆菌（宽长）一般为（0.5 ~ 1）μm×（2 ~ 10）μm；为革兰氏阳性菌（G⁺），通常不运动，不产生芽孢，过氧化氢酶阴性，在发酵代谢中以乳酸作为主要代谢产物。乳酸菌属兼性厌氧菌，对氧气不敏感，在有氧或无氧条件下都能生长，培养液生长物浑浊。乳酸菌的最适生长温度也不尽相同，一般生长温度范围为 15 ~ 40 ℃，最适温度 25 ~ 38 ℃之间。乳酸菌的菌落形态一般较湿润、光滑、透明、黏稠，菌落隆起，边缘圆整，通常为乳白色或灰白色。但一般乳酸菌菌落比酵母菌菌落小，比酵母更透明。乳酸菌分布于自然界，是一群相当庞杂的细菌，其中绝大部分都是人体内必不可少的且具有重要生理功能的菌群，其广泛存在于人体的肠道中。乳酸菌在食品加工中起到十分重要作用，据统计，乳酸菌发酵食品占食品总量的 25% 以上。泡菜中乳酸菌具有多样性，大多有一定的耐盐和耐酸性，可以作为益生乳酸菌的重要来源。

（二）分类

乳酸菌根据发酵产生乳酸的情况，可将乳酸发酵分为两类：即正型乳酸发酵和异型乳酸发酵，正型乳酸发酵也称同型乳酸发酵。乳酸菌从来源上可分为两大类，一类是动物源乳酸菌，另一类是植物源乳酸菌。而在分类学上并无乳酸菌的分类，其包括哪些菌属也还存在争议，但乳杆菌属（*Lactobacillus*），明串珠菌属（*Leuconostoc*），片球菌属（*Pedicoccus*）和链球菌属（*Streptococcus*）被认为是这群细菌的核心菌属。其中凌代文将乳酸菌分为 23 个属，220 多个种，其中属水平如表 3-1。

目前我国泡菜中发现的乳酸菌主要包括乳杆菌属（*Lactobacillus*）、明串珠菌属（*Leuconostoc*）、肠球菌属（*Enterococcus*）、片球菌属（*Pedicoccus*），也有少量报道含有乳球菌属（*Lactococcus*）、魏斯氏菌属（*Weissella*）等其他菌属（图 3-7），我国泡菜大部分以乳酸杆菌发酵为主。

表 3-1 乳酸菌分类（属水平）

细菌类别	属　名
革兰氏阳性无芽孢杆菌	乳杆菌属（*lactobacillus*）
	肉食杆菌属（*Carnobacterium*）
	李斯特氏杆菌属（*Listeria*）
	环丝菌属（*Brochothix*）
	丹毒丝菌属（*Erysipelothrix*）
形成内生芽孢的杆菌	芽孢乳杆菌属（*Sporolactobacillus*）
	芽孢杆菌属（*Bacillus*）内产乳酸的成员
不规则的专性厌氧菌	双歧杆菌属（*Bifidobacterium*）
	奇异菌属（*Atopobium*）
革兰氏阳性 兼性厌氧球菌	链球菌属（*Streptococcus*）
	肠球菌属（*Enterococcus*）
	乳球菌属（*Lactococcus*）
	漫游球菌属（*Vagococcus*）
	片球菌属（*Pediococcus*）
	四联球菌属（*Tetragenococcus*）
	气球菌属（*Aerococcus*）
	明串珠菌属（*Leuconostoc*）
	酒球菌属（*Oenococcus*）
	魏斯氏菌属（*Weissella*）
	乳球形菌属（*Lactosphaera*）
	营养缺陷菌属（*Abiotrophia*）
	孪生球菌属（*Gemella*）
	糖球菌属（*Saccharococcus*）

乳杆菌属（*Lactobacillus*）：一般呈细长的杆状，大小为（0.5 ~ 1.2）μm×（1.0 ~ 10.0）μm，通常呈链状排列，无芽孢，微需氧。乳杆菌一般较耐酸，最适pH 值为 5.5 ~ 5.8，甚至更低，大多数种的适温为 30 ~ 40 ℃。主要有植物乳杆菌（*L.plantarum*）、戊糖乳杆菌（*L.pentosus*）、发酵乳杆菌（*L.fermenti*）、短乳杆菌

（*L.brevis*）、德氏乳杆菌（*L.delbrueckii*）、保加利亚乳杆菌（*L.bulgaricus*）、瑞士乳杆菌（*L.helveticus*）、嗜酸乳杆菌（*L.acidophilus*）和干酪乳杆菌（*L.casei*）及其亚种等。常用在中国传统发酵食品如泡菜、榨菜、腌菜和乳制品发酵上。

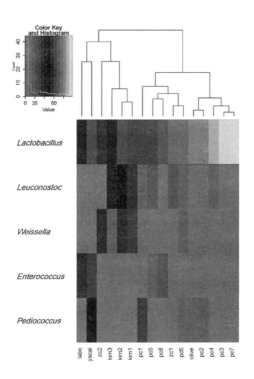

图 3-7　常见泡菜品种优势乳酸菌菌属

图 3-8　乳酸乳球菌和魏斯氏菌电镜图

链球菌属（*Streptococcus*）：一般呈球形或卵圆形，短链状排列，直径 0.6 ~ 1.0 μm，无芽孢，兼性厌氧菌，能发酵简单的糖类，产酸不产气。如发酵乳制品常用菌种乳酸链球菌（*S. lactis*）、乳酪链球菌（*S.creamoris*）和嗜热乳链球菌（*S. thermophilus*）等，

医学上重要的链球菌主要有化脓性链球菌（*S.pyogenes*）、草绿色链球菌（*S.Viridans*）、肺炎链球菌（*S. pneumoniae*）、无乳链球菌（*S. agalactiae*）等。

明串珠菌属（*Leuconostoc mesenteroides*）：一般呈圆形或卵圆形，菌体排列成对或短链状，细胞大小为（0.5 ~ 0.7）μm×（0.7 ~ 1.2）μm。明串珠菌属异型乳酸发酵菌，利用葡萄糖产生 CO_2、乙酸和乳酸，所以又被称风味菌、香气菌或产香菌。明串珠菌属有多个种，广泛应用于泡菜、乳制品、肉制品的生产加工中。

肠球菌属（*Enterococcus*）：细胞球形或卵圆形，（0.6 ~ 2.0）μm×（0.6 ~ 2.5）μm，呈成对或短链。不生芽孢，革兰氏阳性，兼性厌氧。发酵碳水化合物主要产乳酸但不产气，最终 pH 值为 4.2 ~ 4.6，在 pH 值为 9.6、6.5% 氯化钠溶液中和 40% 胆盐中也能生长。肠球菌属是肠道的正常栖居菌，但有的也是医学上重要感染病原菌，代表种为粪肠球菌（*Enterococcus faecalis*）。

片球菌属（*Pediococcus*）：细胞球形但不延长，直径 1.2 ~ 2.0 μm，革兰氏阳性，不运动，不产芽孢。属于兼性厌氧型，常出现于蔬菜和食品中。常见的有小片球菌（*P. parvulus*）、乳酸片球菌（*P. acidilactic*）、戊糖片球菌（*P. pentasiaceus*）和嗜盐片球菌（*P. halophilus*）等，在乳制品生产中常用到乳酸片球菌和戊糖片球菌。

目前在泡菜中报道较为广泛的乳酸菌有 20 余种，具体如表 3-2 所示。其中肠膜明串珠菌、柠檬明串珠菌、植物乳杆菌、戊糖乳杆菌和短乳杆菌等乳酸菌，已经被用作发酵的启动菌，提升泡菜产品的质量，如市场上出现的直投式功能菌剂等。

表 3-2　泡菜中主要乳酸菌

中文名	拉丁文名	中文名	拉丁文名
植物乳杆菌	*Lactobacillus plantarum*	唾液乳杆菌	*lactobacillus salivarius*
戊糖乳杆菌	*Lactobacillus pentosus*	耐久肠球菌	*Enterococcus durans*
清酒乳杆菌	*Lactobacillus sakei*	弯曲乳杆菌	*Lactobacillus curvatus*
短乳杆菌	*Lactobacillus brevis*	干酪乳杆菌	*Lactobacillus casei*
赫伦魏斯氏菌	*Weissella hellenica*	类植物乳杆菌	*Lactobacillus paraplantarum*
高丽魏斯氏菌	*Weissella koreensis*	柠檬明串珠菌	*Leuconostoc citreum*
粪肠球菌	*Enterococcus faecalis*	发酵乳杆菌	*Lactobacillus fermentum*
肠膜明串珠菌	*Leuconostocmes enteroides*	卡西口米塔塔姆明串珠菌	*Leuconostoc gasicomitatum*
嗜酸乳杆菌	*Lactobacillus acidophilus*	消化乳杆菌	*Lactobacillus alimentarius*
肠膜明串珠菌属冷明串珠菌	*Leuconostocgelidum*	乳酸乳球菌乳酸亚种	*Lactococcuslactis subsp. Lactis*
戊糖片球菌	*Pediococcus pentosaeceus*	乳酸片球菌	*Pediococcus acidilactic*
玉米乳杆菌	*Lactobacillus zeae*		

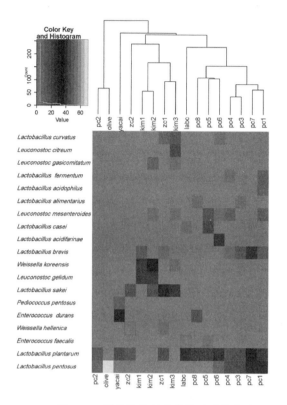

图 3-9　常见泡菜品种优势乳酸菌菌种

植物乳杆菌（*Lactobacillus plantarum*）：呈杆状，大小为（0.5 ~ 1）μm ×
（2 ~ 10）μm，具有钝圆末端，笔直，单生、成对或链状排列，通常不运动，
无芽孢，兼性厌氧，革兰氏染色阳性。适宜生长温度 25 ~ 38 ℃，最适生长温度
30 ~ 37 ℃，15 ℃条件下仍可以生长。属同型乳酸发酵菌，发酵糖类产生乳酸，耐酸
及耐盐能力较强，能促进蔬菜的乳酸发酵，在发酵过程中起主导作用。

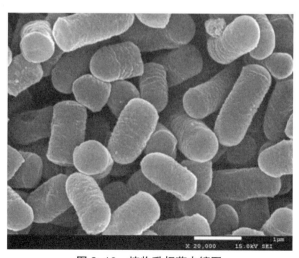

图 3-10　植物乳杆菌电镜图

戊糖乳杆菌（*Lactobacillus pentosus*）：同植物乳杆菌相似，耐酸，耐盐，常在泡菜发酵中后期出现，产生大量乳酸，促进蔬菜的乳酸发酵，是泡菜发酵过程中的主要微生物。

短乳杆菌（*Lactobacillus brevis*）：菌体短，呈直杆状，具有圆形末端，单个或以短链的形式存在，无芽孢，兼性厌氧，革兰氏染色阳性。生长温度范围为 15～40 ℃，最适生长温度 27～30 ℃，专属异型乳酸发酵菌，能够发酵戊糖，使产品具有独特的风味。

发酵乳杆菌（*Lactobacillus fermentum*）：呈杆状，长宽不定，通常为短杆菌，有成对或成链式排列，无芽孢，革兰氏染色阳性。生长温度范围为 30～40 ℃，最适生长温度 35～38 ℃，15 ℃条件下不生长。发酵葡萄糖产生乳酸、醋酸、乙醇和二氧化碳，属异型乳酸发酵，对产品风味形成有一定的影响。

肠膜状明串珠菌（*Leuconostoc mesenteroides*）：呈圆形或椭圆形，成对或链状排列，通常是短链，无芽孢，兼性厌氧，革兰氏染色阳性。生长温度范围为 28～40 ℃，最适生长温度 29～35 ℃，属异型乳酸发酵菌，利用葡萄糖产生 CO_2、乙酸和乳酸，发酵蔗糖产生特征性荚膜。肠膜状明串珠菌是明串珠菌的代表菌种，发酵产生的乙酸和乳酸等与其他代谢产物结合，对泡菜产品风味的形成起重要作用，但耐酸耐盐性较差（耐食盐 0.5%～2%），后期生长迟缓。能把多余的糖转化成甘露醇和低聚糖，甘露醇和低聚糖一般只能被乳酸菌利用，而不能被其他微生物利用，也不能与氨基酸结合成醛基或酮基，因此不会引起泡菜等食品的褐变。在泡菜及乳肉制品上有时用到柠檬明串珠菌（*Leuconostoc citreum*），它是一种能够利用甘露醇脱氢酶（MDH）将果糖转化为甘露醇的乳酸菌，是一种典型的风味菌；在乳制品上有时用到肠膜明串珠菌（*Leuc.Mesenteroides*）及其乳脂亚种（*Leuc. Cremoris*）、葡聚糖亚种（*Leuc. Dextranicun*）、蚀橙明串珠菌（*Lcuc. Citrovorum*）、乳酸明串珠菌（*Leuc.Lactis*）和酒明串珠菌（*Leuc. Oenos*）等，其中肠膜明串珠菌乳脂亚种又称乳脂明串珠菌，它能发酵产生特殊风味物质，因此又被称风味菌、香气菌或产香菌。

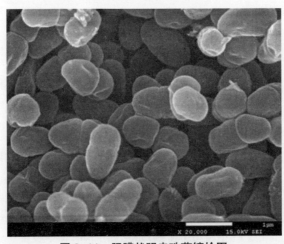

图 3-11　肠膜状明串珠菌镜检图

乳酸片球菌（*Pediococcus acidi1actic*）：呈圆形或椭圆形，成对或四链式排列，革兰氏染色阳性，无芽孢，兼性厌氧。生长温度范围为 10 ~ 40 ℃，最适生长温度 32 ~ 39 ℃，耐盐耐酸性较好（耐食盐 6% ~ 10%），属同型发酵乳酸菌。

戊糖片球菌（*Pediococcus pentosaeceus*）：呈圆球形，通常成对生，不成链状排列，革兰氏染色阳性，无芽孢，兼性厌氧。生长温度范围在 25 ~ 40 ℃，最适生长温度 31 ~ 38 ℃，属同型发酵乳酸菌，耐酸耐盐性好（耐酸 1.0% ~ 2.0%）。

唾液乳杆菌（*Lactobacillus salivarius*）：是一种菌体呈短杆状，两端呈圆形，一般情况下单独出现，成对，短链状，革兰氏染色阳性，不产生孢子，不具接触酶、氧化酶及运动性。在好氧及厌氧环境均能生长，属于兼性异质发酸性菌株，葡萄糖代谢时不产生气体。生长适合温度在 30 ~ 43 ℃之间，最适合生长温度在 37 ℃左右，最适 pH 值 5.0 ~ 5.5 或更低。该菌能刺激免疫细胞分泌抗过敏相关细胞激素，用于增进抗过敏能力。

弯曲乳杆菌（*Lactobacillus curvatus*）：是一种弯曲、豆状杆菌，两端呈圆，（0.7 ~ 0.9）μm×（1.0 ~ 12）μm，成短链或是四个细胞组成封闭型的环形或马蹄形。菌落形态同植物乳杆菌，稍小，无芽孢，无鞭毛。同型发酵，发酵葡萄糖产生乳酸，不产气。在 15 ℃生长，在 45 ℃不生长；最适温度范围 30 ~ 37 ℃，常常从牛粪、牛奶、青贮饲料和乳品仓库的空气中分离到。

玉米乳杆菌（*Lactobacillus zeae*）：细胞呈杆状，以单个或成对排列，菌体大小在（0.7 ~ 2.9）μm×（0.4 ~ 0.7）μm；革兰氏阳性，不运动，无芽孢，有机化能型，兼性厌氧；不水解酪素和明胶，不还原硝酸盐，不产吲哚和 H_2S；接触酶阴性，无细胞色素；营养要求复杂，需要氨基酸、肽、盐类、脂肪酸或脂肪酸脂类和可发酵的碳水化合物；最适温度 30 ~ 37 ℃，最适 pH 值为 5.5 ~ 6.2。常出现在泡菜、果蔬制品、饲料等中，发酵主要产乳酸。

干酪乳杆菌（*Lactobacillus casei*）：一般呈现出短杆状或长杆状的多形性杆菌，菌两端平齐呈方形，多以短链或长链方式排列，菌体长短不一，不产生芽孢，无鞭毛，不运动，一般宽度均小于 1.5 μm，最适生长温度为 37 ℃，存在于人的口腔和肠道中，也常常出现在牛奶和干酪、乳制品、饲料、面团中。干酪乳杆菌作为益生菌的一种，与嗜酸乳杆菌和双歧杆菌一起被称为"健康三益菌"。能够耐受有机体的防御机制，其中包括口腔中的酶、胃液中低 pH 值和小肠的胆汁酸等。其进入人体后可以在肠道内大量存活，具有调节肠内菌群平衡、促进人体消化吸收等作用。商业上常用作牛奶、酸乳、豆奶、奶油和干酪等乳制品的发酵剂及辅助发酵剂。

嗜酸乳杆菌（*Lactobacillus acidophilus*）：属于乳杆菌属，革兰氏阳性杆菌，杆的末端呈圆形，（0.5 ~ 0.9）μm×（1.5 ~ 6）μm，以单个、成双和短链出现，不运动、无鞭毛，最适生长温度 35 ~ 38 ℃，最适生长 pH 值 5.5 ~ 6.0，存在于人类、动物的肠胃道和口腔中。嗜酸乳杆菌在小肠中释放乳酸、乙酸和一些对有害菌起作用的

抗菌素，但是抑菌作用比较弱。和大部分的乳酸菌一样能够将乳糖转变为乳酸。其相关的菌种还能产生乙醇、二氧化碳和乙酸。嗜酸乳杆菌在商业上用在多种奶制品中，有时还会跟嗜热链球菌（*Streptococcus thermophilus*）和保加利亚亚种德氏乳杆菌（*Lactobacillus delbrueckii subsp. bulgaricus*）配搭用于制作嗜酸型的酸奶饮品。

粪肠球菌（*Enterococcus faecalis*）是革兰氏阳性、过氧化氢阴性球菌，是人和动物肠道内主要菌群之一，其能产生天然抗生素，有利于机体健康；同时还能产生细菌素等抑菌物质，抑制大肠杆菌和沙门氏菌等病原菌的生长，改善肠道微环境；还能抑制肠道内产尿素酶细菌和腐败菌的繁殖，减少肠道尿素酶和内毒素的含量，使血液中氨和内毒素的含量下降。粪肠球菌作为一种益生菌，在医学和食品工程领域得到广泛应用。另外，肠球菌为消化道内正常存在的一类微生物，在肠黏膜具有较强的耐受和定植能力，并且是一种兼性厌氧的乳酸菌，与厌氧、培养保存条件苛刻的双歧杆菌相比，更适合于生产和应用。

（三）代谢途径

乳酸菌对葡萄糖的主要三大代谢途径分别是糖发酵途径（EMP）、双歧杆菌途径和6-磷酸葡萄糖途径（HMP）。上述三条乳酸菌的代谢途径有一个共同点：只有己糖可以在这些途径上代谢利用。然而，己糖通过上述三条不同的途径时，经过快速的生物反应后，终产物的种类或数量上也会存在差异。EMP途径对大多数的微生物来说都是最重要的糖代谢途径，而在乳酸菌中，它主要是同型乳酸发酵菌株的能量代谢途径，而异型乳酸发酵的菌株，常见的代谢途径是6-磷酸葡萄糖代谢途径和双歧杆菌代谢途径，它们通过这两条途径代谢己糖后，不仅有EMP途径可以生成的终产物乳酸，同样还可以产生其他的产物，如乙酸、乙醇和气体物质。

正型乳酸发酵乳酸菌是在乳酸的发酵过程中，乳酸是它的唯一代谢终产物。EMP途径是同型乳酸发酵菌株的主要代谢途径，也有一些兼性异型乳酸发酵菌株会利用这条途径代谢利用碳源。这条途径的基本代谢过程是葡萄糖先经过磷缩酶的作用，进一步分解生成3-磷酸甘油醛，然后再进一步经过复杂的反应同时生成丙酮酸和ATP，一般的生物将葡萄糖代谢成丙酮酸为终产物，而乳酸菌因其代谢途径中还存在乳酸脱氢酶，在这种酶的作用下，丙酮酸可进一步的被反应生成乳酸同时需要消耗NADH。总的来说，在EMP代谢途径中，一分子的葡萄糖经过各种酶的作用后，最终生成两分子的乳酸和2个ATP，其中醛缩酶是这条代谢途径的关键酶，在这个过程中并不需要氧气的参与，理论上也不会产生其他的副产物。

异型乳酸发酵乳酸菌是在代谢葡萄糖的过程中，它们既会产生EMP途径产生的乳酸，又会产生乙酸、乙醇和气体等多种产物。异型乳酸发酵途径与正型乳酸发酵途径有相同和不同之处，在葡萄糖代谢利用的前半段，该途径是经磷酸化后生成6-磷酸葡萄糖，再经过磷酸转酮酶的作用生成5-磷酸木酮糖和部分 CO_2 气体，再在戊糖磷酸转酮酶的催化作用下生成 3- 磷酸甘油醛和乙酰磷酸，它们经催化后最终生成乳酸、乙酸、乙醇等终产物。在这条代谢途径中戊糖转酮酶是关键酶。总的来说，一分子的葡萄糖经过异型乳酸发酵途径后，可以生成一分子的乳酸、一分子的乙醇、一分子的 CO_2 和一分子的 ATP。在双歧杆菌中，则存在特殊的异型乳酸发酵双歧杆菌途径。这是一条在 20 世纪 60 年代中后期才发现的双歧杆菌（*Bifidobacteria*）通过 HMP 发酵葡萄糖的新途径。在该途径中，2 分子葡萄糖可产生 3 分子乙酸、2 分子乳酸和 5 分子的 ATP。

葡萄糖经糖酵解途径降解为丙酮酸，丙酮酸在乳酸脱氢酶的催化下被 $NADH_2$ 还原成乳酸。

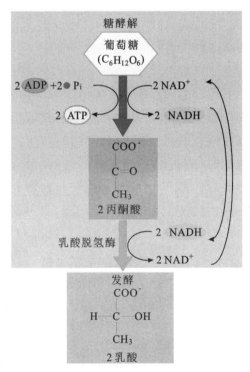

产物总反应式：

$$C_6H_{12}O_6 + 2ADP + 2Pi \longrightarrow 2\,C_3H_6O_3 + 2\;ATP$$

图 3-12　乳酸菌糖发酵原理图

二、酵母菌

（一）简介

酵母菌（*Yeast*）是一群单细胞的真核微生物。酵母菌是个通俗名称，是以芽殖或裂殖来进行无性繁殖的单细胞真菌的通称，以与霉菌区分开。酵母菌的细胞直径约为

细菌的 10 倍,一般为 $(1 \sim 5) \mu m \times (5 \sim 30) \mu m$。细胞形态通常有球状、卵圆状、椭圆状、柱状和香肠状等。泡菜中最典型和重要的酵母菌是酿酒酵母（*Saccharomyces cerevisiae*）。酵母菌的菌落和细菌的菌落相似,一般较湿润、光滑、透明、黏稠、易挑取。酵母菌透明度不如细菌,酵母菌菌落颜色较单调,通常为乳白色或矿烛色,少数为粉红色或黑色,菌落隆起,边缘圆整。多数酵母菌菌落存在酒精发酵,散发出较微弱的酒香味。酵母菌生长繁殖有芽殖、裂殖和孢子繁殖三种方式,最适宜温度为 $25 \sim 28 \, ℃$。

酵母菌在泡菜发酵中起着重要作用。酵母菌能消耗可发酵糖,主要生成乙醇、少量甘油和一些特殊风味的醇类物质,代谢物可抑制有害菌如腐败菌的生长,有利于泡菜后熟阶段发生醋化反应和芳香物质的形成。酵母菌产生的乙醇也为醋酸菌进行醋酸发酵提供了物质基础。酿酒酵母、粗状假丝酵母和近平滑假丝酵母、汉逊氏酵母、粘红酵母、异变酒香酵母等被证实对泡菜发酵风味品质有益。

但是,如果酵母菌的酒精发酵不加以控制,会对泡菜有一定的不良影响,酒精量增加,酒味较浓,泡菜正常风味受损。酵母中的产醭酵母会在浸液表面生长、产膜,也就是"生花"。"生花"是泡菜发酵过程中常见的一种腐败现象,表现为在泡菜水表面形成一层白膜,严重者有馊臭味,导致泡菜软烂变质不能食用。泡菜"生花"不仅在家庭制作泡菜的过程中发生,也常在工厂化生产时出现,对产品的品质造成影响,造成经济损失。另外,酵母生长过程中会消耗掉蔬菜发酵过程中产生的一些酸类物质,如乳酸等,使环境的 pH 值升高,为一些腐败细菌（如丙酸杆菌和梭菌属）的生长提供了良好的环境条件。已有研究表明,毕赤酵母是导致泡菜"生花"的主要微生物之一,其分解糖的能力弱,不产生酒精,能氧化酒精,能耐高或较高体积分数酒精,也常使酒类和酱油产生"白花",形成浮膜,为酿造工业中的有害菌。泡菜中常见的毕赤酵母有克鲁维毕赤酵母和膜璞毕赤酵母,其能引起泡菜明显的"生花"腐败,在泡菜水表面形成白色的膜,使泡菜水混浊并降低泡菜脆度,并发酵产生酒精,使泡菜有酒精味。

（二）分类

泡菜发酵中常见的酵母菌有酵母属（*Saccharomyces*）,汉森酵母属（*Hansenula*）,小红酵母属（*Rhodotorulaminuta*）,隐球菌属（*Cryptococcus*）,球拟酵母属（*Torulopsis*）,红酵母属（*Rhodotorula*）,毕赤酵母属（*Pichia*）,假丝酵母属（*Candida*）等。

假丝酵母（*Candida*）:细胞呈球形、椭圆形、圆筒形、长条形,有时为不规则形,不产生子囊孢子。通过发芽而繁殖,可形成假丝菌,少数形成厚膜孢子及真菌丝。

假丝酵母菌对热的抵抗力不强，加热至 60 ℃，1 小时后即可死亡，但对干燥、日光、紫外线及化学制剂等抵抗力较强。假丝酵母菌种类很多，在泡菜中出现的有热带假丝酵母（*Candida tropicalis*）和粗状假丝酵母（*Candida valida*）等。

毕赤酵母（*Pichia*）：细胞呈不同形状，多边芽殖，多数种形成假菌丝，利用甲醇作为唯一碳源和能源。在泡菜发酵过程中，常出现膜璞毕赤酵母（*Pichia membranifaciens*），其能在泡菜液面产生干皱的膜璞，影响泡菜质量，是一种有害菌。此外，泡菜中发现有盔形毕赤酵母（*Pichia manshurica*）等。

酿酒酵母（*Saccharomyces*）：酿酒酵母是发酵中最常见的酵母种类，细胞为球形或者卵形，直径 5 ~ 10 μm。其繁殖方式为多级出芽繁殖，有时形成假菌丝，发酵糖（葡萄糖、蔗糖等）产生酒精和二氧化碳。酿酒酵母除用于酿造啤酒、酒精及其他的饮料酒外，还可发酵面包。其菌体维生素、蛋白质含量高，可作食用、药用和饲料酵母，还可以从其中提取核酸、谷胱甘肽、凝血质、辅酶 A 和三磷腺苷等。泡菜中常出现 *exigua* 酿酒酵母菌，*Kazachstania turicensis*，*Kazachstania bulderi* 等。

汉逊氏酵母（*Hansenula*）：该属酵母形态多样，有圆形、椭圆形、卵圆形、腊肠形等，有时细胞连接成假菌丝，芽殖或裂殖。可发酵糖（葡萄糖、蔗糖等），能产生乙酸乙酯，从而增加产品香味，可用于酿酒和食品工业。它们能利用酒精作碳源，并在饮料等食品表面产生干皱的菌璞，所以是有害菌。异常汉逊氏酵母（*Hansenula anomala*）是泡菜中常见的酵母，其大量繁殖也会使泡菜泡渍液体表面生白花、白膜，产生不愉快的刺激性臭味，使泡渍发酵失败。此外，汉逊德巴利酵母（*Debaryomyces hansenii*）等也常在泡菜中出现。

球拟酵母（*Torulopsis*）：球形、卵圆形、椭圆形，多级出芽繁殖，可发酵糖（葡萄糖、蔗糖等），具有耐受高浓度的糖和盐的特性，例如：杆状球拟酵母等。

此外，还有鲁氏酵母（*Saccharomyces rouxii*）等，鲁氏酵母能在高浓度糖和盐的溶液中生长繁殖，形成灰白色粉状的皮膜，随着时间延长，皮膜增厚变成黄褐色，对泡菜产品来说是引起败坏的有害酵母。

（三）代谢途径

蔬菜在泡渍发酵过程中，酵母利用蔬菜中的糖分作为基质，把葡萄糖转化为丙酮酸，丙酮酸由脱羧酶催化生成乙醛和二氧化碳，乙醛在乙醇脱氢酶的作用下生成乙醇，这一系列过程称为酒精发酵。进行酒精发酵的微生物除酵母菌外，还有少量其他微生物的参与。

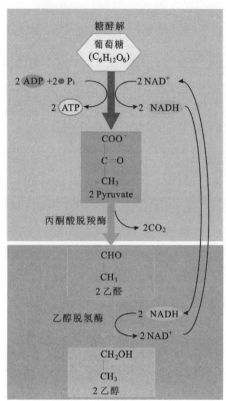

产物总反应式：

$$C_6H_{12}O_6 + 2ADP + 2Pi \longrightarrow 2C_2H_6O + 2CO_2 + 2\,ATP$$

图 3-13　酵母菌糖发酵原理图

三、醋酸菌

（一）简介

醋酸菌即醋酸杆菌，属于醋酸单胞菌属，多为杆状（长杆或短杆），有的呈丝状、棒状、弯曲，有的呈椭圆形；革兰氏染色阴性；单生、成对或成链排列，不形成孢子；（0.5~0.8）μm×（0.9~4.2）μm；需氧，能运动或不运动。醋酸菌生长最适温度为 28 ~ 30 ℃，最适 pH 值为 3.5 ~ 6.5，醋酸菌对酸性环境有较高的耐受力，大多数菌株能在 pH 为 5 的条件下生长。醋酸菌是专性好氧菌。有的醋酸菌不会运动，也具有极生或周生鞭毛的运动型。越来越多的研究表明，醋酸菌广泛存在于泡菜发酵中，其在供氧充足的条件下，迅速生长繁殖，将泡渍发酵液中的酒精氧化为醋酸和少量的其他有机酸、乙酸乙酯等，适量的醋酸和乙酸乙酯等是形成泡菜风味的重要物质。所以泡菜泡渍发酵中，适宜的醋酸发酵不仅无害，而且对风味形成有益。但和乳酸发酵、酒精发酵一样，如过量会有不良的影响，例如：产酸高的醋酸菌，发酵液中的醋酸含量可达 5%～10%，不仅严重影响风味（刺激性酸味），而且无法食用。正常情况下，醋酸含量达 0.2%～0.4% 时，可增进泡菜风味，醋酸含量高于 0.5% 时影响泡菜风味。所以泡制中要及时封缸、封坛，形成缺氧环境，减少醋酸菌的发酵活动，保证泡菜产品的正常风味。

（二）分类

醋酸菌被分为醋杆菌属（*Acetobacter*）、酸单胞菌属（*Acidomonas*）、葡糖醋杆菌（*Gluconobacter*）、葡糖酸醋酸杆菌（*Gluconacetobacter*）。泡菜中常见的醋酸菌一般包括：纹膜醋酸杆菌、奥尔兰醋酸杆菌、许氏醋杆菌、As 1.41 醋酸杆菌和沪酿 1.01 醋酸杆菌等。

纹膜醋酸杆菌（*Acetobacter aceti*）：培养时液面形成乳白色、皱纹状的黏性菌膜，摇动时，液体变浑；能产生葡萄糖酸，最高产醋酸量 8.75%，生长温度范围 4～42 ℃，最适生长温度 30 ℃，能耐 14%～15% 的酒精。

奥尔兰醋酸杆菌（*Acetobacter orleanwnse*）：它是纹膜醋酸杆菌的亚种，也是法国奥尔兰地区用葡萄酒生产食醋的菌种，能产生葡萄糖酸，产酸能力较弱，最高产醋酸量 2.9%，耐酸能力强，能产生少量的酯。生长温度范围 7～39 ℃，最适生长温度 30 ℃。

许氏醋杆菌（*Acetobacter schuenbachii*）：它是法国著名的速酿食醋菌种，也是目前酿醋工业重要的菌种之一，产酸能力强，最高产醋酸量达 11.5%。对醋酸没有进一步的氧化作用，耐酸能力较弱。最适生长温度 25～27.5 ℃，最高生长温度 37 ℃。

As 1.41 醋酸杆菌（*Acetobacter rancens var.turbidans*）（AS.1.41）：它属于恶臭醋酸杆菌的浑浊变种，是我国酿醋工业常用菌种之一，细胞呈杆状，常成链排列，液体培养时则形成菌膜，产醋酸量 6%～8%，产葡萄糖酸能力弱，可将醋酸进一步氧化为 CO_2 和 H_2O。最适生长温度 28～30 ℃，最适生长 pH 值 3.5～6.5，耐酒精浓度 8%。

沪酿 1.01 醋酸杆菌（*Acetobacter pasteurianus*）（Huniang 1.01）：它属于巴氏醋酸杆菌的巴氏亚种，也是目前我国酿醋工业常用菌种之一。细胞呈杆状，常成链排列，液体培养时液面形成淡青色薄层菌膜，氧化酒精生成醋酸的转化率达 93%～95%。

（三）代谢途径

醋酸菌如果在糖源充足的情况下，可以直接将葡萄糖转化成醋酸；如果在缺少糖源的情况下，先将乙醇转化成乙醛，再将乙醛转化成醋酸；在氧气充足的情况下，能将酒精氧化成醋酸，从而制成醋。

醋酸菌在有氧条件下将乙醇氧化为醋酸。

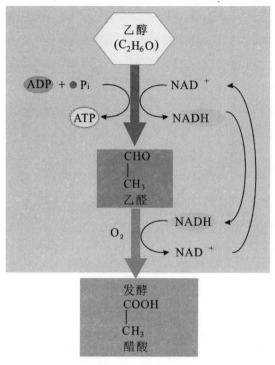

产物总反应式：

$$C_2H_6O+ADP+O_2+Pi \longrightarrow C_2H_4O_2+H_2O+ATP$$

图 3-14　醋酸菌发酵原理图

四、霉菌

（一）简介

霉菌即丝状真菌，其基本单位为菌丝，呈长管状，宽度 $2 \sim 10\ \mu m$，可不断自前端生长并分枝。无隔或有隔，具 1 至多个细胞核。细胞壁分为三层：外层无定形的 β 葡聚糖（87 nm）；中层是糖蛋白，蛋白质网中间填充葡聚糖（49 nm）；内层是几丁质微纤维，夹杂无定形蛋白质（20 nm）。在固体基质上生长时，部分菌丝深入基质吸收养料，称为基质菌丝或营养菌丝；向空中伸展的称气生菌丝，可进一步发育为繁殖菌丝，产生孢子。大量菌丝交织成绒毛状、絮状或网状等，称为菌丝体。菌丝体常呈白色、褐色、灰色，或呈鲜艳的颜色（菌落为白色毛状的是毛霉，绿色的为青霉，黄色的为黄曲霉），有的可产生色素使基质着色。霉菌繁殖迅速，常造成食品、用具大量霉腐变质，但许多有益种类已被广泛应用，是人类实践活动中最早利用和认识的一类微生物。

在泡菜的制作和生产过程中由于原料自身携带或者操作不当等因素的影响使得泡菜很容易受到污染，真菌具有在低酸性、低水分活度和高渗透压环境下生长的能力。

目前对泡菜中霉菌研究相对较少，与其在泡菜环境中数量较少或者其在泡菜发酵中的作用有限有关。泡菜发酵初始过程中，微生物数量体现出乳酸菌＞醋酸菌＞酵母菌＞霉菌，霉菌在发酵初期 24 h 内快速生长，菌数达到 10^2 CFU/mL 水平，此后由于发酵液 pH 值的迅速下降和有机酸的积累，菌数不断下降，于 60 h 后消亡。

（二）分类

真菌的分类系统较多，比如 Ainsworth 分类系统（1973）、《真菌字典》（Dictionary of Fungi）第八版（1995）等。依据 NCBI 最新生物系统，霉菌主要归属于芽枝霉门（*Blastocladiomycota*）、子囊菌门（*Ascomycota*）、球囊菌门（*Glomeromycota*）、毛霉亚门（*Mucoromycotina*）、水霉目（*Saprolegniales*）。食品中常见的霉菌代表有毛霉属、曲霉属、青霉素、根霉属等。

毛霉属（*Mucor*）：毛霉属是菌丝发达，分枝成蛛网状，白色，无假根。孢子囊黑色，在孢囊梗顶端形成。广泛分布于土壤、堆肥及水果、蔬菜和各种淀粉性食物上，常引起霉腐变质。大都能产生淀粉酶、蛋白酶，在酒曲中为糖化菌，使淀粉糖化，也是制作腐乳、豆豉等食品的主要菌种。如高大毛霉（*Mucor mucedo*）、总状毛霉（*Mucor racemosus*）、鲁氏毛霉（*Mucor roxianus*）等。

曲霉属（*Aspergullus*）：它是发酵工业和食品加工业的重要菌种，已被利用的近 60 种。2000 多年前，我国就用它于制酱，它也是酿酒、制醋醅的主要菌种。现代工业利用曲霉生产各种酶制剂（淀粉酶、蛋白酶、果胶酶等）、有机酸（柠檬酸、葡萄糖酸、五倍子酸等），农业上用作糖化饲料菌种。如米曲霉（*Aspergillus oryzae*）、黄曲霉（*Aspergillus flavus*）、酱油曲霉（*Aspergillus sojae*）等。曲霉广泛分布在谷物、空气、土壤和各种有机物品上。生长在花生和大米上的曲霉，有的能产生对人体有害的真菌毒素，如黄曲霉毒素 B_1 能导致癌症，有的则引起水果、蔬菜、粮食霉腐。泡菜中发现较少，目前只在盐渍青菜中发现了黑曲霉。

青霉属（*Penicillium*）：青霉菌属多细胞，营养菌丝体无色、淡色或具鲜明颜色。菌丝有横隔，分生孢子梗亦有横隔，光滑或粗糙。基部无足细胞，顶端不形成膨大的顶囊，其分生孢子梗经过多次分枝，产生几轮对称或不对称的小梗，形如扫帚，称为帚状体。分生孢子球形、椭圆形或短柱形，光滑或粗糙，大部分生长时呈蓝绿色。有少数种产生闭囊壳，内形成子囊和子囊孢子，亦有少数菌种产生菌核。代表种是灰绿青霉（*Penicillium glaucum*）和特异青霉（*Penicillium notatum*）。青霉的孢子耐热性较强，菌体繁殖温度较低，酒石酸、苹果酸、柠檬酸等饮料中常用的酸味剂又是它喜爱的碳源，因而常常引起这些制品的霉变。

镰孢霉属（*Fusarium*）：它是一类世界性分布的真菌，它不仅可以在土壤中越冬越夏，还可侵染多种植物（粮食作物、经济作物、药用植物及观赏植物），引起植物的根腐、茎腐、茎基腐、花腐和穗腐等多种病害，寄主植物达 100 余种，侵染寄主植

物维管束系统，破坏植物的输导组织维管束，并在生长发育代谢过程中产生毒素危害作物，造成作物萎蔫死亡，影响产量和品质，是生产上防治最艰难的重要病害之一。该菌产生的镰刀菌毒素（玉米赤霉烯酮、单端孢霉毒素、串珠镰刀菌素和伏马菌素等），是危险的食品污染物，对人畜健康危害十分严重。

根霉属（*Rhizopus*）：原接合菌门，现毛霉目、毛霉科真菌中的一个大属。菌丝无隔、多核、分枝状，有匍匐菌丝和假根，借此可在基物表面广泛蔓延，不产生定形菌落。在假根的上方长出一至数根孢囊梗，顶端长球形孢子囊。囊的基部有囊托，中间有球形或近球形囊轴。囊内产大量孢囊孢子，成熟后孢囊壁消解或破裂，释放球形或卵形等孢囊孢子。有时在匍匐菌丝上产生横隔，随即形成厚垣孢子。有性生殖时由不同性别的菌丝或匍匐菌丝上生出配子囊，配子囊双双异宗配合形成一接合孢子。广泛分布于酒曲、植物残体、腐败有机物、动物粪便和土壤中。有重要工业应用，如米根霉（*Rhizopus oryzae*）的淀粉酶可用于制曲、酿酒，华根霉（*Rhizopus chinensis*）、少根根霉（*Rhizopus arrhizus*）等可产乳酸，匍枝根霉（*Rhizopus stolonifer*）等还能转化甾族化合物。也应用于甾体激素、延胡索酸和酶制剂的生产。有些根霉会引起甘薯、瓜果或蔬菜霉烂。

地霉属（*Geotrichum*）：形态特征介于酵母菌和霉菌之间，繁殖方式以裂殖为主，少数菌株间有芽生孢子。生长温度范围 5 ~ 38 ℃，最适生长温度为 25 ℃。生长 pH 值范围在 3 ~ 11，最适 pH 值为 5 ~ 7，具有广泛的生态适应性。代表菌株白地霉（*Geotrichum candidum*）具有一定程度的表型可变性，同种内不同菌株呈现遗传多态性，菌落颜色从白色到奶油色，少数菌株为浅褐色或深褐色，质地从油脂到皮膜状。白地霉被报道导致泡菜产膜腐败的真菌，白地霉也是乳制品中常见的腐败菌，在水果蔬菜中也有检出。

（三）代谢途径

目前有关霉菌的代谢研究相对较少，不同霉菌代谢不同。以泡菜中出现的白地霉为例，张树政研究白地霉木糖代谢变化途径，如图 3-15。

$$D\text{-木糖} + TPNH + H^+ \xrightleftharpoons{\text{木糖还原酶}} \text{木糖醇} + TPN^+$$

$$\text{木糖醇} + DPN^+ \xrightleftharpoons{\text{木糖醇脱氢酶}} D\text{-木酮醇} + DPNH + H^+$$

$$D\text{-木酮醇} + ATP \xrightarrow{D\text{-木酮糖激酶}} D\text{-木酮糖-5-磷酸}$$

图 3-15　白地霉木糖代谢变化途径

五、其他微生物

目前实验室能够培养分离出的微生物占环境样品的比例不到1%，随着分子微生物手段的进步，越来越多的不可培养的微生物被鉴定。但不可培养微生物在泡菜中的作用还有待阐明。另外，Lu 等人证实泡菜中存在噬菌体可侵染乳酸菌。最近，研究人员在韩国泡菜中发现噬菌体基因，相关研究在国内尚未见报道。

第二节　泡菜加工与微生物

一、泡菜中微生物群落演变规律及相互作用

（一）泡菜发酵微生物简介

微生物是发酵的动力，已知的大多数自然和工业的食品发酵过程是由简单或复杂的微生物群落完成的。目前对于泡菜微生物群落的研究主要涵盖四个方面，即微生物群落结构，微生物个体功能，微生物间相互作用以及从群体微生物水平对发酵过程进行预测和控制。其中，微生物间相互作用的研究是群体微生物功能研究的基础，微生物间通过彼此影响，改变个体的生长及发酵特征，继而改变微生物群体的整体结构与功能，最终影响泡菜的安全与品质。

泡菜发酵依赖于环境以及泡菜本身的微生物，如果这些微生物群落具有较大的可变性，则不利于发酵过程的稳定性，从而影响泡菜的品质。微生物发酵剂的使用提高了人们对于发酵过程的控制，加工出品质稳定的产品。微生物是泡菜发酵的关键作用者，随着人们对于泡菜发酵本质愈加深入的认识，微生物群落结构及其之间的相互作用被认为在改善泡菜风格与品质、提高发酵稳定性中具有至关重要的作用。国外对发酵食品中微生物之间的相互作用研究较多，如在苏打饼干的生产中添加乳酸菌，使之与酿酒酵母共同作用发酵，可以产生更多的酯类物质，增加饼干的香味。乳酸菌与丙酸菌间相互作用的研究使二者可以作为工业生产中的生物防腐剂，能够有效抑制发酵过程中一些病原性及腐败性微生物的滋生，利于发酵稳定性和食品安全，同时二者还能够产生一些有益的功能性代谢物，提高产品品质。此外，微生物间相互作用的深入研究还能够为微生物在发酵过程中的应用提供指导，有利于新产品的开发。Sadoudi 等通过风味分析法研究不同酵母之间的相互作用，发现美极梅奇酵母（*Metschnikowia pulcherrima*）与酿酒酵母（*Saccharomyces cerevisiae*）的混合发酵对风味物质的产生具有协同作用，产生更高浓度的脂肪酸、乙酯类及萜烯类物质。而 *Candida zemplinina* 和酿酒酵母之间的混合发酵则会降低风味物质中萜烯类物质和内酯类物质的浓度，该发现有利于非酿酒酵母在葡萄酒发酵过程中的应用。

研究泡菜中微生物之间的相互作用，建立泡菜微生物群落结构模型，是加快实现对泡菜生产中微生物调控，改善其品质的必要前提，对于泡菜微生态学理论发展及生物技术创新都具有重要意义。

（二）主要微生物的演变规律

泡菜发酵过程中主要微生物是乳酸菌，是优势微生物，同时伴有酵母和醋酸菌，还有少量肠杆菌及霉菌等杂菌。乳酸菌主要包括明串珠菌属（肠膜明串珠菌、柠檬明串珠菌、乳明串珠菌、酒明串珠菌等）、乳杆菌属（植物乳杆菌、戊糖乳杆菌、短乳杆菌、发酵乳杆菌、嗜酸乳杆菌、干酪乳杆菌、布氏乳杆菌等）、乳球菌属（乳酸乳球菌、乳酸片球菌、小片球菌、戊糖片球菌等）等菌种。这几类微生物在泡菜发酵过程中遵循着类似的三阶段变化规律（如图 3-16 和 3-17 所示）：乳酸菌在发酵前期快速生长并逐渐占据优势地位，进而主导泡菜的发酵，该阶段的乳酸菌主要是明串珠菌属，是异型乳酸发酵，既产酸又产气。发酵到中期仍是乳酸菌占优势地位，该阶段的乳酸菌主要是乳杆菌属，数量可达到 10^8 CFU/mL，以植物乳杆菌为主，是同型乳酸发酵，产生大量乳酸，伴有短乳杆菌发酵。随着乳酸菌发酵的进行，环境酸度的增加，pH 值的降低，发酵前期中的肠杆菌及霉菌等杂菌快速减少，直至消亡。发酵到后期仍是乳酸菌占优势地位，此阶段的乳酸菌数量保持稳定或略有下降，主要是乳杆菌和乳球属，以戊糖乳杆菌、植物乳杆菌、乳酸乳球菌、短乳杆菌为主，是比较耐酸耐盐的乳酸菌，主要是同型乳酸发酵。酵母菌伴随着乳酸菌在整个发酵过程中都可以检出，但在发酵过程中不起主导作用，一般情况下也呈现发酵前期缓慢上升，而中后期保持稳定或略有下降的趋势。

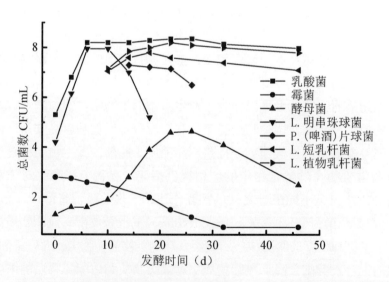

图 3-16　白菜发酵中乳酸菌等微生物的演变（3.5% 食盐浓度，14℃）

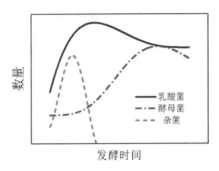

图 3-17 发酵蔬菜汁中乳酸菌、酵母菌和杂菌的变化

表 3-3 泡菜微生物菌落总数

泡渍发酵时间（d）	总酸（%）	乳酸菌落总数（CFU/mL）	说明
3	0.2~0.7	$1 \times 10^7 \sim 1 \times 10^9$	常温发酵，总酸以乳酸计
7	0.35~1.0	$1 \times 10^7 \sim 1 \times 10^8$	

近几年，作者科研团队应用多重 PCR、高通量测序、API 及 RAPD 等方法，研究了以白菜为主要原料的泡菜中乳酸菌群的演变规律，并参照韩国泡菜和国内报道的有关泡菜乳酸菌群落结构的变化，进一步确定了泡菜中的优势微生物乳酸菌有明串珠菌、乳杆菌、乳球菌、魏斯氏菌、肠球菌 5 个属 11 个种。我国泡菜的乳酸菌群落结构在属水平（图 3-18A）和种水平（图 3-18B）都有显著的差异，分别对泡菜制作过程中重要的环境因

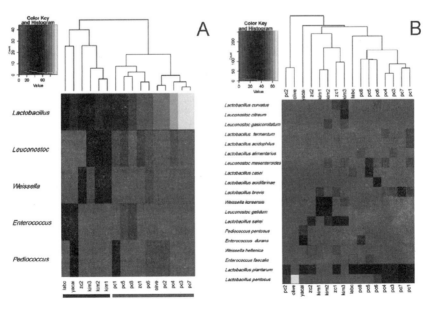

图 3-18 不同泡菜乳酸菌的优势群落差异热点图（A.属水平，B.种水平）

素如温度、盐度、工艺（盐渍、泡渍）、品种进行初步分析（RDA），如图3-19，结果显示各种因素对泡菜中优势乳酸菌的群落结构及多样性具有显著的影响，影响最大的环境因素分别是温度和盐度，占到总影响因素的80%（可量化的因素），而品种和工艺影响相对较少。我国泡菜加工方式多种多样，大多采用自然发酵工艺，诸多影响因素必然导致泡菜中的微生物群落结构及变化有一定的差异，有待于更深入的研究。

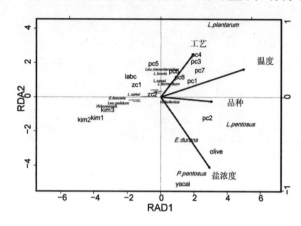

图3-19　基于RDA分析不同因素对泡菜微生物群落结构的影响

（三）泡菜中微生物间的相互作用

在泡菜发酵初期，由于盐水的高渗透性作用，盐分进入蔬菜体内，蔬菜可溶性物质进入发酵液，发酵液中有了便于微生物生长的营养物质，同时坛顶还有部分空气，适合好气性微生物的活动。这时醋酸菌和肠杆菌等杂菌等较为活跃，它们与乳酸菌之间存在着对营养物质的竞争关系；随着发酵的进行，乳酸菌快速生长并逐渐占据优势地位，抑制了醋酸菌和肠杆菌等杂菌的生长。四川东坡中国泡菜产业技术研究院研究了乳酸乳球菌和肠膜明串珠菌与肠杆菌群之间的相互作用关系，将乳酸乳球菌、肠膜明串珠菌分别与阿氏肠杆菌、产酸克雷伯菌、弗氏柠檬酸杆菌以 10^7 CFU/mL 共同培养于蔬菜汁培养基中，生长24h后分别计数（结果见表3-4），发现菌落数都出现下降，且这三种肠杆菌下降率更大，这说明了它们之间存在着竞争关系。随着发酵进行，乳酸菌代谢产物改变了这三种肠杆菌群的生长环境而导致其数量急剧下降，最后消亡。由于代谢能力的巨大差距，肠杆菌群与酵母菌的生长互不影响，而乳酸菌产酸使酵母菌的生长受到了抑制。

发酵中、后期，进行的是同型乳酸发酵，pH值下降至3.2左右后保持平缓，由于乳杆菌属耐酸能力强，所以发酵后期占主导的乳酸菌为植物乳杆菌、戊糖乳杆菌、短乳杆菌等乳杆菌属菌种。整个体系中未检测出肠杆菌等杂菌，这与之前的研究结果一致，即植物乳杆菌对肠杆菌群有抑制作用，它们之间存在着拮抗关系。发酵后期还存在着一些耐酸的酵母菌，如酿酒酵母、毕赤酵母等，它们与乳杆菌之间存在着中立关系。当乳酸含量达到1.2%以上时，乳杆菌的活性受到抑制，发酵速度逐渐变缓甚至停止。

表 3-4　乳酸菌与肠杆菌杂菌共培养后的菌落数变化结

	菌种组合	计数类型	计数结果（CFU/mL）	增降率（%）	体系 pH 值
1	*L.lactis* 与 *E. asburiae*	*E. asburiae*	$(2.98 \pm 0.57) \times 10^3$	−50.37	4.51 ± 0.02
		L.lactis	$(3.39 \pm 0.69) \times 10^5$	−21.00	
		菌落总数	$(4.47 \pm 0.72) \times 10^5$	−19.28	
2	*L.lactis* 与 *K.oxytoca*	*K.oxytoca*	$(5.42 \pm 0.76) \times 10^3$	−46.66	4.27 ± 0.13
		L.lactis	$(1.13 \pm 0.29) \times 10^4$	−42.10	
		菌落总数	$(1.51 \pm 0.41) \times 10^4$	−40.30	
3	*L.lactis* 与 *C.freundii*	*C.freundii*	$(9.73 \pm 0.82) \times 10^3$	−43.03	4.59 ± 0.03
		L.lactis	$(5.56 \pm 0.12) \times 10^3$	−46.50	
		菌落总数	$(3.74 \pm 0.38) \times 10^4$	−34.67	
4	*L.mesenteroides* 与 *E. asburiae*	*E. asburiae*	$(6.63 \pm 0.86) \times 10^4$	−31.12	4.31 ± 0.02
		L.mesenteroides	$(1.72 \pm 0.19) \times 10^4$	−39.49	
		菌落总数	$(8.80 \pm 1.32) \times 10^4$	−29.36	
5	*L.mesenteroides* 与 *K.oxytoca*	*K.oxytoca*	$(2.08 \pm 0.18) \times 10^4$	−38.31	4.25 ± 0.02
		L.mesenteroides	$(1.57 \pm 0.45) \times 10^4$	−40.06	
		菌落总数	$(2.74 \pm 0.58) \times 10^4$	−36.60	
6	*L.mesenteroides* 与 *C.freundii*	*C.freundii*	$(1.82 \pm 0.12) \times 10^4$	−39.14	4.19 ± 0.05
		L.mesenteroides	$(3.44 \pm 0.18) \times 10^3$	−49.48	
		菌落总数	$(3.89 \pm 0.69) \times 10^4$	−34.43	
7	*L.plantarum* 与 *E. asburiae*	*E. asburiae*	$(1.49 \pm 0.12) \times 10^3$	−54.67	5.01 ± 0.02
		L.plantarum	$(2.73 \pm 0.24) \times 10^7$	+6.23	
		菌落总数	$(2.78 \pm 0.17) \times 10^7$	+6.34	
8	*L.plantarum* 与 *K.oxytoca*	*K.oxytoca*	$(5.59 \pm 0.94) \times 10^3$	−46.47	4.82 ± 0.02
		L.plantarum	$(2.84 \pm 0.26) \times 10^6$	−7.81	
		菌落总数	$(4.71 \pm 0.12) \times 10^6$	−4.67	
9	*L.plantarum* 与 *C.freundii*	*C.freundii*	$(4.26 \pm 0.94) \times 10^5$	−19.58	5.03 ± 0.04
		L.plantarum	$(1.13 \pm 0.88) \times 10^6$	−13.53	
		菌落总数	$(2.27 \pm 0.18) \times 10^6$	−9.20	
10	*P.plecoglossicida* 与 *L.lactis*	*P.plecoglossicida*	$(4.55 \pm 0.92) \times 10^5$	−19.17	4.19 ± 0.02
		L.lactis	$(2.78 \pm 0.13) \times 10^8$	+20.63	
		菌落总数	$(3.12 \pm 0.18) \times 10^8$	+21.35	

续表

	菌种组合	计数类型	计数结果（CFU/mL）	增降率（%）	体系 pH 值
11	P.plecoglossicida 与 L.mesenteroides	P.plecoglossicida	$(3.11 \pm 0.20) \times 10^3$	-50.10	4.20 ± 0.03
		L.mesenteroides	$(3.93 \pm 0.42) \times 10^8$	+22.78	
		菌落总数	$(5.37 \pm 0.62) \times 10^8$	+24.71	
12	P.plecoglossicida 与 L.plantarum	P.plecoglossicida	$(3.70 \pm 1.58) \times 10^4$	-34.74	3.96 ± 0.05
		L.plantarum	$(7.93 \pm 1.45) \times 10^7$	+12.85	
		菌落总数	$(8.77 \pm 0.71) \times 10^7$	+13.47	

注：表中计数结果与 pH 值的数据为平均值 ± 标准偏差；增降率计算是菌落增长或下降的数量级与初始接种量的数量级，其中 + 表示增加，- 表示降低；表中体系空白 pH 值为 5.84 ± 0.04。

二、加工工艺对泡菜微生物群落的影响

（一）盐度对泡菜中微生物群落的影响

食盐在蔬菜的腌制中起着至关重要的作用，它除了能改善泡菜的风味外，还具有抑制不耐盐微生物生长的作用。食盐能抑制微生物的生长主要有以下原因：食盐能产生渗透压，一定浓度食盐溶液的渗透压力，致使微生物脱水，失去活力。一般 1% 浓度的食盐溶液可产生 6.1 个大气压的渗透压力，而微生物细胞液的渗透压一般为 3.5 ~ 16.7 个大气压，一般细菌也不过 3 ~ 6 个大气压。当食盐溶液的渗透压大于微生物细胞液的渗透压时，细胞的水分外流，从而使细胞脱水，导致细胞质壁分离，抑制了微生物的活动。食盐溶液中常含有 Na^+, K^+, Ca^{2+}, Mg^{2+} 等金属离子，这些离子在浓度较高时，会对微生物产生毒害作用。食盐能降低泡菜汁中的氧气含量，从而抑制好氧性微生物的生长，如真菌和好氧性细菌。微生物的种类不同，其耐受食盐的能力也不同，一般乳酸菌、酵母菌及霉菌的食盐耐受能力较强，而肠杆菌科细菌、假单胞菌属细菌等微生物的食盐耐受能力较差。3% 的食盐溶液对乳酸菌的活动有轻微影响，10% 以上时乳酸菌发酵作用大大减弱。So 等人研究显示 Leuconostoc 在低盐下长得很好，而有一些 Lactobacillus 在高盐下长得好；V. Romero-Gil 等人报道了温度和盐度对发酵橄榄中主要微生物的影响，结果显示植物乳杆菌、戊糖乳杆菌等可耐高达 11% 以上的盐度；Bautista-Gallego 等人报道 Lactobacillus pentosus 能够在 8.2% 的 NaCl 条件下生长；Hurtado 等人则认为即便是同一种菌，其各个菌株个体的耐盐性也有差异。尹利端等发现 10% 的食盐能延长异型乳酸菌的发酵时间，较显著抑制真菌和肠道菌的生长，4% 的食盐能缩短异型乳酸菌的发酵时间，较大程度抑制肠道菌和芽孢菌的生长，7% 的食盐腌制的泡菜产品感官评定优于前 2 种。四川东坡中国泡菜产业技术研究院研究表明盐度对泡菜发酵初期的乳酸菌群落结构具有显著影响（乳酸菌数量变化见图 3-20），

低盐泡菜发酵前期优势菌有乳酸乳球菌（*Lactococcus lactis*），戊糖乳杆菌（*Lactobacillus pentosus*）和肠球菌（*Leuconostoc*），中高盐泡菜发酵前期由戊糖乳杆菌和魏斯氏菌（*Weissella*）主导；而无论何种盐浓度，发酵后期都由植物乳杆菌（*Lactobacillus plantarum*）、戊糖乳杆菌和短乳杆菌（*Lactobacillus brevis*）完成。

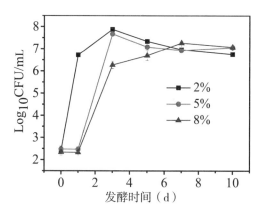

图 3-20　不同盐度泡菜发酵过程中乳酸菌的数量变化

（二）温度对泡菜中微生物群落的影响

温度对微生物的影响是广泛的，改变温度必然会影响微生物体内所进行的多种生物化学反应。适宜的温度能刺激生长，不适的温度会改变微生物的形态、代谢、毒力等，甚至导致死亡。一方面，在一定范围内随着温度的上升，酶活性提高，细胞的生物化学反应速度和生长速度加快，一般温度每升高 10 ℃，生化反应速率增加一倍，同时营养物质和代谢产物的溶解度提高，细胞膜的流动性增大，有利于营养物质的吸收和代谢产物的排出；另一方面，机体的重要组成，如核酸、蛋白质等对温度较敏感，随着温度的升高可遭受不可逆的破坏。各种微生物都有其生长繁殖的最低温度、最适温度、最高温度和致死温度。微生物能进行繁殖的最低温度界限称为最低生长温度，低于此温度微生物不能生长。使微生物生长速率最高的温度叫最适生长温度，不同微生物的最适生长温度不同。微生物生长繁殖的最高温度界限叫最高生长温度，超过这个温度会引起细胞成分不可逆地失去活性而导致死亡。

温度与发酵进程的影响成正相关关系，研究表明，72 h 内 35 ℃的产酸量为 25 ℃的 1.3 倍、15 ℃的 3 倍。以发酵蔬菜 0.5 %酸度值为成熟标准的话，35 ℃的泡菜 24 h 内就可以发酵成熟，而 25 ℃则需 48 h，15 ℃的在 72 h 内都无法达到成熟的标准。升高发酵温度，泡菜中的微生物生长速度加快，但 26 ℃的温度对于盐度 6%的泡菜液来说并不适宜，发酵过程中兼性厌氧细菌、酵母菌浓度太高，乳酸菌在发酵过程中不能形成生长优势，对泡菜的风味口感影响较大。在低温保藏条件下，泡菜中的菌落总数会有所降低，在保藏 20 d 左右能达到一个最低水平菌落，总数维持在一个相对稳定的低水平。泡菜中的乳酸菌总数在保藏 10 d 左右能达到最低，乳酸菌总数经过短时间的

稳定后又呈线性上升趋势。

Cho 等人报道了魏斯氏菌（*Weissella koreensis*）是一种相对好的喜冷生长的菌，而 *Leuconostoc citreum* 更为喜冷，在 15 ℃条件下同时培养可延缓 *Weissella koreensis* 的生长；杨瑞鹏和赵学慧研究不同温度和盐度对泡菜微生物区系影响，结果发现明串珠菌属适于在较低的温度中生长。熊涛等通过对不同温度下的传统四川泡菜发酵研究表明，温度越高，乳酸菌、大肠杆菌和酵母菌在发酵前期繁殖越快，同时大肠杆菌和酵母菌的消亡时间也越短。泡菜卤水 pH 值下降速率与温度成正比，18 ℃下泡菜发酵至第 7 天时泡菜还未完全成熟。碳源方面，温度对蔗糖的利用无显著影响；葡萄糖和果糖 37 ℃下发酵时，它们的利用速率要显著快于另两个温度下的发酵。代谢产物方面，低温时乙醇和乙酸的含量较高，乳酸的产量与温度成正比；综上所述，37 ℃环境中乳酸菌的繁殖代谢最快，乳酸产量最高，能较好地抑制大肠杆菌，对葡萄糖和果糖的利用率最高，大大缩短了发酵周期。温度的改变对泡菜发酵过程中菌系的消长、微生物的代谢影响显著，不仅表现在泡菜发酵周期和各指标差异明显，更重要的是对泡菜食用安全造成一定影响。可进一步研究温度对亚硝酸含量以及泡菜风味的影响，进而为我国泡菜工业化生产提供理论依据。

（三）辅料对泡菜中微生物群落的影响

生姜、大蒜、花椒、酱、糖液、醋、酒等辅料在泡菜生产中不仅起着调味作用，还具有不同程度的抑菌能力。生姜有抗菌作用，其中生姜酚、姜油酮是杀菌的主要成分，尤其对污染食物的沙门氏菌作用更强。车芙蓉曾报道了鲜姜汁在果蔬复合汁饮料中抑菌效果的研究，证明鲜姜汁对大肠菌群、啤酒酵母、青霉菌有较明显的抑菌效果；曾莹利用滤纸片法比较了生姜在内的几种香料植物提取液的抗菌力，证明生姜水提取液对金黄色葡萄球菌、大肠杆菌和汉逊氏酵母有一定的抗菌作用。宁正祥等对 29 种新鲜果蔬对亚硝酸盐的消除作用进行测定，结果表明生姜能阻断 N– 亚硝基化合物的生成，具有一定程度的抗肿瘤保健作用。大蒜含蒜氨酸、大蒜辣素和大蒜新素，在细胞破碎时，蒜氨酸在蒜氨酸酶的作用下分解为具有强烈杀菌作用的蒜素，大蒜辣素和大蒜新素是大蒜中的主要抗菌成分，大蒜对多种球菌、霉菌有明显的抑制和杀菌作用。辣椒含有的辣椒素是一种挥发油，呈现辣味，其含量为 0.1% ~ 0.9%。制作泡菜时，辣椒作为一种辛辣调味料常被添加到泡菜中，不但可以使泡菜产生辣味，呈现诱人的色泽，而且还能增进进食者的食欲，促进消化，并且一定程度上还能促进泡菜发酵乳酸菌的生长。1% ~ 2% 的辣椒对肠膜明串珠菌和植物乳杆菌的生长具有明显的促进作用，而且对肠膜明串珠菌的促进作用要高于植物乳杆菌。花椒中的花椒素是一类酰胺化合物，具有一定的抑菌、杀菌作用。酱和糖液具有高渗透压的作用，使原料或微生物脱水，能有效地抑制有害微生物的生长和繁殖。此外，高浓度的糖液有隔绝氧气的能力，从而抑制了好氧微生物的活动。醋可以降低环境的 pH 值，有利于杀菌。酒中所含的乙醇通过使蛋白质变性、凝固而起到杀菌作用。桂皮、小茴香、丁香、白胡椒中的桂皮醛、茴香醚、丁香酚、胡椒碱等成分都属于抗菌物质。辣椒中的辣椒碱也具有较强的抑菌、杀菌作用。另外，芥末膏或芥末酱中的辣味成分是由芥末面中的芥子苷在芥子酶作用下分解产生的挥发性芥子油，也具有很强的杀菌能力。

在泡菜制作过程中，蔬菜原料表面附着的真菌、肠杆菌科细菌、假单胞菌属细菌等有害微生物如果大量繁殖，则会产生大量不愉快风味物质，影响泡菜产品的感官品质，而且这些微生物还能还原硝酸盐产生亚硝酸盐等有害物质，影响泡菜的安全性。在泡菜制作过程中添加适量的辅料能有效抑制真菌、肠杆菌科细菌、假单胞菌属细菌等有害微生物的生长，减少有害菌的代谢产物，提高了泡菜产品的质量。而且与真菌、肠杆菌科细菌等微生物相比较，乳酸菌对辅料的抑菌作用不太敏感。辅料除了通过抑制微生物的生长来减少亚硝酸盐的积累外，它自身的有效功能成分巯基化合物还能与亚硝酸盐反应，生成硫代亚硝酸酯类化合物，从而有效阻碍了亚硝酸盐与生物胺作用生成强致癌性亚硝胺。刘近周报告大蒜提取液可阻断大肠杆菌、肠球菌对二乙基亚硝胺、二丁基亚硝胺合成的促进作用，并有阻断大肠杆菌还原硝酸盐为亚酸盐的作用。

（四）菜水比对泡菜中微生物群落的影响

水是微生物生存和新陈代谢不可缺少的物质，水可以保持微生物自身生存环境的平衡，也是微生物与微生物之间进行物质交换必要的媒介。蔬菜能为微生物的生长代谢提供营养物质，且其自身附带各种不同的微生物。因此，在泡菜制作过程中，蔬菜与水的比例不同，会影响微生物群落结构的差异，这里最典型的例子就是四川工厂泡菜与四川家庭泡菜。家庭泡菜一般菜水比为 1：2，而工厂泡菜主要依靠盐的渗透作用，把蔬菜细胞中的游离水渍出来，其菜水一般为 1：0.50~1：0.65，根据菜品种而有所不同。根据发酵过程水分相对含量，泡菜可以分为湿态发酵和半干态发酵。田伟等对四川传统泡菜与工厂泡菜发酵过程中的微生物群落结构进行解析，结果表明四川传统泡菜样品中所得到的 129 个克隆子均鉴定为乳酸菌，分布于乳杆菌属和片球菌属，所占比例分别为 88.4% 和 10.1%。戊糖乳杆菌、植物乳杆菌和乳酸片球菌是其中的优势菌种，分别占 50.4%、16.3% 和 10.1%，类食品乳杆菌、*Lactobacillus sunkii*、短乳杆菌、*Lactobacillus kisonensis*、耐酸乳杆菌、*Lactobacillus namurensis* 是其中的次优势菌。四川工厂泡菜样品中的主要微生物是弧菌属（*Vibrio*），嗜盐单胞菌属（*Cobetia*）和盐单胞菌属（*Halomonas*）。随着发酵时间的延长，受高盐环境的影响，弧菌属和嗜盐单胞菌属均呈现递减趋势，盐单胞菌属呈现递增趋势。四川工厂泡菜中乳酸菌含量呈现递增趋势，发酵前期的主要乳酸菌为冷明串珠菌和乳酸片球菌；发酵中期的乳酸菌为植物乳杆菌，短乳杆菌和乳酸片球菌；发酵后期乳酸菌为沙克乳杆菌，植物乳杆菌，短乳杆菌和 *Lactobacillus sunkii*。

（五）不同地域对泡菜中微生物群落的影响

微生物的生长离不开环境，不同区域泡菜中的微生物菌群结构会因为环境而有所差异。笔者科研团队宋萍等人以四川地区泡菜为主要分离源，系统地开展了四川不同地区泡菜微生物菌群的分析，从四川地区 20 多个市县的 180 余份泡菜样品中，分离到447 株菌种，包含乳杆菌属、片球菌属、明串珠菌属、芽孢杆菌属、魏斯氏菌属、假丝酵母属、毕赤酵母属、德巴利酵母属、有孢圆酵母属、酿酒酵母属、酵母属等共 11个属 34 个种。各地区菌种分布情况见表 3-5。通过对四川多个地区泡菜资源样本的分析研究，初步确定了泡菜样品中各类菌种的生态分布情况，及各地区现阶段研究发现的主要菌种类型。其中植物乳杆菌、干酪乳杆菌、布氏乳杆菌、发酵乳杆菌、耐乙醇片球菌等乳酸菌在四川多处采样地样品中均分离获得。

表 3-5　泡菜中微生物地理分布

菌种名称	成都	眉山	内江	西昌	雅安	资阳	阿坝	甘孜	南充
肠膜明串珠菌	+	−	−	−	−	−		−	−
耐乙醇片球菌	+	−	+	+	−	+		+	−
副短乳杆菌	+	−	−	−	−	−		−	+
戊糖片球菌	+	+	−	−	−	−		−	−
植物乳杆菌	+	+	+	+	+	+	+	+	−
消化乳杆菌	−	−	−	−	−	+		−	−
干酪乳杆菌	−	+	+	+	+	+		−	−
清酒乳杆菌	+	−	−	−	−	−		−	+
棒状乳杆菌	−	−	−	+	−	+		+	−
布氏乳杆菌	+	+	−	+	−	−		−	−
发酵乳杆菌	+	+	−	−	+	−	+		−
戊糖乳杆菌	+	−	+	−	−	−		−	−
L.parafarraginis	−	−	−	+	−	−		−	−
L.versmoldensis	+	−	−	−	−	−		−	−
微小片球菌	−	−	−	−	−	−		+	−
类植物乳杆菌	−	−	−	−	−	−		+	−
短乳杆菌	+	−	+	−	−	−		+	−
绿色魏斯氏菌	−	−	−	−	−	−		−	−
短小芽孢杆菌	−	+	−	−	−	−		−	−
巨大芽孢杆菌	−	+	−	−	−	−		−	−
枯草芽孢杆菌	−	+	−	−	−	−		−	−

续表

菌种名称	成都	眉山	内江	西昌	雅安	资阳	阿坝	甘孜	南充
地衣芽孢杆菌	–	+	–	–	–	–	–	–	–
膜醭毕赤酵母	+	+	–	–	–	–	–	+	–
异常毕赤酵母	–	–	–	–	–	–	–	+	–
盔状毕赤酵母	–	–	+	+	–	–	–	–	–
博伊丁酵母	–	–	+	–	–	–	–	–	–
蜜生假丝酵母	–	+	–	–	–	–	–	–	–
汉逊德巴利酵母	–	+	–	–	–	–	–	–	–
瑟氏酵母	–	–	–	–	+	–	–	–	–
满洲毕赤酵母	–	–	–	+	–	–	–	–	–
单孢酿酒酵母	–	–	–	–	–	–	–	+	–
瘦小酿酒酵母	–	–	–	–	–	–	–	+	–
C.lactis-condensi	+	–	–	–	–	–	–	–	–
德尔布有孢圆酵母	+	+	–	–	–	–	–	–	–

备注：表中"+"表示分离到对应菌株，"–"表示没有分离到对应菌株。

三、泡菜营养功能与微生物关联

（一）营养与健康

泡菜的主要原料是营养丰富的各种蔬菜，包括大白菜、萝卜、黄瓜、卷心菜等。蔬菜中含有丰富的各种维生素和钙、铜、磷、铁等元素及无机物盐，以及纤维类物质。研究表明，被誉为"超级蔬菜"的白菜拥有丰富的抗氧化元素族类，能抑制癌细胞，其中的硫化物则可抑制癌细胞对基因蛋白的入侵；白菜中含有对眼睛有益的营养素——叶黄素和玉米黄素；白菜中含丰富的纤维和维生素 C。盐渍水中氨基酸种类多且含量高，在泡菜发酵的过程中，蛋白质分解为氨基酸，成为氨基酸丰富的供应源。随着泡菜的发酵成熟，还能产生大量的乳酸菌，能抑制消化道病菌，使肠内微生物的分布趋于正常化，有助于对食物的消化、吸收。泡菜发酵过程中能产生有机酸、酒精和酯的发酵物，能以其独特的风味和颜色增进食欲。泡菜中蒜、辣椒、生姜等香辛料具有多种药理作用。科学证明，辣椒、蒜、姜、葱等刺激性佐料都具有消炎杀菌、促进消化酶分泌的作用，对人体有一定保健功能。

泡菜保存了蔬菜等原料中的大部分营养成分，如维生素类；吸收了调味品、香辛料中的营养成分，如生姜中的姜醇、姜酚、姜酮，大蒜中的二烯丙基硫代亚磺酸酯（即蒜素）等；容纳了微生物发酵过程中产生的营养成分；泡菜发酵产生有机酸，增加了

B 族维生素（包括叶酸）的数量，合成了右旋糖苷、乙酰胆碱、γ-氨基丁酸等；泡菜含有大量的活性乳酸菌，成为天然、绿色活性的"微生态制剂"；保留了植物生物活性物质，如植物化学素类中的花生素、类胡萝卜素（包括胡萝卜素、番茄红素、番茄黄素、叶黄素、姜黄素、椒黄素和椒红素等）。

1. 调节肠道微生态，治疗肠道功能紊乱

乳酸菌活菌能够增进健康、维持肠道菌群平衡，膳食中的多糖作为一种益生素对肠道有益菌的定植和对肠道的调节起到重要的作用。多糖可以加强菌体在肠黏膜表面的黏附性能从而使菌体更容易定植于肠道内。Vinderola 等人报道瑞士乳杆菌能调节肠道内的组织，提高宿主的健康。2009 ~ 2013 年，作者科研团队黄承钰等人，以高血脂大鼠和便秘小鼠为研究对象，系统地实验了直投式乳酸菌及其发酵泡菜的健康功能，得出泡菜有辅助降脂和润肠通便等作用的结论。人体肠道内的细菌可分为有益菌与有害菌两类，在有益菌占优势的情况下，机体状况良好，被称为肠道菌群平衡；在有害菌占优势情况下，宿主机体抵抗力弱，容易引起机体病变。当泡菜中具有肠道定植功能的乳酸菌进入肠道后会立即存活并繁殖，并对有害菌和病原菌的滋生起到抑制作用，从而达到调节肠道微生态和预防肠道感染的作用。同时，乳酸菌主要定植于大、小肠内利用糖类发酵（大肠中 40% ~ 50% 的碳水化合物被各种微生物利用），产生乳酸（0.3% ~ 1.0%）、乙酸、丙酸和丁酸等有机酸及其他代谢产物，这利于加快肠道的蠕动和宿主消化酶的分泌，以及加强食物的消化吸收，预防发生便秘，还可以降低肠道的 pH 值，从而阻止了病原菌在肠道内定植。而且，乳酸菌还能合成 B 族、K 族维生素等补充人体需要。四川泡菜特有泡渍发酵的生产工艺，决定了它含有丰富的活性乳酸菌，因此食用泡菜有益于调节人体肠道微生态，维持肠道正常功能。

2. 促进营养物质的吸收

乳酸菌产生的有机酸可以提高人体对钙、铁、磷的利用率和吸收率。蔬菜经发酵后其中的钙转换为容易被人体吸收的乳酸钙，从而提高了人体对发酵蔬菜食品中钙的吸收率，同时发酵蔬菜中的微生物还可转化生成丰富的 B 族维生素，乳酸菌在体内还产生各种消化酶，有利于食物的消化。乳酸菌除了能产生其他微生物所具有的一些酶系外，还能产生其他微生物所不具有的一些特殊的酶系，从而使它具有特殊的生理功能。如产生有机酸的酶系、分解乳酸菌生长因子的酶系、合成多糖的酶系、合成各种维生素的酶系、分解亚硝胺的酶系、分解脂肪的酶系、降低胆固醇的酶系、分解胆酸的酶系、控制内毒素的酶系等。这些酶不但能够促进乳酸菌的生长，而且还能促进产品的营养成分的分解和吸收。乳酸菌还可以吸收锌元素，同时可以预防体内锌元素的减少。

3. 降低胆固醇的作用

乳酸菌作为存在于人体肠道内的主要益生菌能够降低血清中胆固醇的含量，预防和治疗心血管疾病。目前国内外研究者关于乳酸菌降胆固醇的机理的探讨主要集中在共沉淀作用、同化吸收作用、共沉淀与同化吸收共同作用及其他理论。对于乳酸菌能

降低血清胆固醇水平已得到了大量实验的证实。严玉婷等人采用从新疆酸马奶中分离得到的发酵乳杆菌 SM-7，进行体内和体外降胆固醇实验，通过体外实验得到该菌在液体培养基中的胆固醇降解率为 66.82%；体内实验是通过建立高脂动物模型观察乳酸菌菌体在体内降胆固醇的情况，体内实验显示该菌液喂养小鼠 4 周后，实验组小鼠的血清总胆固醇、三酰甘油、低密度脂蛋白胆固醇均显著低于高脂模型组，说明发酵乳杆菌 SM-7 有降胆固醇的作用。杨琴等人采用从健康成人肠道和发酵品中分离出的乳酸菌，进行体外和体内降胆固醇实验，体内实验也是通过建立高脂动物模型观察乳酸菌菌体在体内降胆固醇的情况，通过体外实验得到他们分离出的乳酸菌在体外降解率最高可达 26.97%；通过体内实验显示大鼠喂养 15 d 后，实验组的大鼠体内胆固醇含量比高脂模型比高脂模型组有所降低，喂养 30 d 后，实验组的大鼠体内胆固醇含量比高脂模型组显著降低。

过高的胆固醇会严重影响人的身体健康。随着生活水平的提高，人们饮食结构发生变化，人体内胆固醇含量过高，对机体产生不良影响，近年来我国高脂血症的发生率呈逐年上升的趋势。研究表明血清胆固醇过高会引起动脉粥样硬化，静脉血栓，冠心病，高血压，高血脂等心脑血管疾病。这些疾病已经严重威胁了人类的健康。研究表明，血清中胆固醇每升高 1 mmol，机体患冠心病与死亡的危险性就增加 35%~45%；血清胆固醇每减少 1%，患冠心病的危险性就降低 2% ~ 3%。可见降低胆固醇可以大大提高人类的健康水平。同时胆固醇代谢标志物可作为早期监测、预测高脂血症发生及临床评价降脂药物疗效的药敏指标。众多临床实践表明降低体内胆固醇可以有效降低心脑血管疾病的死亡率。因此急需找到一种有效的方法降低体内血清胆固醇的含量。通过药物降低人体内胆固醇有一定的副作用，但是通过益生菌降解体内胆固醇就可以避免这一点。

4. 抗肿瘤的作用

乳酸菌的细胞壁能较强吸附氨基酸经加热分解后产生的有害产物，使它们的毒害性被降低或消除，从而对肠癌和胃癌的发生起到预防的作用。有研究发现，乳酸菌作为一种益生菌，其生成的胞外多糖具有抗肿瘤、降低血液中胆固醇及免疫刺激的作用，卫生部已批准乳杆菌为肿瘤辅助抑制物之一。Shahani 等人对嗜酸乳杆菌抗肿瘤的活性进行了研究，他们以小白鼠为研究对象将肿瘤的细胞分别移植到不同的小白鼠体内，然后把小白鼠分成实验组和对照组，实验组的小白鼠喂养有添加嗜酸乳杆菌的饲料，实验结果显示，实验组的小白鼠体内的肿瘤细胞比对照组的少很多。这表明嗜酸乳杆菌具有抗肿瘤细胞的作用。

5. 降解亚硝酸盐

泡菜作为一种具有各种独特风味和口感的复合发酵食品深受人们喜爱，但在发酵早期，泡菜的发酵过程中会出现"亚硝峰"，峰值的高低与泡菜的品种、发酵温度和盐度等因素有关，一般情况下都会超过国家对酱腌菜的亚硝酸盐限量标准 20 mg/kg。

一般来说微量亚硝酸盐对人体造成的危害不大。但是，如果亚硝酸盐被大量摄入则会产生危害，其能够使二价铁被氧化成为三价铁，形成高铁血红蛋白，从而使人体的血液没有了携氧及释氧能力，导致全身组织缺氧，最后出现亚硝酸盐中毒等症状；亚硝酸盐与胃中的次级胺结合，形成强致癌物亚硝胺，引起消化系统癌变；亚硝酸盐可以通过胎盘进入胎儿体内，引起胎儿畸变。蔬菜中的硝酸盐在一些硝酸盐还原菌作用下，将硝酸盐还原为亚硝酸盐。在蔬菜腌渍过程中最常出现的有大肠杆菌、白喉杆菌、黏质塞氏杆菌等，这些菌具有硝酸还原酶，通常使亚硝酸盐蓄积起来，这类菌通常为革兰氏阴性菌。

近年来，大量研究发现一些乳酸菌能显著降低泡菜中的亚硝酸盐含量，Kim 等发现接种乳酸菌在不同的模式下还表现出多种益生菌的性能。李南薇等对乳酸菌发酵泡菜的一些特性进行了实验研究，实验结果显示，乳酸菌发酵的泡菜不仅亚硝酸盐的含量比未接种的低，而且"亚硝峰"出峰时间早、峰值低，这说明了乳酸菌有降低泡菜中亚硝酸盐含量的功效，可提高泡菜的食用安全性。董硕等人对泡菜中乳酸菌的数量和亚硝酸盐含量的变化情况进行了研究，实验结果显示，乳酸菌不仅能够有效抑制亚硝酸盐的形成而且还能降解泡菜中的亚硝酸盐。乳酸菌之所以能够降解亚硝酸盐主要是因为乳酸菌在发酵的过程中能够产生还原亚硝酸盐生成氨的亚硝酸盐还原酶。此外乳酸菌通过代谢产生的有机酸使泡菜环境中的 pH 值降低，这种酸性环境也能够抑制亚硝酸盐的形成。

6. 增强免疫力

乳酸菌在体内不但可以产生细菌素而且还可以促使宿主产生防御素。防御素是一种肤抗生素或抗菌肽，广泛分布于动物体内，防御素除了能产生其他微生物肤所具有的一些抗性机理外，防御素的特殊的抗性机理表现在它不仅主要是对病原微生物的细胞膜起作用从而使病原微生物很难对它产生抗性，而且还具有非常广泛的抗菌谱。另外通过诱导能够使乳酸菌及其代谢产物产生促细胞分裂剂和干扰素，从而能够激活和促进免疫细胞的一些活性，还能提高机体细胞的免疫及体液免疫功能。

7. 抗氧化性与延缓衰老

泡菜中含有大量的乳酸菌，乳酸菌的抗氧化活性已经得到了大量实验的证实。在对包括嗜酸乳杆菌、保加利亚乳杆菌、嗜热链球菌、长双歧杆菌在内的乳酸菌进行无细胞提取物抗氧化试验发现，所有的被试菌株对抗坏血酸的自动氧化均具有抑制作用，抑制的范围在 7%~12%。Kullisaar 等研究发现，发酵乳杆菌 E-3 和 E-8 菌株的细胞在浓度为 1 mmol /L 的 H_2O_2 中存活的时间分别为 180 min 和 150 min，而无抗氧化活性的发酵乳杆菌 E-338-1-1 的存活时间仅为 90 min。Kaizu 等利用动物实验研究了乳酸菌的抗氧化活性，将两组缺乏维生素 E 的大鼠，分别饲喂乳杆菌 SBT2028 的无细胞提取物和维生素 E（4 mg/d），通过测定血红细胞溶血作用的抑制率、肝脏中 MDA 的浓度、血浆中维生素 E 的质量浓度发现，乳杆菌 SBT2028 的抗氧化效果和维生素 E 相近。

Kullisaar 等让 21 名健康的志愿者（5 名男性，16 名女性，年龄为 35~65 岁）每天饮用 150 g 的新鲜羊奶和经发酵乳杆菌 ME-3 发酵的羊奶，3 周以后对其血浆进行对比发现，饮用了发酵羊奶的人中低密度脂蛋白的氧化作用明显减少，说明发酵乳杆菌 ME-3 在人体实验中显示出抗氧化活性。

用于发酵的蔬菜本身含有多种抗氧化物质，如维生素 C、类胡萝卜素、类黄酮以及酚酸等，它们连同乳酸菌赋予了发酵蔬菜抗氧化活性。王萍和朱祝军研究了不同基因型叶用芥菜腌渍前后抗氧化性能的改变，发现维生素 C 与抗氧化活性的相关性较弱，酚类物质在腌制叶用芥菜抗氧化活性中起重要作用，不同叶用芥菜腌渍后抗氧化能力都有所下降。Kim 等研究了泡菜对小鼠大脑中抗氧化酶活性和自由基产生的影响，认为泡菜尤其是芥菜叶泡菜有延缓衰老的作用。陈静波和田迪英研究不同部位腌渍莴笋的抗氧化性，发现莴笋叶腌渍后抗氧化性能下降不明显，而莴笋皮和莴笋茎下降明显。Kusznierewicz 等研究了加热和发酵对卷心菜抗氧化性变化的影响，结果表明发酵不但不会降低卷心菜的抗氧化性，反而使总酚的含量增加，清除自由基的能力也增强。Fang 等研究了发酵芥菜过程中酚酸和抗氧化性的变化，发现发酵芥菜过程中酚酸的含量有所增加，发酵对保存芥菜本身的抗氧化性非常有利。

乳酸菌能够产生超氧化物歧化酶，简称 SOD。SOD 是一种含有金属元素的活性蛋白酶，可以清除体内代谢过程中产生的过量的超氧阴离子自由基，有提高机体免疫力、延缓衰老、抗疲劳等作用。除此之外，乳酸菌产生的乳酸使肠道内的腐败菌及致病菌的滋生受到了抑制，在一定程度上减少了这些有害菌所产生的 HZS 靛基质等致癌物及其他的有毒物质，进而减慢了机体的衰老过程。另外，保加利亚人的长寿与经常饮用酸奶有密切关系。

8. 减肥

Kim 用泡菜做动物实验证明，没有吃泡菜的白鼠肝里平均含有脂肪 167~169 mg/g，而吃泡菜白鼠肝里只有 145~149 mg/g 的脂肪，减少脂肪 15.8%；不吃泡菜的白鼠血液中总脂肪含量是 246.1 mg/kg，而吃泡菜白鼠的血液中的总脂肪只有 170~200 mg/kg，脂肪减少 44.8%。经皮下脂肪的检测也证明，加喂泡菜饲料的小白鼠收到了明显的减肥效果。泡菜有增强脾脏免疫细胞活力的作用，能起到减少血液和肝中脂肪的特殊效果。实验还发现，吃腌制 5 个星期的泡菜比吃腌制 3 个星期的泡菜的减肥效果更好。四川大学华西公共卫生学院黄承钰研究发现泡菜对高脂饲料喂养大鼠具有一定减体重、辅助调节血脂、血糖的作用，可减少大鼠肝脏脂肪蓄积，具有一定抗脂肪肝作用。日本京都大学对人体减肥实验结果也显示，泡菜具有减肥的特效。

（二）泡菜重要质量指标与微生物关联

在泡菜的发酵过程中会产生一系列的生化反应和微生物反应。而泡菜的理化成分在这个过程中发生了复杂的变化，这种变化取决于泡菜本身的原材料构成，以及在整

个过程中起主要作用的酶类和微生物。泡菜的原辅料为这些反应提供了原始的基质，乳酸菌及其他微生物参与了整个发酵过程，乳酸菌在整个过程中了起了主导作用。乳酸发酵分为同型发酵和异型发酵，其主要代谢产物有乳酸、乙酸、乙醇、二氧化碳等。除了乳酸发酵，泡菜在发酵过程中还存在醋酸发酵、酒精发酵、水解酶解反应等。在这个过程中，小分子糖类被发酵转化为其他物质如有机酸、二氧化碳，大分子糖类则水解成为小分子物质，蛋白质也水解为小分子的氨基酸，这形成了泡菜特有的风味。

1. 酸度与有机酸

泡菜复杂的发酵过程形成了一系列的反应，而衡量泡菜发酵过程中最重要的指标是 pH 值和酸度，pH 值与酸度呈现相反的变化，典型的泡菜发酵过程中发酵液的 pH 值及酸度变化如示意图 3-21 所示。泡菜液中起始的酸度缓慢上升，达到一定点后快速上升并逐渐达到最大值，最后进入缓慢上升阶段直至保持稳定。乳酸菌利用还原糖转化成有机酸是导致 pH 值下降和酸度上升的主要原因，还原糖在发酵过程中呈现快速下降直至稳定然后缓慢下降到微量的过程。pH 值、酸度及还原糖的变化受到蔬菜品种、工艺配方、外界环境等诸多因素影响。不同类别泡菜的最佳食用酸度和 pH 值差异很大，一般情况下即食类泡菜的最适酸度为 0.3%~0.6%，而佐餐类产品由于大多不直接食用，其产品的酸度则根据产品类型的不同有较大差异，一般在 0.5%~1.5%。一般来说，根据泡菜发酵的酸度可以将泡菜的发酵过程分为多个阶段，按照 pH 值将韩国泡菜发酵分为三个阶段；而欧洲橄榄泡菜则根据 pH 将其发酵阶段划分为三个阶段或四个阶段。我国泡菜传统上也将泡菜发酵划分为三段，但是具体划分的依据根据蔬菜品种和泡菜工艺的不同略有差异。

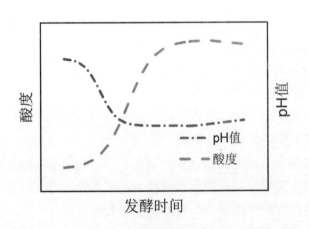

图 3-21　泡菜发酵过程中 pH 值、酸度变化示意图

酸度和 pH 值的变化主要是由有机酸引起的。朱文娴等人报道了泡菜中的主要有机酸包括乳酸、乙酸、琥珀酸、酒石酸、抗坏血酸等。Soon-Mi Shim 等用 GC/MS 研究了韩国泡菜低温储藏过程中有机酸的变化，发现乳酸和乙酸是主要的有机酸，苹果酸在最初的储藏阶段迅速减少。王晓飞研究了萝卜泡菜发酵过程中有机酸的变化规律，主要包括草酸、苹果酸、乳酸、乙酸和少量的富马酸和琥珀酸。熊涛等人研究了泡菜中乳酸、乙酸、柠檬酸和苹果酸的变化，其中乳酸和乙酸为主要的有机酸，随着发酵的延长，含量快速增加，苹果酸则呈现先上升后下降直至消失的趋势；接种不同的乳酸菌对泡菜发酵过程中的有机酸有显著影响。相似的报道在韩国泡菜、欧洲橄榄中有大量的报道，一般认为发酵蔬菜中主要的有机酸为乳酸和乙酸。糖类是转化为有机酸的基质，是形成酸味成分的重要前体物质；杨瑞等人报道了泡菜发酵过程中，泡菜中的还原糖随着发酵的进行逐渐下降；而泡菜液中的还原糖则分为两个过程，当溶解速度大于消耗速度时，还原糖呈现上升趋势，而当消耗速度大于溶解速度时呈现下降趋势。熊涛等人报道了泡菜发酵过程中葡萄糖、果糖、蔗糖的变化规律，添加不同的乳酸菌种进行发酵对泡菜液中的糖含量变化有显著影响。

2. 氨基酸

氨基酸的研究主要包括氨基酸总量和游离氨基酸，而游离氨基酸和滋味关系较为密切。泡菜发酵过程中，产生特定风味的主要原因之一即为蔬菜本身的蛋白质在微生物和自身蛋白酶的作用下水解生成氨基酸。各种氨基酸除了本身呈有不同的味道外，还可以作为风味前体物与其他化合物进一步发生反应，从而影响泡菜发酵过程中的色、香、味的形成。在腌渍菜氨基酸变化的研究中发现，在发酵前期氨基酸含量有所提高，随后下降；而单一氨基酸的含量发生不同的变化，其中苏氨酸呈大幅度下降趋势，而蛋氨酸、苯丙氨酸、亮氨酸、异亮氨酸、撷氨酸和赖氨酸等必需氨基酸摩尔组分得到提高。卷心菜进行泡制发酵后，游离氨基酸的总量呈明显降低，而部分呈味氨基酸的含量有所上升，如天门冬氨酸、谷氨酸、苯丙氨酸、亮氨酸和苯丙氨酸。其中谷氨酸与天门冬氨酸可以和泡菜中钠离子结合生成钠盐，产生鲜味；同时氨基酸还可以和醇发生反应生成多种芳香物质。此外，氨基酸与戊糖的还原产物4-梭基戊烯醛作用生成烯醛类的香味物质，氨基酸种类不同，与戊糖作用所产生的香味也不同。

3. 挥发性风味成分

异型乳酸发酵的代谢产物与泡菜中所含有的物质可以结合，能产生多种挥发性风味物质，乙二酰是其中一种，而乙二酰是乳酸的生香物质，其含量对发酵蔬菜的整体风味有较大影响。许多乳酸菌如丁二酮乳酸链球菌、柠檬明串珠菌等可利用柠檬酸产生丁二酮等挥发性风味物质。

国外对泡菜风味物质研究得比较多的主要有韩国。早在1998年，Cha等同时运用真空固相萃取结合GC/MS/O对韩国泡菜中的特征风味物质进行分离鉴定，得出几种有强烈气味的化合物，它们分别是二甲基二硫化物、二烯丙基二硫化物异构体和二丙基二硫化物等。Kim等运用动态顶空进样结合GC/MS分析了不同发酵条件下Dongchimi Soup的风味成分，检测出了含硫化合物、醇类、硫醇类等25种物质。Shih-Guei等采用静态和动态顶空方法提取发酵竹子中挥发性成分，并用气相色谱和质谱进行分析，

检测出发酵竹子中含有 70 种挥发性化合物，其中 29 种有香气活性，气味最强的有甲醇、2- 庚醇、乙酸和 1- 辛烯 -3- 醇。Kang 等运用固相微萃取技术结合 GC/MS 对保藏于 5 ℃条件下的韩国泡菜进行研究，得到白菜泡菜中 40 种挥发性化合物中有 18 种是硫化合物，且其挥发性成分随着储存时间的延长而减少。

周相玲利用高效液相色谱法、氨基酸自动分析仪及 GC/MS 等方法，对未发酵和自然发酵泡卷心菜汁中的有机酸、游离和挥发性风味物质进行了分析，发现发酵以后，原卷心菜汁的主要风味物质异硫氰酸烯丙酯由 63.70% 下降到了 0.04%，出现了更多的二硫化物、三硫化物和硫醚类物质；同时，周相玲等将人工接种发酵白菜与自然发酵白菜中的挥发性风味物质进行了比较，结果发现两种产品中挥发性风味物质的种类相似，在含量上有较小的差别。王晓飞等选用顶空固相微萃取结合 GC/MS 对自然发酵萝卜和纯种接种发酵萝卜的挥发性风味物质进行了对比，发现自然发酵萝卜的风味物质种类比纯种发酵萝卜中多。作者、张其圣等人采用 SPME 与 GC/MS 联用法，分析并鉴定了自然发酵泡菜（萝卜、青菜、白菜等）、直投式功能菌剂发酵泡菜和老盐水发酵泡菜的风味成分构成，确定其挥发性成分中酯、醇、酮、醛、烯萜、含 -S 及含 -N 化合物等占挥发性成分总量的 90% 以上，主要包括：异硫氰酸烯丙酯、正己醛、乙醛、任醛、二甲基三硫、二甲基二硫、十六酸乙酯、乳酸乙酯、丁酸乙酯、乙醇、反 -2,4- 二甲基 -4- 甲基 -1- 戊烯、罗勒烯、2,4- 庚二烯醛、乙酸乙酯、苯甲醛、庚醛、反 - 二己烯醛、乙酸异戊酯、3- 羟基 -2- 丁酮、正己醛、环己烯、葵醛、辛酸甲酯、2,3- 二甲基 -2,3- 二苯基丁烷、1- 辛烯 -3- 醇、4- 乙基环己醇、环氧香茅醇、异硫代氰酸酯、水芹烯，等等；主要呈味氨基酸有谷氨酸、天门冬氨酸、丙氨酸、蛋氨酸、苯丙氨酸和赖氨酸；同时指出泡菜的风味与蔬菜的品种及发酵的程度直接相关。Zhen 等采用 GC/MS/O 分别对新鲜竹笋和泡竹笋中的风味活性物质进行分析，得出新鲜竹笋中的风味活性物质主要有 17 种，泡竹笋中有 19 种，且辛辣味和腐臭味是泡竹笋的主体特征风味。

第三节　泡菜微生物筛选及应用

一、泡菜微生物筛选及功能评价

微生物菌株的分离筛选，就是将一个混杂着各种微生物的样品通过分离技术区分开，并按照实际要求和菌株的特性采取迅速、准确、有效的方法进行分离、筛选，进而得到所需微生物的过程。菌株分离、筛选虽为两个环节，但却不能决然分开，因为分离中的一些措施本身就具有筛选作用。

（一）功能微生物的筛选

泡菜微生物研究中往往通过初筛和复筛来提高筛选效率，筛选适于蔬菜乳酸发酵，能提高产品风味、质量，同时降低亚硝酸盐含量，缩短发酵周期的优良乳酸菌，一直是人们研究的热点。作为泡菜发酵的优良乳酸菌应具有安全性好、生长繁殖块、发酵活力高、产风味成分多、抗逆性强等优良特性，而菌种的安全性及生产与发酵特性是筛选菌种的首要因素。因此，根据自身特点，研究特定条件下菌种的发酵速度、产酸量、对不同发酵环境的适应能力等来达到快速筛选的目的。

1. 生长培养基

筛选所需的微生物，生长培养基配方是最重要的，可以通过特殊化合物作为唯一碳源，筛选具有利用或降解这种化合物的微生物，或用抑制剂来阻断特异的生化途径和用 pH 调节剂等等。泡菜中的乳酸菌营养要求苛刻，其生长培养基除了含有碳源、氮源、无机盐等营养因子外，还应含有乳酸菌促生长因子。作为乳酸菌生长的培养基应具有如下特点：适合菌体生长，繁殖速度快，在较短时间内可得到大量高活力细胞，菌体与培养基易分离，成本低廉，最好能反复利用。目前，实验室常用的乳酸菌培养基有脱脂乳、MRS 和 M17 等，MRS 培养基对乳酸菌的分离筛选见图 3-22。

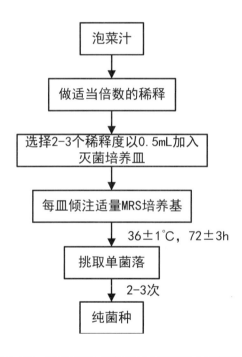

图 3-22　基于 MRS 培养基对乳酸菌的分离筛选

2. 筛选方法

1）菌体形态变异分析

在细菌的生长繁殖过程中观察到为数众多的变异现象，细菌的大小可发生变异；有时细菌可失去荚膜、芽孢或鞭毛；有的细菌出现了细胞壁缺陷的 L 型细菌。在初筛工作中应尽可能捕捉、利用这些直接的形态特征性变化。有人曾统计过 3 484 个产维生素 B2 的阿舒假囊酵母（Eremothecium ashbyii）的变异菌落，发现高产菌株的菌落形

态有以下特点：菌落直径呈中等大小（8 ~ 10 mm），凡过大或过小者均为低产菌株；色泽深黄色，凡浅黄或白色者皆属低产菌株。

2）平皿快速检测法

平皿快速检测法是利用菌体在特定固体培养基平板上的生理生化反应，将肉眼观察不到的产量性状转化成可见的"形态"变化。具体的有纸片培养显色法、变色圈法、透明圈法、生长圈法和抑制圈法等。这些方法较粗放，一般只能定性或半定量用，常用于初筛，但它们可以大大提高筛选的效率。它的缺点是由于培养平皿上种种条件与摇瓶培养，尤其是发酵罐深层液体培养时的条件有很大的差别，有时会造成两者的结果不一致。平皿快速检测法操作时应将培养的菌体充分分散，形成单菌落，以避免多菌落混杂一起，引起"形态"大小测定的偏差。

（1）纸片培养显色法。将饱浸含某种指示剂的固体培养基的滤纸片搁于培养皿中，用牛津杯架空，下放小团浸有3%甘油的脱脂棉以保湿，将待筛选的菌悬液稀释后接种到滤纸上，保温培养形成分散的单菌落，菌落周围将会产生对应的颜色变化。从指示剂变色圈与菌落直径之比可以了解菌株的相对产量性状。指示剂可以是酸碱指示剂也可以是能与特定产物反应产生颜色的化合物。

（2）变色圈法。将指示剂直接掺入固体培养基中，进行待筛选菌悬液的单菌落培养，或喷洒在已培养成分散单菌落的固体培养基表面，在菌落周围形成变色圈。如在含淀粉的平皿中涂布一定浓度的产淀粉酶菌株的菌悬液，使其呈单菌落，然后喷上稀碘液，发生显色反应。变色圈越大，说明菌落产酶的能力越强。而从变色圈的颜色又可粗略判断水解产物的情况。

（3）透明圈法。在固体培养基中渗入溶解性差、可被特定菌利用的营养成分，造成浑浊、不透明的培养基背景。待筛选菌落周围就会形成透明圈，透明圈的大小反映了菌落利用此物质的能力。在培养基中掺入可溶性淀粉、酪素或 $CaCO_3$ 可以分别用于检测菌株产淀粉酶、产蛋白酶或产酸能力的大小。

（4）生长圈法。利用一些有特别营养要求的微生物作为工具菌，若待分离的菌在缺乏上述营养物的条件下，能合成该营养物，或能分泌酶将该营养物的前体转化成营养物，那么，在这些菌的周围就会有工具菌生长，形成环绕菌落生长的生长圈。该法常用来选育氨基酸、核苷酸和维生素的生产菌。工具菌往往都是对应的营养缺陷型菌株。

（5）抑制圈法。待筛选的菌株能分泌抑制工具菌生长的物质，或能分泌某种酶并将无毒的物质水解成对工具菌有毒的物质，从而在该菌落周围形成工具菌不能生长的抑菌圈。例如：将培养后的单菌落连同周围的小块琼脂用穿孔器取出，以避免其他因素干扰，移入无培养基平皿，继续培养4~5 d，使抑制物积累，此时的抑制物难以渗透到其他地方，再将其移入涂布有工具菌的平板，每个琼脂块中心间隔距离为2 cm，培养过夜后，即会出现抑菌圈。抑菌圈的大小反映了琼脂块中积累的抑制物的浓度高低。

该法常用于抗生素产生菌的筛选，工具菌常是抗生素敏感菌。由于抗生素分泌处于微生物生长后期，取出琼脂块可以避免各菌落所产生抗生素的相互干扰。

3）摇瓶培养法

摇瓶培养法是将待测菌株的单菌落分别接种到三角瓶培养液中，振荡培养，然后对培养液进行分析测定。该方法模拟发酵罐，所测得的数据就更有实际意义。但是摇瓶培养法需要较多的劳力、设备和时间，所以，摇瓶培养法常用于复筛。但若某些突变性状无法用简便的形态观察或平皿快速检测法等方法检测时，摇瓶培养法也可用于初筛。初筛的摇瓶培养一般是一个菌株只做一次发酵测定，从大量菌株中选出10%~20%较好的菌株，淘汰80%~90%的菌株，选出较好的菌株，再做进一步比较，选出最佳的菌株。

（二）微生物鉴定方法研究

1. 微生物分类鉴定标识

微生物分类鉴定的物质基础是不断积累起来的、公认的微生物标识。这些标识可以是表型标识，也可以是基因型标识。传统的微生物分类和鉴定主要依靠形态和生理生化等表型特征。从 20 世纪 60 年代开始，分类学家开始利用细胞化学组分特征、免疫学标识以及遗传学标识等对微生物进行分类鉴定。

1）形态特征

微生物的形态特征易于观察比较，也是微生物系统发育相关性的一个标志，因此形态特征始终是微生物分类鉴定的重要依据之一。泡菜中微生物的分离，取菌落数在30 ~ 300 个的平板，观察典型菌落的菌落形态、个体形态和染色特征，进行分离纯化。微生物的形态特征包括个体形态特征、群体形态特征、液体培养特征以及半固体培养特征等。细菌的个体形态特征包括：细菌细胞的形状（球形、杆状、弧形、螺旋形、丝状、分枝状及特殊形状等）、大小（细胞的宽度和直径）和排列方式（单个、成对、成链或其他排列方式），革兰氏染色反应，运动性，是否产芽孢，芽孢的形状和着生位置，是否有荚膜、菌毛、鞭毛以及细胞内含物等。丝状真菌的个体形态特征包括：菌丝体特征，无性和有性繁殖阶段的特征以及繁殖器官的形态与结构，孢子的种类、形态、大小、数目、颜色、表面纹饰和着生状态等。酵母的个体形态特征包括：细胞的大小和形状，出芽位置及芽痕，细胞内是否含有液泡和异染颗粒等。

微生物群体形态特征也叫菌落形态特征，是指微生物在琼脂平板上培养后所表现的群体形态或生长状况。细菌的菌落形态特征包括：菌落的外形、大小、光泽、黏稠度、隆起情况、透明程度、边缘特征、气味以及是否产生脂溶性或水溶性色素等。丝状真菌的群体特征包括：菌落大小、菌落形态（绒毛状、絮状或蜘蛛网状）、菌落颜色及产生色素等。酵母的群体形态特征包括：菌落大小，颜色，菌落表面特征（光滑、有光、无光、粗糙、痣点、粉状、针刺和折皱等）以及菌落中央特征（凸起、凹陷或

平滑）等。

微生物的液体培养特征包括液体培养基是否浑浊及浑浊程度，在液体表面有无菌膜形成，以及在液体底部是否形成沉淀等。半固体培养特征是指微生物在半固体培养基上穿刺接种后的生长情况及其有无运动性等。

2）生理生化特征

生理生化特征与微生物的酶和蛋白质直接相关，而酶与蛋白质是微生物基因表达的产物，因此生理生化特征可用于微生物的分类鉴定研究。微生物的生理生化特征包括微生物的营养类型、对碳源和氮源的利用情况、对营养因子的需求、产酶种类、代谢产物、对温度和 pH 的适应性、需氧性、对抗生素和抑制剂的敏感性等。

3）免疫学标识

细菌细胞和病毒都含有蛋白质、脂蛋白和脂多糖等具有抗原性的物质。由于不同微生物的抗原物质结构不同，因此具有不同（特异）的抗原特性（谱）。几乎所有的微生物都具有自身特有的抗原（谱），因此从理论上讲，微生物的鉴定可以完全依赖特异的抗原 – 抗体间的特异性免疫学反应来进行。如，病原微生物特别是肠道细菌的分类鉴定，免疫学方法是不可或缺的，所使用的免疫学标识包括：菌体抗原（O 抗原）、鞭毛抗原（H 抗原）、荚膜抗原（K 抗原）或毒力抗原（Vi 抗原）等。

免疫学分类依赖甄别特异性抗原所对应的特异性的抗体，因此，到目前为止，免疫学分类鉴定技术主要集中于重要的病原微生物的鉴定中，没有（也很难）应用于普通微生物或工业微生物的分类鉴定。

4）细胞化学组分特征

微生物细胞中的特定化学组分相对稳定，且不同种属微生物的细胞化学组分存在差异，对待鉴定的微生物的相应组分进行分析，获得其特异性细胞化学组分特征并完成微生物的识别与鉴定。目前常用的微生物特异性细胞化学组分特征主要包括：细胞脂肪酸组分、醌类组分、枝菌酸、细胞壁氨基酸、细胞壁糖型、磷脂类脂、全细胞蛋白以及核糖体蛋白等。

5）遗传标识

DNA 中所包含的遗传信息，是生物体遗传与变异、生长与繁殖的物质基础。DNA不仅指导生物的生命活动，而且记载生物的进化历程，反映生物之间的亲缘关系，因此从 DNA 水平研究生物的系统发育与分类鉴定是最为准确可靠的途径。现代微生物分类学已从原有的按微生物表型特征进行分类的经典分类学，发展到按其亲缘关系和进化规律进行分类的微生物系统学（Microbial systematics）。微生物系统学在分子水平上，对微生物个体的蛋白质、DNA 和 RNA 进行研究，并根据获得的基因型信息对微生物进行分类鉴定。

6）蛋白质氨基酸序列

微生物蛋白质的氨基酸序列的进化速率基本恒定，具有重要功能的蛋白质分子或蛋白质分子中重要功能区域的氨基酸序列的进化速率往往较低。研究显示，同功能蛋白质氨基酸序列相似性越高，其亲缘关系越近。因此，氨基酸序列同源性分析可用于微生物分类鉴定研究。常用于微生物分类鉴定的蛋白分子靶点包括：细胞色素和电子传递蛋白、组蛋白、热休克蛋白、转录和翻译相关蛋白等。

7）基因组 GC 含量

微生物基因组 DNA 中的（G+C）/（A+T）两对碱基间的比例是相当稳定的，不会随着环境条件和培养条件的变化而发生改变。在同一属的不同种之间，基因组 DNA 中的 GC 含量的数值一般不会相差太大，而是以某个数值为中心成簇分布。通常认为，微生物种内不同菌株间 GC 含量相差不应超过 4%，属内不同菌株间不应超过 10%，而不同属甚至不同科的应超过 15%，因此可利用基因组 DNA 中的 GC 含量来鉴别各种微生物种属间的亲缘关系及其远近程度。GC 含量作为微生物分类鉴定标识的局限性也是十分明显的。GC 含量在微生物分类学中的使用遵循否定原则，即 GC 含量差别显著者，肯定是不同的种属；但 GC 含量相近者不一定是同一种属。

8）DNA 序列

DNA 序列进化的显著特点是进化速率相对恒定，即这些分子序列进化的变量与分子进化的时间成正相关。根据这一特点，可以通过比较不同种类微生物的 DNA 序列的改变量来确定它们彼此间的系统发育相关性和进化距离。为了确定各种微生物间的进化谱系，需要挑选合适的 DNA 片段进行序列研究。在众多的 DNA 序列中，最适于揭示各类生物亲缘关系的是核糖体 DNA（r DNA）。r DNA 用于生物进化和系统分类研究具有下列优点：r DNA 在原核生物和真核生物中普遍存在，便于分析和比较；r DNA 参与生物蛋白质合成过程的功能保持不变，且在任何生物中都是必不可少的；r DNA 中不同区域序列的进化速率各不相同，部分区域十分保守，而部分区域序列则高度可变，因此可用于进化距离不同的各类微生物系统发育的研究；r DNA 序列在微生物基因组中以多拷贝形式存在，易于分离与制备。

细菌中编码 r DNA 序列按 5' 到 3' 的顺序分别为：16S、23S 和 5S，它们的长度分别约为 1 540 bp，2 900 bp 和 120 bp，由两个非编码的间隔区序列（Internal spacer）分开（图 3-23）。细菌 5S r DNA 虽然易于分析，但其长度较短，无法为分类研究提供足够的信息。而 23S r DNA 序列长度约为 16S r DNA 的两倍，可变区与保守区序列对分类不很敏感，分析过程也较为困难。细菌 16S r DNA 序列则成为细菌分类鉴定的主要标识。

图 3-23　细菌中编码 r DNA 序列

16SrRNA 是所有原核生物蛋白质合成所必需的一种核糖体 RNA，由基因组中的相应的 rRNA 基因（r DNA）编码。r DNA 在细菌的基因组中以多拷贝形式存在。在漫长的生物进化过程中，16S r DNA 序列的变化非常缓慢，但保守中蕴含着变化。即 16S r RNA 基因的核苷酸序列中既含有保守序列又含可变序列，利用这一特征可以进行生物的进化距离和亲缘关系的研究。此外，16S r DNA 大小适中，易于使用 DNA 测序技术得到其核苷酸序列。随着越来越多细菌的 16S rDNA 序列被测定，GenBank 等公共数据库中的 16S r DNA 序列也得到不断充实。

真核生物的 r DNA 以串联重复方式存在于细胞核中，其中 18S、5.8S 和 28S（26S）r DNA 组成一个转录单元（图 3-24）。真菌 r DNA 序列中不同区域的进化速率存在显著差异，因此可用于不同等级分类单元的研究。由于真菌 18S r DNA 和 28S r DNA 序列进化速率较慢，具有高度的保守性，因此成为属以上高级分类单元系统发育研究中常用的进化指征。转录间隔区（Internal transcribed spacer，ITS）序列是真菌 r DNA 中介于 18S rDNA 与 28S rDNA 之间的非编码区域，被 5.8S r DNA 分隔为 ITS1 和 ITS2 两个部分。与 18S r DNA 和 28S r DNA 序列相比，真菌 ITS 序列的种间差异性更加明显。同时由于 ITS 序列两端的 18S 和 28S r DNA 序列高度保守，便于设计引物对 ITS 序列进行 PCR 扩增，因此 ITS 序列适合用于真菌的分类鉴定研究。

ITS区

| IGS | 小亚基基因 | ITS1 | 5.8S | ITS2 | 大亚基基因 | IGS |

图 3-24　真菌中编码 r DNA 序列

酵母是一类单细胞真菌的统称，大部分的酵母被归入子囊菌纲，其 26S r DNA 的 D1/D2 区是目前酵母分类鉴定中较为常用的分子标识之一，研究显示，26S r DNA D1/D2 区序列在用于认定酵母种内和种间关系时拥有足够的差异性。一般认为，同一个酵母种内不同菌株 26S r DNA D1/D2 区的差异不应超过 3 个碱基。除了 r DNA 序列以外，真菌线粒体 DNA（Mitochondrial DNA）和蛋白编码基因也被应用于真菌的系统学研究中。真菌蛋白编码基因内部存在内含子，且密码子第三位存在摆动，因此核苷酸序列相对于 r DNA 序列具有更高的可变性，可用于真菌种属水平的分子鉴定。目前已有研究用于真菌分类鉴定的蛋白编码基因包括：延长因子 -1α 基因（EF-1α）、β-微管蛋白基因（β-tubulin）、细胞色素氧化酶基因（COX）以及肌动蛋白基因等。

9）全基因组信息

自从 1995 年完成首个微生物——流感嗜血杆菌（*Hameophilus influenzae*）的基因组测序以来，截止到目前已有 2 500 多株微生物完成基因组全序列测定。Goris 等通过分析原核生物全基因组序列发现，所有保守基因核苷酸一致性平均值（Average Nucleotide Identity，ANI）为 95% 时，与其 DNA-DNA 杂交值 70% 相一致。研究者认为 ANI 数值测定有可能替代 DNA-DNA 杂交实验。2009 年，美国能源部联合基因组研究所（DOE JGI）与德国国家菌种保藏中心（DSMZ）等单位联合测定了涵盖原核生物各主要类群的 56 株代表性菌株的基因组序列，试图建立全新的原核生物之间的系统发育关系。尽管 DNA 序列测定技术发展迅速，但由于受到测序时间以及费用的限制，已完成测序并公布的微生物全基因组序列信息仍旧有限。以全基因组序列信息进行微生物的分类鉴定在可以预见的未来，仍然不可能作为常规菌种鉴定手段。

10）其他

除了上述特征（标识）之外，噬菌体与宿主的关系也可用于微生物的分类鉴定。研究发现，噬菌体对细菌宿主的感染和裂解具有高度的特异性，即一种噬菌体往往只能感染和裂解一种细菌，甚至只能裂解种内的某种菌株，因此根据噬菌体的宿主范围可以将细菌分为不同的噬菌体型。

2. 微生物分类鉴定方法

对微生物进行分类存在两种基本的、截然不同的分类方法。一是根据微生物形态特征、生理生化特征和免疫学标识等表型特征的相似程度进行分类的分类法，该方法的特点是人为地选择几种形态和生理生化特征对微生物菌株进行分类，并在分类中将表型特征分为主次。二是根据生物系统发育相关性水平进行分群归类的现代分类法，其目标是探寻各种生物之间的进化谱系，建立反映生物系统发育的分类系统。相应地，甄别相关微生物分类鉴定标识的实验方法的建立与应用，是微生物分类鉴定的必要技术保证。

1）形态分类鉴定方法

形态特征是微生物分类鉴定中最常用、最方便和最重要的数据，尤其是在形态结构较为复杂的真核微生物以及具有某些特殊形态结构的原核生物的分类鉴定中。形态分类鉴定方法对微生物分类和进化研究起到了巨大的推动作用，现存的大量微生物分类单位名称都是建立在该方法的基础之上。

显微技术与摄影技术在微生物分类鉴定中发挥了极其重要的巨大作用。由于微生物细胞形体微小，肉眼不能观察，显微技术及其设备的发明才使得微生物个体形态的观察成为可能。现在，普通光学显微镜、扫描电子显微镜和透射电子显微镜技术等已经成为微生物分类鉴定中不可或缺的重要内容。同时，分类学家还利用显微技术研究微生物细胞的亚微或超微结构在微生物分类鉴定中的价值。在微生物分类系统中，尤其是真菌分类系统中，仍然以形态特征、细胞结构和生殖特性等作为主要的分类依据。例如，将能产生游动孢子的真菌归入壶菌门（*Chytridiomycota*）；依据不同类群真菌在有性生殖过程中所产生孢子的不同，将产生接合孢子的真菌归入接合菌门（*Zygomycota*），产生子囊孢子的真菌归入子囊菌门（*Ascomycota*），产生担孢子的真菌则被归入担子菌门（*Basidiomycota*）。

2）生理生化分类鉴定方法

微生物及其资源多样性特征的重要体现之一是微生物生理与代谢的多样性。这些多样性特征一方面可以为人类对微生物资源的开发利用服务，另一方面也可以借助这一多样性特征认识或鉴定微生物。微生物生理生化鉴定中的一项重要内容是通过检测培养基中是否产气或产酸来判断微生物对碳源的利用情况。检测微生物产气有两种方法，第一种是在发酵管内进行培养，若发酵即可生成 CO_2 或其他气体。第二种使用琼脂培养基，微生物在琼脂内生长产气后可将琼脂裂开破裂。微生物产酸可使用 pH 计或 pH 试纸进行检测。典型的商用微生物鉴定系统 Biolog 也是基于常用微生物的生化代谢特征建立起来的。

需要注意的是，不少微生物的生理生化特征是染色体外遗传因子编码的，且生理生化特征容易受到培养条件等外界因素的干扰，因此根据生理生化特征对微生物进行分类鉴定时，必须与其他特征进行综合分析。在日常的微生物鉴定中，生理生化方法也存在烦琐耗时等缺点。例如，常用的酵母生理生化鉴定法需要完成 60 ~ 90 项实验，整个鉴定过程往往需要数周的时间，且部分生理生化特征随着培养条件的变化而不稳定。

3）免疫学分类鉴定方法

在微生物分类鉴定方法中，免疫学技术应用的重要性目前更多地体现在微生物的快速鉴定上。通过抗原与抗体间的特异且敏感的免疫学反应，可以快速鉴别相对应的抗原（谱）存在与特征，由此进行微生物菌株的鉴定。免疫学分类鉴定方法的基本步骤包括：首先，利用已知菌种、型、菌株及其细胞特征性组分免疫动物，制成抗血清（抗体）或单克隆抗体甚至重组单链抗体；以此特异性抗体为基础，建立相应的免疫学检测方法，如酶联免疫吸附试验（ELISA）；根据其是否能与待鉴定微生物发生特异性的血清学反应来鉴定未知菌种、型或菌株的微小差异。例如，利用荚膜抗原，可将肺炎链球菌分成近百个血清型。根据菌体（O）抗原、鞭毛抗原（H 抗原）和表面（Vi）抗原可将沙门氏菌属的细菌分成约 2 000 个血清型。免疫学技术在病原微生物的分离鉴定以及流行病学研究中发挥着极其重要的作用。由于学科侧重点不同，在其他微生物领域如工业微生物，免疫学技术的应用不多。

4）化学分类鉴定方法

20 世纪 60 年代起，研究者开始利用细胞化学组分对微生物进行分类鉴定，即化学分类法（Chemotaxonomy）。化学分类法依靠电泳、色谱和质谱等化学分析技术来分析比较不同微生物细胞组分和代谢产物的组成，从而对微生物进行分类鉴定。在放线菌分类中，将细胞壁成分和细胞特征性糖的分析作为分属的依据，已得到广泛应用。其中，霉菌酸的分析测定已成为诺卡氏菌形放线菌（*Nocardioform actinomycetes*）分类鉴定中的常规方法。脂质是区别细菌还是古菌的标准之一，细菌有酰基脂，而古菌有醚键脂，因此醚键脂的存在可用以区分古菌。

　　蛋白质组学的发展为微生物的鉴定提供了新的途径。蛋白质是生命活动的执行分子，因此蛋白质的序列模式是区分不同物种的重要依据。目前，研究人员已经发展了多种可用于细菌分类和鉴定的质谱方法及软件工具。其中，大部分方法是利用蛋白质量模式（即蛋白质一级图谱）进行细菌检测。其基本原理是：将已知的细菌质量谱作为特定的指纹存储于参考数据库中；通过质谱实验，从未知的细菌样本中提取蛋白质一级图谱；将实验谱与参考谱进行模式匹配，获得相关性打分；如果打分高于设定的阈值，那么匹配成功，将该细菌归为参考谱所属的类别。典型的组学水平的蛋白质鉴定技术路线包括自底向上（Bottom-up）和自顶向下（Top-down）策略，这两种策略适用于探索性较强的基础研究。对于有明确范围界定的物种鉴定来说，新发展的选择反应离子监测（SRM/MRM）技术则效率更高。

　　A. 质谱技术

　　由于质谱技术的高通量、敏感性和特异性，其在微生物学研究中应用十分广泛。质谱法进行快速微生物鉴定具有以下特点：鉴定速度快，通常在数分钟内就可获得鉴定结果；鉴定准确，比常规微生物生化鉴定方法的符合率更高；操作简便，只需要简单的操作就可进行复杂的微生物鉴定；菌库大，相比生化鉴定方法，质谱法建立菌库更快，可鉴定的微生物种类更多，对于一些用常规方法难鉴定的微生物鉴定效果较好。按照所用技术的不同，用于细菌鉴定的质谱技术包括：气相色谱与质谱联用（GS-MS）技术、MALDI-MS 技术、基于 PCR 产物的 ESI-MS 技术等。

　　GS-MS 技术灵敏度和分辨度较高，可用于检测细菌中的脂肪酸谱或小分子（如糖类）。但该方法比较费时，由于有机酸等代谢物的极性强、挥发性低，往往不能直接进样分析，需要较复杂的化学衍生步骤。MALDI-MS 技术，如 MALDI-TOF MS 能够提供详细的基因组信息，为基因测序提供了良好的替代性解决方案。该方法在流行病学诊断上功能强大，对于各种培养条件下的细菌变异不敏感，适用于大部分临床相关细菌的检测，正在成为医学上细菌基因分型的金标准。目前，MALDI-TOF MS 已发展成为一种成熟的分析方法，生物梅里埃公司和布鲁克公司等多家公司的产品已经常规用于临床细菌鉴定。Kern 研究表明，除细菌培养之外整个 MALDI-TOF MS 的细菌鉴定流程可以缩减至 10 min 或者更短的时间。通常，一个单独的菌落就足以用于 MALDI-TOF MS 分析，但是很多情况下，仍需要对细菌样品进行培养或者富集，以便降低细菌样本的复杂性。在鉴定过程中，可选的分子标志物相对较多，如果基于常用的 16S rRNA 基因无法有效区分菌种，那么对于凝固酶阴性葡萄球菌、链球菌和肠球菌可采用 sodA 基因，对于洋葱伯克霍尔德菌可采用 recA 基因，志贺氏杆菌分离采用 ipaH 基因。如 Dubois 等结合多种分子标志物，采用 MALDI-TOF MS 技术对 767 个常规临床菌种进行测试，实现了 90% 以上的菌种鉴定。最近，研究人员新发展出来一种基于 ESI-MS 的微生物检测方法，该方法将 PCR 产物的高分辨率 ESI-MS 检测与细菌基因的核酸扩增以及碱基组成分析相结合，能够快速、定量地检测一系列

微生物，决定其种属。同时，以该方法为基础设计的 PCR–ESI–MS 芯片还能够以较高的分辨率鉴定细菌亚类，发现毒性因子和细菌抗药性。该方法的局限在于扩增子的核苷酸序列是不确定的，因此，在理论上基于 PCR 产物的 ESI–MS 检测方法比序列数据提供的信息要少。

以上分析方法主要利用一级质谱进行样品分析，为了提高鉴定精度，也有研究人员尝试将二级质谱应用于细菌分类和鉴定。如 Dobryan 等提出了一套简单、快速的蛋白质组学鉴定方法，能够区分非常接近的菌种。该方法基于 LC–MS/MS，需要更高精度的质谱仪和串联质谱，同时也需要更加细致的样品准备。该方法的优势在于：不需要预先知道物种的知识；能够产生物种特异的序列数据； 能够提供蛋白质相对表达水平；样品消耗更少，检测效率更高，易于执行。

尽管质谱技术作为蛋白质组学研究的有效方法得到了广泛的应用，并且关于质谱技术的理论也在不断成熟和完善，但该技术在细菌鉴定方面仍存在一定缺陷。由于质谱技术的理论支撑是根据样本电离后粒子的质荷比得到的图谱进行分析，所以其可靠性取决于质荷比的唯一性。然而，同样的细菌，由于培养条件或化学提取方法的不同会产生不同的质谱，从而导致分析结果的误差。即使严格控制以上条件，质谱法仍不能完全准确的测定出细菌种类。目前，基于质谱的蛋白质组学研究方法中的主流技术是鸟枪法。由于蛋白质的分子量很大，不同细菌中蛋白质的相似性，同位素及其他质荷比相同但又属于不同类别的离子干扰的存在，通过鸟枪法对全部表达的蛋白质进行检测，显然效率不高，甚至可能由于噪声干扰得到错误的结果。一种可能的解决方案是将定向蛋白质组学方法（如选择反应离子监测 SRM 技术）应用于细菌的分类鉴定，根据数据库中的蛋白质序列来寻找能够最大程度区分不同细菌的目标肽段（蛋白质的一部分序列），以提高质谱分析的效率。

B. SRM 技术

基于质谱的选择反应监测技术（Selected Reaction Monitoring，SRM），或称单反应监测技术（Single Reaction Monitoring），是定向蛋白质组研究中常用的方法。对于有明确范围界定的微生物鉴定来说，选择反应离子监测（SRM/MRM）技术效率更高。质谱多反应监测技术（Multiple Reaction Monitoring，MRM）被认为是并行 SRM 技术，一般统称为 SRM。SRM 技术基于已知信息设定质谱检测规则，对目标肽段进行记录，由于可有效去除噪声干扰，因此相比基于鸟枪法的质谱技术检测结果更加可信。同时，SRM 技术通过有选择的监测部分离子并预测色谱保留时间，还可以实现准确鉴定和精确定量。一个典型的 SRM 实验包括实验设计、数据获取和数据分析 3 个步骤。其中，实验设计是指为目标蛋白选择对应的特异性肽段，是 SRM 实验的关键步骤。一个目标蛋白被酶切后可以得到数十至数百个肽段，其中可能有一个或者多个特异性肽段被用于 SRM 实验中的目标监测。选择合适的特异性肽段对于 SRM 实验至关重要。因此，肽段的筛选是 SRM 实验能够成功的关键。对于细菌鉴定而言，就是要选择那些既能够被质谱鉴定，又能够作为某个细菌特异表征的肽段。影响肽段选择的因素包括：质谱属性，即肽段的可检测性差异；唯一性，即所选肽段能否唯一的表征目标蛋白质；翻译后修饰；化学诱导修饰；酶切位点等。目前，蛋白质特异性肽段的选择有两大策略：第一类根据已有实验数据选择特异性肽段，这是一种简单、直接的方法，也有研究人员建立了相关数据库以方便特异性肽段的选择。然而，此类策略存在明显的局限性，它仅适用于以往实验检测到的蛋白质和肽段。如果待检测的蛋白质和肽段从未在数据库中出现过，那么此类方法就无法奏效。第二类策略是根据生物信息学的计算工具选择特异性肽段。不管实验中待测的肽段和蛋白质以往是否被检测过，研究者都可以利用计算工具来预测每个菌种的特异性肽段。该策略利用肽段的理化性质，从已有的大规模数据集中挑选高可信度的结果进行分析，根据肽段序列、样品预处理流程、肽段的丰度等多方面的综合信息，在蛋白质的众多理论酶切肽段中选择特异性肽段。但是，当待检测的样本较复杂时，如大规模的致病菌鉴定，现有的选择方法难以筛选出具有足够区分度的特异性肽段，尚缺乏有针对性的特异性肽段选择工具。SRM 技术作为一种定向蛋白质组学的分析方法，具有特异性强、灵敏度高、重现性好、线性动态范围宽的突出优点，使其在细菌鉴定方面有着良好的发展前景。特别是根据该技术设计的目标蛋白质检测芯片，将来有望用于高通量细菌的快速鉴定。目前，制约该技术发展的瓶颈在于其对于实验参数和设计方法的严重依赖，因此它还停留在方法探索阶段，尚未有大规模的应用。

5）遗传分类鉴定方法

传统的微生物分类鉴定方法主要依靠形态学以及生理生化特征进行。这些方法在微生物分类鉴定中发挥过重要作用。但微生物的形体微小且容易产生变异，加上化石资料的匮乏，仅靠表观特征难以有效了解微生物的进化过程，也无法解决其系统发育问题，同时传统鉴定方法也无法对不可培养微生物进行鉴定。分子生物学理论及技术的快速发展，特别是聚合酶链式反应（Polymerase Chain Reaction，PCR）技术和 DNA 测序技术的发明和普及，给微生物分类鉴定带来了巨大革新。目前常用的微生物遗传分类鉴定方法包括，基因组 DNA 中 GC 含量分析、核酸杂交、DNA 指纹技术、DNA 序列同源性分析等。

A. 基因组 GC 含量分析

细菌基因组 DNA 中 GC 含量的变化范围在 25% 到 75% 之间，其变化范围较大，因此适用于细菌的分类鉴定研究。基因组 DNA 中的 GC 含量测定已经作为建立新的细菌分类单元的一项基本特征，在对种、属甚至科的分类鉴定中均具有重要意义。例如，过去根据形态学分类认为微球菌属（*Micriciccus*）和葡萄球菌属（*Staphylococcus*）是亲缘关系很近的两个属，因而长期将其归在一个科内，但 GC 含量的差异（分别为 30% ~ 38% 和 64% ~ 75%）显示它们的亲缘关系相当远，现已将上述两个属分在不同的门中。放线菌基因组 DNA 中的 GC 含量范围非常窄，为 37% ~ 51%，在这么小的

范围内区分放线菌的几十个属是不现实的，因此 GC 含量测定不适用于放线菌分类鉴定。需要注意的是，亲缘关系相近的微生物，其基因组 DNA 中的 GC 含量相同或者近似，但 GC 含量相同或近似的菌，其亲缘关系并不一定相近。这是因为基因组 GC 含量这一数据并不能反映出核苷酸的排列顺序。

B. 核酸杂交

核酸杂交（Nucleic acid hybridization）的原理是用 DNA 解链的可逆性和碱基配对的专一性，将不同来源的 DNA 在体外加热解链，并在合适的条件下，使互补的碱基重新配对结合成双链 DNA，然后根据能生成双链的情况，检测杂合百分比。如果两条单链 DNA 的碱基顺序全部相同，则它们能生成完整的双链，即杂合率为 100%。如果两条单链 DNA 的碱基序列仅有部分相同，其杂合率小于 100%。因此杂合率越高，表示两个 DNA 之间碱基序列的相似性越高，它们之间的亲缘关系也就越近。核酸杂交在微生物鉴定中的应用包括：DNA-DNA 杂交，DNA-r RNA 杂交以及根据核酸杂交特异性原理制备核酸探针等。

利用 DNA-DNA 杂交能在总体水平上研究微生物间的关系，可用于种水平上的分类学研究。研究表明，DNA-DNA 杂交同源性在 70% 以上的菌株可以认为是同一个种，同源性在 20% ~ 60% 之间是同属不同种的关系。在分析亲缘关系较远的菌株时，DNA-DNA 杂交率很低或不能杂交，此时通常使用 DNA-r RNA 杂交法。DNA-r RNA 杂交与 DNA-DNA 杂交的原理基本相同。

核酸探针法是利用能识别特异序列、带标记的一段单链 DNA 或 RNA 分子对微生物进行鉴定和检测。根据所制备核酸探针特异性的不同，在微生物鉴定检测中的作用也不同，有的探针只能用于某一种菌型的检测，而有的能用于种、属、科等更大类群微生物的检测或鉴定。

C. DNA 指纹技术

DNA 指纹技术（DNA-fingerprinting technique）通常指那些以 DNA 为基础的分型方法。PCR 技术出现后，应运而生了随机扩增多态性 DNA（RAPD）分析、rDNA 限制性酶切片段分析（ARDRA）和扩增片段长度多态性（AFLP）分析等多种微生物鉴定方法。

RAPD 分析的原理是使用 10 个碱基的单链随机引物对微生物基因组 DNA 进行 PCR 扩增，通过凝胶电泳分离不同引物扩增出的 PCR 产物条带后，根据产生的 DNA 多态性进行遗传作图或特种鉴定。Hamelin 等利用 RAPD 方法研究了禾顶囊壳（*Gaeumannomycesgraminis*）的欧洲亚种和北美亚种，发现两个亚种拥有相同的遗传图谱，从而证实了北美亚种是从欧洲流入美洲的。

ARDRA 是一种将 PCR 和 RFLP 技术相结合的技术，首先利用 PCR 方法扩增微生物的 r DNA 片段，然后选择一组限制性内切酶对扩增产物进行酶切，通过形成的酶切图谱分析微生物的多态性。Farmer 等使用 7 种限制性内切酶对 67 种外生菌根菌的 ITS 序列进行 RFLP 分析，结果显示产生的 RFLP 图谱与各自的形态学物种均相互对应。阁培生等对木耳属 8 个种的 ITS 序列以及 28S r DNA 序列的 5'端区域进行了 RFLP 分析，ITS-RFLP 分析结果显示，Msp I 可将盾形木耳、角质木耳、琥珀木耳和黑木耳很好的区分开；而在 28S r DNA-RFLP 分析中，仅有 Msp I 可将盾形木耳和角质木耳区分开，显示 28S r DNA 序列在木耳属中非常保守。

AFLP 是结合 RFLP 以及 RAPD 两种技术形成的 DNA 指纹图谱技术。AFLP 的原理是将微生物基因组 DNA 用可产生黏性末端的限制性内切酶消化，产生分子量大小不同的限制性片段，使用特定的双链接头与酶切 DNA 片段连接作为扩增反应的模板，用含有选择性碱基的引物对模板 DNA 进行扩增，选择性碱基的种类、数目和顺序决定了扩增片段的特殊性，扩增后的产物进行凝胶电泳，产生出长度不同的多态性带型。AFLP 技术的特点是多态性丰富，且具有灵敏度高、快速高效等优点。利用 AFLP 技术研究了酵母的遗传多样性，结果表明 AFLP 可以有效地区分非常接近的酵母菌群。

D. DNA 序列同源性分析

基因组 DNA 中 GC 含量分析、核酸杂交以及 DNA 指纹技术为微生物种一级的分类鉴定研究开辟了新的途径，解决了以表观特征为依据所无法解决的一些问题，但仍无法解决属以上分类单元间的亲缘关系及微生物系统进化问题。DNA 序列同源性分析是通过测定微生物 DNA 序列一级结构中核苷酸序列的组成来比较同源分子之间相关性的一种方法，它能提供最直接、最完整、最为准确的信息。利用该方法可以有效地研究微生物间的亲缘关系。r DNA 序列是最常用的微生物分类鉴定分子标识。

r DNA 序列同源性分析的基本流程：提取待鉴定微生物菌株的基因组 DNA；运用 PCR 技术和针对微生物保守基因序列（分子标识）的通用寡核苷酸序列（引物）扩增出待鉴定菌株的相关基因序列；通过 DNA 测定获得核苷酸序列；将 DNA 测序结果与 gen Bank 等公共数据库或自建专家数据库中的序列进行同源性比对分析，得出待鉴定菌株的种属。

16S rDNA 序列同源性比对法已广泛用于细菌分子鉴定以及微生物生态学研究。程池等利用 16S rDNA 序列分析对利用传统分类法鉴定为枯草芽孢杆菌（*Bacillus subtilis*）的 55 株菌种进行了复核鉴定，研究结果显示有 52 株菌种与原鉴定结果一致，有 2 株鉴定结果为巨大芽孢杆菌（*B.megaterium*），另一株为地衣芽孢杆菌（*B. licheniform-is*）。Lee 等将 16S r DNA 序列同源性分析与变性梯度凝胶电泳（Denaturinggradientgel Electrophoresis，DGGE）技术相结合，对泡菜发酵过程中各个时期微生物群落的变化进行了研究，发现 *Weissella confusa*，*Leuconostoc citreum*，*Lactobacillus sakei* 和 *Lactobacillus curvatus* 等菌株是发酵过程中的优势菌种，对泡菜风味的形成有重要影响。

目前已有 rDNA 分子标识用于真菌系统发育的研究报道。Hinrikson 等对 ITS1、ITS2 和 28S r DNA D1/D2 区域序列在曲霉属菌株分子鉴定中的有效性进行了比较，结果发现曲霉属菌株 ITS1 和 ITS2 序列种间变异率高于 28S r DNA D1/D2 区域序列，更适合于种一级水平的鉴定。Nilsson 等人收集了公共数据库中 973 个属，4 185 个种的真菌 ITS 序列，用软件分析计算了 ITS 序列的种内变化率，发现真菌界 ITS 序列种内平均变化率为 2.51%。Kurtzman 和 James 等研究发现，与 ITS 序列相比，26S rDNA D1/D2 区域序列比在部分种属酵母分子鉴定中拥有更好的区分度。Fell 等在研究中利用 ITS 序列对 26S r DNA D1/D2 区域序列无法有效区分的一些酵母类群进行了分类。Scorzetti 等人的研究表明，ITS 序列在担子酵母分类研究方面的效果优于 26S r DNA D1/D2 区域序列。酵母 r DNA 序列间隔区（Intergenic Spacer，IGS）序列高度可变，已成功用于 Cryptococcus、Mrakia 等属内关系紧密的酵母类群的分类研究。

6）系统发育树分析

在研究生物进化和系统分类中，通过比较生物大分子序列差异的数值构建类似树状分支的图形来概括各种生物间的亲缘关系，这种图形称为系统发育树（Phylogenetic tree）。在构建系统树时不仅要根据所研究对象亲缘关系远近选择合适的生物大分子，还要根据研究目的的需要，选择合适的建树方法。目前常用的基于核酸序列的建树方法有距离法、简约法和似然法等。目前较为常用的建树方法是距离法中的邻接（Neighbor–Joining）法。

16S rDNA（18S r DNA）序列在微生物系统发育研究中发挥了极其重要的作用。Woese 通过对某些代表生物的 16S r DNA 核苷酸序列的同源性进行分析，将生物分成古菌、细菌和真核生物等三个域，绘制了一个含有整个生物界的系统树，用它来概括各种生物间的亲缘关系。16S r DNA（18S r DNA）系统发育树的建立使生物进化的研究范围真正覆盖所有生物类群，提出了一种全新的正确衡量生物间系统发育关系的方法。目前国际上普遍采用的原核生物的分类系统是伯杰氏分类系统。细菌分类方面被公认的参考书是《伯杰氏手册》（Bergey's Manual），包括《伯杰氏细菌鉴定手册》和《伯杰氏系统细菌学手册》。近年来，根据 16S r DNA 序列同源性分析建立的原核系统发育体系得到了广泛认可。Garrity 主编的《伯杰氏系统细菌学手册》第二卷分 5 卷陆续出版，其分类体系完全按照 16S r DNA 系统发育研究编排。

小型丝状真菌、酵母和大型真菌等皆为真菌，都属于真核微生物。真菌界的物种数量超过 150 万种，是仅次于昆虫界的第二大真核生物类群。根据真菌种数和维管束植物种数大约 6：1 的比例，估计全球真菌物种的数目约为 150 万种。根据 2008 年出版的《Dictionray of fungi》（第十版）统计，全世界已描述的真菌种数约为 97 000 种。核酸序列的同源性分析研究使进化真菌学的面貌发生了革命性的变化，分子系统发育揭示的关系反映出真菌进化的复杂性和多样性，研究发现一直以来被认为是真菌的生物，其实是多元的类群。Sogin 等人对 18S r DNA 分析结果表明，传统上认为是真菌的微生物，在进化树上并不是一个单源进化分支。以前划归为真菌的卵菌（Oomycete）和黏菌等，和其他真菌间并没有亲缘关系；而作为真菌类群核心成员的壶菌、接合菌、子囊菌和担子菌，则构成一个单源类群。Van der Auwera 等对真菌 28S r DNA 序列的分析表明，丝壶菌与卵菌的亲缘关系更接近，壶菌纲属于真菌而非原生生物。由于卵菌、丝壶菌和网黏菌被发现与硅藻类（Diatoms）和褐藻类（Brown algae）具有亲缘关系，构成一个单元类群，在此基础上建立了茸鞭生物界（Kingdom Chromista）。为了进一步澄清真菌界各大类群间的演化关系，国际上发起了一个称为构建真菌生命树（Assembling the Fungal Tree of Life, AFTOL）的合作计划，该计划主要是根据多基因序列分析，阐明真菌界各主要类群间及与其他类群间的亲缘和演化关系。

分子系统学研究也给真菌种属分类带来巨大影响。许多真菌的种属概念在很大程度上发生改变。例如，串珠镰刀菌（*Fusarium moniliforme*）及茄病镰刀菌（*F. solani*）已被划分多个新种。此外，新隐球菌（*Cryptococcus neoformans*）种的概念也发生较大改变，其中的血清型 B 和 C 菌株归入一个独立新种即格特隐球菌（*Cryptococcus gattii*）。酿酒酵母属（*Saccharmyces*）及其相关酵母菌属的概念也已根据多基因序列分析进行了重新界定，酿酒酵母属目前仅包括 8 个种，原来属于广义酿酒酵母属的种已被归入其他属内。

7）第二代测序技术

第二代测序技术，又称下一代测序技术，是相应于以 Sanger 测序法为代表的第一代测序技术而得名。第二代测序中的 3 种主流测序技术为依次出现的 Roche/454 焦磷酸测序（2005 年）、Illumina/ Solexa 聚合酶合成测序（2006 年）和 ABI/SOLiD 连接酶测序（2007 年）技术。与 Sanger 测序相比，下一代测序技术的突出特征是，单次运行产出序列数据量大，故而又称为高通量测序技术。高通量测序技术的进步极大地促进了以测序为基础的细菌检测技术的发展，它能够以更高的速度进行大规模的平行分析，减少试剂成本和所需的样本量。由于其能够自动化、低成本、高通量地提供各种定性和定量的测序数据，使得基因测序技术成为目前实验室中最常用的细菌检测手段。相比传统细菌检测，该技术不仅快速、准确，而且可靠性和重复性较好，方便不同实验室之间的比较。

8）第三代测序技术

第三代测序技术是指单分子测序技术。DNA 测序时，不需要经过 PCR 扩增，实现了对每一条 DNA 分子的单独测序。目前主要应用在基因组测序、甲基化研究、突变鉴定（SNP 检测）这三个方面上。其原理主要分为两大技术阵营：第一大阵营是单分子荧光测序，代表性的技术为美国螺旋生物（Helicos）的 SMS 技术和美国太平洋生物 (Pacific Bioscience) 的 SMRT 技术。脱氧核苷酸用荧光标记，显微镜可以实时记录荧光的强度变化。当荧光标记的脱氧核苷酸被掺入 DNA 链的时候，它的荧光就同时能在 DNA 链上探测到。当它与 DNA 链形成化学键的时候，它的荧光基团就被 DNA 聚合酶切除，荧光消失。这种荧光标记的脱氧核苷酸不会影响 DNA 聚合酶的活性，并且在荧光被切除之后，合成的 DNA 链和天然的 DNA 链完全一样。第二大阵营为纳米孔测序，代表性的公司为英国牛津纳米孔公司。新型纳米孔测序法（Nanopore Sequencing）是采用电泳技术，借助电泳驱动单个分子逐一通过纳米孔 来实现测序的。由于纳米孔的直径非常细小，仅允许单个核酸聚合物通过，而 ATCG 单个碱基的带电性质不一样，通过电信号的差异就能检测出通过的碱基类别，从而实现测序。

9）宏基因组

宏基因组（Metagenome）也称微生物环境基因组或元基因组，是指生物环境中全部微小生物遗传物质的总和，它包含了可培养和未可培养微生物的基因，目前主要指环境样品中的细菌和真菌的基因组总和。而所谓宏基因组学（或元基因组学，Metagenomics) 就是一种以环境样品中的微生物群体基因组为研究对象，以功能基因筛选和 / 或测序分析为研究手段，以微生物多样性、种群结构、进化关系、功能活性、相互协作关系及与环境之间的关系为研究目的的新的微生物研究方法。一般包括从环境样品中提取基因组 DNA，进行高通量测序分析，或克隆 DNA 到合适的载体，导入宿主菌体，筛选目的转化子等工作。

10）微生物商用鉴定系统

随着微电子、计算机以及分子生物学等技术的快速发展，近年来出现了多种简便、快速和自动化的微生物鉴定技术，其中应用较为广泛的有 API、MIDI 和 Biolog 等微生物鉴定系统。

API 细菌数值鉴定系统是法国梅里埃集团生产的一种基于生理生化反应的微量鉴定系统，该系统可以同时测定微生物菌株 20 项以上的生化指标。通过观察是否发生显色反应，并与检索表进行比对从而得到鉴定结果。目前市售的微量鉴定系统局限于一些特定类群的微生物（如临床致病菌等），能有效鉴定的微生物种类较少，不适合大批量微生物分离培养物的鉴定工作。

MIDI 微生物鉴定系统通过气相色谱测定待鉴定微生物菌株的全细胞脂肪酸图谱，并与系统数据库资源进行比对分析，从而得出待鉴定菌株的分类地位。由于微生物菌株在不同培养基和培养条件下的细胞组分和代谢产物会发生变化，且该系统需与气相色谱仪联用，因此在实际应用中受到一定限制。

Biolog 微生物鉴定系统通过测定微生物菌株的生理生化特征，再经过计算机统计以及数据库比对得出微生物的鉴定结果。但 Biolog 系统在用于土壤真菌混合碳源的利用情况分析方面还有不足之处，且该系统不适用于经基因工程改造后的微生物菌株的鉴定工作。此外，Biolog 微生物数据库以及相关专用培养基的价格较为昂贵，对操作技术的要求也非常严格。

二、直投式微生物菌剂的制备

（一）发酵剂的概述

直投式发酵剂（Direct Vat Set，DVS）是一种高度浓缩和标准化的冷冻干燥发酵剂菌种。经过液体培养基增殖培养、菌体浓缩、添加保护剂，最后经真空冷冻干燥等工序制成的冻干发酵剂。直投式发酵剂可直接加入到原料中进行发酵，无须对其进行活化、扩培等其他预处理工作。此类发酵剂具有体积微小、活力较强、活菌含量高等特点，其活菌数一般能达到 10^{11}~10^{12} CFU/g。直投式发酵剂在生产和应用上实现了专一性、规范性、安全性、统一性，其使用简单方便，保质期长，产品质量一致，简化了发酵制品的生产工艺，并且降低了菌种生产车间的投资，避免了菌种的退化和污染，可提高发酵工业的劳动生产率和产品质量。

（二）发酵剂的分类及特点

发酵剂按照其发展历史和制作工艺，可以分为天然型发酵剂、传统人工型发酵剂、高效浓缩型发酵剂。

1. 天然型发酵剂

天然型发酵剂又称经验性发酵剂，是来自天然发酵产品中的微生物。其特点是菌种多样，菌种成分复杂，发酵产物成分较多，产品风味多样并独特。但其不确定因素多，发酵条件难以确定，产物特性不易控制，产品品质不稳定，因此现在主要被用来制作民间制品，不用于工业生产。

2. 传统人工型发酵剂

传统人工型发酵剂又称传统继代型发酵剂，在 1873 年由 Lister 从自然发酵酸奶中分离出了乳酸链球菌，经活化扩大培养后制成纯乳酸菌发酵剂。特点是菌种纯正，发酵性能稳定，发酵条件容易控制，其在发酵中除产生乳酸外，还产生大量的风味物质、维生素、抗菌物质等。我国目前还有部分公司运用传统人工发酵剂，但是其在生产中存在成本高、工序复杂、生产周期长、菌种易退化、容易被杂菌污染等缺点，导致生产过程不易控制，从而影响产品品质。人们已经研究出了浓缩型发酵剂能够改善传统人工型发酵剂的不足。

3. 高效浓缩型发酵剂

浓缩型发酵剂分为冷冻浓缩发酵剂和冷冻干燥浓缩发酵剂。在 20 世纪初，西方一

些发达国家就开始研究浓缩型乳酸菌发酵剂，最初是将菌体制成浓缩菌悬液，添加冻干保护剂后在低温条件下速冻，再置于低温下冷冻保藏。由于冷冻浓缩发酵剂在储藏和运输方面的不便，人们研究利用真空冷冻干燥技术，将菌悬液置于真空条件下升华干燥，制成干燥粉末状的固体发酵剂，即冷冻燥浓缩发酵剂。冷冻干燥浓缩发酵剂又称直投式发酵剂，是如今商业化酸奶发酵剂的主要形式，其特点是活菌数高，接种量小，操作简单，使用方便，免去扩培，产品质量稳定，保藏期长，周期短，避免接菌污染，节约劳动力，降低了生产成本。

（三）直投式发酵剂制备关键技术

1. 高密度培养技术

高密度培养（HCDC）是应用一定的培养技术和装置提高菌体细胞群体的生长密度，使菌体密度较传统培养方式有显著的提高，达到减少培养体积，缩短生产周期，最终提高菌体密度的目的。乳酸菌的高密度培养是通过适当手段，解除代谢产物中乳酸及其他有机酸的累积对乳酸菌细胞生长的抑制作用，延长乳酸菌的对数生长期，从而获得较高浓度的培养物。通常高密度培养的菌体大于 20 g/L(每升中干细胞重量)，一般为 50 g/L，高的可达到 150 g/L 以上，一般高密度培养可以使活菌数达到 $10^{11} \sim 10^{12}$ CFU/mL 或更高。高密度培养常用的发酵罐如图 3-25。

获得高密度菌体培养液是制备浓缩型发酵剂的关键，也是研究直投式发酵剂的重要环节。高密度培养的方式一般分为三种：一是通过优化培养基培养条件来为菌种生长提供最合适的条件，得到最大菌体量，包括优化传统培养基，设计合理的营养配比，在传统培养基的基础上添加生长因子，得到生长因子的最佳优化组合；二是通过改变菌种的代谢途径，减缓环境对细胞生长压力，使细菌始终处于生长的最佳培养环境，延长细胞生长对数期，提高细胞繁殖活力，获得高密度的细胞；三是控制培养方式，通过排除代谢产物，追加营养物质，调节 pH 值等方法，减少代谢产物对细胞生长的抑制作用，延长细胞对数生长期和稳定期，得到高浓度的培养液。

国内外目前常用的有以下几种方法：

（1）缓冲盐法。由于乳酸菌在代谢过程中产生大量乳酸，导致培养液酸度升高，乳酸菌的繁殖受到抑制。根据这一特点，向培养液中加入缓冲盐，有效地调节酸度，使乳酸菌能持续生长，提高了增殖效率。

（2）化学中和法。向发酵液中添加 NaOH 等碱类物质，不断中和乳酸菌代谢产生的乳酸，促进乳酸菌大量繁殖。但是乳酸菌与碱液反应生成的乳酸盐达到一定浓度时，也会抑制乳酸菌的繁殖。

（3）膜渗析法。这是目前最先进的方法之一。即在盛有大量新鲜培养液的储液器中安放一个用适宜滤膜制成的发酵器，并接种于发酵器中。在发酵过程中，利用膜的选择性使培养液与代谢产物进行交换，即产物渗出，营养液得到不断补充。

（4）超滤法。超滤法即超滤与化学中和法相结合的方法。培养前期化学中和为主，后期进行超滤。在全自动的发酵罐上连接一组真空纤维膜超滤装置，利用它排除一部分乳酸和乳酸盐，并及时补充新鲜营养液，延长对数生长期，提高菌液活菌含量。

图 3-25　发酵罐

2. 真空冷冻干燥技术

真空冷冻干燥技术是冷冻和干燥技术的有机结合，其原理是先将样品冻结到共晶点温度以下，水分就变成了固态的冰，固体样品在真空冷冻干燥机一定的温度和真空度下升华为水蒸气，从而得到干燥制品的技术。真空冷冻过程包含了样品溶剂的升华，真空泵促进样品表层蒸气的蒸发，蒸气被收集器收集，蒸气在收集器中的冷凝等。传统的干燥过程会造成样品表面皱缩，细胞的形态受到破坏，而真空冷冻干燥过程样品的结构几乎不会被破坏，是由于样品细胞被冻结的冰支撑着，冰升华过程就不会破坏样品的化学结构，保证了细胞的完整性。真空冷冻干燥技术具有以下几种优点：①在低温下，微生物、蛋白质一般不变性或失去活力，所以适用于疫苗、菌苗、菌种、血液制品等；②在低温干燥过程中，微生物的生长和酶的作用几乎无法进行，样品仍能较好地保持原有的性状；③物料中的热敏性成分或挥发性成分损失少；④干燥后物料呈海绵状不干缩，复水后能快速恢复到原来的性状；⑤在真空条件下，含氧极少，易被氧化的成分能够得到有效的保护；⑥去除了细胞中绝大部分水分，延长了冻干制品的保存期。真空冷冻干燥技术的主要缺点是设备的成本和运转过程费用较高，冻干过程耗时长，产品成本较高。

冷冻干燥对细胞的伤害包括冷冻伤害和干燥伤害。其中冷冻伤害与细胞的失水和

冰的形成有关，冷冻的速率较低时，细胞内游离水大部分渗透到细胞外冻结，直到细胞内含物形成共融物后才停止，这种冷冻方式称为"胞外冻结"；当冷冻的速率足够高时，细胞内的游离水来不及外渗就在细胞内冻结了，这种冷冻方式称为"胞内冻结"。一般认为，细胞的伤害是由于形成胞内冻结造成的，细胞内多的水分渗透到细胞外，导致细胞收缩，影响细胞的活性，但细胞结构还与原来的相似，对细胞产生的伤害小于胞内冻结所产生的伤害。干燥伤害与细胞的过度失水有关，干燥时样品表面失水较快，容易使样品局部过干，破坏了生物大分子物质的水分子保护层，这不仅会破坏细胞生物活性物质，而且还会导致脂类或蛋白质的氧化反应，产生自由基，影响细胞活性。

3. 保护剂的选择

为了减轻冷冻干燥对细胞造成的损伤，需要添加保护剂来提高细胞存活率。保护剂可改变样品的物理和化学环境，减少冷冻干燥对细胞造成的伤害，使样品能够较好地保持原有的生理生化特性和生物活性。保护剂按相对分子量分为低分子化合物和高分子化合物，一般认为低分子化合物在冷冻过程起直接挥发作用，而高分子化合物则是促进低分子化合物的保护作用，所以常将低分子与高分子保护剂一起使用。保护剂按作用方式分为渗透型和非渗透型，渗透型保护剂不仅存在细胞表面，而且能够渗入细胞内部，对细胞内外都形成保护作用，主要有甘油、乙二醇、吐温 –80、氨基酸和缓冲盐等；非渗透型的保护剂只存在于细胞表面形成保护层，有效地阻止表面造成的冷冻损伤，对细胞内部的保护作用影响不大，主要有海藻糖、脱脂乳、聚乙烯吡咯烷酮、麦芽糊精、环状糊精、血清、蛋白质和多肽等。保护剂主要是起到稳定细胞蛋白结构的作用，这与它们本身的化学结构有关系，它们是通过氢键或离子基团与细胞蛋白质结合从而保护菌体，不同保护剂结合能力不同，所形成的网络结构紧密程度就不同，保护效果就不一样。

目前国内外报道使用的冷冻保护剂有多元醇、糖类、蛋白类、肽类及氨基酸类等。蒲丽丽等研究了多种冻干保护剂对乳酸菌的保护作用，其中海藻糖的效果最好，并通过电镜观察到冻干菌体附着在保护介质上，一方面减少了菌体暴露于外部的区域，减少了外界环境因素对菌体的影响，另一方面保护剂与菌体细胞壁结合，有助于稳定细胞内部成分，从而提高了冻干存活率。潘艳等试验结果表明，海藻糖、谷氨酸钠、蔗糖、山梨醇和乳糖等保护剂对植物乳杆菌在冷冻干燥和干燥后贮存过程中均有显著的保护作用。杜磊等筛选出适用于乳酸菌的保护剂配方为 10% 蔗糖、10%脱脂乳浓度和 5% 谷氨酸钠，采用此保护剂配方，菌体经冷冻处理后，存活率可达到 95%，比不添加保护剂的菌体存活率大大提高，且此配方简单易得，完全可以满足生产需要。

（四）直投式菌剂的应用

目前直投式发酵剂主要应用于奶制品、鱼肉制品和蔬菜制品等产品中。常用于制作发酵乳制品直投式发酵剂的菌种主要有植物乳杆菌、保加利亚乳杆菌、嗜热链球菌、嗜酸链球菌和双歧杆菌等。直投式发酵剂还可以用来做鱼肉制品、蔬菜制品的发酵剂，如香肠、火腿、腊肠和泡菜等。直投式发酵剂还可以应用于谷物、发芽谷物和水果等制成各种保健功能的新型饮料，应用前景广阔。作者科研团队研发出的直投式菌剂新产品如图3-26。

图 3-26　市售乳酸菌产品

三、直投式菌剂在泡菜中的应用

采用纯种发酵是泡菜研究的热点问题之一，直投式乳酸菌剂的应用是泡菜纯种发酵的主要方式。采用直投式发酵剂发酵蔬菜可以促进泡菜原料快速产酸，不仅可以缩短泡菜发酵时间，而且能够保证产品的微生物安全性。

为了更好地控制蔬菜发酵，人们在泡菜人工接种发酵方面进行了大量的研究。上世纪初，就有报道采用乳酸菌控制发酵酸菜，此后研究不断深入。Pederson 等人系统地研究了各种微生物对发酵酸菜的酸度、风味和感官的影响，研究的菌种包括链球菌和乳酸菌等，并认为许多单一纯菌种不能制作很好的酸菜。此后 Pederson 和 Albury 采用纯培养物发酵黄瓜，但无论添加何种菌种，最终还是由植物乳杆菌结束整个发酵过程，因为这种乳酸菌具有更好的耐酸性。我国是从 20 世纪 80 年代开始研究纯种接种发酵泡菜。如范利华报道采用人工接种植物乳杆菌发酵甘蓝泡菜，发酵速度明显加快；曾凡坤等人采用几种同型乳酸菌和异型乳酸菌按照适当比例发酵，认为产品质量同自然发酵相比更稳定，不易感染杂菌，品质一致等优点；李幼筠等人筛选出泡菜中的两株乳酸菌，将其成功应用到规模化发酵泡菜当中；陆利霞等人利用自行分离的 *L. plantarum* B_2 发酵萝卜，各项指标均优于自然发酵泡菜；蔡永峰等人采用直投式泡菜发酵专用菌粉生产泡菜；熊涛等人报道了直投式功能菌对泡菜发酵过程中的病原菌、亚硝酸盐变化的影响以及单菌和多菌对泡菜发酵过程中代谢产物的影响等等；2000 年前后作者等人率先研制出工业化泡菜专用乳酸菌液体菌剂，之后又开发出工业化乳酸菌固体菌剂（即直投式功能菌剂，如图 3-26 左），并陆续应用于泡菜生产加工，受到日本韩国的高度关注，并派人来交流学习，引领了传统泡菜向现代化标准化方向发展。

四、泡菜微生物拓展应用

（一）发酵食品

泡菜是一个微生物丰富的大家庭，发酵中主要存在乳酸菌、酵母菌和醋酸菌，其中以乳酸菌占主导。乳制品是乳酸菌应用最广泛最成熟的领域，主要包括酸奶、奶油、干酪和乳酸菌饮料，其中酸奶和奶酪的发酵是其主要形式，很多学者将分离到的优良乳酸菌应用到酸奶和干酪中，如植物乳杆菌和乳酸乳球菌等；具有产香型的酵母也被应用到酱油和豆瓣发酵过程中；也有学者将从泡菜中分离的醋酸菌应用于醋的发酵。

（二）乳酸菌素

乳酸菌素是某些乳酸菌在代谢过程中通过核糖体合成机制产生分泌到环境中的一类具有生物活性的蛋白质、多肽或前体多肽，它对其他相近种类的细菌具有抑制作用，但是其抑菌范围又不仅仅局限于有亲缘关系的种，且产生菌对其分泌的乳酸菌素有自身免疫性。

我国对乳酸菌素的研究起步较晚，目前对乳酸链球菌素的研究最为深入，乳酸链球菌素亦称 Nisin。迄今为止，乳酸链球菌素是世界上唯一被正式批准应用于食品工业的抗菌肽。近年来，国内对乳酸链球菌素的研究主要集中于抗菌机理、抑菌稳定性、遗传学、发酵条件优化以及安全性等方面，对其他乳酸菌素的研究主要集中于产广谱乳酸菌素的菌株筛选、乳酸菌素分离纯化及生物学特性、通过优化发酵条件提高乳酸菌素的产量等方面。李平兰等人从甘蓝泡菜中筛选出一株产植物乳杆菌素的植物乳杆菌。乳酸链球菌素与其他防腐剂结合使用可以大大提高防腐效果，目前被广泛应用于乳制品、发酵食品、饲料和医疗用品等。

食品加工和贮藏过程中很容易受到环境微生物的污染，部分食品杀菌不彻底，残留的微生物对食品质量产生影响，如果将乳酸链球菌素添加于食品的加工中，不仅可以有效抑制细菌的生长，还可以提高质量。乳酸菌素在饲料中主要以添加剂的形式喂养动物，饲料本身易被沙门氏菌等致病菌感染，添加乳酸菌素的饲料可以防止致病菌对动物肠道的危害，并且可抑制带菌动物排泄物中病原微生物的传播。近几年，抗生素的滥用加剧细菌耐药性的产生，且抗生素的长期应用会引起肠道菌群紊乱、抗生素伴联性腹泻等，人们开始试图研究其他可能的抗菌剂。乳酸菌素的作用类似抗生素，但是它们的作用机制并不相同，乳酸菌素作为一种天然抗菌肽，安全无毒，不会引起细菌的抗药性，并且可以选择性的杀死肠道内有害微生物，不破坏肠道菌群的平衡。

（三）功能性食品

现在市场上大受追捧的乳酸菌咀嚼片、口服液、冲剂等，泡菜中筛选优良菌株可以应用到其中。

1. 乳酸菌胶囊剂

胶囊剂为乳酸菌活菌制剂最主要的类型。该剂型生产工艺简单，携带服用方便。胶囊壳可掩盖制剂的不良气味，减少乳酸菌受光热空气等不良环境的影响，有利于提高乳酸菌活性和稳定性，且有定位释放的作用。如使用肠溶性胶囊时，可避免乳酸菌受到胃酸的影响，顺利到达小肠。目前利用天然或合成高分子材料将物质进行包埋的新兴微胶囊剂更被公认为乳酸活菌最佳剂型。

2. 乳酸菌片剂

片剂是乳酸菌制剂常见类型，是将乳酸菌剂加以适当辅料压制而成的片状制剂。片剂有较好的溶出度及生物利用度，剂量准确且质量稳定，经压缩的固体制剂体积较小，与光线、空气、水分、灰尘等接触面积较小，故其物化性状和生理活性等在贮存期间变化较小，必要时还可包衣保护，服用携带方便，机械化生产。但存在婴幼儿不宜吞服，乳酸菌存活率较低，有效期较短等不足。

3. 乳酸菌冲剂

冲剂生产工艺简单，不需复杂的设备，且携带和服用方便。冲剂由菌粉、填充剂、稳定剂和调味剂等组成，经充分混合制成颗粒或粉剂。除主料菌粉外，还可根据产品要求，加入一些维生素等营养强化剂和低聚糖等益生因子。按所含菌数有不同规格，每克含菌数从几亿个到几百亿个。该类型的产品有法国儿童合生元、益美高乳酸菌颗粒等。四川东坡中国泡菜产业技术研究院依托泡菜微生物菌种资源开发了我国首个泡菜益生菌产品，如图3-27。

图 3-27 益生菌固体饮料

4. 乳酸菌口服液剂

口服液类剂型的乳酸菌大致分为两类。一类是由食品级原料培养基接入乳酸菌进行发酵，发酵完后直接在无菌条件下灌装得到产品；另一类是先配制溶液，经灭菌冷却后加入乳酸菌粉或菌悬液混合后灌装得到产品。液剂产品活菌数保存期较短，目前已不提倡生产此类型的活菌产品。

（四）其他产品

乳酸菌主要代谢产物，诸如酸性代谢产物、胞外多糖、乳酸菌素、γ-氨基丁酸已进行了大量研究，并得到了应用。①乳酸菌对葡萄糖等碳源进行同型发酵和异型发酵时，可产生大量的乳酸、乙酸，还产生少量甲酸、丙酸等其他酸性末端产物，这些酸性代谢产物是乳酸菌抗菌防腐的主要力量；②乳酸菌在生长代谢过程中分泌胞外多糖（EPS），已有较多学者研究其抗肿瘤机制；③乳酸菌代谢过程产生细菌素，是具有生物活性的蛋白质、多肽或前体多肽，这些物质可以杀灭或抑制与之处于相同或相似生活环境的其他微生物，具有固定的抗菌谱，对病原菌和食品腐败菌具有很强的抑制能力；④乳酸菌还可以产生 γ-氨基丁酸（GABA），γ-氨基丁酸属强神经抑制性氨基酸，具有镇静、催眠、抗惊厥、降血压的生理作用。此外，乳酸菌还可以生产甘露醇、肽聚糖等。

第四章
泡菜工艺与配方

　　泡菜种类繁多，不同的泡菜产品所采用的原料、加工工艺、调味配方均有较大的差异。经过长期的经验积累和实践，我国泡菜的产品不断推陈出新，出现了许多各具特点的泡菜制作工艺和配方，这些工艺和配方的创新不仅改变了传统泡菜的生产方式，也制造出了风味多样的泡菜产品。

　　泡菜的生产工艺伴随着科学技术的发展在不断地进步和创新。3 000年前古人利用食盐的防腐保鲜作用贮存蔬菜，这一方法此后逐渐演变成为赋予泡菜独特风味的关键工艺——盐发酵工艺（盐渍发酵或者盐水泡渍发酵）。我国的泡菜产品种类很多，但多数泡菜的生产都离不开盐发酵工艺。发展至今，我国泡菜的生产工艺主要分为传统泡菜生产工艺和现代泡菜生产工艺。传统泡菜是以生鲜蔬菜为原料，经预处理，中低浓度盐水（1% ~ 10%）泡渍发酵而成的蔬菜制品。现代泡菜即调味泡菜，是在传统泡菜生产工艺的基础上，利用现代食品工程技术和工业化设备设施等生产加工而成的蔬菜制品，其主要生产工艺包括"原料的预处理→盐渍发酵→处理（清洗切分脱盐脱水）→配料（调味）→包装→杀菌"等过程，产品主要为即食型泡菜。泡菜配方研究是根据泡菜原料的特性和工艺条件，通过试验、优化、测评，合理地选用原辅料，并确定各种原辅材料的用量配比关系，它是企业产品保持市场竞争力的核心。本章内容中，将系统地介绍我国泡菜的主要生产工艺和典型工艺，同时对泡菜配方设计和一些常见泡菜配方进行详细阐述，以期为泡菜从业者提供一定的帮助。

第一节 传统泡菜加工工艺

传统泡菜是以生鲜蔬菜为原料，经预处理，中低浓度盐水泡渍发酵而成的蔬菜制品。传统泡菜加工生产常见于家庭生活，规模小，占地面积少，产量小，多以陶坛为主要泡渍发酵容器，经食盐水溶液密闭泡渍发酵，多数不包装或散装，不作杀菌处理，泡菜产品新鲜、清香、脆嫩、可口。四川及西南地区的食用方法是直接食用（本味清香）或拌上调味品（主要为红油辣酱）食用。所以传统泡菜生产工艺与现代泡菜生产工艺有一定的区别。

一、工艺流程

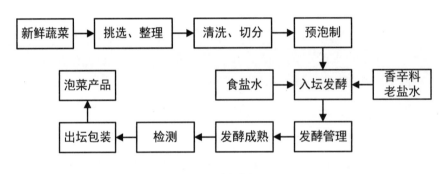

图4-1 传统泡菜加工工艺

二、原料选择

对蔬菜原料应进行严格的选择，必须为无公害蔬菜；选择新鲜、成熟适度（太嫩或太老均会影响产品质量）、无病虫害、无机械损伤、无发热现象的优质蔬菜原料。此外，原料选择还应达到以下要求：容易清洗及修整、干物质含量较高、水分含量较低、加工时汁液不易外流、酚类物质含量较低、去皮切分后不易发生酶促褐变、耐贮运等。原料选择至关重要，只有满足上述要求的蔬菜品种，才能加工生产出优质的泡菜产品。

三、预处理

预处理是将选择好的蔬菜原料进行泡渍发酵前的加工，主要包括分级、切分、清洗和预泡渍等处理过程。

（一）蔬菜的挑选分级、整理切分、清洗沥干

将选择好的蔬菜原料进一步进行挑选，除去老根（须）、老皮、老筋、黄叶等，并进行分级，然后根据需要进行整理或切分，叶菜类一般进行整理而不切分，根茎菜类一般切分成条状、片状、丁状，最后进行流水清洗，清洗干净后将水沥干。若新鲜蔬菜在挑选分级前有泥沙等，则首先要进行清洗干净，之后挑选分级、整理切分。

（二）预泡渍

预泡渍又称"出坯"（传统叫法），在食盐水内"打一道底子"，意即为泡头道菜。目的是：①利用食盐渗透压除去蔬菜中的多余水分，渍入盐味，增强组织透性，提早发酵和成熟；②能除去异味和杀灭腐败菌，减弱原料的辛辣、苦等不良风味；③同时能保持正式泡渍发酵时食盐水浓度，避免大肠杆菌等杂菌或劣等乳酸菌的活动。预泡渍的食盐水浓度与蔬菜的品种有关，像莲白、青菜头、黄瓜、莴笋等细嫩清脆，含水量高，食盐易渗透，不宜久贮的蔬菜，预泡渍的食盐水浓度要低，而像辣椒、芋头、胡萝卜等质地老、含水分少，宜久贮的品种，则预泡渍的食盐水浓度可较高一些。一般预泡渍的食盐水浓度在 2% ~ 10% 的范围内，有的更高达到 15%（为了蔬菜旺季时贮藏蔬菜）。预泡渍的时间与蔬菜质地有关，如气味浓烈的大蒜、洋葱、辣椒、仔姜等，预泡渍时间应长一些（如 1 ~ 3 d），但不宜太长，否则将造成蔬菜原料中的可溶性固形物流失（如营养成分损失等），易褪色的浅色蔬菜等预泡渍时间应短一些（如 1 ~ 5 h）；预泡渍的时间与蔬菜要求贮藏长短有关，蔬菜旺季时为了解决其贮藏难的问题，就必须采用高浓度的食盐水（15% 以上）进行预泡渍（或称"盐渍"），这样预泡渍的时间可达到 1 ~ 6 个月而新鲜蔬菜不会腐烂，解决了新鲜蔬菜旺季贮藏难的问题。预泡渍之后的食盐水可继续用于同品种蔬菜的"出坯"。

（三）凉晒和漂烫

有些蔬菜（如水分较多的叶菜类）在泡渍发酵前还需要晾晒，晾晒不仅可以蒸发蔬菜内的水分，缩小体积，便于盐制，而且通过阳光的照射，可利用紫外线杀菌。有些蔬菜（如少部分根茎菜类）在泡渍发酵前还需要进行漂烫处理，以起到固色和熟化等的作用。

四、泡渍发酵

预泡渍之后进行正式的泡渍发酵，首先配制食盐水和准备好泡渍用的辅料（如香辛料等），其次把预泡渍之后的蔬菜装入坛内，最后密闭泡渍发酵。

（一）配制食盐水

家庭配制一般是将自来水烧开后冷却至室温，企业一般采用的是处理水，配制

方法是按水重的 1% ~ 10% 的量称好食盐（根据蔬菜的品种和实际需要确定配制 1% ~ 10% 范围的食盐水），在容器中充分溶解，若食盐水中有杂质则必须过滤除去后使用，食盐水配制好后存放一边备用。选用井水和泉水是含矿物质较多的硬水，泡制效果较好，可保持泡菜成品的脆度，食盐最好采用不加碘的精制食用盐或泡菜专用盐。

（二）准备泡制辅料

传统的辅料，包括盐水与泡渍用辅料（如食糖、香辛料等），它们起到增香增味、除异香异味、辅助食盐渗透、护色保脆嫩等作用。如表 4-1 所示，白酒、料酒、醪糟汁等起着辅助食盐渗透、防止产膜（腐败菌滋生）、增香增味等作用，也有保嫩脆的作用；红糖或白糖起着促进泡渍发酵、保护色泽、协调诸味等的作用；辣椒、生姜、大蒜、花椒、八角、排草、白菌等香辛料起着增香增味、除异香异味（如去腥味等）的作用，使用时可将其包裹于单层或双层纱布里（称为"香料包"），然后放置于泡渍盐水中；对于一些浅色蔬菜，需要保持新鲜色泽的，则不宜使用红糖或八角，可用白糖或山奈代替；对于一些本身味淡的蔬菜，如藕、地瓜等可加入白菌增鲜。

表 4-1　泡渍辅料

辅料名称	用量（以盐水计）（%）	说明
白酒	0.5 ~ 1.5	高粱白酒（50% ~ 65%）
料酒	1 ~ 2	黄酒（15% ~ 20%）
醪糟汁	1 ~ 2	自酿或购买
红糖	1 ~ 3	可用白糖代替
辣椒	1 ~ 5	新鲜、干净
大蒜	0.5 ~ 2	新鲜、干净
生姜	0.5 ~ 5	新鲜、干净
花椒	0.01 ~ 0.3	新鲜、干净
八角	0.01 ~ 0.1	新鲜、干净
山奈	0.01 ~ 0.1	新鲜、干净
排草	0.01 ~ 0.1	新鲜、干净
甘草	0.01 ~ 0.5	新鲜、干净
茴香	0.01 ~ 0.1	新鲜、干净
桂皮	0.01 ~ 0.1%	新鲜、干净
白菌	0.01 ~ 0.5%	新鲜、干净

在泡渍发酵时，表 4-1 中辅料不是都要添加的，根据实际口味等需求添加一部分或多部分，其添加量也根据需求适度增减，总之要灵活掌握使用。

（三）蔬菜装坛

将以上配制好的食盐水（按菜水比 1∶1.3）盛放入（灌入）干净的坛中，按比例放入泡渍辅料或"香料包"，然后装入预泡渍后的蔬菜（即"出坯"菜），直至菜水离坛口 5 ~ 10 cm，竹篾片卡（或石头压）住蔬菜，使盐水完全淹没蔬菜，盐水离坛口 3 ~ 5 cm，盐水可酌情增减。此法称为"盐水装坛"，适宜于根茎类蔬菜（如萝卜、莴笋、苤蓝、榨菜等）可靠重力自行沉没的。另一种称为"干装坛"，适宜于叶果类蔬菜（如辣椒、青菜、豇豆、刀豆等）靠重力不能自行沉没的，即与上相反，先装预泡渍后的蔬菜（即"出坯"菜）和泡渍辅料或"香料包"（"香料包"位于坛的中央），直至菜离坛口 5 ~ 10 cm，用竹篾片卡（或石头压）住蔬菜，然后放入（灌入）配制好的食盐水，盐水离坛口 3 ~ 5 cm。两种装的方法都不能将蔬菜原料露出盐水液面。

（四）泡渍发酵

装坛完成后，随即盖上坛盖，并在坛沿（口）内加入清水或盐水（称为"坛沿水"），保证坛盖底端与坛沿（口）结合处全部淹没，以密闭隔绝空气，此时泡渍发酵正式开始。

泡渍发酵是泡菜生产的关键环节，发酵一般采用室温发酵（有的是恒温发酵，如直投式功能菌发酵等），影响发酵的因素主要有食盐水浓度、发酵温度等。

泡渍发酵是典型的乳酸发酵，属厌氧发酵，要保持泡渍发酵房或车间的清洁，做到干净、卫生，同时要保持密闭发酵。所以，应随时检查并保证坛沿（口）内不缺水，为保持洁净，坛沿水应 5 ~ 7 d 换 1 次，换水时，先倒掉原来的坛沿水，用洁布擦净、擦干，再加新水。泡渍发酵的初期，有气泡从泡菜坛内通过坛沿水冒出，其响声不大，间隔有规律，打开坛盖无冲鼻的气味，菜水色泽正常，说明泡渍发酵正常，这是因为正常泡渍发酵要产生二氧化碳。若气泡响声大且急促，打开坛盖有冲鼻的气味，菜水色泽不正常（如盐水浑浊等），说明泡渍发酵不正常，这是因为感染了杂菌（如腐败菌等）而产气，若感染并不严重，可将坛盖敞开一段时间，加入较高浓度的食盐水，搅拌均匀，或加入 1% 的高粱白酒搅拌均匀，或加入抑菌力强的香辛料等，若感染较严重则弃之。泡渍发酵的过程中，若盐水出现浑浊、变黑，说明泡渍发酵不正常，若较轻（不影响泡菜的质量），则可用数层纱布过滤，待澄清后使用，若较严重则弃之。泡渍发酵的过程中常常会遇到霉花浮膜，勿将其搅散，若少则可采取打捞方式去除，若多可慢慢灌入新盐水，使其逐渐溢出而去除，解决霉花浮膜办法是提高食盐水浓度，或加入 1% 的高粱白酒，或加入抑菌力强的香辛料，或密闭发酵且盐水

离坛口更近，或将浮膜打捞后在泡菜水表面倒入刚烧开的饮用水，或这几种方法组合使用等。

泡渍发酵时间的长短与蔬菜品种、切分的大小、食盐水浓度、发酵温度等密切相关，温度和盐水是主要影响因素，一般夏季约 3 ~ 7 d，冬季约 5 ~ 15 d，有的泡菜长达 30 d 或以上。

第一次泡渍发酵后的盐水可多次使用，但要加入适量的食盐，以保持食盐水的浓度不变。

五、检测、出坛、包装

由感官评定并结合可滴定酸度值来确定泡渍发酵时间的长短，若泡菜色泽正常、新鲜，香气柔和，滋味鲜美，质地脆嫩，味微酸，检测酸度，若酸度在 0.3% ~ 1.0% 左右，且无明显生味时，可终止泡渍发酵，然后出坛食用，成为泡菜产品。

六、实例

（一）泡仔姜

1. 蔬菜原料

新鲜仔姜（生）50 kg。

2. 盐水配方

冷开水 75 kg、食盐 7 kg、红糖 1 kg、白酒 0.5 kg、白醋 0.5 kg、优质老盐水 5 kg。

3. 辅料配方

花椒 15 g、八角 10 g、排草 10 g、白菌 10 g、桂皮 10 g。

4. 工艺流程

生鲜仔姜→挑选、整理→清洗→预泡制→入坛→泡渍发酵→检测→出坛→泡仔姜产品

5. 加工方法

1）仔姜原料的选择

选择新鲜、成熟适度、无病虫害、无机械损伤的仔姜。

2）原料预处理

将选择好的仔姜原料进行挑选、整理，刮去粗皮，除去姜嘴和老茎等，必要时可分级，然后进行流水清洗，清洗干净后将水沥干；另配制 3%~5% 食盐水溶液 100 kg，然后把沥干后的仔姜放入其中进行预泡渍（即"出坯"）1 d 或 2 d。预泡渍后的盐水可多次使用。

3）泡渍发酵

将 75 kg 自来水烧开（也可用蒸汽冲开），冷却至室温，盛入泡菜坛中，加食盐（非碘盐）7 kg、红糖 1 kg、优质老盐水 5 kg、白醋 0.5 kg、白酒 0.5 kg 于其中，搅拌充分溶解（若食盐水中有杂质则必须过滤除去后方可使用），之后盛入泡菜坛里；把辅料（香辛料）按配方称好，将其包裹于单层或双层纱布里（即为香料包），在装仔姜入坛时用；然后装入预泡渍后的仔姜，在仔姜装入约一半时装入"香料包"使其位于坛的中央，之后继续装入仔姜，直至仔姜和盐水离坛口 5 ~ 10 cm，此时用竹篾片卡（或石头压）住仔姜，使盐水完全淹没仔姜，可酌情增减盐水，使盐水离坛口 3 ~ 5 cm；装坛完成后，随即盖上坛盖，并在坛沿（口）内加入清水或盐水，保证坛盖底端与坛沿（口）结合处全部淹没，以密闭隔绝空气，此时泡渍发酵正式开始；泡渍发酵其余的部分可参照本章的"泡渍"段内容进行；仔姜泡渍发酵 5 ~ 6 d。

6. 检测、出坛、产品

仔姜新鲜、色泽正常，姜的特有香气和滋味突出，质地脆嫩，味微酸；检测酸度在 0.5% ~ 0.8% 左右时，可出坛，即为泡仔姜产品。

（二）泡青菜

1. 蔬菜原料

新鲜青菜 100 kg。

2. 盐水配方

冷开水 200 kg、食盐 10 kg、红糖 2 kg、白酒 200 g、优质老盐水 10 kg。

3. 辅料配方

红辣椒 2 kg、生姜椒 2 kg、大蒜 50 g、八角 30 g、桂皮 15 g、香叶 15 g。

4. 工艺流程

生鲜青菜→挑选、整理→清洗→预泡制→入坛→泡渍发酵→检测→出坛→泡青菜产品

5. 加工方法

1）青菜原料的选择

选择新鲜、成熟适度、无病虫害的叶用青菜（即一般为大叶芥菜）。

2）原料预处理

将选择好的青菜原料进行晾晒至菜叶稍蔫，然后挑选、整理，除去黄叶老皮等，随后进行流水清洗（现代化生产采用气泡式清洗机）；另配制 5% 食盐水溶液 200 kg 备用，先把青菜放入泡菜坛或池中，然后盛（灌）入配好的 5% 食盐水溶液，进行预泡渍（即"出坯"）1 d 或 2 d。预泡渍后的盐水可多次使用。

3）泡渍发酵

将 200 kg 自来水烧开，冷却至室温（也可用处理自来水），盛入泡菜坛中，加食

盐（非碘盐）10 kg、红糖 2 kg、优质老盐水 10 kg、白酒 200 g 于其中（白酒也可最后加入），搅拌充分溶解（若食盐水中有杂质则必须过滤除去后方可使用）之后备用，此为泡渍盐水；称好红辣椒和生姜等辅料（香辛料），在装青菜入坛时用；先将预泡渍后的青菜装入 250 kg 泡菜坛里，一边装青菜一边装红辣椒及生姜大蒜，使其在坛中分布大致均匀（也可将八角桂皮等香料制成几个"香料包"放入坛中），装完后灌入配制好的泡渍盐水，直至青菜和盐水离坛口较近，此时用竹篾片卡（或石头压）住青菜，使盐水完全淹没青菜，可酌情增减盐水，使盐水离坛口 3 ~ 5 cm；此称"干装坛"法，装坛完成后，随即盖上坛盖，并在坛沿（口）内加入清水或盐水，保证坛盖底端与坛沿（口）结合处全部淹没，以密闭隔绝空气，此时泡渍发酵正式开始；泡渍发酵其余的部分可参照本章有关"泡渍"内容进行；青菜泡渍发酵 7 ~ 10 d。

6. 检测、出坛、产品

青菜新鲜、色泽正常（略带橙黄），有菜的清香，酸味柔和；检测酸度在 0.5% ~ 0.8% 左右时，可出坛，即为泡青菜产品。

（三）泡苦瓜

1. 蔬菜原料

新鲜苦瓜 50 kg。

2. 盐水配方

冷开水 100 kg、食盐 6 kg、白糖或红糖 1 kg、白酒 0.5 kg、白醋 0.5 kg，醪糟汁 1 kg、优质老盐水 5 kg。

3. 辅料配方

泡小米辣 1 kg，八角 10 g、花椒 10 g、甘草 10 g。

4. 工艺流程

生鲜苦瓜→挑选、整理→清洗→预泡制→入坛→泡渍发酵→检测→出坛→泡苦瓜产品

5. 加工方法

1）苦瓜原料的选择

选择新鲜、成熟适度、果瘤大、脆嫩、大小一致、无病虫害、无机械损伤、皮面凹凸皱褶较少、无水浸的原料。

2）原料预处理

将选择好的苦瓜原料流水清洗干净，对剖切分，去籽去瓤，晒至稍蔫，在 8% 食盐水中预泡渍（即"出坯"）1 d 或 2 d。预泡渍后的盐水可多次使用。

3）泡渍发酵

将 100 kg 自来水烧开（也可用蒸汽冲开）冷却至室温，盛入泡菜坛中，称食盐（非碘盐）6 kg、白糖或红糖 1 kg、醪糟汁 1 kg、优质老盐水 5 kg、白酒 0.5 kg、白醋

0.5 kg 于其中，搅拌充分溶解（若食盐水中有杂质则必须过滤除去后方可使用），随后盛（灌）入泡菜坛中；按配方称好泡小米辣、八角、花椒、甘草等辅料（香辛料），将其包裹于单层或双层纱布里（即为香料包），在装苦瓜入坛时用；然后装入预泡渍后的苦瓜，在苦瓜装入约一半时装入香料包使其位于坛的中央，之后继续装苦瓜原料，直至苦瓜和盐水离坛口 5 ~ 10 cm，此时用竹篾片卡（或石头压）紧苦瓜，使盐水完全淹没苦瓜，可酌情增减盐水，使盐水离坛口 3 ~ 5 cm；装坛完成后，随即盖上坛盖，并在坛沿（口）内加入清水或盐水，保证坛盖底端与坛沿（口）结合处全部淹没，以密闭隔绝空气，此时泡渍发酵正式开始；泡渍发酵其余的部分可参照本章的"泡渍"段内容进行；苦瓜泡渍发酵 3 ~ 5 d。

6. 检测、出坛、产品

苦瓜色白清脆，清香突出，苦中有味，微酸；检测酸度在 0.4% ~ 0.8% 左右，可出坛，即为泡苦瓜产品。

注：苦瓜肉质较硬，预泡渍（即"出坯"）时盐水浓度应高一些。苦瓜适宜于与豇豆、辣椒合泡，风味更好。

（四）泡辣椒

1. 蔬菜原料
新鲜辣椒 50 kg。

2. 盐水配方
冷开水 100 kg、食盐 6 kg、红糖 1 kg、白酒 100 g、优质老盐水 8 kg。

3. 辅料配方
八角 15 g、花椒 20 g、桂皮 10 g、生姜 500 g。

4. 工艺流程
生鲜辣椒→挑选、去把蒂→清洗→预泡制→入坛→泡渍发酵→检测→出坛→泡辣椒产品

5. 加工方法
1）辣椒原料的选择
选择新鲜硬健、肉质厚、成熟适度、无病虫害、无机械损伤的原料。

2）原料预处理
将选择好的辣椒原料，挑选、去蒂、整理（可用剪刀剪去把蒂，不得伤及辣椒体肉质），原料清洗干净，在8%食盐水中预泡渍（即"出坯"）2 d 或 3 d，至稍成扁形。预泡渍后的盐水可多次使用。

3）泡渍发酵
将 100 kg 自来水烧开（也可用蒸汽冲开），冷却至室温，盛入泡菜坛中，加食盐（非碘盐）6 kg、红糖 1 kg、优质老盐水 8 kg、白酒 100 g 于其中，搅拌充分溶解，随

后盛（灌）入泡菜坛中；按配方称好八角、花椒、桂皮、生姜等辅料（香辛料），将其包裹于单层或双层纱布里（即为香料包，干生姜量较大可以不包），在装辣椒入坛时用；然后装入预泡渍后的辣椒，在辣椒装入约一半时放入香料包使其位于坛的中央（若干生姜没有包裹于香料包中，则在装坛时将其均匀分布放入坛中），随后继续装辣椒原料，直到辣椒和盐水离坛口5～10 cm，此时用竹篾片卡（或石头压）紧辣椒，使盐水完全淹没辣椒，可酌情增减盐水，使盐水离坛口3～5 cm；装坛完成后，即时盖上坛盖，并在坛沿（口）内加入清水或盐水，保证坛盖底端与坛沿（口）结合处全部淹没，以密闭隔绝空气，此时泡渍发酵正式开始；泡渍发酵其余的部分可参照本章的"泡渍"段内容进行；辣椒泡渍发酵10～15 d，无新鲜辣椒生味即可出坛食用。

6. 检测、出坛、产品

辣椒新鲜，色泽正常，本味突出；检测酸度在0.5%～0.8%左右时，可出坛，即为泡辣椒产品。

注：辣椒表面光滑，肉质较硬，预泡渍（即"出坯"）时盐水浓度应高一些。

辣椒品种较多，肉质硬度也不太一样，所以预泡渍（即"出坯"）时间也应不一样，有长的有短的，辣椒泡渍发酵有的达到30 d以上。

（五）泡莴苣（莴笋）

1. 蔬菜原料

新鲜莴苣（莴笋）50 kg。

2. 盐水配方

冷开水75 kg、食盐3 kg、红糖1 kg、醪糟汁1 kg、料酒1 kg、优质老盐水10 kg。

3. 辅料配方

云南小米辣（泡椒）2 kg、花椒15 g、排草10 g、八角15 g、生姜500 g。

4. 工艺流程

生鲜莴苣→整理、切分→清洗→预泡制→入坛→泡渍发酵→检测→出坛→泡莴苣产品

5. 加工方法

1）原料的选择

选择新鲜、皮薄肉嫩脆，成熟适度、不空心、无病虫害（无烂斑、无软腐）、无机械损伤的原料。

2）原料预处理

将选择好的莴苣原料，去叶除皮，切分处理（可切分成厚0.3～0.5 cm，长3～5 cm的长条形块状或直接剖成两片再切成短节），原料清洗干净，按菜水比1：1在6%食盐水中预泡渍0.5 d或1 d。预泡渍后的盐水可多次使用。

3）泡渍发酵

将 75 kg 自来水烧开（也可用蒸汽冲开），冷却至室温，盛入一容器或泡菜坛中，加食盐（非碘盐）3 kg、红糖 1 kg、优质老盐水 10 kg、醪糟汁 1 kg、料酒 1 kg 于其中，搅拌充分溶解（若食盐水中有杂质则必须过滤除去后方可使用），随后盛（灌）入泡菜坛中；按配方称好云南小米辣（野山椒）、花椒、排草、八角、生姜等辅料，将其包裹于单层或双层纱布里（即为香料包，辣椒或干生姜量较大可以不包），在装莴苣入坛时用；然后装入预泡渍后的莴苣，在莴苣装入约一半时放入香料包使其位于坛的中央（若辣椒或干生姜没有包裹于香料包中，则在装坛时将其均匀分布放入坛中），随后继续装莴苣原料，直到莴苣和盐水离坛口 5 ~ 10 cm，此时用竹篾片卡（或石头压）紧莴苣，使盐水完全淹没莴苣，可酌情增减盐水，使盐水离坛口 3 ~ 5 cm；装坛完成后，即时盖上坛盖，并在坛沿（口）内加入清水或盐水，保证坛盖底端与坛沿（口）结合处全部淹没，以密闭隔绝空气，此时泡渍发酵正式开始；泡渍发酵其余的部分可参照本章的"泡渍"段内容进行；莴苣泡渍发酵 2 ~ 5 d。

6. 检测、出坛、产品

莴苣新鲜，色泽翠绿，清香，质脆嫩，味微酸；检测酸度在 0.3% ~ 0.5% 时，可出坛，即为泡莴苣产品。

（六）泡萝卜

1. 蔬菜原料

新鲜萝卜 50 kg。

2. 盐水配方

冷开水 75 kg、食盐 3 kg、红糖 1 kg、醪糟汁 1 kg、优质老盐水 10 kg。

3. 辅料配方

红辣椒（干）1 kg、桂皮 10 g、花椒 15 g、白菌 200 g。

4. 工艺流程

生鲜萝卜→整理、切分→清洗→预泡制→入坛→泡渍发酵→检测→出坛→泡萝卜产品

5. 加工方法

1）萝卜原料的选择

选择新鲜、成熟适度、皮薄脆嫩，质地致密、不空心（不糠心）、无病虫害、无机械损伤的萝卜原料。

2）原料预处理

将选择好的萝卜原料，去叶缨及根须，整个的晾晒稍蔫（较大的可对剖切分），洗净，按菜水比 1：1.5 在 5% 食盐水中预泡渍 1 ~ 2 d。或将去叶缨及根须后的萝卜

原料清洗干净，切分成厚 0.4 ~ 0.5 cm，长 4 ~ 5 cm 的长条型块状，在 5% 食盐水中预泡渍（即"出坯"）0.5 d 或 1 d。

3）泡渍发酵

将 75 kg 自来水烧开（也可用蒸汽冲开），冷却至室温，盛入一容器或泡菜坛中，加食盐（非碘盐）3 kg、红糖 1 kg、优质老盐水 10 kg、醪糟汁 1 kg 于其中，搅拌充分溶解（若食盐水中有杂质则必须过滤除去后方可使用），随后盛（灌）入泡菜坛中；按配方称好红辣椒（干）、桂皮、花椒、白菌辅料（香辛料），将其包裹于单层或双层纱布里（即为香料包，干红辣椒量较大可以不包），在装萝卜入坛时用；然后装入预泡渍后的萝卜，在萝卜装入约一半时放入香料包使其位于坛的中央（若干红辣椒没有包裹于香料包中，则在装坛时将其均匀分布放入坛中），随后继续装萝卜原料，直到萝卜和盐水离坛口 5 ~ 10 cm，此时用竹篾片卡（或石头压）紧萝卜，使盐水完全淹没萝卜，可酌情增减盐水，使盐水离坛口 3 ~ 5 cm；装坛完成后，即时盖上坛盖，并在坛沿（口）内加入清水或盐水，保证坛盖底端与坛沿（口）结合处全部淹没，以密闭隔绝空气，此时泡渍发酵正式开始；泡渍发酵其余的部分可参照本章的"泡渍"段内容进行；萝卜泡渍发酵 4 ~ 8 d。

6. 检测、出坛、产品

萝卜新鲜，清香，质脆嫩，味微酸；检测酸度在 0.4% ~ 0.6% 左右时，可出坛，即为泡萝卜产品。

（七）什锦泡菜

"什锦"是一传统的叫法，意思是不同类型的较相似的物质的混合体，有"大杂烩"之意。什锦泡菜是多种蔬菜混合在一起泡渍的产品。由于什锦泡菜是多种蔬菜混合在一起泡渍，所以预泡渍和泡渍发酵的时间就和以上单个泡菜品种泡渍的不一样了，但制作工艺是一样的。

1. 蔬菜原料

莴苣（莴笋）20 kg、萝卜 10 kg、胡萝卜 5 kg、芹菜 5 kg、辣椒 5 kg、仔姜 5 kg。

2. 盐水配方

冷开水 100 kg、食盐 4 kg、红糖 1 kg、醪糟汁 1 kg、优质老盐水 10 kg。

3. 辅料配方

花椒 25 g、八角 20 g、排草 20 g、桂皮 15 g、丁香 5 g。

4. 工艺流程

生鲜莴苣、萝卜、胡萝卜、芹菜等蔬菜→整理、切分→清洗→预泡制→入坛→泡渍发酵→检测→出坛→什锦泡菜产品

5. 加工方法

1）原料选择

生鲜莴苣、萝卜、胡萝卜、芹菜等6种蔬菜原料选择，即选择新鲜、成熟适度、无病虫害、无机械损伤等的原料。

2）原料预处理

将选择好的莴苣原料，去叶除皮，切分处理（可切分成长条型块状或直接剖成两片再切成短节）；萝卜、胡萝卜原料，去叶缨及根须（也可照莴苣一样切分处理）；芹菜原料，去黄老叶（也可照莴苣一样切分成短节）；辣椒原料，去把蒂（可用剪刀剪去把蒂，不得伤及辣椒体肉质）；生姜原料，刮去粗皮，除去姜嘴和老茎等；把所有这些原料清洗干净，在5%食盐水中预泡渍（即"出坯"）1 d或2 d。预泡渍后的盐水可多次重复使用。

3）泡渍发酵

将100 kg自来水烧开（也可用蒸汽冲开），冷却至室温，盛入一容器或泡菜坛中，加食盐（非碘盐）4 kg、红糖1 kg、优质老盐水10 kg、醪糟汁1 kg于其中，搅拌充分溶解（若食盐水中有杂质则必须过滤除去后方可使用），随后盛（灌）入泡菜坛中；按配方称好桂皮、花椒、八角、排草、丁香等辅料（香辛料），将其包裹于单层或双层纱布里（即为香料包），在装蔬菜入坛时用；然后装入预泡渍后的6种蔬菜原料，在蔬菜装入约一半时放入香料包使其位于坛的中央，随后继续装蔬菜原料，直到蔬菜和盐水离坛口5～10 cm，此时用竹篾片（或竹网笆）卡紧蔬菜，使盐水完全淹没蔬菜，可酌情增减盐水，使盐水离坛口3～5 cm；装坛完成后，即时盖上坛盖，并在坛沿（口）内加入清水或盐水，保证坛盖底端与坛沿（口）结合处全部淹没，以密闭隔绝空气，此时泡渍发酵正式开始；泡渍发酵其余的部分可参照本章的"泡渍"段内容进行；什锦泡菜泡渍发酵5～10 d。

6.检测、出坛、产品

新鲜，色泽好，清香，味微酸，质脆嫩；检测酸度在0.4%～0.6%时，可出坛，即为什锦泡菜产品。

第二节 现代泡菜加工工艺

现代泡菜即调味泡菜，是以传统泡菜为基础，在传统泡菜生产工艺的基础上，利用现代食品工程技术和设备设施、调味技术、包装和杀菌技术等生产加工而成的蔬菜制品，即工厂加工泡菜，现代泡菜产品类型丰富，其产品类型上主要分为方便泡菜、直投菌发酵泡菜、日韩风味泡菜等。

现代泡菜与传统泡菜生产加工相比有以下特点：大多数是具规模企业生产加工，产量大；大多数以盐渍池（或大型陶坛或大型不锈钢容器）为主要（盐渍）发酵容器，食盐用量较大（8%～15%）；泡菜要进行配料（调味），要进行包

装和杀菌处理；机械化自动化程度较高；泡菜产品鲜香、脆嫩、微酸、可口，小包装开袋（瓶）即食，大包装可作为佐料，既可满足不同的口味，又可在常温下长期贮藏。

一、方便泡菜加工工艺

（一）工艺流程

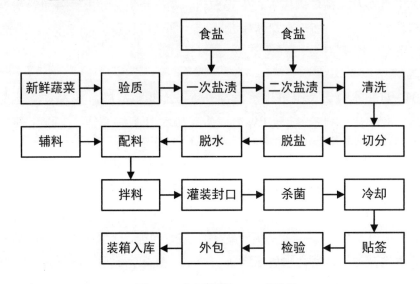

图 4-2　方便泡菜加工工艺流程

（二）原料选择

现代泡菜生产原料的选择与传统泡菜的要求一样，必须为无公害的蔬菜原料，应新鲜、成熟适度（太嫩或太老均会影响产品质量）、无病虫害、无机械损伤、无发热现象的优质蔬菜原料。由于现代泡菜生产的盐渍发酵时间较长，所以对原料选择还应强调原料干物质含量相对要高、水分含量相对要低、加工时汁液不易外流、酚类物质含量相对要低、去皮切分后不易发生酶促褐变、耐贮运等。原料选择非常重要，只有优质的蔬菜原料品种，才能加工生产出优质的泡菜产品来。

（三）生鲜蔬菜挑选、整理、入池

将选择好的生鲜蔬菜原料进行必要的挑选和整理，以去除根须、老皮（茎）、黄叶等。若有泥沙等不干净的蔬菜则必须作清洗处理，沥干水分。若有必要的话，还须进行大小较一致、质量优劣要求的分级处理。

然后将蔬菜放入盐渍池（即"入池"，有些使用大型陶坛或大型不锈钢容器），用袋（如根茎菜类等）或筐（如叶菜类等）装好后，用行车或人工慢慢地将菜倒入池里。入池时必须做到一层菜一层盐（即"层菜层盐"）：茎菜类下层用盐约30%，上层用盐约 60%，封面用盐约 10%；叶菜类下层用盐约 40%，上层用盐约 50%，封面用盐约 10%。操作时要轻起轻放，避免碰伤蔬菜。也有直接将车中（带卸货装置）的菜（如量大时的青菜）分批次叉入池内的。无论哪种入池方式都必须做到层菜层盐，轻起轻放。盐渍池容量一般为 5 ~ 150 t 不等，小的有 5 ~ 40 t，大的达到 100 ~ 150 t，一般在 40 ~ 100 t 占多数。

（四）封池

新鲜蔬菜原料在装满盐渍池时，将盐渍池表面加入一定数量的盐（面盐），然后用石块压榨或水封或沙封等方式对盐渍池进行密封，在室温下发酵。传统方法是待蔬菜中的盐溶解、卤水渗出后，在蔬菜表面盖上薄膜、竹篾板，加压重物（一般为石头），使原料浸没在盐水中，达到密封的目的。但这种方法存在明显的缺陷：在长时间的盐渍发酵过程中，营养丰富的盐水长期接触空气等外界环境，池中盐水表面容易生长各种好氧微生物，包括酵母、霉菌等，生产白色的悬浮膜，这些膜短时间虽不会对盐渍蔬菜品质产生破坏性影响，但任其自由生长，则会对盐渍蔬菜的品质产生影响，某些微生物的代谢产物甚至会影响到食品安全。传统处理方法是利用专门制作的浮膜打捞设备——浮膜打捞网（如图 4-3 所示）人工打捞。

图 4-3　浮膜打捞网

用浮膜打捞设备将肉眼可见的浮膜打捞后，肉眼不可见的微生物细胞依然存在于盐渍水中。经过一段时间后，盐渍水中残留的微生物迅速生长，重新长成浮膜。因此，采用人工打捞浮膜的方式可短时间内（1 ~ 2 d）除去盐渍水表面的浮膜，但无法从根本上解决。而且，采用人工打捞的方式，费时、费力、费人工，无法保障蔬菜原料在盐渍发酵过程中的卫生安全。

根据长期调查研究发现，泡菜盐渍水表面的浮膜由微生物的个体细胞组成，这些产膜微生物大多数是好氧型、兼性厌氧型的微生物，浮膜生长前期主要由酵母构成，后期主要由霉菌等构成。根据大多数产膜微生物生长繁殖需要氧气的特点，可采用沙封和水封两种隔氧防膜法对泡菜进行盐渍发酵。以下对沙封、水封进行介绍，并与传统石封进行优劣对比。

1.水封防膜法

蔬菜盐渍入池后，在蔬菜表面盖压上石头等重物，等盐渍水浸没了蔬菜，在盐水表面铺上 2 层食品级 PE 膜，在 PE 膜上倒入密封水，使盐渍蔬菜隔绝氧气。

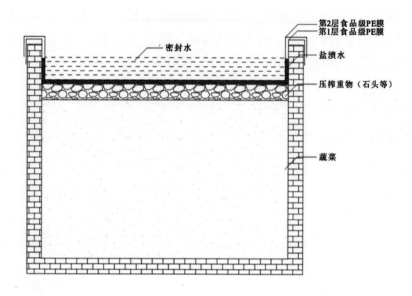

图 4-4　水封示意图

水封法在实际生产中应用时对外界环境的要求较高，对 PE 膜的要求更高，因此，可选择性应用于高品质泡菜的生产。

2. 沙封防膜法

在盐渍蔬菜入池以后，利用循环泵循环盐渍水后，将盐渍池表面蔬菜整理平整，在蔬菜表面盖上 2 层食品级 PE 膜，在膜上盖上双层防水雨布，在防水雨布上盖上一定厚度的沙子，对盐渍池进行密封。

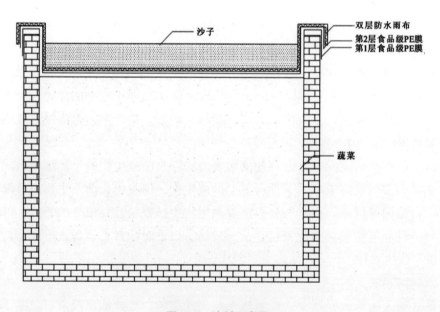

图 4-5　沙封示意图

表 4-2　三种封池方法的优劣对比

项目	优点	缺点
水封	密封效果好、操作简便；水资源丰富，成本低	对食品级 PE 膜的要求高，容易发生渗漏，风险较高；对操作水平和操作环境要求高；对盐渍池的要求高；水长时间暴露于空气中也容易变质，需要定期换水，增加了工作量和成本
沙封	操作简便，不用定期更换；沙子可循环利用，成本低；沙子资源丰富，不会受到资源制约；沙子密度大，即可保证盐渍池密封，又可保证蔬菜承压	密封效果略差；沙子用量大，成本高
传统石封	石头重量大，蔬菜承受的压力大，盐渍水可浸没蔬菜	不能隔绝盐渍水与空气，无法避免盐水产膜，无法保证质量安全

对比研究了传统石封、水封和沙封三种盐渍池封池方法，确定了沙封可用于盐渍池清洁化封池。盐渍池沙封技术，利用沙子封池，沙资源丰富，不会受到资源制约；盐渍池沙封技术操作简便，沙子不用定期更换，可循环利用，成本低；此外，利用沙子进行盐渍池密封，沙子密度大，即可保证盐渍池密封，又可保证蔬菜承压。因此，盐渍池沙封可在保持盐渍蔬菜品质的同时，有效防止盐渍水生膜，保障了盐渍发酵蔬菜原料的品质与食品安全。

（五）发酵（盐渍）

为提高泡菜产品质量，有的蔬菜在发酵（即盐渍）时采取"分段盐渍"，即总的用盐量一定，将食盐分 2 ~ 3 次加入蔬菜之中。目前，大多数企业采用 2 次发酵工艺，在第 1 次泡渍工艺中盐度在 3% ~ 6%，发酵 10 ~ 15 d 后蔬菜后，完成一次发酵；再进行第 2 次盐渍工艺，对蔬菜进行翻池，再补加 8% ~ 10% 盐，对第 1 次发酵后的蔬菜进行发酵储藏，第 2 次盐渍用盐 8% 以上可达到长期保存的目的，10% 的盐度可贮存一年。例如萝卜第 1 次用盐量为 5%，盐渍 10 ~ 15 d，之后再用盐 7% 继续盐渍到蔬菜熟透，总的用盐量约为 12%。分段盐渍可通过"翻池"来实现，并且通过"翻池"能有效提高盐渍池的空间利用率。

其中，用盐量的多少根据季节（气温）、蔬菜品种、贮藏时间和生产（销售）需要而定。若在冬季，用盐量可适度减少（如食盐 5% ~ 10%）。例如，青菜一般是 2 ~ 3 月收菜，属冬季或初春，气温较低，盐渍发酵时用盐量可减少（小于 10%），若要延长其盐渍时间（如需要度过夏天的，即贮藏时间较长）则须增加用盐量（大于

12%）。若生产（销售）要求比较急，即使在夏天，用盐量也可较正常时适度降低。一般，盐渍用盐量和贮藏时间的对应关系见表4-3。

表4-3　用盐量与贮藏时间的对应关系

（盐渍）用盐量（%）	贮藏时间（月）	1 000 kg蔬菜用盐量（kg）	备　注
5 ~ 6	1	50 ~ 60	用盐量还与季节气候（气温）和蔬菜品种有直接关系
7 ~ 8	2	70 ~ 80	
9 ~ 12	3 ~ 6	90 ~ 140	
≥ 13	≥ 6	≥ 150	

食盐对蔬菜盐渍中均匀一致十分关键。要使其均匀，有两个办法：一个是翻池，即将蔬菜从一个池放进另一个池，一般从盐渍后10 ~ 15 d开始翻池；另一个是采用（防腐）泵将食盐水由池底向池面上循环抽水，使其均匀。

发酵是以乳酸发酵为主的厌氧发酵，盐渍管理至关重要，所以要保持盐渍车间的清洁，做到干净、卫生，同时要保证密闭发酵，使盐水高出蔬菜约7 ~ 15 cm。随时检查盐水的情况，发酵的过程中常常会遇到盐水上面呈白色或灰白色（有的是棕色和黑色）的霉花浮膜，可采取打捞方式去除，解决霉花浮膜办法是提高食盐水浓度，或加入1% ~ 2%的高粱白酒，或加入抑菌力强的香辛料，或这几种方法组合使用，同时保持盐渍车间的清洁卫生等。除此之外，需随时观察盐水是否发黑？是否变臭？若盐水发黑或变臭不严重且蔬菜品质正常，则可采取更换新盐水（食盐浓度可高一些）的办法来解决。发酵（盐渍）时间可长可短。

作者科研团队研究出"低盐发酵、中高盐贮存"方式，一般1 ~ 3个月（30 ~ 90 d），长的可达6个月（180 d）以上，此外发酵时间长短还与食盐用量、气候及蔬菜品种等有关系。

（六）清洗、整理、切分

盐渍发酵后的蔬菜，在其表面上，仍然有泥沙及杂物，所以需进一步清洗，清洗可在清水池中进行或专用冲浪式清洗机中进行，此次清洗务必干净。有的是一边清洗一边脱盐，例如青菜等产品。

清洗之后，即进行整理，进一步去除根须、老皮（茎）、黄叶、黑斑或发霉变质产品等。然后，根据需要用切菜机切分成丝（条）状、片状、丁状等半成品。

（七）脱盐、脱水

整理、切分后的半成品，即进入脱盐阶段，切分后很容易脱盐，脱盐有流水脱盐和机械（鼓气泡）脱盐，为节约用水和提高脱盐效率，现代化泡菜生产一般采用机械（鼓气泡）脱盐。根据蔬菜的品种和含盐量的多少决定脱盐水的用量和脱盐时间，脱盐时水的用量是菜的1至3倍，根据脱盐的程度（或产品要求）决定期间换水次数和脱盐时间。例如，榨菜丝脱盐，在不锈钢脱盐池（1 t 装）中进行，装入待脱盐的榨菜丝 500 ~ 600 kg/ 次，加入清水 500 ~ 600 kg，然后鼓泡脱盐，期间换水两次，脱盐时间为 10 ~ 20 min（榨菜块需脱盐更长时间），脱盐后，榨菜丝含盐量为 2% ~ 3%。

　　脱盐之后随即脱水，为了除去蔬菜中的水分一般采取压榨脱水和离心脱水等方式，压榨可采用压榨槽压榨和机械压榨。压榨槽是专业制作的不锈钢池（配套 1 t 重的不锈钢压块若干，根据需要使用），使用时将待压榨菜品逐层整齐平放于压榨槽中，直至低于槽面 20 ~ 30 cm，根据需要加上 1 块（1 t/ 块）、2 块或 3 块等不锈钢压块，一般情况下压 1 块，压榨时间要长一些，压 2 块，压榨时间相应要短一些。机械压榨机分油压和水压（水压机产生的总压力较大，常用于锻造和冲压，油压适用于泡菜生产），油压机有柱式和框架式两种（柱式有单柱式、双柱、四柱式，框架式有卧式、立式），一次处理量为 200 ~ 500 kg 或 500 ~ 1 000 kg，机械压榨使用比较方便，可实现定压、定程，具备保压延时功能，工作压力、行程可在规定范围内按工艺要求调节，操作简便。对脱水率要求不高的可采用离心脱水方式，也有的在压榨之前先用离心机进行离心脱水，然后压榨。

（八）配料（调味）

　　压榨（脱水）后的蔬菜要进行调味配料，根据市场需求，确定泡菜产品的不同口味，这就需要用调味料进行配料处理才能满足需求。此阶段十分关键，产品"好不好吃"即"可不可口"，色泽"好不好"等，直接影响到销路好不好。

　　将压榨脱水后的蔬菜倒入拌料机中，再加事先定量称好的调味料或食品添加剂，然后充分混匀。配料拌料采用拌料机，拌料机有各种规格（100 kg/ 次、300 kg/ 次、500 kg/ 次），根据需要而定。配料拌料必须均匀，若调味料或食品添加剂量少，可先在水中溶解后加入。

　　从生理角度看，人类味感只有甜、苦、酸、咸 4 种基本味感，而泡菜的味感除了这四种味感外，还有鲜味、香味，部分泡菜伴有辣味。所以正常的泡菜应具备酸、甜、咸、鲜、香味等各味且互相协调，某些区域市场某一味更突出些，当然辣味也是泡菜的重要味感。调味料有食用植物油、红油辣椒、辣椒粉、酱油、食醋、有机酸（乳酸、柠檬酸等）、白砂糖、味精（MSG）、呈味核苷酸二钠（I+G）、五香粉及现代的各种香精等。

（九）包装

　　将调味之后的泡菜进行计量灌装，灌装包装常用的有瓶装和袋装两种方式，瓶装为玻璃，袋装为复合袋。

　　由于泡菜行业的发展壮大，包装机械逐渐取代人工包装，大部分泡菜产品可实现连续自动称量灌装封口，具有自动化程度高、包装效率高、称量精确度比较稳定等特点。对于用机械定量装入袋或瓶中目前比较困难的部分产品，或对产品形态要求较高的产品，还是采用手工灌装，然后用真空包装机封口。手工灌装采用的是一个锥型漏

斗，把称好后的泡菜从漏斗里导入袋或瓶中然后封口。真空包装机有单室和双室，半自动和全自动之分。现代化生产加工应采用全不锈钢、大容积、大抽气量的双室半自动或连续式全自动真空包装机，以满足高效生产要求。

（十）杀菌

灌装包装之后进行杀菌，泡菜产品杀菌一般采用巴氏杀菌，有的采用非热力杀菌或超高压杀菌，也有采用微波杀菌的，杀菌是现代化生产的又一关键环节。

现代化生产加工厂多采用连续式常压巴氏杀菌工艺，其杀菌温度、时间等参数根据包装产品的重量规格等来确定，见表4-4。

表4-4　袋装泡菜巴氏杀菌标准

泡菜种类	袋装规格（g）	杀菌温度（℃）	杀菌时间（min）	说明
黄瓜、笋子、姜等	50～200	80～85	15～25	片状
榨菜	80～100	85～92	15～20	条丝状
豇豆	80～200	90～95	20～25	短条状
青菜	150～200	85～95	15～20	碎青菜
什锦菜（榨菜、大头菜、豇豆、黄花等）	80～200	85～95	25～28	条丝状

瓶装泡菜可直接观察到瓶内菜体的形态和色泽，帮助消费者选择和购买。经高温高压杀菌后，产品风味无明显变化。

复合薄膜袋装泡菜质量轻、体积小、可随意堆放、便于运输和携带，经巴氏杀菌后，产品风味无明显变化。

（十一）冷却

杀菌之后立即进行冷水冷却，最好是急速冷却，之后去除袋或瓶表面的水分。

通常杀菌和冷却由链条带动连续进行，生产效率高，操作简便。冷却之后袋或瓶表面有许多水分，不便于装箱，现代工业化生产加工则采用机械除去表面水分，瓶装一般为强力热风吹干，袋装一般为冷风抖动除水，效率高且使用方便。

（十二）贴签，检验

冷却除水之后进行贴签和必要的检查，检验合格的产品即是泡菜产品。

（十三）实例

1.萝卜泡菜

1）工艺流程

生鲜萝卜→挑选、整理→入池盐渍→整理、切分（丝条）→脱盐→脱水→配料（调

味）→计量→包装→杀菌→冷却→贴签→检验→萝卜泡菜

2）原料选择

选择新鲜、成熟适度（如萝卜不空心等）、无病虫害、无机械损伤等的原料。

3）挑选、整理、入池

把采收的生鲜萝卜进行必要的挑选和整理，去叶缨及根须（工业化生产，可不晾晒至蔫）。若有泥沙等不干净的萝卜则必须作清洗处理。若有必要的话，还须进行大小较一致、质量优劣要求的分级处理。

然后将萝卜放入盐渍池（即"入池"），用袋或筐（20 ~ 25 kg/ 袋）装好后，用行车或人工慢慢地将菜倒入池里，入池时必须做到一层萝卜一层盐（即"层菜层盐"），总用盐量为10% ~ 15%（对萝卜重），其中下层用盐约30%，上层用盐约60%，封面用盐约10%，轻起轻放避免碰伤萝卜。总用盐量的多少根据季节（气温）和生产（销售）需要而定，若在冬季，用盐量可适度减少，若要延长其盐渍时间（如需要度过夏天的）则须增加用盐量（大于12%）。若生产（销售）要求比较急，即使在夏天，用盐量也可较正常时适度降低。萝卜盐渍池大小一般为50 ~ 100 t不等。

4）盐渍发酵

入池完后即进入盐渍阶段，即盐渍发酵过程，其主要影响萝卜质量的因素有用盐量（即盐水浓度）及其均匀程度、气温（即发酵温度）、盐渍管理等。

食盐在萝卜盐渍中均匀一致十分关键，有两个办法使其均匀，一个是翻池，即将萝卜从一个池放进另一个池，一般从盐渍10 ~ 15 d后开始翻池。另一个是采用（防腐）泵将食盐水由池底向池面上循环抽水，使其均匀。

为提高萝卜产品质量，采取分段盐渍（发酵），即总的用盐量一定（如12%），将食盐分2次加入萝卜之中，第一次用盐量为5%，盐渍（发酵）10 ~ 15 d，之后再补加盐7%继续盐渍（发酵）到所需时间，分段盐渍可通过翻池来实现。

盐渍管理至关重要，要保持盐渍车间的清洁，做到干净、卫生，同时要保证密闭发酵，并随时检查盐水的情况。盐渍发酵时间可长可短，一般约1 ~ 3个月（30 ~ 90 d）或更长（如6个月以上，但盐渍时用盐量要达到15%），萝卜组织脆嫩，时间不宜过长。此外盐渍时间长短还与食盐用量、气候及蔬菜品种等有关系。

5）清洗、整理、切分

盐渍处理后的萝卜，在其表面上，仍然有泥沙及杂物，所以需进一步清洗，清洗可在清水池中进行或专用冲浪式清洗机中进行，此次清洗务必干净。

清洗之后，即进行整理，进一步去除根须、老皮、黑斑或发霉变质半成品等，清理完成后再用清水清洗一次。然后，根据需要用切菜机切分成丝（条）状、片状等半成品。

6）脱盐、压榨（脱水）

整理、切分后的萝卜半成品，即进入脱盐阶段，脱盐有流水脱盐和机械（鼓气泡）

脱盐，为节约用水和提高脱盐效率，现代化泡菜生产一般采用机械（鼓气泡）脱盐。脱盐时萝卜与水比例约是 1∶2（即水的用量是萝卜的 2 倍），根据脱盐的程度（或萝卜产品要求）决定其间换水次数和脱盐时间，脱盐后萝卜含盐量约为 2% ~ 3%。

脱盐之后随即压榨，压榨可采用压榨池压榨和机械压榨。压榨池是专业制作的不锈钢池（配套 1 t 重的不锈钢压块若干，根据需要使用），使用时将待压榨的萝卜逐层整齐平放于压榨池中，直至低于池面 20 ~ 30 cm，根据需要加上 1 块（1 t/块）或 2 块或 3 块等不锈钢压块，一般情况下压 1 块，压榨时间要长一些，压 2 块，压榨时间相应要短一些。机械压榨机（油压），一次处理量为 200 ~ 500 kg 或 500 ~ 1 000 kg，机械压榨使用比较方便，可实现定压、定程，具备保压延时功能，工作压力、行程可在规定范围内按工艺要求调节，操作简便。压榨之后萝卜干的得率低，一般为 20% ~ 50%。

7）配料（调味）

压榨（脱水）后的萝卜进行调味配料，根据市场需求，确定萝卜产品的不同口味，一般萝卜干用辣椒粉来调配，既可调色（红色）又可调味（辣味）。

将压榨脱水后的萝卜倒入拌料机中，再加入事先定量称好的调味料或色素或保鲜剂，然后充分混匀。配料拌料必须均匀，若调味料或色素或保鲜剂量少，可先在水（或植物油）中溶解后加入。

8）包装

将拌料（调味）之后的萝卜进行灌装，采用两种方式即瓶装和袋装，瓶装为玻璃，袋装为塑料复合薄膜袋，两种方式都采用真空包装且要保证其真空度。

9）杀菌

灌装包装之后进行杀菌，萝卜产品杀菌一般采用巴氏杀菌，40 ~ 100 g/ 袋装泡菜萝卜产品，其产品杀菌温度 85 ~ 95 ℃、时间 12 ~ 20 min。

10）冷却

杀菌之后立即进行冷水急速冷却，之后去除袋或瓶表面的水分（强力风吹干）。现代工业化萝卜产品生产，其杀菌和冷却是连续进行的，表面水分的去除也是利用强力除水机进行的，效率高且使用方便。

11）贴签、检验

冷却除水之后进行贴标签和必要的检查，合格的即是萝卜泡菜产品。

2. 榨菜（泡菜）

1）工艺流程

鲜青榨菜头→挑选、整理→入池→盐渍发酵（二段盐渍）→清洗→整理、切分（丝条）→脱盐→脱水→拌料（调味）→计量→包装→杀菌→冷却→贴签→检验→榨菜产品。

2）原料选择

选择色泽青绿新鲜、成熟适度（质地脆嫩）、无病虫害、无机械损伤等的圆形或椭圆形茎用榨菜（青菜头）原料。

3）挑选、整理、入池

把选择好的生鲜榨菜头进行必要的挑选和整理，去除榨菜头基部老皮、老筋，不伤及菜头上突起的菜瘤。若有泥沙等不干净的榨菜则必须作清洗处理。若有必要的话，还须进行大小较一致、质量优劣要求的分级处理。

然后将榨菜放入盐渍池（即"入池"），用袋或筐（20～25 kg/袋）装好后，用行车或人工慢慢地将榨菜倒入池里，入池时必须做到一层榨菜一层盐（即"层菜层盐"），榨菜一般是分段盐渍（通常分2段，有的分3段），第一次盐渍（头段）用盐量为5%～7%（按榨菜重量计算，下同），盐渍10～15 d或更长，第二次盐渍（末段）用盐量为5%～8%，盐渍30～90 d或更长。两次盐渍即是盐渍发酵阶段。

两次总用盐量为10%～15%（对榨菜重），每次盐渍时下层用盐约占总用盐量的30%，上层用盐约60%，封面用盐约10%，轻起轻放避免碰伤榨菜。总用盐量的多少根据季节（气温）和生产（销售）需要而定，若在冬季，用盐量可适度减少，若要延长其盐渍时间（如需要度过夏天的）则须增加用盐量（达到15%）。若生产（销售）要求比较急，即使在夏天，用盐量也可较正常时适度降低。榨菜盐渍池大小一般为50～100 t不等。

4）盐渍发酵

盐渍发酵过程，其主要影响产品质量的因素有用盐量（即盐水浓度）及其均匀程度、气温（即发酵温度）、盐渍管理等。食盐在榨菜盐渍中均匀一致十分关键，所以在盐渍加盐时要做到均匀，此外可采用（防腐）泵将食盐水由池底向池面上循环抽水，使其均匀。

盐渍管理至关重要，要保持盐渍车间的清洁，做到干净、卫生，同时要保证密闭发酵，随时检查盐水的情况。

盐渍发酵时间可长可短，一般1～3个月（30～90 d），与食盐用量、季节气候等有直接关系。

以上工艺是盐脱水，然后加工，即浙式榨菜；涪式榨菜则是风（干）脱水，然后加工。

5）清洗、整理、切分

二次盐渍发酵后的榨菜，在其表面上，仍然有泥沙及杂物，所以需进一步清洗，清洗可在清水池中进行或专用冲浪式清洗机中进行，此次清洗务必干净。

清洗之后，即进行整理，进一步去除根须、老皮（老筋）、黑斑或发霉变质半成品等。然后，根据需要用切菜机切分成丝（条）状、片状、粒状等半成品。

6）脱盐、压榨（脱水）

整理、切分后的榨菜半成品，即进入脱盐阶段，脱盐采用机械（鼓气泡）脱盐。脱盐时榨菜与水比例约是1：2（即水的用量是榨菜的2倍），根据脱盐的程度（或榨菜产品要求）决定其间换水次数和脱盐时间，脱盐后榨菜含盐量为3%～4%。

脱盐之后随即压榨，压榨可采用压榨池压榨和或其他机械压榨，具体参见上述有关说明。压榨之后榨菜的收得率一般为40%～60%。

7）拌料（调味）

脱水后的产品进行调味配料，根据市场需求，确定榨菜产品的不同口味。

将压榨脱水后的产品倒入拌料机中，加入事先定量秤好的调味料或保鲜剂，然后充分混匀。配料拌料必须匀一，若调味料或保鲜剂量少，可先在水中溶解后加入。

8）包装

将配料（调味）之后的榨菜计量，然后进行灌装，采用两种方式即瓶装和袋装，瓶装为玻璃，袋装为塑料复合薄膜袋，两种方式都采用真空包装且要保证其真空度。

9）杀菌

灌装包装之后进行杀菌，榨菜产品杀菌一般采用巴氏杀菌，80～100 g/袋（条丝状）装榨菜产品，其产品杀菌温度85～95 ℃、时间15～20 min。

10）冷却

杀菌之后立即进行冷水急速冷却，之后去除袋或瓶表面的水分（强力风吹干）。现代工业化榨菜产品生产，其杀菌和冷却是连续进行的，表面水分的去除也是利用强力除水机进行的，效率高且使用方便。

11）贴签、检验

冷却除水之后进行贴签和必要的检查，合格的即是榨菜产品。

3. 莴苣（莴笋）泡菜

1）工艺流程

鲜青莴苣→挑选、整理→入池→盐渍发酵→清洗→整理、切分（丝条）→脱盐→脱水→拌料（调味）→计量→包装→杀菌→冷却→贴签→检验→莴苣泡菜

2）原料选择

选择新鲜、成熟适度（质地脆嫩）、无空心、无病虫害、无机械损伤的原料。

3）采收、整理、入池

把采收好的生鲜莴苣进行必要的挑选和整理，去叶除皮。若有泥沙等不干净的莴苣则必须作清洗处理后去叶除皮。若有必要的话，还须进行大小较一致、质量优劣要求的分级处理。

然后将莴苣放入盐渍池（即"入池"），用袋或筐（20～25 kg/袋）装好后，用行车或人工慢慢地将莴苣倒入池里，入池时必须做到一层莴苣一层盐（即"层菜层

盐"），总用盐量为 12% ～ 15%（以莴苣重），其中下层用盐约占总用盐量的 40%，上层用盐约占 50%，封面用盐约 10%，轻起轻放避免碰伤莴苣。总用盐量的多少根据季节（气温）和生产（销售）需要而定，若在冬季，用盐量可适度减少，若要延长其盐渍时间（如需要度过夏天的）则须增加用盐量（大于 12%）。若生产（销售）要求比较急，即使在夏天，用盐量也可较正常时适度降低。莴苣盐渍池大小一般为50 ～ 100 t 不等。

4）盐渍发酵

入池完后即进入盐渍阶段，即盐渍发酵过程，其主要影响莴苣质量的因素有用盐量（即盐水浓度）及其均匀程度、气温（即发酵温度）、盐渍管理等。

食盐在莴苣盐渍中均匀一致十分关键，要使其均匀，一是"翻池"，即将莴苣从一个池放进另一个池，一般从盐渍 10 ～ 15 d 后开始翻池。一是采用（防腐）泵将食盐水由池底向池面上循环抽水而使其均匀。

为提高莴苣产品质量，采取"分段盐渍"，即总的用盐量一定（如 15%），将食盐分 2 次加入萝卜之中，第一次用盐量为 7%，盐渍（发酵）10 ～ 15 d，之后再用盐8% 继续盐渍（发酵）到所需时间，"分段盐渍"可通过"翻池"来实现，在盐渍过程中还可加入稀释后的氯化钙盐水，提高莴苣的脆度。

盐渍管理至关重要，要保持盐渍车间的清洁，做到干净、卫生，同时要保证密闭发酵，随时检查盐水的情况。盐渍发酵时间可长可短，一般约 1 ～ 3 个月（30 ～ 90 d）或更长（如 6 个月以上，盐渍时用盐量要达到 15%）。此外盐渍发酵时间长短还与食盐用量、季节气候等有关。

5）清洗、整理、切分

盐渍发酵后的莴苣，虽然去了皮，但在其表面上仍然有泥沙及杂物，所以需进一步清洗，清洗可在清水池中进行或专用冲浪式清洗机中进行，此次清洗务必干净。

清洗之后，即进行整理，进一步去除老筋、黑斑或发霉变质半成品等。然后，根据需要用切菜机切分成丝（条）状、片状、粒状等半成品。

6）脱盐、压榨（脱水）

整理、切分后的莴苣半成品，即进入脱盐阶段，脱盐方式同上所述。

脱盐之后随即压榨，压榨方式同上所述。压榨之后莴苣泡菜的得率一般为40% ～ 60%。

7）拌料（调味）

压榨（脱水）后的产品进行调味配料，根据市场需求，确定榨菜产品的不同口味。

将压榨脱水后的产品倒入拌料机中，加入事先定量称好的调味料或保鲜剂，然后充分混匀。配料拌料必须均匀，若调味料或保鲜剂量少，可先在水中溶解后加入。

8）包装

将拌料（调味）之后的莴苣泡菜计量，然后进行灌装，采用两种方式即瓶装和袋

装，瓶装为玻璃，袋装为塑料复合薄膜袋，两种方式都采用真空包装且要保证其真空度。

9）杀菌

灌装包装之后进行杀菌，莴苣泡菜产品杀菌一般采用巴氏杀菌，40 ~ 100 g/ 袋（条丝或片状）装榨菜产品，其产品杀菌温度 85 ~ 92 ℃、时间 15 ~ 25 min。

10）冷却

杀菌之后立即进行冷水急速冷却，之后去除袋或瓶表面的水分（强力风吹干）。现代工业化莴苣泡菜产品生产，其杀菌和冷却是连续进行的，表面水分的去除也是利用强力除水机进行的，效率高且使用方便。

11）贴签，检验，泡菜产品

冷却除水之后进行贴标签和必要的检查，合格的即是莴苣泡菜产品。

4. 青菜（泡菜）

1）工艺流程

生鲜青菜→挑选、整理→入池→盐渍发酵→清洗（脱盐）→整理→配料（配汤）→计量灌装→贴签→检验→泡青菜

2）原料选择

选择新鲜、成熟适度、无病虫害等的青菜原料。

3）挑选、整理、入池

把收割好的生鲜青菜进行必要的晾晒 1~3 d，将青菜晾晒至蔫后挑选和整理，挑除黄叶并装车，运输至盐渍车间，然后将青菜放入盐渍池（即"入池"），用行车或人工慢慢地将菜倒入池里，入池时必须做到一层青菜一层盐（即"层菜层盐"），用盐量一般为 8% ~ 12%（对青菜重），其中下层用盐约占总用盐量的 40%，上层用盐约 50%，封面用盐约 10%，轻起轻放避免损伤青菜。用盐量的多少根据季节（气温）和生产（销售）需要而定，若在冬季或初春，用盐量可适度减少（如 8%），若要延长其盐渍时间（如需要度过夏天的）则须增加用盐量（大于 12%）。若生产（销售）要求比较急，即使在夏天，用盐量也可较正常时适度降低。青菜盐渍池一般较大，为60 ~ 100 t 不等。

4）盐渍发酵

入池完后即进入盐渍阶段，即"盐渍发酵"过程，其主要影响青菜质量的因素有用盐量（即盐水浓度）及其均匀程度、气温（即发酵温度）、盐渍管理等。

食盐在青菜盐渍中均匀一致十分关键，要使其均匀，一个是"翻池"，即将青菜从一个池放进另一个池，一般从盐渍 10 ~ 15 d 后开始翻池；另一个是采用（防腐）泵将食盐水由池底向池面上循环抽水，使其均匀。

青菜发酵可以只进行一次盐渍，也可以进行二次分段盐渍，为提高青菜产品风味质量，可采取"分段盐渍"，即总的用盐量一定（如 10%），将食盐分 2 次加入青菜

之中，第一次用盐量为5%，盐渍（发酵）10～15 d，之后再补盐5%继续盐渍（发酵）到所需时间，"分段盐渍"可通过"翻池"来实现。

青菜盐渍管理至关重要，要保持盐渍车间的清洁，做到干净、卫生，同时要保证密闭发酵，通常在青菜填满盐渍池后，将表层青菜处理平整，在加入面盐后盖上防水和遮光的专用薄膜，压实四周和中间后采用河沙封池或注水封池。

盐渍发酵时间一般2～10个月（60～300 d）或更长（如12个月以上，盐渍时用盐量要达到12%以上）。此外盐渍发酵时间长短还与食盐用量、气候及蔬菜品种等有关系。

5）清洗、整理、切分

盐渍发酵后的青菜，有泥沙及杂物，所以需进一步清洗，清洗可在清水池（人工清洗2～3次）中进行或专用冲浪式清洗机中进行，此次清洗务必干净。

清洗之后，装入筐或置于分装台中稍稍沥一会儿水，即进行整理切分，进一步除去黄叶老筋老皮或变质原料等。

6）配料（配汤）、灌装

清洗、整理后的青菜，计量后进行灌装（即包装），装入袋或瓶中，加入适量的泡辣椒和泡姜，再加入事先配置好的汤料（pH值≤4，内含食盐水、防腐剂、着色剂等），汤料的量占总重量的20%～30%，例如菜料320 g，汤料80 g，总重量400 g。然后封口包装，采用真空包装且要保证其真空度。

7）贴签、检验

最后进行贴签和必要的检查，合格的即是泡青菜产品。

二、直投式乳酸菌发酵泡菜加工工艺

现代发酵泡菜加工工艺，是指利用现代食品加工技术、食品生物技术与现代冷链物流、智能发酵设备、自动灌装设备实现传统泡菜原料预处理、发酵、灌装等工序现代化的发酵泡菜加工工艺。利用直投式乳酸菌实现泡菜人工发酵是最具有代表性的现代发酵泡菜加工工艺。

传统泡渍发酵泡菜是以新鲜蔬菜为主要原料，经过低浓度食盐水短期泡渍发酵即可食用的泡菜。泡渍发酵泡菜是利用低浓度食盐水进行泡渍发酵，加工周期短，同时富含大量的活性乳酸菌，其营养价值远远高于市场销售的调味即食泡菜。但由于传统泡渍发酵泡菜的发酵过程的菌种主要是以蔬菜、水等环境中的微生物为主，其产品稳定性较难控制。直投式乳酸菌的出现，解决了传统泡菜加工中存在的弊端，使传统泡菜真正意义上实现了商品化。乳酸菌发酵泡菜是在传统泡渍发酵泡菜的工艺基础上，用直投式乳酸菌代替环境中的微生物作为泡菜发酵的优势菌群，进行泡菜泡渍发酵，实现传统泡渍发酵泡菜的标准化、规模化生产。直投式乳酸菌发酵泡菜产品生产过程

加工学
PAOCAI JIAGONGXUE

中，微生物菌种及其菌剂是其核心。

（一）可用于泡菜发酵的微生物

泡菜的发酵离不开微生物，其中主要以植物乳杆菌、戊糖乳杆菌、肠膜明串珠菌、短乳杆菌、发酵乳杆菌、清酒乳杆菌、戊糖片球菌、棒状乳杆菌、布氏乳杆菌、干酪乳杆菌、耐乙醇片球菌、消化乳杆菌等乳酸菌群为主，此外，也有少量的酵母和醋酸菌等其他微生物。用于泡菜发酵的微生物主要是乳酸菌，还有酵母菌及醋酸菌等。

我国对可用于食品生产的微生物有严格的规定，卫生部于 2010 年 4 月专门发布了《可用于食品的菌种名单》（卫办监督发〔2010〕65 号）（表 4-5）。此后卫生部于 2011 年 1 月（卫生部公告 2011 年第 1 号）将乳酸乳球菌乳酸亚种、乳酸乳球菌乳脂亚种和乳酸乳球菌双乙酰亚种列入《可用于食品的菌种名单》；2012 年 5 月，卫生部公告 2012 年第 8 号将肠膜明串珠菌肠膜亚种（*Leuconostoc.mesenteroides sub sp.mesenteroides*）列入《可用于食品的菌种名单》。

表 4-5 可用于食品的菌种名单

	名称	拉丁学名
一	双歧杆菌属	*Bifidobacterium*
1	青春双歧杆菌	*Bifidobacterium adolescentis*
2	动物双歧杆菌（乳双歧杆菌）	*Bifidobacterium animalis*（*Bifidobacterium lactis*）
3	两歧双歧杆菌	*Bifidobacterium bifidum*
4	短双歧杆菌	*Bifidobacterium breve*
5	婴儿双歧杆菌	*Bifidobacterium infantis*
6	长双歧杆菌	*Bifidobacterium longum*
二	乳杆菌属	*Lactobacillus*
1	嗜酸乳杆菌	*Lactobacillus acidophilus*
2	干酪乳杆菌	*Lactobacillus casei*
3	卷曲乳杆菌	*Lactobacillus crispatus*
4	德氏乳杆菌保加利亚亚种（保加利亚乳杆菌）	*Lactobacillus delbrueckii sub sp. Bulgaricus*（*Lactobacillus bulgaricus*）
5	德氏乳杆菌乳亚种	*Lactobacillus delbrueckii sub sp. Lactis*
6	发酵乳杆菌	*Lactobacillus fermentium*
7	格氏乳杆菌	*Lactobacillusgasseri*
8	瑞士乳杆菌	*Lactobacillus helveticus*

续表

	名称	拉丁学名
9	约氏乳杆菌	*Lactobacillus johnsonii*
10	副干酪乳杆菌	*Lactobacillus paracasei*
11	植物乳杆菌	*Lactobacillus plantarum*
12	罗伊氏乳杆菌	*Lactobacillus reuteri*
13	鼠李糖乳杆菌	*Lactobacillus rhamnosus*
14	唾液乳杆菌	*Lactobacillus salivarius*
15	清酒乳杆菌	*Lactobacillus sakei*
三	链球菌属	*Streptococcus*
1	嗜热链球菌	*Streptococcus thermophilus*
四	乳球菌属	*Lactococcus*
1	乳酸乳球菌乳酸亚种	*Lactococcus Lactis sub sp.Lactis*
2	乳酸乳球菌乳脂亚种	*Lactococcus Lactis sub sp.Cremoris*
3	乳酸乳球菌双乙酰亚种	*Lactococcus Lactis sub sp.Diacety Lactis*
五	丙酸杆菌属	*Propionibacterium*
1	费氏丙酸杆菌谢式亚种	*Propionibacterium freudenreichii sub sp.Shermanii*
2	产丙酸丙酸杆菌	*Propionibacterium acidipropionici*
六	明串球菌属	*Leuconostoc*
1	肠膜明串珠菌肠膜亚种	*Leuconostoc mesenteroides sub sp.mesenteroides*
七	马克斯克鲁维酵母	*Kuyveromyces marxianus*
八	片求菌属	*Pediococus*
1	乳酸片球菌	*Pediococus acidilactici*
2	戊糖片球菌	*Pediococus pentosaceus*
九	葡萄球菌	*Staphylococcus*
1	小牛葡萄球菌	*Staphylococcus vitulinus*
2	肉葡萄球菌	*Staphylococcus xylosus*
3	木糖葡萄球菌	*Staphylococcus carnosus*
十	芽孢杆菌	*Bacillus*
1	凝结芽孢杆菌	*Bacillus coagulans*

注：1. 传统上用于食品生产加工的菌种允许继续使用。名单以外的、新菌种按照《新资源食品管理办法》执行。2. 可用于婴幼儿食品的菌种按现行规定执行，名单另行制定。

表4-6 可用于保健食品的益生菌菌种名单

序号	名称	拉丁学名
一	双歧杆菌属	*Bifidobacterium*
1	两歧双歧杆菌	*Bifidobacterium bifidum*
2	婴儿双歧杆菌	*Bifidobacterium infantis*
3	长双歧杆菌	*Bifidobacterium longum*
4	短双歧杆菌	*Bifidobacterium breve*
5	青春双歧杆菌	*Bifidobacterium adolescentis*
二	乳杆菌属	*Lactobacillus*
1	保加利亚乳杆菌	*Lactobacillus bulgaricus*
2	嗜酸乳杆菌	*Lactobacillus acidophilus*
3	干酪乳杆菌干酪亚种	*Lactobacillus casei sub sp.Casei*
4	罗伊氏乳杆菌	*Lactobacillus reuteri*
5	鼠李糖乳杆菌	*Lactobacillus rhamnosus*
三	链球菌属	*Streptococcus*
1	嗜热链球菌	*Streptococcus thermophilus*

表4-7 可用于婴幼儿食品的菌种名单

序号	名称	拉丁学名
1	嗜酸乳杆菌	*Lactobacillus acidophilus*
2	动物双歧杆菌	*Bifidobacterium animalis*
3	乳双歧杆菌	*Bifidobacterium lactis*
4	鼠李糖乳杆菌	*Lactobacillus rhamnosu*
5	罗伊氏乳杆菌	*Lactobacillus reuteri*
6	发酵乳杆菌	*Lactobacillus reuteri*

表4-8 可用于保健食品的真菌菌种名单

序号	中文名	拉丁学名
1	酿酒酵母	*Saccharomyces cerevisiae*
2	产朊假丝酵母	*Cadida atilis*
3	乳酸克鲁维酵母	*Kluyveromyces lactis*
4	卡氏酵母	*Saccharomyces carlsbergensis*
5	蝙蝠蛾拟青霉	*Paecilomyces hepialid chen et Dai ,sp.nov*
6	蝙蝠蛾被毛孢	*Hirsuteua hepialid chen et shen*
7	灵芝	*Ganoderma lucidum*

续表

序号	中文名	拉丁学名
8	紫芝	*Ganoderma sinensis*
9	松杉灵芝	*Ganoderma tsugae*
10	红曲霉	*Monacus anka*
11	紫红曲霉	*Monacus purpureus*

用于泡菜生产的菌株，不仅要适合泡菜发酵，而且要符合国家相关规定。不在《可用于食品的菌种名单》的菌种，不能用于泡菜生产。常用于泡菜生产的微生物菌种有植物乳杆菌、短乳杆菌、戊糖乳杆菌、发酵乳杆菌、肠膜明串珠菌和戊糖片球菌等乳酸菌。

（二）直投式乳酸菌剂

直投式乳酸菌剂是利用现代微生物高密度培养技术、分离技术、干燥技术等将筛选的适合泡菜发酵的乳酸菌菌种制备成便于应用的菌剂。微生物菌剂按照其形态可分为液态和固态。液态乳酸菌剂是将乳酸菌菌种采用液体培养基进行纯种或混菌培养后制备的活性乳酸菌液；固态乳酸菌剂是将乳酸菌种采用液体培养基进行纯种或混菌培养后，将乳酸菌细胞通过离心等手段分离后进行干燥处理，得到的固体乳酸菌粉。固态乳酸菌粉较于液体乳酸菌剂，活性高、体积小，贮运方便，使用便捷，目前占据了市场主导。固体乳酸菌根据干燥方式的不同又可分为冻干菌粉和喷雾干燥菌粉。冻干乳酸菌是培养收集的乳酸菌细胞，通过加入保护剂等进行冷冻干燥后的产品，它的活性一般要高于喷雾干燥，活菌可达到 $10^{11} \sim 10^{12}$ CFU/g；喷雾干燥菌粉是培养收集的乳酸菌细胞，经过喷雾干燥制成的产品，其活性一般要低于冷冻干燥产品，但干燥费用较低。目前，二者均在市场上销售。

直投式乳酸菌剂的生产工艺流程图如下所示，泡菜中的微生物经过分离、鉴定、增殖培养、离心收集、干燥等工序成为直投式乳酸菌。

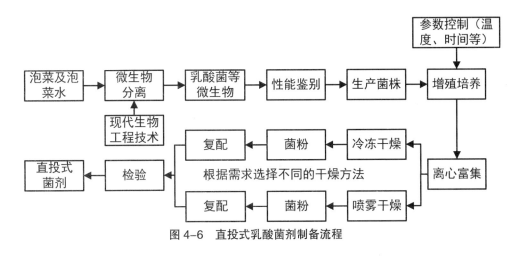

图 4-6 直投式乳酸菌剂制备流程

（三）直投式乳酸菌发酵泡菜生产工艺

1. 直投式乳酸菌发酵泡菜生产工艺流程

新鲜蔬菜清洗后按照生产需要切分成一定的形状，投入泡菜坛中，并加入一定浓度的食盐水和辅料，同时添加一定量的泡菜直投式功能菌，密封发酵成熟后即可出坛包装，检验合格后为成品。直投式乳酸菌发酵泡菜的生产工艺流程图如图所示，主要工艺流程如下：

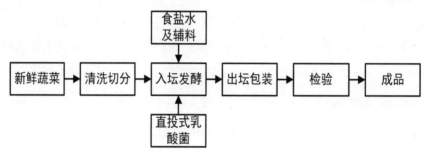

图 4-7　直投式乳酸菌发酵泡菜生产工艺流程

1）原料选择

挑选新鲜无腐烂变质的蔬菜，作为泡菜加工原料。按照相关标准，对新鲜蔬菜进行验质。

2）清洗、切分

蔬菜须用生活饮用水清洗干净，需切分的及时切分，根茎类切成丁状，长宽高一般为 0.2 ~ 1 cm 之间，叶状可切分成条状或方块状，长宽在 5 cm 以内。

3）设备设施清洗消毒

可采用泡菜坛、陶缸、不锈钢容器、连续发酵设备等进行直投式乳酸菌发酵泡菜的生产。将设备、设施用自来水由内到外进行清洗，再用酒精进行喷洒消毒，然后用洁净自来水再冲洗两遍。

4）化盐

按生产需要配置一定浓度的食盐水。

5）直投式功能菌活化

在种子罐内将 1 份直投式功能菌溶解到 50 份 37 ℃温水中，搅拌均匀，活化 30 min 即可得到直投式功能菌活化液。

6）投料

将原辅料投入发酵容器中，盐水与新鲜蔬菜的比例一般约为 2 ∶ 1。

7）保温发酵

投料后的，使发酵容器中的温度保持在 25 ~ 30 ℃，密封发酵。

8）发酵管理

定期跟踪检测总酸、pH 值、盐度、乳酸活菌数、菌落总数等指标。

9）出料

泡菜总酸达到 0.3%，pH 值在 4.0 左右时，品尝无明显蔬菜生味，即可终止发酵，将成熟泡菜出料进入后续加工。

10）调味包装

按要求将发酵好的泡菜称重加入包装袋，添加（或不添加）调味料汤汁，并真空封口。

11）杀菌

根据产品需要确定其是否杀菌，如需杀菌，则将包装好的泡菜输送至巴氏杀菌机内杀菌。

12）冷却

杀菌完成后迅速传输至冷却水中进行降温冷却。

13）外包装

将杀菌冷却后的泡菜吹干水分，装入外包装袋并封口。

14）入库

未杀菌的泡菜产品一般进入低温库中贮存；杀菌的产品可进入常温库贮存（但不宜久存）。

2. 直投式乳酸菌发酵泡菜生产工艺关键参数

发酵温度、发酵时间、盐度、直投式乳酸菌添加量、菜水比等对直投式乳酸菌发酵泡菜的发酵过程和产品品质有至关重要的作用。一般来说，采用直投式乳酸菌发酵泡菜的温度控制在 25 ~ 30 ℃为宜，温度太低，发酵速度太慢，生产周期加长；温度太高，泡菜品质受到影响，质地会变软，严重时可能出现异味。直投式乳酸菌发酵泡菜的盐度一般控制在 2% ~ 4%，即低盐条件，在此盐度下，泡菜的品质最佳，且乳酸菌发酵旺盛。直投式乳酸菌剂的添加量根据其活性来确定，一般保证接种后的泡菜中的乳酸菌达到 10^6 CFU/mL 为宜；直投式乳酸菌在接种前，可先用 50 倍 1% 的葡萄糖溶液溶解，置于 37 ℃条件下培养 30 ~ 120 min，使乳酸菌活化。直投式乳酸菌的发酵时间和蔬菜的品种、发酵温度、发酵盐度、直投式乳酸菌剂的品质等有密切关系，一般泡菜总酸达到 0.3%，pH 值在 4.0 左右时，即可终止发酵，整个过程一般持续 48 ~ 72 h。

三、其他泡菜加工工艺

（一）日式泡菜加工工艺

泡菜在日本属"渍物"类，根据日本厚生省的卫生基本规范，日本"渍物"的定义是："通常作为副食品，即食，以蔬菜、果实、菌类、海藻等为主要原料，使用食盐、酱油、豆酱、酒粕、麴（麴）、醋、糠等或其他材料渍制而成的产品。"所以泡菜在日本称"渍物"。现在日本泡菜有 100 多个品种，主要有盐渍、酱油渍、酱渍、

粕渍、麴渍、醋渍、糖渍等。在泡菜生产加工工艺领域中，日本率先倡导了"低盐、增酸、低糖"的健康运动，所以现代的"浅渍"和"新渍"工艺技术及其泡菜产品具有很大的优势和潜力。

日本泡菜加工技术最早源于中国，经过自己的不断创新和发展，形成了众多种类。目前，日本泡菜工艺独特，加入多种适量的调味剂，改进产品风味，并起到杀菌防腐的作用，最后高温杀菌，从而使产品口感脆嫩、色泽醒目、味道纯美、风味独特，而且存储期长，延长货架期。

1. 生产工艺流程

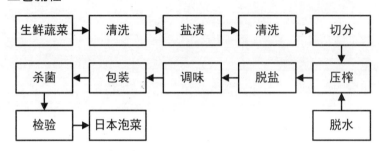

图 4-8 日式泡菜加工工艺流程

2. 操作步骤

1）原料选择，清洗

选择新鲜、成熟适度（质地脆嫩）、无病虫害、无机械损伤、无发热现象等的优质蔬菜原料。蔬菜原料采用气泡清洗机清洗干净。在清洗前，若有必要可进行挑选、整理与分级处理。

2）盐渍

将清洗后的蔬菜用行车（或机械手）放入盐渍池，进行初渍（日本称"荒渍"），之后进行正渍（正式盐渍，日本称"本渍"），入池时必须做到一层菜一层盐（即"层菜层盐"），下层用盐约为总用盐量的30%，上层用盐约为总用盐量的60%，封面用盐约10%。日本盐渍池有的 1 ~ 5 t，有的 20 ~ 30 t，少数的也有 100 t 规模的，采用前二者的占多数。

日本泡菜生产采用严格的"分段盐渍"工艺（2段），分为"荒渍"和"本渍"（日文），中文称为"初渍"和"正渍"，一般初渍 2 ~ 5 d 后进行正渍。2段（次）总用盐量为11% ~ 22%（对蔬菜重），一般为13% ~ 20%。2段（次）总用盐量的多少根据短期和长期贮藏的要求而定，例如茄子的盐渍：第一段（次）用盐 8 ~ 10 kg，第二段（次）用盐 3 ~ 5 kg（短期贮藏）、6 ~ 8 kg（长期贮藏）。又如黄瓜的盐渍：第一段（次）用盐 8 ~ 10 kg，第二段（次）用盐 3 ~ 6 kg（短期贮藏）、10 ~ 12 kg（长期贮藏）。

与我国一样，日本有的蔬菜品种需要加食盐水进行盐渍，例如生姜、藠头、茄子、白菜等品种，以促进蔬菜中的水分尽快渗出而保证盐渍的顺利进行。此外，在盐渍过程中若出现盐渍液食盐浓度降低，要及时补加食盐。

3）清洗、切分

盐渍完成后需进一步清洗，在专用气泡式清洗机中进行，清洗务必干净。清洗之后，根据需要用切菜机切分成丝（条）状、片状、粒状等半成品。

4）脱盐、压榨

切分后的半成品，即进入脱盐阶段，在日本盐渍菜脱盐采用机械脱盐，一般为回转式脱盐槽或气泡式脱盐装置，可节约用水和提高脱盐效率。脱盐之后即行压榨脱水，多数使用液压机械压榨除水，生产量大的利用连续压榨机，对脱水不多的泡菜品种则使用离心机脱水。脱水量根据原料的不同而不同，萝卜、茄子要尽量压干水分，小黄瓜、紫苏用离心机脱水或沥干水分即可。压榨脱水装置是日本泡菜生产关键设备之一。

5）调味

调味是日本泡菜生产关键过程。对压榨脱水后的产品进行调味，先配制调味液，然后在装有调味液的调味装置（带搅拌的不锈钢容器或回转式调味槽）中进行浸渍，浸渍时间随品种的不同而不同。日本部分泡菜调味液配方如下：

A. 福神渍配方

调味液1：水12 kg，氨基酸液6 kg，糖5 kg，酱油2 kg，食盐0.5 kg，甘草抽提物3 g，食醋500 g，50%乳酸10 g，乙醇400 g（此调味液适用于45 kg盐渍茄子，5 kg盐渍黄瓜，2 kg盐渍萝卜等共计66 kg原料浸渍）。

调味液2：水62.5 kg，白糖30 kg，异构化糖15 kg，食盐10 kg，味精1.5 kg，酱油0.5 kg，配合调味料0.35 kg，果醋1.25 kg，苹果酸0.075 kg，柠檬酸0.15 kg，乳酸0.02 kg，DL-丙氨酸0.1 kg，着色料适量，山梨酸钾适量（此调味液适用于125 kg盐渍萝卜，外加茄子、紫苏、姜丝等共计142 kg原料浸渍）。

B. 樱花渍配方

调味液：水40 kg，食醋5 kg，食盐2 kg，味精0.4 kg，柠檬酸0.5 kg，乳酸0.5 kg，醋酸钠0.5 kg，着色料适量，山梨酸钾适量（此调味液适用于盐渍萝卜30 kg原料浸渍，产品呈樱花色而得名）。

C. 黄瓜渍配方

调味液：水50 kg，食醋1 kg，食盐3 kg，砂糖1 kg，味精0.5 kg，柠檬酸0.2 kg，乳酸0.1 kg，醋酸钠0.5 kg，酵母精0.5 kg，着色料适量，山梨酸钾适量（此调味液适用于盐渍小黄瓜50 kg，发好银耳7.5 kg共计57.5 kg原料浸渍）。

6）包装

将调味之后的泡菜产品计量，然后进行包（灌）装，采用两种方式即瓶装和袋装，瓶装为玻璃瓶，袋装为塑料复合薄膜袋，两种方式都采用真空包装且要保证其真空度。

7）杀菌、冷却

包（灌）装之后进行杀菌，日本泡菜产品一般采用巴氏杀菌，利用自动巴氏杀菌

机进行，机械化程度非常高。日本泡菜巴氏杀菌的温度较低（120 ～ 150 g 袋装泡菜，杀菌温度在 65 ～ 80 ℃，时间 10 ～ 15 min），以保证泡菜产品的脆度等质量。杀菌之后仍需冷却。

8）检验，泡菜产品

经感官和理化检验及包装和装箱检查，合格的即为日本泡菜产品。

3. 特点解析

日本风味泡菜的色、香、形俱佳，就是保存一年后，基本上也没有改变，这其中的奥秘在于添加剂的独特应用。

1）酸味剂的应用

（1）柠檬酸赋予泡菜柔和而可口的酸味，增进风味；防止褐变，使泡菜保持稳定鲜艳的色泽；在防腐保质中起到重要作用。

（2）苹果酸味觉上比柠檬酸刺激性更长久。

（3）乳酸使产品增添爽口的酸味，增加回味感。

2）控制调味液的 pH

用酸味剂等控制调味液的 pH，而醋酸钠可起一定的缓冲作用，这是防腐保质重要的手段。

3）丙氨酸的应用

丙氨酸是一种甜味氨基酸，加之使泡菜口感更好。

4）酵母精配合调味料的应用

它们不仅起到增鲜作用，还可以赋予特有的香气，改善风味，使之趋于完美。

（二）韩式泡菜加工工艺

韩国泡菜历史悠久，世界闻名，最早记载朝鲜半岛有泡菜类食品的是中国的《三国志》中的《魏志东夷传》。韩国泡菜源自中国，但又经过自己改进创新。韩国泡菜中白菜、萝卜等蔬菜类，是经过初盐渍后拌入调制好的各种调料（如辣椒粉、大蒜、生姜、大葱及萝卜）在低温下发酵而制成的乳酸发酵制品。韩国泡菜色泽鲜艳、酸辣可口，堪称佐餐佳品。

国际食品法典委员会（CAC）对韩国泡菜定义为：泡菜是以腌渍的白菜为主要原材料，添加各种调料（辣椒面、蒜、生姜、葱和萝卜等），并为确保产品的储藏性和成熟度，在低温下通过乳酸的生成予以发酵的产品。其中必需的原材料：白菜（*Brassica pekinensis Rupr.*）、辣椒面（*Capsicum annuum L.*）、蒜、生姜、葱、萝卜、盐；选择性原材料：水果类、蔬菜类、芝麻类、坚果类、糖类（碳水化合物类甜味料）、酱汁类、糯米糊、面粉糊等。

韩国泡菜品种已达到 190 多种，调味料也达到 50 多种，所以韩国泡菜已超越了传统简单的生产（制作）而发展成为综合性的特色突出的发酵食品，深受人们欢迎。

1. 生产工艺流程

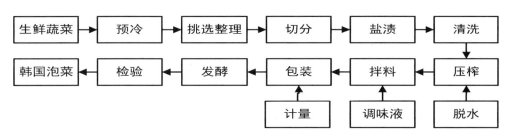

图4-9　韩式泡菜加工工艺流程

2. 操作步骤

1）原料选择

原料蔬菜必须是新鲜、成熟适宜、规格整齐、无病虫害、无机械损伤，无发热现象的优质蔬菜原料。可以通过感官鉴别、原辅料抽样检测等，确保蔬菜良好的品质。

2）预冷

新鲜蔬菜在采摘后一般仍会进行活跃的新陈代谢过程。刚采摘后的果蔬携带的大量田间热加剧了其自身的呼吸作用和蒸腾作用，使其分解自身的糖类、酸类和其他有机物质，导致失鲜、变质。

预冷是在果蔬采收后、运输贮藏之前为减缓其呼吸作用并降低品质变化速率，除去产品携带的田间热，快速降低产品温度，从温度角度控制其品质降低速率的一种保鲜措施，为后续的温度贮藏提供的了有效的温度保证，延长了货架期。

3）挑选、整理

原辅料在冷库中经过预冷、保鲜，进入到生产加工车间，在原辅料暂存区，先进行人工整理，经过水平皮带传送带进入原辅料清整车间，工人在放菜平台上根据所需白菜的规格，进行挑选，将大白菜最外层的菜帮和黄叶剥去，整理掉附着在白菜上的泥土等异物，并去除腐败、发黄的菜叶以及有霉变的地方，此时去掉的部分是原来白菜的约8%。白萝卜去蒂、去尾、挖去坑洼处后大约损失8%。

4）切分

将选好的白菜切分成适合加工的大小。若腌制整棵白菜泡菜时，1 500 g以下白菜切成1/2大小，1 500 g以上白菜大小切成1/4，多数采用人工切菜，有的采用自动切菜设备（机械切菜损失和浪费较大）。若腌制营养泡菜（即小片块状白菜），先将白菜切分成2~4 cm见方左右，此时多数采用自动切菜设备。也有的在腌制营养泡菜时，和整棵白菜泡菜制作方法一样，先切成一半或者1/4大小，然后盐渍脱盐及清洗，在加入调料之前切成适合的大小，一般生产出口泡菜企业多用此方法。

5）盐渍

韩国多数使用粗粒盐，盐渍有湿（态）式和干（态）式两种，即利用食盐水盐渍

的为湿式，直接用食盐盐渍的为干式，大部分企业使用此两种方法。将切分成适度大小的白菜放入丝网式不锈钢桶或丝网中，在移动式不锈钢盐渍池加入盐水后浸泡，食盐浓度为 8 ~ 12%，使用过的盐水最多可重复使用两次。

盐渍时间受季节温度的影响而不同，一般夏季 6 ~ 8 h、冬季 8 ~ 10 h。需要注意的是盐水浓度过高或盐渍时间太长，都会破坏白菜组织，所以要调节控制好盐水浓度或盐渍时间。期间对盐水浓度不断测定，使用盐度计进行适时测量。

6）清洗（脱盐）

将盐渍好的白菜进行清洗，清洗的过程即是脱盐的过程，清洗 6 ~ 10 h 盐渍的白菜，可以除去部分盐分，白菜的盐分浓度要达到 3% ~ 5%。清洗在不锈钢制成的三层洗菜槽中进行，采用流水清洗，可分阶段进行以保证泡菜的清洁卫生。

7）压榨（脱水）

使用脱盐清洗机对盐渍好的白菜、萝卜进行脱盐清洗，清洗的过程即是脱盐的过程，并起到去除原料中所含的泥沙、污物作用。清洗后使白菜的盐分浓度降低到 1% ~ 2%。二次清洗在不锈钢制成的气泡清洗机中进行，采用流水清洗。其原理是利用气条在水下产生气体，气泡在往上冒的过程中冲击叶菜，使叶菜震荡翻滚，气体涌动着的水浪以及气泡爆裂后溅的水花进入叶菜表面凹凸缝隙和垄秆夹缝处，冲刷泥沙杂物从而达到洗净蔬菜的目的。洗净后的菜出水后再经喷淋清洗，送至下道工序。

8）辅料菜清整、漂洗

韭菜、大葱、小葱摘去最外层的腐皮，去除枯萎、发黄、腐败的叶尖，洋葱将最外层干皮去掉，大蒜剥去外皮。同样使用气泡清洗机对辅料菜进行清洗，其原理如上。洗净的原料菜出水后再经喷淋清洗和脱水后，送至下道工序。

9）辅料切分

白萝卜使用萝卜切丝机，洋葱、大葱、小葱、生姜、大蒜、韭菜等使用切菜机，利用刀片的楔切作用进行切割，调节好刀口间隙，切成碎粒；虾酱可以购买成品。

10）辅料混合

对辅料菜及香辛料、调味料进行混合、搅拌、均质，使泡菜能够在调味料的作用下体现出辛、辣、鲜、香。混合是指两种或两种以上不同组分物料的粒子在外力作用下位置重新配置而呈现均匀分布状态的操作。搅拌指借助于食品中的两种或两种以上物料在彼此之间相互散布的一种操作，其作用可以实现物料的均匀混合、促进溶解和气体吸收、强化热交换等物理及化学变化。均质借助于流动中产生的剪切力将物料细化、将液滴碎化的操作，其作用是将食品原料的菜、汁、液进行细化、混合、均质处理，以提高食品的质量和档次。

11）拌料（加调味料）

脱水后的白菜进行拌料（即加入调味料），将混合好的调味酱均匀抹在脱盐沥干的白菜（萝卜）上。腌制整棵白菜泡菜时，把白菜叶一片一片地扒开，用手将调味料均匀地拌抹涂在白菜叶上，然后复原菜叶包裹好进入下一步。腌制营养泡菜时则使用拌料机械设备进行搅拌拌料。整棵泡菜的腌制、批量生产存在一定的困难。此时泡菜的盐分浓度应为 2%～3%。

12）包装、发酵

拌料后的整棵或小片块白菜泡菜进行包装，之后进入低温冷藏库或冰箱中进行低温（5～10 ℃）发酵（或熟化），也有少部分企业是在常温条件下发酵熟化（夏季1～2 h、冬季为 3～4 d），熟化发酵后贮藏在低温贮藏库里。当泡菜酸度（乳酸）达到 0.4%～0.6% 时，发酵熟化完成。

韩国泡菜生产加工企业有一半是拌（涂）好调味料，包装后发酵熟化，还有一半企业则待发酵熟化后再包装。有的制作批量供货的大容量泡菜时，有时不经过熟化就直接出厂。

韩国泡菜的流通期在低温流通情况下，一般为 25～30 d，此期间过后，泡菜品质明显下降，还出现包装膨胀现象，从而其商品性下降。出口泡菜时，用 0～4 ℃冷冻集装箱搬运。韩国泡菜从腌制到最终消费，其流通期大致为：日本等亚洲邻近国家为1 个月，美洲地区及其他地区为 2～3 个月。

13）检验产品

经感官和理化检验及包装和装箱检查，合格的即为韩国泡菜产品。

3. 特点解析

1）韩国泡菜的色泽

韩国泡菜品种繁多，每种泡菜都是五颜六色的，单从视觉上看便是一种极大的诱惑，这与韩国料理的五色之美原则相符。在韩国，白、黄、红、绿、黑，俗称"五方色"。韩国泡菜的主材料是白菜，白菜的叶柄代表白色菜帮的基本色，辅料萝卜也属白色系列。白菜的嫩心和姜、蒜属黄色，白菜的边叶、水芹、芥菜等为绿色，辣椒粉是红色，鱼虾酱属黑色，还有储藏用泡菜缸也是黑色。因此可以说泡菜含有白、黄、红、绿、黑等五方色，五色俱全，诱人食欲。

2）韩国泡菜的香味

一是原料本身赋予的香味。韩国泡菜是由多种蔬菜发酵制作而成的，其中主料（白菜）本身含有挥发性成分，主要包括醇类、醛类、酮类、萜类和酯类以及含硫化合物等，这些成分有的味强，有的味弱，甚至有的无味，但它们都同时存在并合成了白菜特有的香气特征，而这些特征又在泡菜中体现了出来。另外，韩国泡菜在腌制过程中，添加了不少萝卜、大葱、生姜和大蒜等调辅料，它们都含有特殊的风味成分。例如：白萝卜含有芥子油等；生姜含有姜醇、姜酮和姜酚等；大葱、大蒜中含有蒜素等。通过涂抹、包裹、渗透等过程，一定程度上都赋予了韩国泡菜以特殊的香味。二是发酵作用产生的香味，利用蔬菜本身所含的乳酸菌发酵而成的，但又不失原

料本身的香气。在发酵过程中，主要为乳酸菌发酵，产生适量的乳酸，抑制了其他杂菌的生长和繁殖；其次，还伴随着少量的酒精发酵和微量的醋酸发酵，通常会产生一些乙醇、乙酸以及二氧化碳等。它们除具有防腐保质作用外，还给泡菜带来了爽口的酸味和反应生成的各种芳香酯类成分，奠定了泡菜的主体风味。三是蛋白质水解产生的香味。在泡菜腌制过程中，泡菜及鱼虾酱中所含的蛋白质在泡菜自身所含的蛋白酶的作用下逐步水解为氨基酸，它是泡菜制品产生特定色泽、香气等风味的主要来源，其中一些氨基酸本身就有一定的鲜味和甜味（如甘氨酸具有甜味，谷氨酸具有鲜味），它们还和醇结合生成多种酯类物质，从而具有芳香的气味。四是糖苷类物质降解形成的香味，一些蔬菜含有糖苷类物质，具有苦辣味，但在腌制过程中此类物质降解形成具有芳香气味的成分。如十字花科蔬菜（例如白菜、芥菜等）所含有的芥子苷，在腌渍过程中降解生成具有特殊风味和芳香的芥子油。

3）韩国泡菜的风味

一是发酵的味道。韩国泡菜酸甜爽口，主要由于乳酸菌的发酵作用，产生乳酸、琥珀酸、甲酸、醋酸等酸性物质，而且在酸性环境下，也遏制了一些杂菌的繁殖，防止不良风味的产生。另外，鱼虾酱汁作为腌制泡菜的调味料之一，本身也是发酵过的食品，富含优质蛋白质、脂肪和钙等营养素。在泡菜腌制过程中，鱼虾酱汁继续发酵形成特定的口味和香气。二是特殊的"手味"。在经济较为发达的日本、韩国，至今仍如此喜欢用手工的方式，不厌其烦地制作各类较为精细的食品。韩国人说"一份泡菜一份情"，每个家庭都把自己的拿手做法融入传统的饮食之中，所以泡菜至今长盛不衰。韩国妇女几乎都有一手腌制泡菜的绝活。经济条件较好的家庭不仅用蔬菜加工泡菜，还会在泡菜中添加枣、梨、鱿鱼、章鱼、虾仁等佐料，口味或辣一些，或甜一些，或酸一些，但都必须是手工制作。三是韩国泡菜爽脆的口感。韩国泡菜在腌制的过程中，初期由于蔬菜失水萎缩致使细胞膨胀压降低时，脆性减弱，但是到了中后期，由于浸渍液渗透压的作用，外界的液体向蔬菜细胞内渗透，重新使细胞内充满浸渍液，恢复了膨胀压，脆性相应得到加强。同时鱼虾酱汁富含的钙质，对泡菜的脆性也起到了加强作用，最终形成泡菜爽脆的口感。总之，韩国泡菜与其他各国泡菜有着相同的制作原理，类似的制作工艺，但是由于传统习惯和文化差异，韩国泡菜却一直彰显着不一样的风味。

4. 中日韩泡菜差异

1）原料差异

中国泡菜蔬菜原料品种丰富（如大白菜、萝卜、青菜、榨菜、豇豆等），韩国泡菜原料主要为大白菜和萝卜，通常也添加部分水果、坚果、海产品等，日本泡菜一般以蔬菜、果实、菌类、海藻等为主要原料。

2）加工工艺差异

中国泡菜主要是盐水泡渍，添加各种香料，经乳酸菌深度发酵泡渍而成；韩国泡菜即原料经过初盐渍后添加调制好的各种调料（如辣椒、大蒜、生姜、大葱等制成的乳酸发酵制品）在低温下发酵而成；日本泡菜则以蔬菜、果实、菌类、海藻等为主要原料，使用盐、酱油、豆酱、酒粕、麹（曲）、醋、糠等及其他材料渍制而成。

3）发酵类型差异

从乳酸发酵来看，中国泡菜讲究真正的"泡"制，是属于湿态发酵，且发酵时要求在密闭的环境进行，因此其发酵类型属厌氧型；韩国泡菜属于半湿态发酵，且发酵条件不需密闭环境，因此发酵类型属兼性厌氧型，突出"腌"；日本泡菜主要突出"渍"，一般不经过乳酸发酵。

4）味道口感、储存方式不同

中国泡菜产品具有"新鲜、清香、嫩脆、味美"的特点，常温发酵、运输及储存；韩国泡菜色泽红亮，味道鲜甜，还带有酸辣味，有些还具有独特的海鲜风味；日本泡菜色泽鲜艳，柔和而可口的酸味，具有较强回味感。日、韩两国的泡菜一般借助冷链来进行运输与销售；而目前我国市面上所流通的泡菜产品大多数都进行了灭菌或添加防腐剂的处理，以此来延长其保质期。

（三）畜禽肉泡菜加工工艺

近几年泡菜的概念和范围已超越了传统的概念本身，为满足市场需求，人们在蔬菜泡渍发酵时，创造性地把畜禽肉加入其中一并发酵泡渍生产，例如泡猪耳朵、泡凤爪等新产品。这些新产品称为畜禽肉泡菜或动物肉泡菜，它既有传统泡菜的风味，又渗入了肉品芳香，口感细腻、质地脆嫩、酸味柔和，别具一格。下面以泡畜禽肉进行阐述。

1. 工艺流程

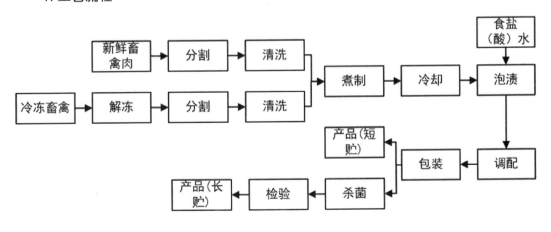

图 4-10　畜禽肉泡菜加工工艺流程

2. 操作步骤

1）原料选择

选择新鲜、优质的畜禽肉作为加工原料。

2）解冻、分割、清洗

将肉原料进行必要的分割（鸡、鸭爪可切分为两块或三块等），然后清洗干净，若原料是冷冻的，则需将原料放入解冻池解冻，需注意解冻时间随季节不同而不同。同时原料要注意肉质新鲜度，色泽气味，有的畜禽肉则是在煮制后切分，例如泡猪耳朵等产品的加工。

3）煮制、冷却

此步骤是将肉原料煮熟，由于原材料不同，煮制时间也有所不同，鸭爪一般煮沸 2 min，鸡爪一般煮沸 3 min。煮制时间太长会影响产品的色泽及组织形态。对于胶原蛋白较重的原料，煮制是需要加入姜、葱和白酒，以脱腥去异味；煮制后需及时冷却，泡渍作准备。

（4）泡渍

将煮制冷却后的肉原料，利用之前事先准备好的食盐（酸）水（或优质泡菜老盐水），在陶坛或不锈钢容器内进行泡渍发酵，此步骤可参见本章第一节传统泡菜生产工艺相关内容。动物肉泡菜产品泡渍时间不宜过长，通常泡渍时间在 3 ~ 4 h，冬天可稍长一些。鸭肠、腰花等质感脆嫩的原料，泡渍时间短，一般鸭肠 30 ~ 40 min，腰花 60 ~ 80 min 即可，久则味咸。鸡爪、虾蟹等产品泡渍时间为 2 ~ 3h 为宜。

（5）调配、包装、杀菌

泡渍完成后，根据市场需求可再进行调配处理，然后包装。包装分坛装和袋装，坛装可不杀菌即销售（即短期贮藏），袋装需杀菌（即短长期贮藏）处理，袋装杀菌通常采用辐照杀菌（即冷杀菌）法。

（6）检验产品

包装、杀菌之后的产品，必须进行必要的检查，合格的产品即是动物肉泡菜产品。

第三节 泡菜配方设计及常见泡菜配方

所谓配方设计，就是根据产品的特征要求和工艺条件，通过试验、优化、评价，合理地选用原辅材料，并确定各种原辅材料的用量配比关系。如何开发一个新产品，设计一个新配方，对企业来说至关重要。作者收集参考大量专著资料，结合多年的研究实践经验以及在泡菜龙头企业实践应用，提供泡菜产品配方设计关键点以及传统泡菜、现代泡菜、日韩泡菜等泡菜产品配方，共计 50 余种原辅料、100 余例泡菜配方。

一、泡菜配方设计

（一）泡菜配方设计前提

1. 熟悉原辅料的性能、用途

熟悉每种原辅料其各自的特点，只有了解它，才能用好它。在设计不同泡菜配方时，根据其不同的产品特征的要求，原料选择与辅料的搭配是至关重要的。

2. 熟悉食品添加剂的特点及使用方法

食品添加剂在泡菜食品生产中应用较广泛，它对泡菜行业发展起着举足轻重的作用，但是食品添加剂使用标准 GB 2760—2014 中对泡菜生产所允许使用的添加剂做了较明确的规范与限定（泡菜主要参照酱腌菜类标准），所以了解可使用的各种添加剂的主要功能及特性，包括复配性、安全性、稳定性（耐热性、耐光性、耐微生物性、抗降解性）、溶解性等，对配方设计来说，也是重要的事情。

3. 熟悉设备和工艺特点

熟悉泡菜生产所需设备和工艺特点，配方在设计过程中要结合生产工艺，且生产工艺要匹配生产设备，才能发挥最佳的效果。例如熟悉泡菜生产过程中所用的切分机所切菜品形态、脱盐脱水工艺参数、辅料加入先后顺序、拌料时间、灭菌时间等。

4. 多做试验，学会总结

多做实验，不要怕失败，重视加工工艺经验的积累，并且要养成做好每次实验的记录的好习惯。学会总结每次实验的数据及经验，通过总结每次的实验数据，找出它们的规律来，可以指导后续实验，调整生产工艺及原料配置比例，经感官评定后确定出自己的产品配方。

（二）泡菜配方设计步骤

1. 主体骨架设计

主体骨架设计是泡菜配方设计的基础，是主体原料的选择和搭配，形成泡菜最初的类型和形态，对整个配方的设计起着导向作用。泡菜主体骨架设计是后续设计的载体，全部加工完成之后才能确定泡菜的最终形态。

主体配方设计就是根据泡菜的主体原料设计产品类型和特征，把主体原料和各种辅料配合在一起，组成一个多组分的体系，其中每一个组分都起到一定的作用。泡菜主体原辅料的选择必须符合的要求：卫生性和安全性、营养和易消化性、耐贮运性、良好的发酵风味、方便性和可持续供应性。

在实际设计过程中，先设定主体原料的添加量，在此基础上确定其他辅料的添加量，对于主体原料在泡菜产品中所占的具体比例，要在最终配方设计完成才能确定，其中对主体原料量化的关键是处理好主体原料与辅料的比例问题。

2. 调色设计

泡菜讲究色、香、味、形，首先就是色。给消费者的第一感官印象就是色泽，泡菜的色泽作为泡菜质量指标越来越受到泡菜研究开发者、生产厂商的重视，调色设计在泡菜加工制造中有着举足轻重的地位。在泡菜调色中，泡菜的着色、保色、发色、褪色是泡菜加工者重点研究内容。泡菜中的色泽是鉴定泡菜质量的重要感观指标。泡菜色泽的成因主要来源于两个方面：一是泡菜原料的原有色泽，二是泡菜加工过程中配用的着色剂。通过调色，在泡菜生产过程中，选用适当的着色剂加于泡菜中，从而获得色泽令人满意的泡菜。

泡菜的调色设计与泡菜的加工制造工艺和贮运条件密切相关，并受到消费者的嗜好、情绪、消费习惯等主观因素，以及光线、环境等客观环境因素的影响。所以，对泡菜调色设计要注意以下几点：根据不同颜色蔬菜原料进行合理搭配；使用符合相关规定的着色剂；根据泡菜的物性和加工工艺选择适当的泡菜着色剂；根据泡菜的形态，选择适当的添加形式；根据泡菜的销售地区和民族习惯，选择适当的拼色形式和颜色；泡菜的调色方法要严格按照国家对着色剂的规定进行；控制泡菜加工工艺。

3. 调香设计

调香设计是泡菜配方设计的重要组成部分之一，它对各种泡菜的风味起着画龙点睛的作用。香味是泡菜风味的重要组成部分，香气是由多种挥发性的香味物质组成，各种香味的发生与泡菜中存在的挥发性物质的某些基因有密切关系。

泡菜中的香气有发酵香（不同发酵工艺和不同原料香味不同）、清香和酱香等。食品添加剂工业有着突飞猛进的进步，新的食品添加剂已经为人们提供更新、更美味的食品，远远超过天然食品的风味。在食品的生产过程中，往往需要添加适当的香精、香料，以改善和增强食品的香气和香味，例如肉香、酱香、焙烤香、果香等。

所谓调香设计就是将芳香物质相互搭配在一起，由于各呈香成分的挥发性不同而呈阶段性挥发，香气类型不断变换，有次序地刺激嗅觉神经，使其处于兴奋状态，避免产生嗅觉疲劳，让人们长久地感受到香气美妙之所在。食品的调香设计就是根据各种香精、香料的特点结合味觉嗅觉现象，取得香气和风味之间的平衡，以寻求各种香气、香料之间的和谐美。食品的调香不仅要有效、适当地运用食用香精的添加技术，更要掌握食品加工制造和烹调生香的技术。食用香料的使用要点如下：要明确使用香料的目的；香料的用量要适当；食品的香气和味感要协调一致；要注意香料对食品色泽产生的影响；使用香料的香气不能过于新异。

4. 调味设计

调味设计也是配方设计的重要组成部分之一。泡菜中的味是判断泡菜质量高低的重要依据，也是市场竞争的一个重要的突破口。从广义上讲，味觉是从看到泡菜到泡菜从口腔进入消化道所引起的一系列感觉。各种泡菜都有其特殊的味道，味道包括本味与辅助味，本味有咸味、酸味、甜味、苦味；辅助味有鲜味、辣味和其他风味等。

有人将辣味也作为基本味。泡菜的调味设计，就是在泡菜生产过程中，通过原料和调味品的科学配制，产生人们喜欢的滋味。调味设计过程及味的整体效果与所选用的原料有重要的关系，还与原料的搭配和加工工艺有关。泡菜的调味剂主要有酸味剂、甜味剂、鲜味剂、咸味剂等，其中咸味剂（一般使用食盐）我国并不作为食品添加剂管理，前三种的调味剂使用较多。泡菜中加入一定的调味剂，不仅可以改善泡菜的感官性，使泡菜更加可口，增进食欲，而且有些调味剂还具有一定的营养价值。通过合理地配制各种调味剂，将产品独特的滋味微妙地表现出来，以满足人们的口味和爱好。

在泡菜调味设计过程中要掌握调味设计的规律；掌握味的增效、味的相乘、味的掩盖、味的转化及味的相互作用；掌握原料的特性，选择最佳时机，运用适合的调味方法，除去异味，突出正味，增进泡菜香气和美味，要求咸、酸、甜、鲜、香众味协调，才能调制出口味俱多、色泽鲜艳、质地优良、营养卫生的风味。

在实际的泡菜调味设计中，首先要确定调味品的主体香味轮廓，根据原有辅料的香味强度，并考虑加工过程中产生鲜味的因素，在成本范围内确定相应的使用量；其次还要确定香辛料组合的香味平衡（一般来说，主体香味越淡，需要的香辛料越少），并根据香味强度、浓淡程度对主体香味修饰。

调味是一项非常精细而微妙的工作，除必须了解调味与调料的性质、关系、变化和组合，调味的程序及各种调味方式和调料的使用时间外，调味设计要力求使泡菜调味做到酸甜适口，回味要清爽，既要突出本味，又要除掉原料的异味，还要保持和增强原料的美味，达到树正味，添滋味，广口味的效果。

5. 品质改良设计

品质改良设计是在主体骨架的基础上进行的设计，目的是为了保持或改变泡菜食品的品质，随着食品添加剂的发展，国标 GB 2760—2014 中列出了各食品添加剂常用的功能，规定了食品添加剂的允许使用品种、使用范围以及最大使用量或残留量。品质改良设计就是通过多类食品添加剂的复配作用，赋予泡菜食品一定形态和质构，满足食品加工工艺性能和品质要求。

泡菜品质是泡菜除了色、香、味之外另一种重要的性质，它是在泡菜加工中很难控制的因素，也是决定泡菜品质的最重要的关键指标之一，它与泡菜的基本成分、组织结构和温度有关，泡菜品质是泡菜品评的重要方面。

泡菜品质改良可通过生产工艺进行改良和通过配方设计进行改良，这是泡菜配方设计的主要内容之一，泡菜品质改良添加剂主要有抗氧化设计、护色剂、保脆剂、水分保持剂、抗结剂等，而泡菜中应用较多的是抗氧化剂、护色剂和保脆剂，一般情况抗氧化剂和护色剂相结合进行复配使用。

6. 防腐保鲜设计

泡菜配方设计在经过主体骨架设计、品质改良设计、色香味设计之后，整个产品就形成了，色、香、味、形都有了。但这样的产品可能保质期短，不能长期放置，不

能实现经济效益最大化，因此，还需要进行保质设计——防腐保鲜设计。泡菜在物理、生物化学和有害微生物等因素的作用下，可失去固有的色、香、味、形而腐烂变质，有害微生物的作用是导致泡菜腐烂变质的主要因素。通常将蛋白质的变质称为腐败，碳水化合物的变质称为发酵，脂类的变质称为酸败。前两种都是微生物作用的结果。防腐和保鲜是两个有区别而又互相关联的概念。防腐是针对有害微生物的，保鲜是针对泡菜本身品质。因此，必须清楚了解引起泡菜腐败变质的主要因素及其特性，以便更好地控制它们，达到现代泡菜防腐保鲜的目的。

引起泡菜腐败变质的主要因素包括内在因素和外在因素，外在因素主要是指生物学因素，如空气和土壤中的微生物、害虫等；内在因素主要包括泡菜自身的酶的作用以及各种理化作用等因素。

常见的泡菜防腐保鲜方法：低温保藏技术、泡菜干制保藏技术、添加防腐剂、罐装保藏技术、真空包装技术、热杀菌技术及非热杀菌技术等。随着对泡菜防腐保鲜研究的深入，对防腐保鲜理论有了更新的认识，研究人员认为，没有任何一种单一的防腐保鲜措施是完美无缺的，必须采用综合防腐保鲜技术，主要的理论依据有：栅栏技术（指食品要达到可贮性和卫生安全性，这就要求在其加工中根据不同的产品采用不同的防腐技术，以阻止残留的腐败菌和致病菌的生长繁殖）、良好操作规范、卫生标准操作程序、危害分析与关键点控制、预测微生物学、泡菜可追溯体系及其他方面等。

目前泡菜企业针对不同类型的泡菜所用的防腐技术略有区别：传统泡菜主要为真空包装＋防腐剂＋低温保藏，方便型泡菜主要采用真空包装（罐藏）＋防腐剂＋热杀菌技术，部分泡菜产品可通过其他技术结合而实现不加防腐剂达到防腐保质效果，泡菜常用防腐剂有山梨酸钾、脱氢乙酸钠、苯甲酸钠、乙二胺四乙酸二钠（部分泡菜产品不能添加，如食用菌泡菜）等。

7. 功能性设计

泡菜功能设计是在泡菜食品基本功能基础上附加特定功能，成为具有一定功能性的食品。强化食品有很多优点，在某些食品中强化人体所必需的营养既能提高食品中营养素的价值，又能增强机体对营养素的生物利用率，是改善人民营养状况既经济又有效的途径。泡菜的功能强化主要方式是在泡菜发酵过程中或包装过程中加入功能性物质，如在发酵过程中加入具有一定功能的乳酸菌，通过食用富含活菌的泡菜，使活性乳酸菌进入人体达到调节肠胃的功效。还有选用具有特殊功能的原料进行泡渍发酵，或普通原料在发酵过程中加入具有相应功能的材料，从而得到具有特殊功能的泡菜产品。

二、常见泡菜配方

（一）传统泡菜

传统泡菜制作大多数是以家庭作坊或小规模企业为主，多以陶坛（或玻璃坛）为主要泡渍发酵容器，食盐水（2% ~ 10%）溶液密闭泡渍发酵，泡渍发酵完成后即可食用，多数不包装或散装，泡菜产品新鲜、清香、脆嫩、可口，在第四章第一节中介绍了部分传统泡菜产品的配方，例如泡仔姜、泡辣椒、泡青菜、泡萝卜、泡莴苣等，下面进一步介绍传统泡菜配方实例。

1. 四川泡菜

什锦泡菜：白萝卜 1 000 g，黄瓜 1 000 g，白菜 1 000 g，胡萝卜 500 g，芹菜 500 g，青辣椒 500 g，鲜姜 500 g，冷开水 10 000 g，食盐 500 g，红辣椒 500 g，白糖 100 g、花椒 5 g、八角 5 g。

什锦泡菜：莲花白 300 g，莴笋 500 g，鲜红辣椒 100 g，豇豆 500 g，白萝卜 300 g，胡萝卜 100 g，青菜杆 100 g，芹菜 50 g，鲜姜片 50 g，大蒜 20 g，食盐 200 g，凉开水 4 000 g，白酒 10 g，花椒 2 g。

什锦泡白菜：白菜 1 000 g，白萝卜 500 g，胡萝卜 250 g，甘蓝 250 g，黄瓜 200 g，豇豆 200 g，苦瓜 100 g，芹菜 100 g，鲜红辣椒 100 g，鲜青辣椒 100 g，大蒜 100 g，鲜姜 150 g，冷开水 60 000 g，食盐 300 g，白糖（红糖）50 g，干红辣椒 50 g，醪糟汁 50 g，料酒 20 g，调料包（花椒 3 g，八角 3 g，草果 3 g，排草 5 g）1 个。

泡红辣椒：红辣椒 1 000 g，优质老盐水 2 000 g，食盐 200 g，八角 5 g，花椒 3 g，生姜 40 g，大蒜 10 g。

泡辣椒：（尖头）红辣椒 6 000 g，冷开水 9 000 g，食盐 1 500 g，白醋 0.4 kg。

泡甜椒：（大圆）辣椒 5 000 g，小红辣椒 250 g，新盐水 5 000 g，老盐水 5 000 g，川盐 650 g，红糖 120 g，香料包（花椒、八角、桂皮、小茴香各 5 g）1 个。

泡鱼辣椒：小红辣椒 800 g，新盐水 600 g，冷开水 1 000 g 食盐 160 g，白酒 20 g，醪糟汁 40 g，料酒 40 g，鲜活鲫鱼 600 g，红糖 60 g，香料包（胡椒 20 g，山奈 10 g）1 个。

泡红萝卜：红萝卜 5 000 g，冷开水 2 500 g，老盐水 2 500 g，川盐 100 g，红糖 75 g，干红辣椒 50 g，白酒 50 g，醪糟汁 25 g，香料包（花椒、八角、桂皮、小茴香各 3 g）1 个。

泡莲花白：莲花白 5 000 g，冷开水 5 000 g，优质老盐水 2 000 g，川盐 300 g，红糖 25 g，红辣椒 500 g，白酒 25 g，香料包（花椒 3 g、八角、桂皮、小茴香各 1 g）1 个。

泡萝卜缨：萝卜缨 500 g，鲜红辣椒 500 g，优质老盐水 1 000 g，冷开水 1 000 g，川盐 50 g，红糖 35 g，白酒 15 g，料酒 10 g，香料包（花椒 1 g、八角、桂皮、小茴香各 0.5 g）1 个。

泡萝卜：白萝卜 5 000 g，冷开水 4 000 g，优质老盐水 1 000 g，食盐 125 g，红糖 30 g，干红辣椒 100 g，白酒 60 g，醪糟汁 20 g，香料包（花椒 2 g、八角、桂皮、小茴香各 1 g）1 个。

泡甜萝卜：白萝卜 1 000 g，老盐水（泡蒜老盐水）250 g，冷开水 1 250 g，川盐 50 g，白糖 125 kg，红糖 200 g，干红辣椒 20 g，白酒 10 g，一级醋 170 g，特级白酱油 250 kg，醪糟汁 20 g。

泡萝卜条：白萝卜 1 000 g，老盐水 800 g，食盐 12 g，干辣椒 20 g，红糖 60 g，白酒 60 g，香料包（花椒、八角、桂皮、小茴香各 0.5 g）1 个。

泡红萝卜：红萝卜 1 000 g，老盐水 500 g，新盐水 500 g，川盐 20 g，红糖 15 g，干红辣椒 10 g，白酒 10 g，醪糟汁 5 g，香料包（八角、花椒、白菌、排草各 0.5 g）1 个。

泡胡萝卜：胡萝卜 5 000 g，老盐水 4 000 g，新盐水 1 000 g，食盐 125 g，干红辣椒 100 g，红糖 8 g，白酒 8 g，醪糟汁 2 g，香料包（八角、花椒、白菌、排草各 2 g）1 个。

泡胡萝卜：小胡萝卜 1 000 g，老盐水 500 g，冷开水 500 g，食盐 30 g，红糖 200 g，干辣椒 25 g，料酒 10 g，白酒 10 g，花椒 5 g，醋 100 g，香料包（八角、花椒、白菌、排草各 1 g）1 个。

泡胡萝卜：胡萝卜 1 000 g，老盐水 800 g，精盐 25 g，红糖 6 g，干辣椒 20 g，白酒 12 g，花椒 1 g，八角 1 g。

泡豇豆：豇豆 1 000 g，老盐水 1 000 g，冷开水 1 000 g，食盐 50 g，红糖 10 g，干红辣椒 20 g，白酒 10 g，香料包（花椒、八角、桂皮、小茴香各 0.5 g）1 个。

泡仔姜：新鲜仔姜 1 000 g，鲜小红辣椒 50 g，优质老盐水 1 000 g，冷开水 500 g，食盐 50 g，红糖 10 g，白酒 20 g，香料包（花椒、八角、桂皮、小茴香各 0.5 g）1 个。

泡大蒜：大蒜 5 000 g，冷开水 4 000 g，川盐 500 g，红糖 75 g，干红辣椒 60 g，白酒 90 g，香料包（花椒、八角、桂皮、小茴香各 1 g）1 个。

泡大蒜：大蒜 1 000 g，新盐水 750 g，川盐 200 g，红糖 15 g，干红辣椒 10 g，白酒 15 g，香料包（花椒、八角、桂皮、小茴香各 3 g）1 个。

糖蒜：大蒜 1 000 g，白糖 300 g，醋 500 g。

糖蒜：大蒜 1 000 g，盐 20 g，白糖 400 g。

糖醋咸蒜：大蒜 1 000 g，白糖 80 g，食盐 50 g，食醋 35 g。

糖醋咸蒜：大蒜 100 g，白糖 50 g，食盐 10 g，食醋 35 g，红糖 40 g。

泡蒜薹：蒜薹 5 000 g，优质老盐水 4 000 g，川盐 150 g，红糖 65 g，白酒 50 g，香料包（花椒、八角、桂皮、小茴香各 5 g）1 个。

泡蒜薹：蒜薹 5 000 g，新老盐水（或冷开水）5 000 g，食盐 500 g，鲜辣椒 100 g，姜 100 g，白酒 50 g。

糖醋蒜薹：蒜薹 500 g，盐 10 g，糖 25 g，醋 15 g。

泡青菜：青菜 1 000 g，优质老盐水 700 g，食盐 25 g，红糖 15 g，干红辣椒 5 g，白酒 10 g，香料包（八角、花椒、白菌、排草各 0.5 g）1 个。

泡大白菜：大白菜 5 000 g，冷开水 10 000 g，食盐 800 g，大蒜 150 g，鲜姜 80 g，白酒 50 g，料酒 50 g，醪糟汁 100 g，白糖（红糖）100 g，干红辣椒 250 g，香料包（八角、花椒、白菌、排草各 2 g）1 个。

泡白菜：白菜 3 000 g，凉开水 3 500 g，食盐 400 g，醪糟汁 1 500 g，辣椒 150 g，蒜苗 450 g，冰糖 150 g，白酒 30 g，食用碱 0.5 g。

泡莴笋：莴笋 1 000 g，优质老盐水 1 000 g，食盐 30 g，红糖 5 g，干红辣椒 10 g，白酒 10 g，醪糟汁 30 g，香料包（花椒、八角、桂皮、小茴香各 0.3 g）1 个。

泡冬笋：鲜冬笋 4 000 g，优质老盐水 4 000 g，食盐 200 g，红糖 80 g，干红辣椒 200 g，白酒 40 g。

泡春笋：鲜春笋 1000 g，优质老盐水 1 500 g，食盐 100 g，料酒 30 g，八角 5 g，辣椒 30 g，桂皮少许。

泡黄瓜：黄瓜 1 000 g，优质老盐水 1 000 g，食盐 50 g，红糖 10 g，干红辣椒 20 g，白酒 10 g，香料包（花椒、八角、桂皮、小茴香各 1 g）1 个。

泡黄瓜：黄瓜（小黄瓜）12 500 g，青椒 150 g，辣根 250 g，芹菜 250 g，冷开水 12 500 g，食盐 500 g，大蒜 200 g，干辣椒 15 g，鲜茴香 50 g，香叶 4 片，胡椒粒 5 g。

泡苦瓜：苦瓜 1 000 g，优质老盐水 1 000 g，食盐 25 g，红糖 100 g，醪糟汁 100 g，白酒 100 g，香料包（八角 1 g，花椒 1 g，香草 1 g，甘草 5 g，豆蔻 1 g）1 个。

泡苦瓜：苦瓜 1 000 g，老盐水 1 000 g，食盐 20 g，红糖 10 g，白酒 10 g，醪糟汁 10 g，香料包（八角、花椒、白菌、排草各 1 g）1 个。

泡洋姜：洋姜 5 000 g，优质老盐水 5 000 g，川盐 100 g，红糖 50 g，干红辣椒 50 g，白酒 50 g，香料包（花椒、八角、桂皮、小茴香各 2 g）1 个。

泡洋姜：洋姜 5 000 g，优质老盐水 5 000 g，川盐 125 g，红糖 50 g，干红辣椒 250 g，醪糟汁 50 g，白酒 50 g，香料包（花椒、八角、甘草、小茴香各 2 g）1 个。

泡洋姜：洋姜 4 000 g，优质老盐水 4 000 g，食盐 100 g，白糖 40 g，云南小米辣 200 g，醪糟汁 40 g，香料包（花椒、八角、桂皮、小茴香各 2 g）1 个。

泡洋姜：洋姜 5 000 g，冷开水 8 500 g，食盐 600 g，辣椒 500 g，五香粉 50 g，陈皮 50 g，花椒 5 g，生姜 5 片。

泡四季豆：四季豆 5 000 g，新老混合盐水 5 000 g，川盐 400 g，干红辣椒 250 g，红糖 50 g，白酒 25 g。

泡刀豆：刀豆 10 kg，新老混合盐 10 kg，食盐 1.5 kg，红糖 250 g，干红辣椒 200 g，白酒 100 g，香料包（八角 3 g，香草 3 g，豆蔻 5 g，花椒 5 g）1 个。

泡苤蓝：苤蓝 5 000 g，优质老盐水 5 000 g，川盐 50 g，红糖 100 g，干红辣椒 150 g，白酒 50 g，醪糟汁 50 g，香料包（花椒、八角、甘草、小茴香各 2 g）1 个。

泡冬瓜：冬瓜 10 000 g，优质老盐水 6 000 g，食盐 200 g，红糖 100 g，干红辣椒 250 g，白酒 30 g，醪糟汁 50 g，氯化钙 15 g，香料包（花椒 10 g，大料 5 g，小茴香

3 g，桂皮 5 g）1 个。

泡芹菜：芹菜 2 000 g，老盐水 2 000 g，食盐 40 g，红糖 40 g，干辣椒 50 g，醪糟汁 10 g。

泡薤头：薤头 2 000 g，优质老盐水 2 000 g，食盐 150 g，红糖 50 g，干红辣椒 30 g，白酒 30 g，香料包（八角 1 g，香草 1 g，豆蔻 1 g，花椒 2 g，滑菇 5 g）1 个。

泡黄瓜：黄瓜 1 000 g，老盐水 1 000 g，食盐 50 g，干红辣椒 20 g，红糖 10 g，白酒 10 g，香料包（花椒、八角、桂皮、小茴香各 1 g）1 个。

大头菜：大头菜 4 000 g，胡萝卜 400 g，芹菜 400 g，凉开水 4 000 g，食盐 120 g，白糖 60 g，干红辣椒 60 g，白酒 60 g，八角 4 g，花椒 6 g。

泡雪里蕻：雪里蕻 1 000 g，优质老盐水 700 g，食盐 80 g，红糖 15 g，干红辣椒 25 g，醪糟汁 10 g，香料包（花椒、八角、桂皮、小茴香各 0.5 g）1 个。

糖醋榨菜：榨菜（咸坯）10 000 g，冷开水 6 000 g，红辣椒 200 g，白糖 3 kg，桂皮 3 g，冰醋酸 200 g，白胡椒粉 5 g，丁香 3 g，大蒜 50 g，豆蔻粉 3 g，生姜 60 g。

2. 北京泡菜

配方 1：大白菜（切块）4 000 g，白萝卜（切瓣）500 g，冷开水（或牛肉清汤）2 500 g，食盐 250 g，苹果（切片）250 g，梨（切片）250 g，葱（切末）250 g，大蒜（捣碎）250 g，辣椒（粉）150 g，味精 25 g。

配方 2：大白菜（切块）5 000 g，白萝卜（切瓣）500 g，牛肉清汤 1 500 g，精盐 150 g，梨（切片）200 g，苹果（切片）200 g，大葱（切末）200 g，大蒜（捣碎）200 g，辣椒（粉）200 g，味精 50 g。

3. 东北泡菜

东北酸菜：大白菜 50 000 g，食盐 2 500 g（或不加食盐），米汤（或冷开水）适量（即北方酸菜，分生渍和熟渍，前者是先晾晒后腌渍，后者是先漂烫后腌渍）

东北泡菜：东北辣白菜与韩国朝鲜泡菜相似，多数以大白菜、萝卜、黄瓜等蔬菜为主料，辅料以辣椒粉、大蒜、葱、鱼虾酱、盐等为主。

4. 太原泡菜

配方 1：大白菜 4 500 g，胡萝卜 500 g，芹菜 350 g，红柿椒 150 g，冷开水 4 500 kg，食盐 200 g，汾酒 90 g。

配方 2：大白菜 5 000 g，萝卜 500 g，黄瓜 500 g，大蒜 100 g，冷开水 6 000 g，食盐 500 g，汾酒 90 g。

5. 山东泡菜

配方 1：蔬菜（大白菜、黄瓜、萝卜、芹菜、辣椒、韭菜等）5 000 g，冷开水 7 500 g，食盐 300 g，花椒 100 g，白酒 100 g，姜 100 g，味精 100 g。

配方 2：大白菜 50 000 g，食盐 5 000 g，辣椒（粉）700 g，甘草（粉）250 g（山东辣白菜）。

6. 河南泡菜

配方：（洋）白菜 3 000 g，黄瓜 1 000 g，芹菜 500 g，胡萝卜 250 g，青辣椒 250 g，冷开水 4 000 g，食盐 200 g，白糖 300 g，大蒜 200 g，食醋 100 g，干辣椒 50 g。

7. 广东泡菜

配方 1：（鲜嫩）卷心菜 1 000 g，鲜生姜 1 000 g，胡萝卜 1 000 g，精盐 150 g，白糖 70 g，干辣椒 100 g，白醋 50 g（蔬菜先盐渍，将各配料溶于可浸没蔬菜的冷开水中，然后混合泡渍）。

配方 2：大白菜 1 000 g，白萝卜 500 g，胡萝卜 700 g，小黄瓜 500 g，芥菜 300 g，精盐 150 g，白糖 100 g，干辣椒 120 g，白醋 60 g（制作同上）。

8. 闽东泡芥菜

福建酸菜：芥菜 100 000 g（晾晒后使用），食盐 4 000 g。

9. 湖北泡菜

配方：（高桩）白菜 5 000 g（晾晒后使用），食盐 250 g。

10. 云南泡菜

泡酸菜：白菜 5 000 g，优质老盐水 5 000 g，食盐 300 g，花椒 20 g、醋 200 g、大蒜 100 g，姜 200 g，木浆果 20 g、红糖 120 g，胡椒 20 g。

（二）现代泡菜

前已说到，现代泡菜生产工艺与传统泡菜生产工艺有一定的区别，其主要区别之一体现在现代泡菜需进行调味和杀菌，所以泡菜调味配方十分关键。

以下蔬菜原料均是经盐渍发酵、脱盐、压榨脱水后的，其原料中含有一定量的盐和酸，一般酸盐添加量需根据实际情况酌情添加。

红油豇豆：豇豆 5 000 g，酵母抽提物 20 g，80% 乳酸 5 g，柠檬酸 1.5 g，（辣椒）红油 250 g，泡红小米辣 200 g，味精 50 g，辣椒红 0.5 g，山梨酸钾 3 g。

泡椒豇豆：豇豆 5 000 g，酵母抽提物 20 g，80% 乳酸 5 g，柠檬酸 1.5 g，红油 150 g，泡野山椒 200 g，泡姜 50 g，味精 50 g，山梨酸钾 3 g，抗坏血酸钠 1 g。

红油榨菜：脱水榨菜 5 000 g，食盐适量（根据脱水后盐含量适当增减），80% 乳酸 2.5 g，柠檬酸 2.5 g，辣椒（粉）30 g，（辣椒）红油 150 g，味精 50 g，柠檬黄 0.1 g，山梨酸钾 2.5 g，乙二胺四乙酸二钠 5 g，异抗坏血酸钠 1.2 g，香辛料粉适量。

三丝泡菜：榨菜丝 25 000 g，萝卜丝 15 000 g，海带丝 5 000 g，泡辣椒 2 500 g，食盐 500 g，乳酸 50 g，柠檬酸 25 g，（辣椒）红油 1 000 g，味精 500 g，安赛蜜 1 g，山梨酸钾 25 g，香辛料适量。

开胃泡菜：莴苣 20 000 g，榨菜 15 000 g，黄花 5 000 g，泡姜 5 000 g，泡辣椒 5 000 g，食盐 200 g，50% 乳酸 50 g，（辣椒）红油 1 000 g，味精 250 g，I+G 25 g，白糖 200 g，料酒 300 g，山梨酸钾 25 g，香辛料适量。

木耳榨菜：榨菜 25 000 g，莴苣 20 000 g，木耳 5 000 g，泡姜 200 g，泡大蒜 200 g，食盐 2 000 g，精制植物油 1 500 g，50% 乳酸 50 g，味精 250 g，I+G 25 g，白糖 200 g，山梨酸钾 25 g。

原味榨菜：榨菜 3 000 g，加入味精 30 g，鸡精 15 g，50% 乳酸 10 g，白糖 15 g，自制红油 120 g，香油 30 g，生抽 18 g，泡红椒 60 g。

香辣榨菜片：榨菜片 2 500 g，泡小米辣 25 g，味精 25 g，鸡精 12.5 g，白糖 25 g，豆瓣酱 25 g，香油 25 g，自制红油 50 g，乳酸 15 g，料酒 15 g，生抽 25 g，熟芝麻 15 g，山梨酸钾 2 g。

麻辣萝卜干：萝卜干 1 000 g，味精 20 g，白糖 5 g，泡姜粒 20 g，鲜蒜泥 10 g，小米辣粉 15 g，五香粉 1 g，香油 5 g，豆瓣酱汁 30 g，酱油 10 g，柠檬酸 1 g，50% 乳酸 5 g，浓香麻辣油 10 g。

香辣萝卜干：盐渍萝卜 2 700 g，味精 54 g，白糖 27 g，鸡精 10 g，I+G2.5 g，乙基麦芽酚 3 g，干姜粉 5.4 g，蒜粉 2.7 g，牛肉膏香精 3 g，鸡肉膏状香精 3 g，炒香辣椒粉 40 g，柠檬酸 2 g，50% 乳酸 5 g，芝麻油 5.4 g，青花椒油 5.4 g，酵母抽提物粉 2.7 g。

香辣大头菜：大头菜 1 000 g，泡小米辣 30 g，青红花椒粉各 2 g，泡姜粒 10 g，辣椒面 10 g，酱油 20 g，味精 15 g，白糖 5 g，柠檬酸 2 g，I+G 0.6 g，乙基麦芽酚 0.4%，红油 2%，香辣红油 20 g。

香辣金针菇：金针菇 2 500 g，泡辣椒 50 g，食盐 75 g，柠檬酸 2.5 g，（辣椒）红油 100 g，味精 50 g，安赛蜜 0.1 g，山梨酸钾 1 g，香辛料适量。

香辣海带丝：海带丝 5 000 g，泡辣椒 200 g，食盐 150 g，柠檬酸 5 g，50% 乳酸 10 g，泡姜粒 50 g，（辣椒）红油 50 g，味精 50 g，安赛蜜 0.2 g，山梨酸钾 2.5 g，香辛料适量。

野山椒海带丝：海带丝 5 000 g，泡野山椒 250 g，食盐 150 g，柠檬酸 5 g，50% 乳酸 10 g，白酒 20 g，泡姜粒 50 g，（辣椒）红油 30 g，味精 50 g，安赛蜜 0.2 g，山梨酸钾 2.5 g，香辛料适量。

炒食用菌泡菜：香菇鲜菌（切片或丝）12 000 g，泡红辣椒（捣碎）2 000 g，泡豇豆 1 000 g，泡野山椒 200 g，榨菜 500 g，（干）萝卜 1 000 g，辣椒粉 200 g，味精 250 g，精制植物油 6 000 g，食盐 200 g，白糖 300 g，五香粉 100 g，花椒 200 g，辣椒红（色素）50 g。

（三）其他泡菜

1. 日式泡菜

前已说到，调味是日本泡菜生产的关键工序，可以说日本泡菜是用调味液浸渍而出的高质量的蔬菜制品，所以调味液的配方是制作日式泡菜的核心之一。

泡黄瓜：酱油 30 000 g，水 10 000 g，氨基酸液 10 000 g，10% 食醋 500 g，50% 乳

酸70 g，柠檬酸20 g，苹果酸20 g，味精500 g，酒精500 g（此调味液适用于经盐渍、脱盐压榨后的90 000 g黄瓜浸渍）。

泡白菜：水2 500 g，食盐70 g，柠檬酸10 g，味精30 g，粉末氨基酸5 g（此调味液用于已盐渍的含3%食盐白菜，每袋7 000 g大包装）

酸白菜：水100 000 g，食盐3 000 g，柠檬酸20 g，苹果酸20 g，50%乳酸100 g，味精300 g，氨基酸粉末40 g（此调味液每150 g，用于已盐渍的3%食盐白菜每袋300 g小包装）。

辣白菜：白菜1 000 g，冷开水70 g，海带30 g，食盐50 g，辣椒150 g

番茄泡菜：番茄10 000 g（切圆片），食盐600 g，白糖700 g，食用醋700 g，洋葱2 500 g（切成片），咖喱粉20 g。

2. 韩式泡菜

配方1：白菜50 000 g，食盐2 000 g，鱼汤（或牛肉汤）250 g，辣椒（粉）300 g，蒜泥200 g，萝卜丝250 g，姜末、味精500 g（可加适量盐水以淹没白菜）。

配方2：大白菜500 g，苹果125 g，梨100 g，海米30 g，辣椒粉50 g，胡萝卜125 g，黄瓜125 g，食盐、味精、葱、蒜、姜、冷开水各适量（苹果、梨去皮去核并切片，葱、姜、蒜去皮切成末）。

配方3：大白菜2 500 g，青萝卜2 500 g，生姜200 g，干辣椒150 g，大蒜750 g，生梨500 g，苹果500 g，淡盐水适量，味精少许（将姜、蒜头、辣椒、苹果、生梨都剁碎拌和成辅料，全部在10 ℃左右盐渍发酵）。

配方4：大白菜1 500 g，萝卜10 000 g，芹菜2 000 g，芥菜1 000 g，食盐1 000 g，大葱400 g，大蒜150 g，生姜120 g，生牡蛎（或墨鱼）400 g，虾酱汁400 g，辣椒（粉）400 g。

配方5：白萝卜500 g，蒜泥50 g，辣酱100 g，辣酱粉25 g，香油少许（辣萝卜泡菜）。

配方6：白萝卜250 g，白醋30 g，海带芽（干货）30 g，糖60 g，食盐20 g，姜丝10 g（双丝泡菜）。

配方7：小白萝卜10 000 g，辣椒酱80 g，葱500 g，水1 800 g，大蒜（切末）100 g，食盐150 g，姜末30 g，糖适量（小白萝卜泡菜）。

配方8：萝卜2 000 g，生姜20 g，生牡蛎300 g，虾酱汤30 g，葱100 g，食盐120 g，芹菜200 g，白糖80 g，辣椒粉50 g，蒜30 g，辣椒丝少量（牡蛎萝卜泡菜）。

配方9：白萝卜1 000 g，白菜1 000 g，大蒜（切末）30 g，小黄瓜500 g，人参（须）20 g，红萝卜100 g，食盐100 g，水1 800 g，芹菜（切段）500 g，葱（切段）200 g，糖适量（人参水泡菜）。

配方10：黄瓜（小青瓜）1 500 g，姜末10 g，辣椒粉20 g，食盐80 g，葱末30 g，白糖30 g，蒜泥30 g，虾酱15 g（黄瓜泡菜）。

配方11：（石山）芥菜2 000 g，虾酱30 g，食盐100 g，生姜15 g，水1 000 g，

蒜 25 g，糯米粥 150 g，葱 50 g，干辣椒 50 g，洋葱 150 g，辣椒粉 40 g，酱堤鱼 30 g，芝麻、辣椒丝、葱、胡萝卜适量（石山芥菜泡菜）。

配方 12：白菜 6 000 g，芹菜 30 g，食盐 200 g，葱 500 g，白萝卜 1 500 g，松仁 30 g，雪梨 50 g，姜蓉 50 g，卤虾酱 30 g，蒜蓉 50 g，辣椒粉 10 g，洋葱 30 g，芝麻适量（韩式什锦泡菜）。

3. 西式泡菜

西式泡菜不属于发酵类泡渍蔬菜产品，没有发酵过程，但可用调味法达到接近发酵泡菜的风味。西式泡菜注重色的搭配，甜酸适口，老少皆宜。

配方 1：小黄瓜 1 500 g，洋葱 300 g，西芹 300 g，紫卷心菜 300 g，红椒 300 g，苹果 75 g，柠檬 50 g，圣女果 250 g，香叶 4 g，盐 40 g，糖 1 500 g，白醋 500 g，清水 2 000 g

配方 2：鲜甘蓝 2 500 g，胡萝卜 3 000 g，盐渍黄瓜坯（先脱盐）2 000 g，配料液 10 000 g（姜片 100 g，大蒜 200 g，白醋 300 g，52% 白酒 100 g，食盐 300 g，味精 1 g，白糖 1 500 g，红椒少许，加冷开水配成 10 000 g）。

配方 3：圆白菜 400 g，葱头 100 g，菜花 100 g，黄瓜 100 g，柿子椒 100 g，芹菜 100 g，胡萝卜 100 g，白糖 300 g，白醋 50 g，食盐 30 g，干辣椒 10 g，丁香 10 g，香叶 2 片，胡椒粒少许。

配方 4：卷心菜 5 000 g，鸭梨 1 000 g，白糖 800 g，食盐 150 g，胡萝卜 200 g，芹菜 200 g，葱 200 g，白醋 20 g，香桃 1 个，香片 4 片，丁香、胡椒、红辣椒少许。

配方 5：胡萝卜、卷心菜、刀豆、灯笼辣椒、萝卜、莴笋、黄瓜、西瓜皮等脆嫩蔬菜各适量，泡菜渍液 2 000 g（白糖 400 g，白醋 150 g，食盐 50 g，水 1 500 g，干辣椒 50 g，香叶和胡椒粒适量 5 g）。

配方 6：白菜 10 000 g，水 20 000 g，白糖 8 000 g，黄瓜 6 000 g，白醋 10 000 g，胡萝卜 6 000 g，食盐 1000 g，葱头 4 000 g，辣椒 2 000 g，青椒 4 000 g，菜花 4 000 g，芹菜 2 000 g，丁香 60 g。

配方 7：白菜 10 000 g，青椒 1 500 g，胡萝卜 2 500 g，花椰菜 2 000 g，水 10 000 g，芹菜 1 500 g，食盐 350 g，白砂糖 6 000 g，白醋 1 500 g，葱 2 500 g，桂皮 100 g，干辣椒 660 g，黄瓜 200 g，丁香 30 g，白胡椒 50 g。

4. 俄式泡菜

俄式泡菜是以圆白菜为主要食材制成的一道美食，味道清香，口感嫩脆，颜色鲜艳。

配方 1：圆白菜 5 000 g，胡萝卜 500 g，苹果 150 g，白糖 100 g，食醋 50 g，白酒 15 g，胡椒粉 25 g，食盐 20 g（各种蔬菜浸烫急冷后制作，下同）。

配方 2：黄瓜 10 000 g，食盐 500 g，鲜茴香（指小茴香的茎）500 g，大蒜 240 g，辣根、香叶、干辣椒、胡椒各少量。

配方 3：白菜 1 000 g，胡萝卜 60 g，食盐 20 g，苹果 100 g，干辣椒 10 g，茴香粉和胡椒粉适量。

第五章
泡菜加工场地、设施与设备

　　泡菜的加工场地、设施与设备是实现泡菜工业化加工的基础，它们的选择与泡菜产品的质量有着密切的关系。泡菜的加工场地是指用于泡菜加工的场所，包括厂区、车间等；泡菜加工企业的设施是指泡菜加工企业用于泡菜加工的装置，包括盐渍池、晒场、发酵缸等；泡菜加工设备主要指实现泡菜工业化加工的机器，主要包括挑选分级设备、原料清洗设备、盐坯脱盐设备、去皮设备、分割设备，拌料设备、灌装设备、封口设备，传输带、灭菌设备、喷码设备等。

　　我国对食品的加工场地有严格的要求，本书参考 SC（食品生产许可）相关要求，结合泡菜加工实际，对现代泡菜加工企业（厂）的加工场地的要求进行了较为详细叙述。泡菜加工设施和设备是泡菜加工的根本保障，经过长期的实践经验积累和技术创新，我国的泡菜加工设施和设备取得了长足的进步，原来无法实现利用设备代替人工的一些工序也已经实现了自动化，本章将对我国泡菜加工的先进设施与设备进行简要的阐述，以期为泡菜加工者提供一定的帮助。

第一节　场地布局与设计

　　工厂设计是指将一个待建项目（如一个工厂、一个车间或一套设备）全部用图纸、表格和必要的文字来说明、表达出来。

　　工厂是泡菜加工的基本条件，是食品卫生、安全、质量的物质保证，工厂建设的先进性反映着一个国家的经济和科学技术发展的水平。我们有时会发现，许多刚刚建成的泡菜企业，由于在设计上存在严重的缺陷，致使无法正常加工，尚未投产就不得不进行返工或改造。还有一些泡菜企业，由于在设计上缺乏前瞻性，投产仅一二年就不得不进行大范围的改造，造成大量的人力和物力浪费，还延误了宝贵的加工时间，造成巨大的经济损失。由此看出，工厂设计工作在泡菜工业发展过程中有着极其重要的地位。

一般工厂建设基本程序：提出建设项目的建议书（编制建议书），进行建设项目的可行性研究（编制可行性研究报告书），设计计划任务书，进行设计工作，然后进行施工、安装、试产、验收和交付加工等。

设计是泡菜企业进行基本建设的第一步，成功的工厂设计应该是车间布局科学，工艺技术先进，设备配套合理，卫生安全有保证，节能又减排，"三废"处理恰当，投产之后，产品在质量和数量上均能达到设计所规定的指标，各项经济指标和技术指标都能达到国内同类工厂先进水平或国际先进水平。

泡菜工厂设计主要内容包括：总平面设计、工艺设计、动力设计、给排水设计、通风采暖设计、自控仪表、三废治理、技术经济分析及概算等专业设计。这些专业设计围绕着工厂设计的主题，按工艺的要求分别进行。各专业设计人员需相互配合，密切合作，共同完成工厂的设计任务。

一、设计原则

工厂设计之前就要选址，选址是设计的重要前期内容之一。选址要选择地势干燥、交通方便、有充足水源的地区，厂区不应设于受污染河流的下游；厂区周围不得有粉尘、有害气体、放射性物质和其他扩散性污染源，不得有昆虫大量滋生的潜在场所，避免危及产品卫生；厂区要远离有害场所；加工区建筑物与外缘公路或道路应有防护地带；避免选址在流沙、淤泥、土崩断裂层上，在山坡上选址则要注意避免滑坡、塌方等，厂址要具有一定的地耐力，一般要求不低于 $2 \times 10^5 \, \text{N/m}^2$。

（1）符合国家食品工业发展的方针和政策，遵循相应的食品规划。

（2）按照《工业厂房墙板设计与施工规程》（JGJ 2—79）、《工业企业总平面设计规范》（GB 50187—2012）、《食品生产通用卫生规范》（GB 14881—2013）、《洁净厂房设计规范》（GB 50073—2013）、良好操作规范（GMP）等标准规范进行设计。

（3）工艺技术流程应具有一定的先进性，又具有实现的可靠性。人流、物流通畅。对资源应该尽量做到综合利用。

（4）选用先进、高效、可靠的加工设备或装置，同时与工艺技术配套具有较高的机械化和自动化及智能化水平，配备必要的维修设施。

（5）结构元件和建筑构件，力求做到通用化和标准化，以减少基建投资、节省建设时间。

（6）具有必要的技术安全和劳动保护措施，厂房环境应便于清扫净化，噪音区间须采取消声措施，充分考虑节能又减排，"三废"处理恰当，应符合国家的环保法规。

（7）投产后产品在质量和数量上均能达到设计所规定的指标，各项经济指标和技术指标都能达到国内同类工厂的先进水平或国际先进水平，工厂应能获得最佳的经济和社会效益。

二、总平面图

工厂总平面图设计是在选定厂址后进行的，一个优秀的工厂总平面图布置，应该是在满足建设项目加工规模的前提下，具有最简化和便捷的工艺流程，能量消耗最少的物料和动力输送，最有效地利用建筑场地及其空间，最节省的投资和运行费用，最安全和最满意的加工和工作环境，所以有"一张蓝图值千金"的说法。

工厂总平面图设计是工厂总体布置的平面设计，其任务是根据工厂建筑群的组成内容及使用功能要求，结合厂址条件及有关技术要求，协调研究建筑物、构筑物及各项设施之间空间和平面的相互关系，正确处理建筑物、交通运输、管路管线、绿化区域等的布置问题，充分利用地形，节约场地，使所建工厂形成布局合理、协调一致、加工井然有序，并与四周建筑群相互协调的有机整体。

工厂总平面图设计一般的做法是总平面图与运输专业的技术人员根据工厂规模、产品方案和工艺专业所提供的工艺流程、车间及工段的配置图，厂内外及车间、工序间的物料流量，运送方式等资料，综合厂址的地理环境、自然环境等条件，设计出符合国家现行有关规程、规范的总平面布置图。这种总平面布置图是用各建筑物、工程管线、交通运输设施（铁路、道路、港站等）、绿化美化设施等的中心线、轴线或轮廓线正投影作图，并注有定位的平面坐标及标高。这样的总平面布置图以二维的平面坐标为构图关系，设计图能量化的主要指标（如厂区占地面积、建筑物与构筑物占地面积、建筑系数、道路铺砌面积、铁路铺轨长度、绿化占地率等）参数成为评价总平面布置图设计质量的基本参数。

现代企业在注重经济效益的同时还特别关注企业外观形象所带来的社会效益和环境效益，所以总平面图尽可能做到布置合理、经济适用、美观大方、环境优雅。

（一）总平面图设计内容

一般总平面图设计包括以下五项内容。

1. 平面布置设计

平面布置就是在用地范围以内对规划的建筑物、构筑物及其他工程设施就其水平方向的相对位置和相互关系进行合理的布置。先进行厂区划分，后合理确定全厂建筑

厂房、构筑物、道路、堆场、管路管线、绿化美化设施等在厂区平面上的相互位置，使其适应加工工艺流程的要求，以及方便加工管理的需要。

2. 竖向布置设计

平面布置设计不能反映厂区范围内各建筑物、构筑物之间在地形标高上配置的关系和状态，因此，还需要竖向布置设计。虽然对于厂区地形平坦、标高基本一致的厂址总平面设计是否进行竖向布置设计并不重要，但是对于厂区内地形变化较大，标高有显著差异的场合，仅有平面布置是不够的，还需要进行竖向布置设计并对布置方案进行较直观的垂直方向显示。竖向布置设计就是要确定厂区建筑物、构筑物、道路、沟渠、管网的设计标高，使之相互协调并充分利用厂区自然地势地形，较少土石方挖填量，使运输方便和地面排水顺利。此项设计中须有土方工程图方为完整。

3. 运输设计

泡菜工厂运输设计，是否要确定厂内外货物周转量，据此指定运输方案，选择适当的运输方式和货物的最佳搬运方法，统计各种运输方式的运输量，计算出运输设备数量，选定和配备装卸机具，相应地确定为运输装卸机具服务的保养修理设施和建筑物、构筑物（如库房）等。对于同时有铁路、水路运输的工厂，还应分别按铁路、公路、水运等的不同系统，指定运输组织调度系统，确定所需运输装卸人员，制定运输线路的平面布置和规划。分析厂内外输送量及厂内人流、物流组织管理问题，据此进行厂内输送系统的设计。

4. 管线综合设计

管线综合设计是根据工艺、水、气、电等各类工程线的专业特点，综合规定其在地上或地下敷设的位置、占地宽度、标高及间距，使厂区管线之间，以及管线与建筑物、构筑物、铁路、道路及绿化设施之间，在平面和竖向上相互协调，既要满足施工、检修、安全等要求，又要贯彻经济和节约用地的原则。

5. 绿化布置和环保设计

绿化布置对食品工厂来说，可以美化厂区、净化空气、调节气温、阻挡风沙、降低噪音、保护环境等，从而改善工人的劳动卫生条件。但绿化面积增大会增加建厂投资，所以绿化面积应该适当。绿化布置主要包括绿化方式（包括美化）选择、绿化区布置等。泡菜工厂的四周，特别是在靠道路的一侧，应有一定宽度的树木组成防护林，起阻挡风沙、净化空气、降低噪音的作用。种植的绿化树木、花草，要经过严格选择，厂内不栽产生花絮、散发种子和特殊异味的树木、花草，以免影响产品质量。一般来说，选用常青树较为适宜。工业"三废"和噪音，会使环境受到污染，直接危害到人民的身体健康，所以，在泡菜工厂总平面设计时，在布局上要充分考虑环境保护的问题。

（二）总平面图设计原则

总平面图设计是一项政策性、系统性、综合性很强的设计工作。因此，总平面图设计人员在进行总平面图设计时，必须从全局出发，结合实际情况，进行系统的综合分析，经多方案的技术经济比较，选取最优方案，以便创造良好的工作和加工环境，提高建设投资的经济效益和降低加工能耗。

由于总平面图设计涉及的范围很广，所以影响总平面图布置的因素甚多，但工厂总平面图设计的基本原则有以下几点，见表5-1。

表5-1　影响企业总平面图布置的因素

方针政策	工厂加工及使用功能	建设场地条件
节约用地 环境保护 降低能耗 综合利用	加工工艺流程和使用功能要求 工厂预留发展和扩建要求 加工管理和生活方便要求 安全、卫生要求 建筑艺术要求 环境质量要求	地形、地质、水温、气象等自然条件要求 交通运输条件 动力供应和给排水条件 施工建设条件 厂际协作条件 城镇或工业区、居住区规划条件

1.总平面图设计符合厂址所在地区的总体规划

应该了解厂址所在地区的总体规划，特别是用地规划、工业区规划、居住规划、交通运输规划、电力系统规划、给排水工程规划等，以便了解拟建企业的环境情况和外部条件，使工厂的总平面图布置与其适应，使厂区、厂前区、生活居住区与城镇构成一个有机的整体。食品工厂总平面图设计应按任务书要求进行，布置必须紧凑合理，做到节约用地。分期建设的工程，应一次布置，分期建设，还必须为远期发展留有余地。

2.总平面图设计必须符合加工工艺技术要求

（1）主车间、仓库等应按加工流程布置，并尽量缩短距离，避免物料往返运输。但并不是要求所有主车间都安排在一条直线上，否则当车间较多时，势必形成一长线，从而使仓库、辅助车间的配置及车间管理等方面带来困难和不便。为使加工车间的配置达到线性的目的，同时又不形成长线，可将建筑物设计成T形、L形或U形。

（2）全厂的物流、人流、原料、管道等的运输应有各自路线，力求避免交叉，合理加以组织安排。

（3）动力设施应接近负荷中心。如变电所应靠近高压线网输入本厂的一边，同时，变电所又应靠近耗电量大的车间，而杀菌工段等用气量大的工段应靠近锅炉房。

3.总平面图设计必须满足泡菜工厂卫生要求

（1）加工区（各种车间和仓库等）和生活区（宿舍、食堂、商店等）、厂前区（传达室、办公室、俱乐部等）和加工区分开。

（2）加工车间应注意朝向，我国大部分地区车间最佳朝向为南偏东到南偏西30°

的范围内，加工车间朝向应该保证阳光充足，通风良好。相互间有影响的车间，尽量不要放在同一建筑里，但相似车间应尽量放在一起，提高场地利用率。

（3）加工车间与城市公路有一定的防护区，一般为 30 ~ 50 m，中间最好有绿化地带阻挡，防止尘埃污染食品。

（4）根据加工性质不同，动力供应、货运周转、卫生防火等应分区布置。同时，主车间应与卫生有影响的综合车间、废品仓库、煤堆及有大量烟尘或有害气体排出的车间间隔一定距离。主车间应设在锅炉房的上风向。

（5）总平面中要有一定的绿化面积（裸露地面应进行绿化），但又不宜过大。一般要求厂房之间、厂房与公路或道路之间应有不少于 1.5 m 的绿化防护带。

（6）给排水系统应能适应加工需要，设施应合理有效，经常保持畅通。废水处理站应布置在厂区和生活区的下风向，并保持一定的卫生防护距离，同时应利用标高较低的地段，使废水尽量自流到污水处理站，废水排放口应在取水的下游。公用厕所要与主车间、原料仓库或堆场及成品库保持一定距离，并采用水冲式厕所，以保持厕所的清洁卫生。

4.厂区布置要符合规划要求，同时合理利用地址、地形和水文等自然条件

（1）厂区道路应按运输量及运输工具的情况决定其宽度，一般厂区道路应采用水泥或沥青或其他硬质材料铺设路面以保持清洁。一般道路应为环形道路，以免在倒车时造成堵塞现象。

（2）厂区道路之外，应从实际出发考虑是否需要有铁路专用线和码头等设施。

（3）厂区建筑间间距（指两幢建筑物外墙面相距的距离）应按有关规范设计。从防火、卫生、防震、防尘、噪音、日照、通风等方面来考虑，在符合有关规范的前提下，使建筑物间的距离最小。

（4）合理确定建筑物、道路的标高，既保证不受洪水的影响，使排水畅通，同时又节约土方工程。在坡地、山地建设工厂，可采用不同标高安排道路及建筑物，即进行合理的竖向布置。但必须注意设置护坡及防山洪影响。

（5）总平面设计必须符合国家有关标准和规范。例如符合《工业企业设计卫生标准》（GB Z1—2010）、《工业企业总平面设计规范》（GB 50187—2012）、《食品企业通用卫生规范》（GB 14881—2013）等。

（三）总平面图设计步骤

工厂总平面图设计，按初步设计和施工设计两个阶段进行，有些简单的较小的项目，可根据具体情况，简化初步设计的内容。进行总平面图设计，应先确定设计方案，其次才是将设计方案表达在图纸上。

1.方案确定
包括厂区方位，建筑物、构筑物的相对位置；厂内交通运输路线以及与厂外连接关系；给排水、供电及整齐等关系布置的确定等。

确定方案的步骤：在加工区内，根据加工工艺流程先布置主要车间的位置，一般放在中心位置，坐北朝南；根据厂区建设物、构筑物的功能关系放置辅助车间（例如仓库的位置应尽量靠近相应的加工车间和辅助车间等）；根据风向放置锅炉房的位置，一般放在主车间的下风方向区，但要靠近负荷中心；确定原料库、成品库及其他库的位置，使各种库放在与加工联系距离最短的地方，但又不致交叉污染；确定厂区道路，使物流、人流应有各自的路线及宽度；确定给水、排水，供电的方向及位置；布置厂前区的各种设施，同时考虑绿化的位置及面积大小；布置厂大门以及其辅助建筑设施的位置。

2. 初步设计

对于工厂总平面图设计，其初步设计内容常包括一张总平面布置图和一份设计说明书，有时仅有一张总平面布置图，图内既包括建筑物、构筑物、道路和管线等，有时包括说明书，必要时还附有区域位置图。其图和说明书内容要求如下：

1）总平面布置图

图纸比例按 1：500 或 1：1 000 来绘制，图内应有地形等高线、原有建筑物、构筑物和拟建的建筑物、构筑物的布置位置和层次，地坪标高、绿化位置、道路梯级、管线、排水沟及排水方向等。在图的一角或适当位置绘制风向玫瑰图和区域位置图。风向玫瑰图表示风向和风向频率，图中最长者即为当地的主导风向。风向玫瑰图的粗实线表示全年风频情况，虚线表示 6～8 月夏季风频情况，它们都是根据当地多年的全年或夏季的风向频率的平均统计资料制成。在总平面布置时，应将工厂的辅料仓库、加工车间等卫生要求高的建筑物布置在主导风向的上风向，把锅炉房、煤堆等污染的建筑物布置在下风向，以免影响卫生。

2）区域位置图

常用的比例为 1：5 000 或 1：10 000，该图附在总平面图的一角上，以反映总平面周围环境情况。

3）设计说明书

设计说明书主要包括设计依据，布置特点，主要技术经济指标和概算等方面，文字应简明扼要。主要技术经济指标包括：总用地面积，厂区占地面积，加工区占地面积，建筑物、构筑物面积，露天堆场面积，道路面积，建筑系数和容积率等。

建筑系数（%）=（建、构筑物占地面积＋堆场、露天场地、作业场地占地面积）/厂区占地面积 ×100%。

容积率（%）= 总建、构筑面积 / 总用地面积（与厂区占地面积不同）×100%，容积率越高表示土地的利用率也就越高。

建筑密度（%）= 建筑首（底）层面积 / 总用地面积 ×100%。建筑密度一般不会超过 40%～50%，用地中还需要留出部分面积用作道路、绿化、停车场等。

泡菜加工学
PAOCAI JIAGONGXUE

建筑密度与建筑容积率考虑的对象不同，相对于同一建筑地块，建筑密度的考虑对象是建、构筑物的占用面积，建筑容积率的考虑对象是建、构筑物的使用空间。

3. 施工图设计

在初步设计审批以后，就可以进行施工图的设计。工厂总平面设计施工图，除绘制一张总平面布置图外，需绘制排水管线综合平面布置图、竖向布置、道路、台阶梯级等详图。各图纸具体内容要求如下：

1）总平面布置施工图

图纸比例 1：500 或 1：1 000，图内有等高线，红墨水细实线表示原有建筑物、构筑物，黑墨水粗实线表示新设计建筑物、构筑物。图按最新的《总图制图标准》绘制，而且要明确标出各建筑物、构筑物的定位尺寸，并留有扩建余地，以满足加工发展的需要。

2）竖向布置图

竖向布置一般采用连续式和平坡式两种，连续式又可分为平坡式布置和阶梯式布置。连续式布置的场地是由连续的不同坡度的坡面组成，其特点是将整个厂区进行全部平整，因此在平原地区（一般自然地形坡度＜3％）采用连续式布置是合理的，对建筑密度较大，地下管线复杂，道路较密的工厂，一般采用连续式布置方案。是否出图要看工程项目的多少和地形的复杂情况确定。一般来说对于工程项目不多、地形变化不大的场地，竖向布置可放在总平面布置施工图内，注明建、构筑物的面积、层数、室内地坪标高、道路转折点标高、坡向、距离和纵坡等。

3）管线布置图

一般工厂总平面设计，管线种类较少，布置简单，常常只有给水、排水和照明管线，有时就附在总平面施工图内，但管线较复杂时，常由各设计专业工种出各类管线布置图，图内应表明管线间距、纵坡、转折点标高、各种阀门等的图例符号说明。图纸的比例尺寸与总平面布置施工图相一致。

4）总平面布置施工图说明书

一般不单独出说明书，通常用文字说明的内容附在总平面布置施工图的一角上。主要说明设计意图、施工时应注意的问题、各种技术经济指标，放在图内适宜的地方。

三、工艺设计

（一）工艺设计的内容和步骤

工艺设计是整个设计的主体和中心，决定工厂加工技术的先进性和布局的合理性，并对工厂建设的成本和产品质量及成本、物耗能耗、资源的综合利用、劳动强度等方面有着直接的影响，同时又是非工艺设计的依据。

泡菜厂工艺设计包括加工工艺设计、车间工艺设计、设备选型和管路设计等。加工工艺设计和车间工艺设计是工艺设计的两个重要内容。它们决定工厂的工艺计算、车间组成和加工设备选择，并进行物料衡算和热量衡算。

加工工艺设计主要是在可行性调查研究的基础上，对加工的产品方案，加工过程和工艺流程进行设计。其重要目的是选择技术上先进可行、经济上合理的加工工艺技术，同时满足加工过程中的安全卫生、低能耗和物耗等的要求。

车间工艺设计是在符合加工工艺条件下，进行车间的合理布局，以取得利用车间的最佳方案。它将直接影响到泡菜工厂的建设投资的大小、产品质量的优劣、物耗和能耗及成本的高低和能否安全加工等方面。

工厂工艺设计的具体步骤包括：

（1）根据前期可行性调查研究，确定产品方案、产品规格及班产量、加工规模等。

（2）根据当前的技术和经济水平，同时兼顾长远选择加工方法。

（3）加工工艺流程设计。

（4）物料衡算。

（5）能量衡算（包括热量、耗冷量、供电量、给水量计算）。

（6）设备选型。

（7）车间工艺设计。

（8）管路设计。

（9）其他设计。

（10）编制工艺流程图、管道设计图及说明书等。

（二）制定产品方案与加工规模

1. 制定产品方案的意义和要求

产品方案是泡菜工厂全年加工品种、数量、加工周期、加工班次的计划安排。在制定产品方案时要进行充分的市场调研，考虑市场需求及人们生活习惯、季节、气候的影响，科学合理利用资源和设备等。在制定产品方案时，首先根据设计任务书和调查研究的资料来确定主要产品的品种、规格、产量、加工季节和加工班次，优先安排受季节性影响的产品，其次是调节产品以避免加工忙闲不均现象，再有尽可能综合利用原辅材料及加工半成品贮存，待到淡季时加工。总之，在确定产品方案时应尽量做到"四个满足"（满足市场要求、满足主要产品产量质量的要求、满足原辅料综合利用的要求和满足淡旺季节平衡加工的要求，提高综合效益的要求）和"五个平衡（产品产量与原辅料供应的平衡、加工季节与劳动力的平衡、加工班次的平衡、加工能力的平衡和水、电、蒸汽负荷等的平衡）。

确定产品方案时，每月按 25 d 计（员工可按双休日调节）。

2. 确定加工规模

主要产品班产量是工艺设计中最主要的计算基础，直接影响到车间布置、设备配套、占地面积和公用设施以及劳动力的定员等。班产量受原料供应、设备和市场销售等因素制约。

1）年产量

一般设计任务书已给定了的泡菜工厂的年产量或加工能力，由下式计算的：

$$Q = Q_1 + Q_2 - Q_3 - Q_4$$

式中：Q——泡菜厂年产量，t

Q_1——本地区泡菜消费量，t

Q_2——本地区泡菜年调出量，t

Q_3——本地区泡菜年调入量，t

Q_4——本地区泡菜原有厂家的年产量，t

2）加工班制

一般泡菜工厂每天加工班次为 1 ~ 2 班（更多的是当 1 个班结束时延长工作时间来满足中季或旺季的需要，工作时间的累计而形成 2 班），3 班的较少，因为晚上加班有一些因素的影响，更主要是可增加加工线来满足需求。淡季一般 1 班加工，中季 2 班加工，旺季 3 班加工。但新鲜蔬菜原料经盐渍发酵后，可长期保存，能保证原料的供应，可终年加工，不必突击多开班次。

3）工作日及日产量

泡菜的加工天数受市场需要、季节气候、加工条件（温度、湿度等）的影响。淡季（5 月、6 月、7 月）累计加工天数为 75 d，中季（2 月、3 月、4 月、8 月、9 月、10 月）累计加工天数为 150 d，旺季（11 月、12 月、1 月）累计加工天数为 75 d，则全年泡菜加工天数为：

$$t = t_中 + t_淡 + t_旺 = 150 + 75 + 75 = 300 （d）$$

每个工作日实际加工量受各种因素影响，例如设备等因素，不是班产量的直接相乘，应有一个校正系数，所以平均实际日产量等于班产量与加工班次及设备平均系数（校正系数）的乘积。即

$$q = q_班 \times n \times k$$

式中：q——平均日产量，t / d

$q_班$——班产量，t / d

k——设备不均匀系数，k 在 0.7 ~ 0.8 之间

n——加工班次（旺季 $n=3$；中季 $n=2$；淡季 $n=1$）

4）班产量

班产量 $q_班$ 计算公式如下：

$$q_{班} = \frac{Q}{k\left(3 \times t_{旺} + 2 \times t_{中} + t_{淡}\right)}$$

例如：计划任务书规定年产泡菜 10 000 t，求班产量

$$q_{班} = \frac{10\ 000}{0.75 \times \left(3 \times 75 + 2 \times 150 + 75\right)} = 22.22\ (t)$$

（三）确定工艺流程

1. 确定工艺流程的原则

根据泡菜加工工艺特点，关键技术要求，加工规模的大小，在可行性调查研究的基础上，从技术经济、理论实际方面进行分析、比较，确定加工工艺流程，一般有如下原则。

（1）不同泡菜产品采用不同加工工艺。泡菜主要分为泡渍泡菜和调味泡菜，二者加工工艺有区别，所以要分别确定工艺流程，可参考《DB51/T 1069—2010 四川泡菜加工规范》进行设计。

（2）要保证和提高泡菜产品质量，满足安全清洁加工需求。

（3）既要传承也要创新。泡菜是名优传统食品，有其自身的传统加工工艺特点，我们必须传承。在此基础上，利用现代先进技术与设备进行合理的、可靠的改造提升，以满足机械化自动化现代加工的需求。

（4）低能耗物耗，对资源应该尽量做到综合利用，充分考虑节能减排，"三废"处理恰当，应符合国家的环保法规。

（5）投产后泡菜产品可达到设计所规定的指标，各项经济指标和技术指标都能达到国内同类工厂的先进水平或国际先进水平，工厂应能获得最佳的经济和社会效益。

2. 工艺流程设计

根据工艺流程的确定原则，进行工艺流程的设计，包括确定加工线数目、确定加工线自动化程度和工艺流程图等的设计。

1）确定加工线数目

根据产品方案及加工规模，视加工实际情况，结合投资大小，确定加工线及加工线数目，如产量大小，可采用几条加工线，以便淡旺季加工调节，设备维护等。

2）确定加工线自动化程度

根据不同泡菜产品采用的不同加工工艺，在保证和提高泡菜产品质量的前提下，科学合理选择现代先进技术与设备，以满足机械化自动化现代加工的需求。

3）工艺流程图的设计

工艺流程图的设计主要包括加工工艺流程示意图、加工工艺流程草图和加工工艺流程图三个阶段。

（1）加工工艺流程示意图设计。加工工艺流程示意图又称方框流程图，在物料衡算前进行，其主要是定性表述由泡菜原料转变为半成品的过程及应用的相关设备。它只是定性的加工工艺表述，不要求正确的比例绘制。主要包括加工过程中需要经过哪些单元操作、各单元操作中的流程方案等方面的表述。

（2）加工工艺流程草图设计。工艺流程草图由四个部分组成：加工工艺流程图、图例、设备一览表和必要的文字说明。流程草图又称物料流程图，在完成平衡计算，求出原料、半成品、产品、副产品、废水、废料的量后，进行设备选型及计算的基础上进行的，以图形表格相结合的形式反映设计计算某些结果的图样，既可用作提供审查的资料，又可作为进一步设计的依据，还可供今后加工操作时的参考。主要内容包括图形（设备的示意图和流程图）、标准（设备的型号、名称及特性数据）和标题栏（图名、图号、设计阶段等）。

绘制工艺流程草图时的要求：表示除厂房各层楼面的标高；用细实线画出设备示意图，并标明其流程号；用粗实线画出物料流程管理，并画出流向箭头；用细实线画水、蒸气、空气等动力管线，并画出流向箭头；绘制设备和管道上主要阀门、控制仪表及管路附件；对必要的部分而又不能用图表达时，可用文字注释，如"三废"、副产物的曲线等；附注图例，并按图标绘出，常采用1：50、1：100、1：200等比例。

绘制加工工艺流程草图步骤：用双细线绘出各楼层地面线，并注上标高；根据设备所处的高度，从左到右画出设备外形；用粗实线表达物料，细实线表达其他辅助物料，用箭头表示流向；画设备流程图；标注设备流程图；必要的文字说明。

（3）加工工艺流程图设计。加工工艺流程图又称为带控制点的工艺流程图，是初步设计的重要内容。它是经过多次反复比较、修改，确认设计合理无误后绘制正式设计结果，它更加全面、完整、合理，是设备布置和管道设计的依据，并可供施工安装、加工操作时参考。

3. 加工工艺流程图的绘制

1）加工工艺流程图的类型

加工工艺流程图是表示工艺加工过程的图样，有以下几种类型。

（1）总工艺流程图或物料平衡图。绘制时用细实线画成长方框来示意各车间流程线，流程方向用箭头画在流程图上。图上注明车间名称，各车间原料、半成品的名称，平衡数据和来源去向等。

（2）物料流程图。它是在总工艺流程图基础上，着重表达各车间内部工艺物料流程的图样。制图时按工艺从左至右画出一系列设备和图形，在流程图上标注物料组成、流量以及设备特性数据等。

（3）带控制点的工艺流程图。它表示加工工艺过程的重要图纸，以物料流程为基础，内容较详细的一种工艺流程图。制图时，在物料流程图基础上画出管线和设备上配置的阀门、管件、自控仪表等。

2）加工工艺流程图绘制的重点内容

（1）图样主要内容。图形主要用于表示各设备按工艺流程次序展开在统一平面上，并辅助表示主辅管线及管件、阀门、仪表控制点等；标准设备型号、名称、管线编号、控制点代号、必要的尺寸数据等；图例代号（符号）及其他标注说明；标题栏注明图名、图号等。

（2）表示方法。用细线画出设备的轮廓，用虚线绘制有工艺特征的内部结构，用示意图画法绘制设备的转动装置。在图样上应标注设备位号及名称。

（四）物料计算

1. 物料计算的作用

物料计算包括该泡菜产品的原辅料和包装材料的计算。通过物料计算，可以确定各种主要物料的采购运输和仓库贮存量，并对加工过程所需的设备和劳动力定员的需要量提供计算依据。计算物料时，必须使原、辅料的质量与经过加工处理后所得泡菜成品和损耗量相平衡。加工过程中投入的辅助料按正值计算，加工过程中的物料损失以负值计入。这样，可以计算出原料和辅料的消耗定额，绘制出原、辅料耗用表和物料平衡图，并为下一步设备计算、热量计算、管路设计等提供依据，还为劳动定员、加工班次、成本核算提供计算依据。物料计算在工艺设计中是一项既细致又重要的工作。

2. 物料计算的方法和步骤

工厂设计中的物料计算是对整个泡菜加工过程中（由原料至成品）物料变化的计算，通过对原辅料、半成品和成品的计算，可以确定原辅料的需要量、采购运输量和仓库贮存量，并对加工过程所需设备、劳动定员以及包装材料用量等提供依据。

泡菜加工过程中，物料计算常根据质量守恒定律来进行，即引入某一系统或设备的物料质量必等于系统或设备的出料量与物料损失量之和，可以用下式表示：

$$\sum N_i = \sum P_i + P_d$$

式中：$\sum N_i$——进入系统或设备的物料量

$\sum P_i$——从系统或设备中输出的产品或成品量

P_d——物料损失量

这个运算法则，既适合于整个加工过程，也适合于单元操作；既可进行总物料计算，也可对混合物中某一组分作部分物料计算。通常按下列步骤进行：

（1）画出物料流程示意图，用箭头标出各物料的进出方向、数量、组成以及温度、压力等条件，并用适当符号标明待求的未知量。

（2）整理有关设计的基础数据和物化常数。基础数据一般包括：加工规模，年加

工天数，原辅料和产品的规格、组成及质量等。常用物化常数有密度、比热容等。

（3）确定工艺技术经济指标，常用的工艺技术经济指标有：原辅料消耗定额，蒸煮时间和温度、时间和压力，耗电、水、汽量，产品率等。某些经验数据可参照同类型泡菜厂的实际水平来定。工艺技术指标必须是先进而又可行的，它表明了一个建设项目设计先进可靠和经济合理的程度。

（4）选定计算标准。计算标准是工艺计算的出发点，选择正确不仅能使计算结果正确，而且使计算过程大为简化。工艺计算常用的基准包括：以单位时间产品量或单位时间原料量作为计算基准；以单位质量、单位体积或单位物质的量的产品或原料量为计算基准；以加入设备的一批物料量为计算基准。

（5）由已知数据，根据质量守恒定律来进行计算。

（6）校对与整理计算结果。认真校对计算结果，确保计算结果准确无误。可列出物料衡算表或绘制物料流程图来表示计算结果。

通过物料计算，不仅为以后的工艺设计打下了基础，而且可对所有设计的加工过程进行进一步的分析，寻找薄弱环节，挖掘加工潜力。

（五）加工能力的计算及设备选型

设备选型应符合工艺要求，它的依据是物料计算。设备选型的好坏是保证产品质量的关键之一，体现现代加工水平的标准，它为动力配电、水、汽用量计算提供依据。对于加工中关键设备除按实际加工能力所允许的台数配备外，还应考虑备用设备。若几种泡菜产品都需要的共同设备，应按处理量最大的品种所需的台数确定。一般后道工序设备的加工能力要略大于前道，以防物料积压。

1.泡菜厂选择设备的原则

选择设备必须根据加工规模和班产量大小，工艺流程特点和工厂条件综合考虑，一般设备选型的原则：

（1）满足工艺要求，保证泡菜产品的质量和产量。

（2）选择技术先进、机械化、自动化程度高的设备，并注意造型美观及核算成本。

（3）选用能充分利用原料、能耗少、效率高、体积小、维修方便，劳动强度小，并能一机多用的设备。

（4）所选设备应符合食品卫生要求，拆装清洗方便，与泡菜接触部分用不锈钢或对食品无污染的材料。

（5）设备结构合理，适应各种工作条件（温度、压力、湿度、酸碱度）。在温度、压力、真空、浓度、时间、速度、流量、记数和程序等方面有合理控制系统，并尽量采用自动控制方式。

2.泡菜厂部分设备加工能力的计算公式

1）流槽

$$q_m = \frac{A \times \upsilon \times \rho}{m+1}$$

式中：q_m——原料流量，kg/s

A——流送槽的有效截面积（水浸部分的截面积），m³

υ——流送槽的流送速度，kg/s

一般取 $\upsilon = 0.5 \sim 1.0$，kg/s

ρ——混合物密度，kg/m³

m——水对物料的倍数（对于蔬菜，一般 3 < m < 6）

2）斗式提升机

$$G = 3\,600 \times \frac{V}{a} \times \upsilon \times \rho \times \varphi$$

式中：G——斗式升送机加工能力

V——料斗体积；m³

a——两个料斗的中心距，m；（对于疏斗可取斗深的 2.3 ~ 2.4 倍，对于连续布置的斗，可取斗深的 1 倍）

φ——料斗的充填系数

$$\varphi = \frac{\text{所装物料的体积}}{\text{物料的理论体积}}$$

水果蔬菜类一般 φ =0.5 ~ 0.7

υ——带（链）速度

ρ——物料的堆积密度，kg/m³

3）带式输送机

（1）水平式带式输送机：

$$G = 3\,600 B h \rho v \varphi$$

式中：G——水平带式输送机加工能力（t/h）；

B——带宽，m

ρ——装载密度，t/m³

φ——装载系数，在 0.6 ~ 0.8 之间，一般取 0.75

h——堆放层物料的平均高度，m

υ——带速，在 0.8 ~ 2.5 m/s 之间

（2）倾斜带式输送机：

$$G_0 = \frac{G}{\varphi_0}$$

式中：G_0——倾斜带式输送机加工能力

G——水平带式输送机加工能力，

φ_0——倾斜系数，见表 5-2。

表 5-2　倾斜系数

倾斜角度	$0 \sim 10°$	$11 \sim 15°$	$16 \sim 18°$	$19 \sim 20°$
φ_0	1.00	1.05	1.10	1.15

注：凡是用带式输送机原理设计的其他设备，如预煮、干燥、杀菌等设备均可用此公式。

4）杀菌锅

（1）每台杀菌锅操作周期所需要的时间

$$t' = t_1 + t_2 + t_3 + t_4 + t_5$$

t_1——装锅时间，一般 5 min

t_2——升温时间，min

t_3——恒温时间，min

t_4——降温时间，min

t_5——出锅时间，min

（2）每台杀菌锅内装罐头的数目

$$n = Kaz \frac{d_1^2}{d_2^2}$$

K——装载系数，（随罐头外形而异，常用的 K 值取 0.55 ~ 0.60）；

a——杀菌篮的高度与罐头高度之比值

d_1——杀菌篮内径，m

d_2——罐头外径，m

z——杀菌锅内杀菌篮数目

（3）每台杀菌锅的加工能力 G（罐/h）：

$$G = \frac{60n}{T}$$

（4）1 h 内杀菌 x 罐所需的杀菌锅数目 N（台）：

$$N = \frac{x}{G}$$

（5）制作杀菌工段操作表

先计算装完一锅罐头所需时间 t（min）：

$$t = \frac{60n}{x}$$

然后计算一个杀菌操作用期 t' 和杀菌锅所需的数目，即可制定杀菌工段的作图表。

5）空气压缩机（杀菌锅反压冷却时用）

（1）杀菌锅反压冷却时所需空气压缩机容量，依下式计算：

$$V_2 = V_1 \frac{p_1}{p_2}$$

式中：V_1——杀菌锅容积，m^3

　　　p_1——大气压力，kPa

　　　V_2——杀菌锅内反压为 p_2 时所需的空气量，m^3

　　　p_2——反压冷却时的绝对压力，kPa

（2）每只杀菌锅在反压时所需储气桶容量 Q 依下式计算

$$Q = \frac{V_2}{V_3}$$

式中：V_2——杀菌锅内反压为 p_2 时所需的空气量，m^3

　　　V_3——在储气桶的压力 p 下每立方空气所提供的常压气量，m^3/m^3

（3）空气压缩机每分钟的空气供应量 V（m^3/min）依下式计算

$$V = \frac{V_2}{\tau} n$$

式中：V_2——杀菌锅内反压为 p_2 时所需的空气量，m^3/min

　　　τ——冷却过程所需时间，min

　　　n——杀菌锅的数目

6）泵的流量和轴功率

（1）离心泵的流量 q_v（m^3/s）按下式计算：

$$q_v = \frac{P \times \eta \times 10^2}{\rho \times H}$$

式中：P——轴功率，kw

　　　H——扬程，m

　　　ρ——流体密度，kg/m^3

　　　η——泵的总效率（η 在 0.4 ~ 0.6 之间）

$$\eta = \eta_1 \times \eta_2 \times \eta_3$$

$$\eta_1 = \frac{\text{实际流量}Q}{\text{理论流量}Q}$$

$$\eta_2 = \frac{\text{实际扬程}H}{\text{理论扬程}H}$$

其中：η_1——体积效率

　　　η_2——水利效率

　　　η_3——机械效率（轴承密封及摩擦因数）

离心泵的功率 P（kw）按下式计算：

$$P = \frac{P_P \times \eta_\alpha}{1 + \alpha}$$

式中：P_P——电机功率，kw

α——保留系数（α 在 0.1 ~ 0.2 之间）

η_α——传动效率（皮带传动为 0.9 ~ 0.95，齿轮传动为 0.92 ~ 0.98）

（2）螺杆泵流量 Q_V（m³/h）按下式计算：

$$Q_V = Q_1 \times n \times 60 \times \eta = \frac{n \times e \times D \times T}{4\,165} \eta$$

$$Q_1 = \frac{4e \times D \times T}{100^3}$$

式中：n——螺杆转速，r/min

T——螺杆螺距，cm

e——偏心距，cm

D——螺杆直径，cm

η——泵的体积效率（一般 η 在 0.7 ~ 0.8 之间）

（3）电动机功率 P（kw）按下式计算计算：

$$P = \frac{\rho \times Q_V \times H}{367\,200 \times \eta_{机}}$$

式中：ρ——料液体积，kg/m³

Q_V——料液流量，m³/h

H——压头，mmH₂O，（1 mmH₂O=9.8Pa）

$\eta_{机}$——机械传动效率（0.7 ~ 0.8）

（六）劳动力计算

劳动力计算主要用于工厂定员编制、生活设施（如工厂更衣室、食堂、厕所、办公室等）的面积计算和生活用水、用汽量（蒸汽用量）的计算。同时，对设备的合理使用，人员配备，以及对产品产量、定额指标的制定有着密切的关系。

劳动力的计算主要根据加工单位重量的品种所需劳动工日来计算，对于各加工车间来说其计算公式如下：

每班所需工人数（人/班）＝劳动加工率（人工/t 产品）× 班产量

全厂工人数为各车间所需工人之总和。

泡菜厂劳动加工率的高低，主要取决于原料新鲜度、成熟度、工人操作的熟练程度以及设备的机械化、自动化程度等。在确定每个产品劳动加工率指标时，一般参照相仿加工条件的老厂。另外，在编排产品方案时用班产量来调节劳动力，每班所需工人数基本相同，对季节性强的产品，高峰期除加工骨干是基本工人外，可适当使用临时工。平时正常加工时，基本员工应该是平衡的。

在工厂设计中，定员过少，工人整天处于超负荷加工而影响正常加工；定员定得过多，会造成基建投资费的增大和投产后人浮于事。

工艺设计中除按产品的劳动加工率计算外，还得按各工段、各工种的劳动加工定额计算工人数，以便于车间及更衣室的布置。随着食品工业的发展，工厂将以先进的自动化设备取代目前某些手工操作及半机械或机械化的操作过程，则加工力的计算将按新的劳动加工率及劳动加工定额进行计算。

（七）加工车间的工艺布置

工厂加工车间布置是工艺设计的重要部分，不仅对建成投产后的加工（产品种类及产量、产品质量、新产品的开发、原料综合利用、市场销售、经济效益等）有很大关系，而且影响到工厂整体。车间布置一经施工就不易改变，所以，在设计过程中需全面考虑。工艺设计必须与土建、给排水、供电、供汽、通风采暖、制冷、安全卫生、原辅料综合利用以及三废治理等方面取得统一和协调。

加工车间平面设计，主要是把车间的全部设备（包括工作台等），在一定的建筑面积内做出合理安排。平面布置图是按俯视画出设备的外形轮廓图。在图中，必须表示清楚各种设备的安装位置，下水道、门窗、各工序及各车间设施的位置，进出口及防蝇、防虫措施等。除平面图外，有时还必须画出加工车间剖面图（又称立剖面图），以解决平面图中不能反映的重要设备和建筑物立面之间的关系，画出设备高度，门窗高度等在平面中无法反映的尺寸（在管路设计中另有管路平面团、管路立面图及管路透视图）。

1.加工车间工艺布置的原则

（1）要有总设计的全局观点，首先满足加工的要求，特别要注意泡菜加工的清洁化工艺及布局，同时必须从本车间在总平面图的位置，与其他车间或部门间的关系，以及发展等方面，满足总体设计要求。

（2）设备布置要尽量按照工艺流水线（即流程）安排，但有些特殊设备可按相同类型适当集中，使加工过程中占地最少、加工周期最短、操作最方便。

（3）要考虑到泡菜多品种加工的可能，以便灵活调动设备，并留有适当余地便于更换设备，同时还应注意设备相互间的间距及设备与建筑物的安全维修距离，保证操作方便，维修装卸、清洗方便。

（4）加工车间与其他车间的各工序要相互配合，保证各物料运输通畅，避免重复往返，要尽可能利用加工车间的空间运输，合理安排加工车间各种加工剩余物料及废料排出，人员进出要和物料进出分开。

（5）应注意车间的采光、通风、采暖、降温等设施。必须考虑加工卫生和劳动保护。如卫生消毒、防蝇防虫、车间排水、电器防潮及安全防火等措施。

（6）对散发热量，气味及有腐蚀性的物质，要单独集中布置。对各种加工用食品添加剂要设专柜放置。对空压机房、空调机房、真空泵等既要分隔，又要尽可能接近使用地点，以减少输送管路及损失。

2. 加工车间工艺布置的步骤与方法

泡菜厂加工车间平面设计一般有两种情况，一种是新建车间的平面布置设计，另一种是对原有厂房车间的平面布置设计。后一种较难些，但方法相同。加工车间平面布置设计步骤如下：

（1）整理好设备清单及工作室等各部分的面积，见表5-3。

表5-3　××泡菜厂××车间设备清单

序号	设备名称	规格型号	安装尺寸	加工能力	台数	备注
1						
2						
…						

清单中分出固定的、移动的、公共的、专用的以及重量等说明。其中笨重的、固定、专用的设备应尽量排在车间四周，轻的、可移动、简单的设备可排在车间中央，方便更换设备。

（2）确定车间建筑结构、形式、朝向、跨度、绘出宽度和承重柱、墙的位置。一般车间 50 ~ 60 m 长为宜（不超过 100 m）。画出车间长度、宽度和柱子。

（3）按照总平面图，确定加工流水线方向。

（4）在草图上布置，排出多种方案分析比较，以求最佳方案。

（5）讨论、修改、画草图，对不同方案可以从以下方面进行比较：建筑结构造价；管道安装（包括工艺、水、冷、汽等）；车间运输；加工卫生条件、操作条件；通风采光；工人生活室、车间办公室；画出车间主要剖面图，并包括门窗；审查修改。最后画出正式图。

3. 加工车间工艺布置对建筑的要求

1）建筑外形的选择要求

车间建筑的外形有长方形、L 形、T 形、U 形等。一般为长方形，其长度取决于加工流水作业线的形式和加工规模，一般 50 ~ 60 m 较适宜。车间高度按房屋的跨度（一般食品厂加工车间的跨度有 9 m、12 m、15 m、18 m、24 m）和加工工艺要求而定，一般以 6 m 为宜，单层厂房可酌量提高，车间内立柱越少越好。

国外加工车间柱间距一般 6 m ~ 10 m，车间为 10 m ~ 15 m 连跨，一般高度

7 m ～ 8 m（吊平顶 4 m），也有车间达 13 m 以上。

2）建筑物的统一模数制

建筑物件必须标准化、定型化、预制化。尺寸按统一标准，规定建筑物的基本尺度，即实行建筑物的统一模数制。基本尺度的单位称为模数，用 M 表示。我国规定为 1M=100 mm。任何建筑物的尺寸必须是基本尺寸的倍数。模数制是以基本模数（又称模数）为标准，连同一些以基本模数为整倍数的扩大模数和一些以基本模数为分倍数的分模数共同组成。模数中的扩大模数有 3 M（300 mm）、6 M、15 M、30 M、60 M。基本模数连同扩大模数的 3 M、6 M 主要用于建筑构件的截面，门窗洞口、建筑构配件和建筑物的进深、开间与层高的尺寸基数。扩大模数的 15 M、30 M、60 M 主要用于工业厂房的跨度、柱距和高度以及这些建筑的建筑构配件。在平面方向和高度方向都使用一个扩大模数。在层高方向，单层为 200 mm（2 M）的倍数，多层为 600 mm（6 M）的倍数。在平面方向的扩大模数用 300 mm（3 M）的倍数，在开间方面可用 3.6 m、3.9 m、4.2 m、6.0 m（其中以 4.2 m 和 6 m 在食品厂加工车间用得较普遍）。跨度小于或等于 18 m 时，跨度的建筑模数是 3 M；跨度大于 18 m 时，跨度建筑模数是 6 M。

3）对门、窗的要求

每个车间必须有两道以上的门，作为人流、货流和设备的出、入口，门的规格应比设备高 0.6 m ～ 1.0 m，比设备宽 0.2 m ～ 0.5 m。为满足货物或交通工具进出，门的规格应比装货物后的车辆高出 0.4 m 以上，宽出 0.3 m 以上。加工车间的门应按加工工艺的要求进行设计，一般要求设置防蝇、防虫装置，如水幕、风幕、暗道或飞虫控制器等。车间的门常用的有空洞门、单扇门、双扇门、单扇推拉门或双扇推拉门、单扇双面弹簧门、双扇双面弹簧门、单扇内外开双层门，双扇内外开双层门等。我国最常用的效果较好的是双层门（一层纱门和一层开关门，门的代号用"M"表示）。在车间内部各工段间卫生要求差距不太大，为便于各工段往来运输及通过，一般均采用空洞门。国外食品厂加工车间几乎很少使用暗道及水幕，亦不单用风幕。为保证有良好的防虫效果，一般用双道门，头道是塑料幕帘，二道门装有风幕（风口宽 100 mm）。泡菜高清洁区加工车间中需要开启的窗户，应装设易拆卸清洗且具有防护产品免受污染的不生锈的纱网；配料拌和间、灌装间、品质检验间在作业时不得设置可开启的窗户；室内窗台的台面深度如有 2 cm 以上者，其台面与水平面的夹角应达到 45°以上，未满 2 cm 者应以不透水材料填补其内面死角。门窗设置防蝇、防尘、防虫、防鼠等设施。

4）采光要求

泡菜厂加工车间一般为天然采光，车间的采光系数为 1/6 ～ 1/4。采光系数是指采光面积和房间地坪面积的比值。采光面积不等于窗洞面积。采光面积占窗洞面积的百分比，与窗的材料、形式和大小有关，一般钢窗的玻璃有效面积占窗洞的 74% ～ 79%（木窗的玻璃有效面积占窗洞的 46% ～ 64%）。

窗是车间主要透光的部分，窗有侧窗和天窗两类，主要靠侧窗，它开在四周墙上，工人坐着工作时窗台高 H 可取 0.8 ～ 0.9 m，站着工作时窗台高度取 1 ～ 1.2 m，泡菜厂加工人员一般以站立操作为主。窗的种类很多，常用的是双层内、外开窗（纱窗和普通玻璃窗）窗的代号用"C"表示。若房屋跨度过大或层高过低，侧窗采光面积小，采光系数达不到要求，还需在屋子顶上开天窗增加采光面积，也可多设日光灯照明，灯高离地 2.8 m，每隔 2 m 安一组。

5）对地坪的要求

泡菜厂的加工车间经常受水、酸、盐、油等腐蚀性物质侵蚀及运输车轮冲击，地坪宜采用水磨石地面、地砖、树脂（塑胶）或其他硬质材料等进行硬化处理。工艺布置中尽量将有腐蚀性物质排出的设备集中布置，做到局部设防、缩小腐蚀范围。

地坪应有 1.5% ～ 2.0% 的坡度，易排水，并设有明沟或地漏排水。大跨度厂房内排水明沟间距应小于 10 m，设计时车间应考虑采用运输带和胶轮车，以减少地坪受冲击。国内食品工厂加工车间常用的地坪有地面砖、石板地面、高标号水泥地面、红砖地面、塑胶等地面。国外亦多用红砖地坪和水泥地坪，也有水泥地层上涂有环氧树脂涂层，使用塑胶地面的也较多。

6）内墙面

泡菜厂对车间内墙面要求很高，要平整、光洁、无脱落，防霉、防湿、防腐，有利于清洁卫生。转角处理最好设计为圆弧形，具体要求如下：

（1）墙裙。一般有 1.5 ～ 2.0 m 的墙裙（护墙），可用白瓷砖，墙裙可保证墙面少受污染，并易于洗净。

（2）内墙粉刷。中小型泡菜厂一般用白水泥沙浆粉刷，还要涂上耐化学腐蚀的过氯乙烯油漆或内墙防霉涂料。大型泡菜厂可用仿瓷等耐化学腐蚀涂料，可防水、防霉。

7）楼盖

楼盖是由承重结构、铺面、天花、填充物等组成。承重结构是梁和板，铺面是楼板层表面层，它可保护承重结构，并承受地面上的一切作用力，填充物起隔音、隔热作用，天花起隔音、隔热和美观作用。顶棚必须平整，光洁，无脱落，防止积尘。为防渗水，楼盖最好选用现浇整体式结构并保持 1.5% ～ 2.0% 的坡度，以利排水，保证楼盖不渗水、不积水。

（八）水、蒸汽用量的计算

1. 用水量的计算

1）计算目的

泡菜加工，用水量与物料衡算、热量衡算等工艺计算以及设备的计算和选型、产品成本、技术经济等均有密切关系，从节约出发泡菜加工用水必须严格控制，所以用水量的计算是十分重要的。

泡菜厂的主要用水的地方有：原料清洗用水、泡渍用水、脱盐用水、杀菌用水、车间清洗用水、人员卫生用水等等。

2）计算方法和步骤

根据泡菜加工工艺、设备和规模的不同，加工过程用水量也随之不同，有时差异很大。即便是同一规模，工艺也相同的泡菜厂，单位成品耗水量往往也大不相同。所以在工艺流程设计时，要妥善安排，合理用水，尽量做到一水多用。水用量计算的方法一般按"单位产品耗水量定额"来估算。

对于规模小的泡菜厂，在进行用水量计算时可采用"单位产品耗水量定额"估算法，可分为三个步骤，即按单位产品耗水量、主要设备的用水量和加工规模来拟定给水能力。

对于规模较大的厂，在进行水用量计算时要采用计算的方法，保证用水量的准确性，方法和步骤如下：

（1）绘出用水量计算流程示意图。为了使计算目的正确、明了，通常使用框图显示用水的系统，图形表达的内容应准确、详细。

（2）收集设计基础数据。需收集的数据资料一般应包括加工规模，年加工天数，原料、辅料和产品的规格、组成及质量等。

（3）确定工艺指标及消耗定额。设计所需的工艺指标、原材料消耗定额及其他经验数据，根据加工方法、工艺流程和设备，对照同类泡菜加工厂的实际用水量水平来确定。

（4）选定计算基准。计算基准是工艺计算的出发点，选得正确，能使计算结果正确，而且可使计算结果大为简化。因此，应该根据加工过程特点，选定统一的基准，一般常用的基准包括以单位时间产品或单位时间原料作为计算基准；以单位重量、单位体积或单位摩尔的产品或原料为计算基准；以加入设备的一批物料量为计算基准。

（5）计算用水量。由已知数据，根据质量守恒定律进行用水量计算。此计算既适用于整个加工过程，也适用于某一个工序和设备根据质量守恒定律列出相关数学关联式，并求解。

（6）校核与整理计算结果，列出用水量计算表。在整个水用量计算过程中，对主要计算结果都必须认真校核，以保证计算结果准确无误。一旦发现差错，必须及时重算更正。最后，把整理好的计算结果列成用水量计算表。

2. 用汽量的计算

1）计算目的

用汽量的计算是设备选型及数量的确定依据，是组织和管理、加工、核算的基础，有助于工艺流程和设备的改进，达到节约能源、降低加工成本的目的。

2）计算方法和步骤

用水量计算一样，用汽量计算也可以做全过程的或单元设备的用汽量计算，现以

单元设备的用汽量计算为例加以说明，具体的方法和步骤如下：

（1）画出单元设备的物料流向及变化的示意图。

（2）分析物料流向及变化，写出热量计算式：

$$\sum Q_入 = \sum Q_出 + \sum Q_损$$

式中：$\sum Q_入$——输入的热量总和，kJ

$\sum Q_出$——输出的热量总和，kJ

$\sum Q_损$——损失的热量总和，kJ

通常：$\sum Q_入 = Q_1 + Q_2 + Q_3$

$$\sum Q_出 = Q_4 + Q_5 + Q_6 + Q_7$$

$$\sum Q_损 = Q_8$$

式中：Q_1——物料带入的热量，kJ

Q_2——由加热剂（或冷却剂）传给设备和所处理的物料的热量，kJ

Q_3——过程的热效应，包括生物反应热、搅拌热等，kJ

Q_4——物料带出的热量，kJ

Q_5——加热设备需要的热量，kJ

Q_6——加热物料需要的热量，kJ

Q_7——气体或蒸汽带出的热量，kJ

值得注意的是，对具体的单元设备，上述的 $Q_1 \sim Q_8$ 各项热量不一定都存在，故进行热量计算时，必须根据具体情况进行具体分析。

（3）收集数据。为了使热量计算顺利进行，计算结果无误和节约时间。首先要收集数据，如物料量、工艺条件以及必需的物性数据等。这些有用的数据可以从专门手册中查阅，或取自泡菜厂实际加工数据，或根据试验研究结果选定。

（4）确定合适的计算基准。在热量计算中，取不同的基准温度，按照热量计算式所得的结果就不同。所以必须选准一个设计温度，且每一物料的进出口基准温度必须一致。通常，取 0 ℃ 为基准温度可简化计算。此外，为使计算方便、准确，可灵活选取适当的基准，如按 100 kg 原料或成品、每小时或每批次处理量等做基准进行计算等。

具体的热量计算如下。

①物料带入的热量 Q_1 和带出热量 Q_4 可按下式计算：

$$Q = \sum m_1 c_1 t$$

式中：m_1——物料质量，kg

c_1——物料比热容，kJ/kg·K

t——物料进入或离开设备的温度，℃

②过程热效应 Q_3：过程的热效应主要有合成热 Q_B、搅拌热 Q_S 和状态热（例如汽化热、溶解热、结晶热等）。

$$Q_3 = Q_B + Q_S$$

Q_B——发酵热（呼吸热），kJ

Q_S——搅拌热，kJ

$$Q_S = 3\,600\,P\eta$$

其中：P 为搅拌功率（kW）；η 为搅拌过程功热转化率，通常 $\eta = 92\%$

③加热设备耗热量Q_5：为了简化计算，忽略设备不同部分的温度差异，按下式计算。

$$Q_5 = m_2 c_2 (t_2 - t_1)$$

式中：m_2——设备总质量，kg

c_2——设备材料比热容，kJ/（kg·K）

t_1、t_2——设备加热前后的平均温度，℃

④气体或蒸汽带出热量Q_7：按下式计算。

$$Q_7 = \sum m_3 (c_3 t + r)$$

式中：m_3—— 离开设备的气体物料（如空气、CO_2 等）量，kg

c_3——液态物料由 0 ℃升温至蒸发温度的平均比热容，kJ/（kg·K）

t——气态物料湿度，℃

r——蒸发潜热，kJ/kg

⑤设备向环境散热Q_8：为了简化计算，假定设备壁面的温度是相同的，按下式计算。

$$Q_8 = A\lambda_T (t_W - t_a)\tau$$

式中：A——设备总表面，m²

λ_T——壁面对空气的联合热导率

t_W——壁面温度，℃

t_a——环境空气温度，℃

τ——操作过程时间，s

λ_T的计算：

空气热对流，$\lambda_T = 8 + 0.05\,tw$

强制对流时，$\lambda_T = 5.3 + 3.6\upsilon$（空气流速 $\upsilon = 5$ m/s）

或 $\lambda_T = 6.7\,\lambda_T^{\,0.78}$（$\upsilon > 5$ m/s）

⑥加热物料需要的热量Q_6：按下式计算。

$$Q_6 = m_1 c(t_2 - t_1)$$

式中：m_1——物料质量，kg

泡菜加工学
PAOCAI JIAGONGXUE

c——物料比热容，kJ/（kg·K）

t_1、t_2——物料加热前后的温度，℃

⑦加热（或冷却）介质传入（或带出）的热量 Q_2：对于热量计算的设计任务，Q_2 是待求量，也称为有效热负荷。若计算出的 Q_2 为正值，则过程需加热；若为负值，则过程需从操作系统移出热量，即需冷却。

最后，根据 Q_2 来确定加热（或冷却）介质及其用量。

在进行用汽量计算时值得注意的几个问题：确定热量计算系统所涉及所有热量或可能转化成热量的其他能量，不要遗漏。但对计算影响很小的项目可以忽略不计，以简化计算；确定物料计算的基准、热量计算的基准温度和其他能量基准。有相变时，必须确定相态基准，不要忽略相变热；正确选择与计算热力学数据；在有相关条件约束，物料量和能量参数（如温度）有直接影响时，宜将物料计算和热量计算联合进行，才能获得准确结果。

四、设计实例

（一）泡菜厂总平面设计及总平面图

参见本章第一、二节。

（二）泡菜厂工艺设计

工艺设计是整个泡菜厂建设设计的核心，同时又是非工艺设计的依据，参见本章第三节。下面以设计实例进行说明。

1. 产品方案及班产量的确定

通过充分的市场调研，根据现有泡菜的加工量与品种规格，科学合理利用资源和设备等，确定产品方案为泡渍泡菜和调味泡菜两大类产品。

1）加工规模及产品规格

（1）泡渍泡菜产品。泡渍泡菜加工设计规模为 2 000 t/年，包装规格为 200 g、250 g、400 g，以 400 g 为主。

（2）调味泡菜产品。调味泡菜产品加工设计规模为 8 000 t/年，产品品种见表5-4，包装规格为 80 g、120 g、150 g、180 g、250 g、300 g，以 300 g 产品为主。

2. 加工工艺的确定

泡菜是著名传统发酵食品，工艺传承千年，现代加工设计既要考虑传承也要进行不断的创新。根据泡菜加工工艺特点，结合产品方案，利用现代先进技术与设备进行合理的、可靠的创新改造设计，以满足机械化、自动化现代加工的需求，所以选择泡渍泡菜加工工艺和调味泡菜加工工艺。

表5-4　泡菜产品品种及规格、设计产量表

序号	产品名称	设计规模 /t/ 年	包装规格	备注（t）
1	泡渍泡菜	2 000		
1.1			200 g × 2 500 000	500
1.2	泡青菜、泡萝卜、生姜等，以泡青菜为主		250 g × 2 000 000	500
1.3			400 g × 2 500 000	1 000
2				
2.1			80 g × 4 250 000	340
2.2	调味泡菜 1		120 g × 2 500 000	300
2.3		4 000	150 g × 2 000 000	300
2.4	红油萝卜、豇豆、（莴苣）笋丁及开胃三丝等		180 g × 2 000 000	360
2.5			250 g × 1 200 000	300
2.6			300 g × 8 000 000	2 400
3				
3.1			80 g × 4 250 000	340
3.2	调味泡菜 2		120 g × 2 500 000	300
3.3		4 000	150 g × 2 000 000	300
3.4	红油榨菜、白油榨菜、木耳、什锦泡菜等		180 g × 2 000 000	360
3.5			250 g × 1 200 000	300
3.6			300 g × 8 000 000	2 400

1）泡菜加工工艺流程

（1）泡渍泡菜加工工艺流程。泡渍泡菜加工工艺流程见图5-1。

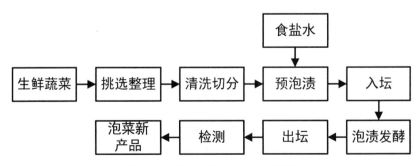

图5-1　泡渍泡菜加工工艺流程图

（2）调味泡菜加工工艺流程。调味泡菜加工工艺流程见图5-2。

2）泡菜加工工艺说明

参见第四章相应内容。

3. 物料计算

根据本章"工艺设计"中"物料计算的方法和步骤",以单位质量的产品和原料的消耗量（例如消耗定额等）及已知数据为计算基准进行计算,年产1万t泡菜产品所需原辅料如表5-5所示。

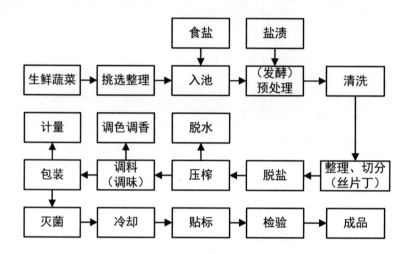

图 5-2　调味泡菜加工工艺流程图

表 5-5　年产1万t泡菜产品所需原辅料表

产品名称		泡青菜	萝卜等调味泡菜	榨菜等调味泡菜
主要原料	青菜 /t	5 384.62	～	～
	萝卜 /t	～	14 814.48	～
	榨菜 /t	～	～	14 000.00
辅料	食盐 /t	538.46	1 777.74	1 400.00
	白糖 /t	53.84	20.00	20.00
	味精 /t	～	20.00	20.00
	料酒 /t	20.00	40.00	40.00
	山梨酸钾 /t	1.00	2.00	2.00
	泡辣椒和泡姜 /t	40.00	～	～
	红油 /t	～	500.00	500.00
	柠檬酸 /t	～	10.00	10.00

续表

产品名称		泡青菜	萝卜等调味泡菜	榨菜等调味泡菜
包材 （含损耗）	200 g 袋 / 个	2 521 500	~	~
	250 g 袋 / 个	2 017 200	~	~
	400 g 袋 / 个	2 521 500	~	~
	80 g 袋 / 个	~	4 286 550	4 286 550
	120 g 袋 / 个	~	2 521 500	2 521 500
	150 g 袋 / 个	~	2 017 200	2 017 200
	180 g 袋 / 个	~	2 017 200	2 017 200
	250 g 袋 / 个	~	1 210 320	1 210 320
	300 g 袋 / 个	~	8 068 800	8 068 800
	纸箱 / 个			

注：表中泡青菜产品有泡渍液体（约占 30%）。

4. 加工能力计算及设备选型

1）盐渍发酵工段能力及设施

根据表 5-6 可知：需要青菜、萝卜、榨菜、辣椒和生姜主要原料。

表 5-6　蔬菜原料需求表

序号	物料名称	年用量（t）
1	青菜	5 384.62
2	萝卜	14 814.48
3	榨菜	14 000.00
4	辣椒	20.00
5	生姜	20.00
	合计	34 239.10

　　需要设计能贮存 34 239.10 t 蔬菜原料的盐渍发酵池，按第五章中的"盐渍（发酵）池"规格计，同时考虑到盐渍发酵蔬菜品种、出入池的方便、贮藏期的长短等因素，小型、中型（适用型）、大型、超大型池均兼顾应有且布局合理，以每个盐渍池利用率为 85% 计，那么构筑盐渍池规模的设计见表 5-7，可一次性满足贮存 34 239.10 t 蔬菜原料的需要。其实，因为可周转（2 次 / 年）使用，所以可减半建造即可。

表 5-7　盐渍池设计规模大小

序号	名称	尺寸 (m×m×m)	体积 (m³)	装重 (t)	数量 (个)	总重 (t)	贮存主要原料
1	超大型	7×6×3.5	147	125	100	12 500	青菜、萝卜、榨菜
2	大型	6×5×3	90	76	200	15 200	萝卜、榨菜、青菜
3	中型	5×4×2.5	50	42	150	6 300	豇豆、莴苣、青菜
4	小型	4×3×2	24	20	10	200	生姜、辣椒

2）加工工段能力及设备

加工能力由泡菜产品规模和物料计算等来确定并由设备工作来实现，设备选型至关重要，遵循本章"选择设备的原则"，确定出设备清单，见表 5-8。泡菜加工工段主要包括盐渍菜的整理（含切分、脱盐、脱水）、配料、包装、杀菌等工序。

表 5-8　泡菜加工设备一览表

序号	设备及设施名称	规格	装机容量 (kW)	数量 (台)	设备使用工段
1	原料暂存池	2 000×2 000	/	5	整理工段
2	螺旋提升机	/	3	5	整理工段
3	工作台	600×1 200	/	36	整理工段
4	提升机	/	3	5	整理工段
5	翻浪清洗机	/	2.8	3	整理工段
6	滚筒清洗机	/	2.5	4	整理工段
7	整理台	/	/	10	整理工段
8	多功能切菜机	/	1.5	2	整理工段
9	切丝机	/	1.5	2	整理工段
10	脱水压榨机		6.6		整理工段
11	自动脱盐机		3.3		整理工段
	其他		3		据需要定
	合计		54.4		
12	电子秤	3 kg	0.1	1	配料工段
13	电子台秤	100 kg	0.1	1	配料工段
14	物料架	/	/	1	配料工段
15	称料台	/	/	1	配料工段

续表

序号	设备及设施名称	规格	装机容量（kW）	数量（台）	设备使用工段
16	物料天平	精确至 0.1 g	/	2	配料工段
17	物料盆	/	/	3	配料工段
18	拌料机	200 kg	5.1	2	配料工段
19	炒锅	200 kg	3	1	配料工段
20	油罐	15 m³	/	2	配料工段
	其他		2		据需要定
	合计		13.4		
21	输送带	带电机	1.5	≥ 30 m	内包装工段
22	全自动灌装机	/	4	6	内包装工段
23	贴标机	/	1	1	内包装工段
24	置物架	/	/	1	内包装工段
	其他		3		据需要定
	合计		25		
25	连续巴氏杀菌冷却机	HKLSJ-3 000	4.5	2	杀菌工段
26	强流除水机	/	10	2	杀菌工段
	其他		3		据需要定
	合计		29		
27	金属检测机	200×600	1.5	1	外包装工段
28	打包机	/	0.8	1	外包装工段
29	输送机	/	1.1	1	外包装工段
30	输送带式装箱工作台	/	1.1	1	外包装工段
31	装箱码垛机器人	/	8	1	外包装工段
	其他		1		据需要定
	合计		12.5		
32	盐渍循环泵	5.0 t/h	0.75	10	盐渍工段
33	起菜机	/	1.5	1	盐渍工段
	其他		2		据需要定
	合计		9		
	总计		143.3		

5. 劳动力计算

10 000 t/a 泡菜工厂，共需劳动力 63 人（含质量监管人员，但不含管理人员）

1）盐渍车间工艺说明

本工段主要为收购季节，需聘大量临时工，平时主要是盐渍过程的质量监管、起菜（出池）、运输等，为后续加工提供原料保障。

本工段需要人员：质量监管 1 人，起菜机或行车 1 人，装卸工 6 人，日常盐渍池维护 3 人。共 11 人。

2）整理工段工艺说明

本工段完成原料的清洗、挑选、除杂、整理去除不能食用的部分，并切配成加工规定的形状，同时脱盐脱水，为原料配制准备好符合要求的物料。

本工段需要人员：质量监管 1 人，泡青菜整理 10 人（负责原料的整理、切配、脱盐、脱水等），调味红油萝卜与榨菜 20 人（负责原料的整理、切配、脱盐、脱水等）。共 31 人。

3）配料（拌和、炒制、暂贮等）工艺说明

脱水后的物料按配方要进行称量（即配料），然后均匀拌和，装入固定的盛装容器中暂贮备用。

本工段需要人员：称辅料及配料 3 人，拌和及炒制 2 人。共 5 人。

4）内包装（装袋、真空封口、输送等）工艺说明

采用全自动灌装机对泡菜进行装袋、称量，并真空封口，同时通过输送带出本工段。

本工段需要加工人员质量监管 3 人。

5）杀菌（冷却、烘干等）工艺说明

包装结束的产品进行杀菌，之后自动冷却、烘（吹）干。

本工段需要人员：杀菌（冷却、烘干等）2 人。共 2 人。

6）外包装（检验、装箱、打包、堆码、入库）工艺说明

产品通过检验装箱并打包，码垛采用码垛机器人全自动完成，转运至库房入库。

需要工作人员 6 人，设备操作人员 6 人。共 12 人。

6. 加工车间工艺布置

加工车间布置是工艺设计的重要部分，主要是加工车间平面设计，即把车间的全部设备（包括工作台等）做出合理安排，按本章有关"加工车间工艺布置的原则"设计。10 000 t/a 泡菜工厂加工车间总面积为 1 311 ~ 1 845 m^2（含 1 个车间化验室，不含水电气等公用工程占地）。

1）整理工段设备及所需面积

（1）整理工段设备清单见表 5-9。

表5-9 整理工段设备设施

序号	设备及设施名称	规格及型号	尺寸（mm×mm×mm）	装机容量（kW）	数量（台）	备注
1	清洗池	2 t	3 000×1 200×600		4	或自动清洗机
2	输送带	/	5 000×600×800	1.5	5	据需要而变
3	整理台	/	2 000×1 200×800	/	10	
4	脱盐池	1 t	1 500×1 500×800	/	8	或自动脱盐机
5	压榨脱水机	1 t	1 100×900×1 600	17.0	1	
6	多功能切菜机	/	1 300×600×950	1.5	2	
7	切丝机	/	900×750×900	1.5	2	
8	其他	/	/	3	/	根据需要定
	合计			33.5		

（2）整理工段包括清洗、挑选、除杂、整理、切菜、脱盐脱水等，所需面积300~360 m²，原料暂储所需加工面积90~120 m²。

2）配料工段设备及所需面积

（1）配料工段设备清单见表5-10。

表5-10 配料工段设备

序号	设备名称	规格及型号	外形尺寸（mm×mm×mm）	装机容量（kW）	数量（台）	备注
1	电子秤	3 kg	/	0.1	1	感量1.0 g
2	电子台秤	100 kg	/	0.1	1	
3	物料架	/	1 200×500×1 500	/	6	
4	称料台	/	2 000×1 000×750	/	2	
5	物料天平		/	/	1	感量0.1 g
6	物料盆	Φ800	/	/	3	装物料
7	拌料机	200 kg	1 800×600×1 250	5.1	2	
8	炒锅	200 kg		3	1	
9	其他			2		根据需要定
	合计			15.4		

（2）配料工段包括辅料间、配料间、拌（和）料间、炒制间等，所需面积228~285 m²，其中：

辅料间（为存放食用油、味精、白糖、柠檬酸、料酒、山梨酸钾、食盐等辅料，

其中食品添加剂须专用柜存放），所需面积 108 ~ 120 m²。

配料间（为各种辅料按顺序配方配伍，然后送至拌料间，例如需要操作平台，秤，物料架，桶盆等器具和容器），所需面积 45 ~ 60 m²。

拌（和）料间，主要需要放置 4 台拌料机，所需面积 30 ~ 45 m²。

炒制间（主要制取拌料所需的红油，需放置炒锅 1 个，另需操作台，通风设施等。要进行澄清、过滤、冷却等工作），所需面积为 45 ~ 60 m²。

3）内包装工段设备及所需面积

（1）内包装工段设备清单见表 5-11。

表 5-11　内包装工段设备

序号	设备名称	规格型号	外形尺寸（mm×mm×mm）	装机容量（kW）	数量（台）
1	输送带	/	15 000 × 600 × 800	1.5	≥ 30 m
2	全自动灌装机	/	2 250 × 1 600 × 3 700	4	6
3	贴标机	/	/	1.0	1
4	其他	/	/	3	据需要定
	合计			73	

（2）内包装工段包括装袋、真空封口、输送等过程，需要在同一房间里实现操作，是泡菜加工的重要工段之一，应根据加工车间的整体布局设计，主要有真空包装机占地、操作台占地、输送带占地与物流人流通道等，一般所需面积 255 ~ 450 m²。

4）杀菌工段设备及所需面积

（1）杀菌工段设备清单见表 5-12。

表 5-12　杀菌工段设备

序号	设备名称	规格型号	外形尺寸（mm×mm×mm）	装机容量（kW）	数量（台）
1	连续巴氏杀菌冷却机	HKLSJ ~ 3 000　3 ~ 4 t/h	16 500 × 1 800 × 1 080	4.5	2
2	强流除水机	HK	2 440 × 1 800 × 1 200	10.00	2
3	其他			3.0	根据需要定
	合计			32.0	

（2）杀菌工段包括杀菌、冷却、烘（吹）干，自动化程度较高，需要在同一房间里实现操作，也是泡菜加工的重要工段之一，应根据加工车间的整体布局设计，主要的有杀菌机占地、烘（吹）干占地、输送带占地与物流人流通道等等，一般所需面积 90 ~ 150 m²。

5）外包装工段设备及所需面积

（1）外包装工段所需设备清单见表5-13。

表5-13　外包装工段设备

序号	设备名称	规格及型号	外形尺寸 （mm×mm×mm）	装机容量 （kW）	数量 （台）	加工量 （件/分）
	金属检测机		200×600×1 000）	1.5	1	
1	打包机	SB-2	2 012×900×1 500	0.8	1	30
2	输送机	400型	7 000×600×750	1.1	1	
3	码垛机器人			8	1	
4	输送带式装箱工作台	400型	7 200×1 000×600	1.1	1	
5	其他			1		根据需要定
	合计			13.5		

（2）外包装工段包括检验、装箱、打包、堆码、入库等过程，所需面积90～150 m²。

6）化验室及其他

（1）化验室常规设备清单见表表5-14。

表5-14　化验室（常规）主要仪器清单

设备名称	型号	规格尺寸 （mm×mm×mm）	数量（台）	功率（kW）	小计（kW）
电热鼓风干燥箱	101-1	500×500×600	2	2.0	4.0
恒温培养箱	303－3	450×450×300	1	1.0	1.0
分析天平	TG-328A		1	0.2	0.2
架盘天平	JPT-1		1		
架盘天平	JPT-10		1		
分光光度计	751		1	0.1	0.1
恒温水浴锅	CS501		1.0	1.0	1.0
显微镜	XSZ-3		1	0.1	0.1
电冰箱	BCD180		2	0.20	0.2

续表

设备名称	型号	规格尺寸（mm×mm×mm）	数量（台）	功率（kW）	小计（kW）
净化工作台	SW-CJ-10	850×580×1 530	1	0.75	0.75
杀菌锅	RPX-400		1	1.5	1.5
蒸馏水器	10L/H		1	2.5	2.5
离心机	3 500VPM		1	1.5	1.5
粉碎机	MH-145		1	0.8	0.8
其他				2	2
合计				15.65	15.65

（2）化验室是工厂专门的质量检查部门，分为车间半成品分析和成品分析，后者可单独另建（$\geqslant 150 \text{ m}^2$），前者一般所需面积 30～45 m^2。

7. 水、电、蒸汽计算

1）供水

泡菜加工用水主要为整理（清洗、脱盐）、泡制、杀菌、车间清洁等工段。

一般每吨产品清洗用水 1.5～2 t，脱盐 3～5 t，泡制 1.5～2 t，杀菌 2～3 t，清洁 0.1～0.5 t。

所以，每 t 产品总用水量为 8.1～12.5 t。

年产一万 t 泡菜，总用水量为 12.5 万 t，417 t/d，52 t/h，所以设计选用 50 t/h 的供水量设备。为节约用水，设计时将废水进行回收利用，可参阅第七章"泡菜加工综合利用"。

2）供电

由表 5-8"泡菜加工设备一览表"可知，全厂加工动力用电为 143.3 kW，照明按工厂规范要求进行（但应配备防爆套），据此选择变压器。

3）供蒸汽

全厂主要用蒸汽是泡渍发酵车间（配制泡菜水时用）、杀菌工段，总用汽量不大，杀菌需要消耗 25 kg/h 的蒸汽，据此选择锅炉。

8. 工艺设计与平面布局图

工艺设计与平面布局见图 5-3 和 5-4（图中数据与本节叙述的有不一致的地方）

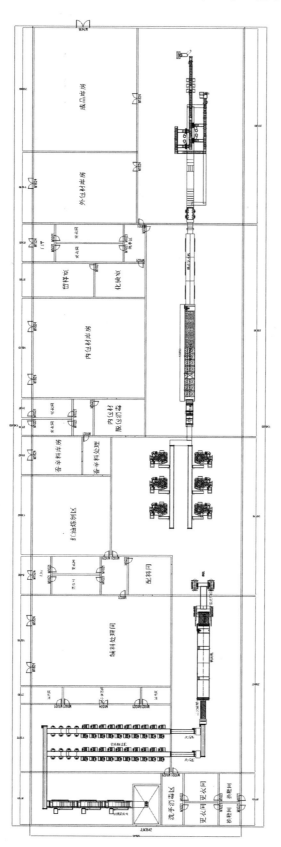

图 5-3　泡菜加工厂平面布局图

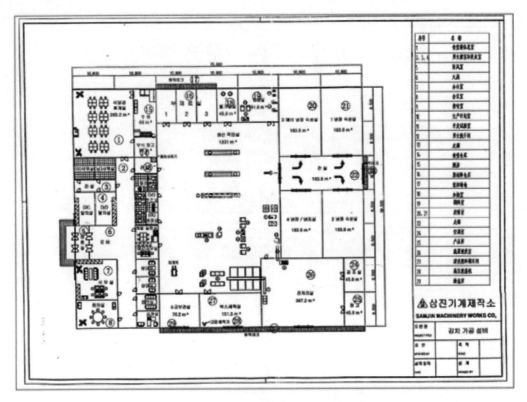

图 5-4　韩国泡菜加工平面布局图

第二节　加工设施

泡菜加工厂的加工设施一般包括晒场、盐渍发酵车间、加工车间、辅助配套车间（原辅料库房、冷库、成品库房、其他）。

一、晒场

泡菜加工厂一般要有晒场，晒场也称摊（晾）晒场，用于新鲜蔬菜的暂时堆放、摊晒、晾晒或进行新鲜蔬菜的整理、清洗。摊晒、晾晒不仅可以蒸发蔬菜内的水分，缩小体积，便于盐制，而且通过阳光的照射，可利用紫外线杀菌。晒场地面宜采用混凝土（水泥）或地砖等硬质材料硬化处理，地面平整、无积水，干净卫生。晒场的规格大小据加工量和企业的实际情况面定，总的说来，宜大不宜小。现代泡菜加工厂的蔬菜原料处理有的在原料基地进行（例如，摊晒或晾晒；有的直接在基地进行初期盐渍处理等），所以就没有晒场。

二、盐渍（发酵）池

（一）盐渍池介绍

盐渍（发酵）池是现代泡菜加工的必备设施之一，用于盐渍（发酵）贮存新鲜蔬菜，同时也是对原料进行的前期发酵预处理的大型容器设施。

盐渍池的布局要充分考虑工艺操作及物料运输的便捷性，盐渍车间的货物通道一般不小于 4 m。盐渍池成组排列时，至少有一边要紧邻货物通道，方便工艺操作。

盐渍池的大小是衡量盐渍池装量的指标，不仅影响蔬菜盐渍操作，还会影响盐渍发酵原料的品质。工厂大规模蔬菜盐渍，盐渍池的容量一般为 5 ~ 150 t 不等，小型盐渍池的容积一般为 5 ~ 40 t，中型盐渍池的容积一般为 40 ~ 100 t，大型盐渍池的容积一般为 100 ~ 150 t，一般在 40 ~ 90 t 大小规模居多。最近几年盐渍池的容量有扩大的趋势（构筑时节约成本）。盐渍池的大小要与企业加工规模相匹配，一般根据企业单日产量计算，一个盐渍池的盐渍蔬菜可在当日被加工用完为佳。

新建或改扩建泡菜企业（厂）时，为加工和试验需要，一般构筑 4 类盐渍池：小型（试验型），中型（适用型）、大型和超大型，每个盐渍池的构筑尺寸为（长 × 宽 × 深，单位 m）：小型 4×3×2，中型 5×4×2.5，大型 6×5×3，超大型 7×6×3.5。盐渍池的深（高）度不宜过深，若过深不仅操作不方便，而且不安全，此外若过深蔬菜承压较大，可溶性物质被压出，影响出品率。

盐渍池的构筑建造至关重要，要求抗震，防渗漏，环保。盐渍池的构造，一般在地面以下，盐渍池的构筑一般采用混凝土浇筑或砖砌体建造。盐渍池内壁的处理一般采用表面贴瓷砖和喷涂环氧树脂两种方式，在利用大型机械化设备作业的泡菜加工企业，宜采用瓷砖处理盐渍池内表面；利用传统设备作业的泡菜加工企业，可采用环氧树脂处理盐渍池内表面。

一般盐渍池底盘用混凝土打底 0.5 ~ 1.0 m（视当地的地质结构而定），然后在其之上用 φ12 钢筋 0.2 m 见方交叉固定，再用混凝土浇筑；盐渍池的四角（即 4 个框架柱）用 φ12（或 φ14）钢筋 4 根并用 φ6 箍筋固定框架柱，箍筋间距 0.20（或 0.25）m，柱与柱之间用 φ6 拉强筋固定环绕，拉强筋间距 0.5 m，这样盐渍池的底盘和 4 柱及 4 壁用钢筋固定环绕，形成一个框架整体（混凝土浇筑），抗震，不渗漏（见图 5-5，图 5-6）。筑池时注意分段进行，以避免池底盘下沉或断裂，池子底部（盘）要有一定的坡度（约 1% ~ 3%），在池底的最低位置需留有一小池（即在做底盘时可预留，小池大小视整个池子的大小而定尺寸），以便于盐水的回收或循环时使用。

盐渍（发酵）池除采用框架结构混凝土浇筑构筑外，也采用砖砌成的 37 墙（或 24 墙）建造，盐渍池的底盘和四角与上述的一样，池顶和中间用圈梁加固。

盐渍池需进行防渗漏和防腐处理，框架整体混凝土浇筑一般不会渗漏，但仍需防腐处理，以减少对蔬菜品质的影响。防腐处理一般在盐渍池构筑完成后，在内壁四周嵌贴耐酸碱的（无釉）瓷砖（见图5-7）；或在内壁四周涂抹环氧树脂（3层玻纤布5次涂环氧树脂，见图5-8）；或在内壁四周喷涂聚氨酯（利用反应喷射成型技术，实施聚氨酯喷涂；聚氨酯致密、连续、无接缝，耐酸、碱、盐、油等介质的侵蚀，附着力好，长期使用不脱落不开裂；经作者试验研究，在小型盐渍池内壁四周表面喷涂1 mm厚的聚氨酯，既可防漏又可防腐，见图5-9）。用不锈钢或玻璃钢制作的盐渍池（见图5-10），则可不进行防渗漏和防腐处理，我们提倡采用耐酸耐碱耐盐的不锈钢制作最好。防渗漏防腐处理完后的盐渍池，注入清洁水至稍满，观察是否渗漏，约10～15 d以后或更久可投入使用。

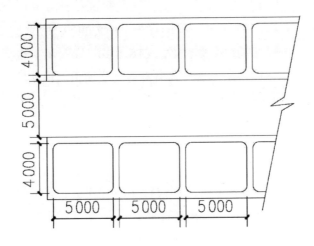

图5-5　盐渍池平面图（mm）

注：混凝土捣制12 cm，内外层保护2 cm，基础以实际而定

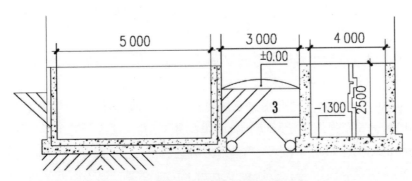

图5-6　40 m³ 盐渍池（mm）

注：① 本池子是盐渍和贮存咸坯使用的池子，每池体积为40 m³，每组3个，共120 m³。池子设于室内配有行车进行倒池起料。池并列个数应考虑行车跨度而定。

② 全部采用混凝土（配比1∶2∶3）捣制，筋留 φ9距120×120 池顶以2φ12加强。

③ 基础部分以现场施工而定。

④ 主要材料：φ9，1.3 t；φ12，140 kg；水泥7 t。

182

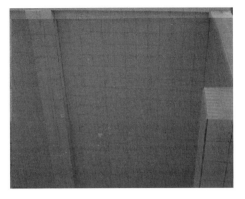

图5-7　嵌贴瓷砖的盐渍池

图5-8　涂抹环氧树脂的盐渍池

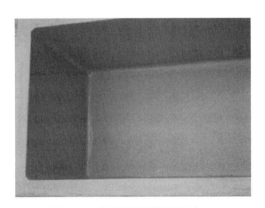

图5-9　喷涂聚氨酯的盐渍池

图5-10　不锈钢制作的盐渍池

（二）常见蔬菜盐渍池主要技术参数及要求表

表5-15　25 m³蔬菜盐渍池主要技术参数及要求

序号	参数名称	要　求
1	容积（m³）	25
2	外形尺寸（长×宽×高）（m）	4.0×3.0×2.4，地下部分2.0 m，地上部分0.4 m，长宽可根据盐渍车间布局作适当调整
3	盐渍池结构	砖砌体盐渍池
4	池坑开挖	池坑按设计标高要求，挖至老土以下，如遇回填土应进行地基处理、夯实，保证地基承载力特征值大于80 kPa以上
5	垫层施工	池坑验收合格后，浇筑100 mm厚基础垫层混凝土（C15），注意平整度不大于±20 mm。垫层应出池底板100 mm以上

续表

序号	参数名称	要 求
6	砌筑	施工时砂浆（M5）严格按配合比强度搅拌均匀，砖用水发透，砌筑过程中确保灰缝饱满密实，不留通缝，构造柱处留马牙槎；圈梁及构造柱（C25）浇筑前与砖墙面接触部分需浇洒水泥浆；施工中一定要对混凝土养护
7	抹面	池墙体的内外面用水泥砂浆（1：2）抹面各20 mm厚，3次成活。每次抹面前先进行素水泥浆（1：1）抹面，最后一次沙浆抹完后进行夯实压光，以确保墙体的抗渗性。池内所有阴角抹成R80的圆角，便于做防腐处理
8	内壁处理	贴瓷砖或环氧树脂处理
9	盐渍池底部处理	盐渍池底部要在方便人员操作的一角设置集水坑，盐渍池底应有1%的坡度坡向集水坑

表5-16　60 m³蔬菜盐渍池主要技术参数及要求

序号	参数名称	要求
1	容积（m³）	60
2	外形尺寸（长×宽×高）（m）	5.0×4.0×3.4，地下部分3.0 m，地上部分0.4 m，长宽可根据盐渍车间布局作适当调整
3	盐渍池结构	砖砌体盐渍池
4	池坑开挖	池坑按设计标高要求，挖至老土以下，如遇回填土应进行地基处理、夯实，保证地基承载力特征值大于80 kPa以上。
5	垫层施工	池坑验收合格后，浇筑100 mm厚基础垫层混凝土（C15），注意平整度不大于±20 mm。垫层应出池底板100 mm以上
6	砌筑	施工时砂浆（M5）严格按配合比强度搅拌均匀，砖用水发透，砌筑过程中确保灰缝饱满密实，不留通缝，构造柱处留马牙槎；圈梁及构造柱（C25）浇筑前与砖墙面接触部分需浇洒水泥浆；施工中一定要对混凝土养护
7	抹面	池墙体的内外面用水泥砂浆（1：2）抹面各20 mm厚，3次成活。每次抹面前先进行素水泥浆（1：1）抹面，最后一次砂浆抹完后进行夯实压光，以确保墙体的抗渗性。池内所有阴角抹成R80的圆角，便于做防腐处理
8	内壁处理	贴瓷砖或环氧树脂处理
9	盐渍池底部处理	盐渍池底部要在方便人员操作的一角设置集水坑，盐渍池底应有1%的坡度坡向集水坑

表 5-17　100 m³ 蔬菜盐渍池主要技术参数及要求

序号	参数名称	要求
1	容积（m³）	100
2	外形尺寸（长 × 宽 × 高）（m）	5.0×4.0×3.4，地下部分 3.0 m，地上部分 0.4 m，长宽可根据盐渍车间布局作适当调整
3	盐渍池结构	砖砌体盐渍池
4	池坑开挖	池坑按设计标高要求，挖至老土以下，如遇回填土应进行地基处理、夯实，保证地基承载力特征值大于 80 kPa 以上
5	垫层施工	池坑验收合格后，浇筑 100 mm 厚基础垫层混凝土（C15），注意平整度不大于 ±20 mm。垫层应出池底板 100 mm 以上
6	砌筑	施工时砂浆（M5）严格按配合比强度搅拌均匀，砖用水发透，砌筑过程中确保灰缝饱满密实，不留通缝，构造柱处留马牙槎；圈梁及构造柱（C25）浇筑前与砖墙面接触部分需浇洒水泥浆；施工中一定要对混凝土养护
7	抹面	池墙体的内外面用水泥砂浆（1∶2）抹面各 20 mm，3 次成活。每次抹面前先进行素水泥浆（1∶1）抹面，最后一次沙浆抹完后进行夯实压光，以确保墙体的抗渗性。池内所有阴角抹成 R80 的圆角，便于做防腐处理
8	内壁处理	贴瓷砖或环氧树脂处理
9	盐渍池底部处理	盐渍池底部要在方便人员操作的一角设置集水坑，盐渍池底应有 1% 的坡度坡向集水坑

三、其他设施

泡菜加工企业（厂）的其他设施主要是根据食品加工卫生规范和泡菜加工技术工艺流程来进行设置，包括：

（一）贮存设施

原料验收、部分原料处理和贮存、配料和食品添加物（剂）处理和贮存、半产品和成品贮存等设施，例如原料验收的地秤，贮存间等。

图 5-11　地秤

（二）配套设施

清洗、切分、泡渍（发酵）、脱盐、脱水、拌料（调味）、灌装、杀菌、包装等配套的相应设施，例如清洗需制作清洗池，灌装需制作灌装操作台等。

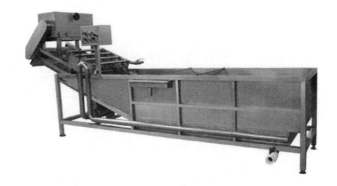

图 5-12　蔬菜清洗池

图 5-13　灌装操作台

（三）供排水设施

若企业使用自备水源的，应有必要的净水或消毒设施；排水设施必须通畅等。

（四）照明设施

照明设备不安装在加工线有产品暴露的上方并安装防爆灯罩，预处理车间的照明应保持 110 Lx 以上，加工车间作业面应保持 220 Lx 以上，检验台应保持 540 Lx 以上的光度，光线不应改变产品的本色等。

图 5-14　防爆灯

（五）通风设施

例如加工、包装及贮存等场所，应满足规定的温度，保持通风良好，必要时应装设有效的换气设施，以防止室内温度过高、蒸汽凝结或异味，保持空气新鲜等。

图 5-15　具有换气装置的加工车间

（六）清洁设施

例如鞋靴消毒池设施：车间或清洁区的入口处，有鞋靴消毒池或同等功能的鞋底洁净设备，若使用氯化合物消毒剂的，其有效游离余氯浓度应经常保持在 200 mg/L 以上。又如洗手设施：洗手设施应在车间或清洁区的入口处，洗手台应以不锈钢等不透水材料制作，配有烘干手设备，洗手用的水龙头，不得采用手动开关，可采用脚踏、触及或感应等开关方式，以防止已清洗或消毒的手部再度受污染等。

图 5-16　具有脚踏开关水龙头的不锈钢水池

（七）安全设施

例如电源及插座，应有防水、防意外触电等的保护装置，以及必要的消防、安全加工设施；车间设置防鼠、防蝇虫等的设施，有效防止有害动物的侵入；楼梯或横越加工线跨道应有安全防护设施等。

图 5-17　防鼠挡板

（八）洗手间设施

洗手间（厕所）设施采用冲水式，洗手间内有洗手设施；车间内的洗手间门，不正对加工车间入口，并备有如厕用的拖鞋；洗手间应排气良好并有适当的照明，有必要的防有害生物的措施等。

第三节　加工设备

传统泡菜加工的设备仅为单一泡菜坛，但工业化泡菜加工需要各种各样的设备，泡菜随加工的进行，要用到的设备主要有挑选分级设备、蔬菜清洗设备、去皮设备、切片（条）等分割设备、真空封口设备、炒制设备、灭菌设备、喷码、装箱设备等等。

一、清洗设备

清洗的目的是为了除去产品上的泥土、尘垢、农药及微生物等，在泡菜加工过程中，大多数是将清洗与脱盐结合起来。清洗方法有手工清洗和机械清洗。手工清洗方法简单，但劳动强度大，清洗效率低。机械清洗即借助机械的力量来激动水流搅动蔬菜进行洗涤。根据清洗设备的不同分为干洗和湿洗两种，水洗法有浸泡、冲洗、喷淋等方式，洗涤用水要达到饮用水标准，严禁使用洗涤剂，可以加入适量的对人体无毒的消毒剂，严禁用已经污染的河塘水或污水洗涤蔬菜。干洗法是采用压缩空气或直接摩擦。目前市场上蔬菜清洗设备多种多样，有辊轴刷式清洗机、喷淋清洗机、鼓风式清洗机、滚筒式清洗机、超声波清洗机、剥皮清洗剂。

（一）鼓风式清洗机（多级翻浪清洗机）

本设备适用于青菜、雪菜、蒿菜等叶类盐渍蔬菜的清洗。原料通过鼓泡、冲浪、高压喷淋，经过多级清洗，重质杂物沉入箱底，轻质杂物过滤后提升排放，使原料得到彻底的清洗。可针对不同的物料和清洗要求多级组合配套。由于利用空气进行搅拌，因而既可加速污物从原料上洗除，又能在强烈的翻下保护原料的完整性。

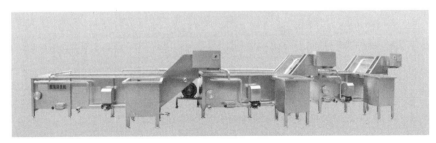

图 5-18　鼓风式清洗机

表 5-18 鼓风式清洗机参数

处理能力（t/h）	2 ~ 3	3 ~ 4	5 ~ 6
运行速度（m/min）	0.5 ~ 2.0	0.5 ~ 2.0	0.5 ~ 2.0
外形尺寸（mm×mm×mm）	6 000×1 250×980	8 000×1 250×980	10 000×1 250×980

（二）浮洗机

浮洗机主要是用水来清洗蔬果类原料，该设备一般配备流水输送槽运送原料。

图 5-19　浮洗机

（三）滚筒式清洗机

滚筒式清洗机用于含泥或其他杂物较多的物料的去杂清洗；滚筒内有排刷，排刷上带螺旋形状，排刷隙之间有高凸的小排刷，使物料凹陷弯曲部分全部得到清洗，滚筒内上部有清洗喷淋系统；其设备清洗效果极佳。

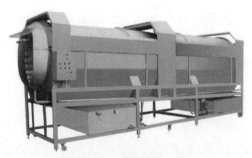

图 5-20　滚筒式清洗机

二、脱水设备

脱水设备是把脱盐后的蔬菜坯除去水分的装置，份为三类，一类是离心脱水，用于水分较大的泡菜产品；另一类是压榨脱水，用于水分较小的泡菜产品；第三类是带式压榨脱水，用于连续化自动化脱水。

（一）离心机

离心脱水采用离心机，它是间歇操作（已有连续的）的一种通用机械产品。SS 型离心机虽是人工卸料，但具有随时掌握脱水时间，泡菜产品不被破坏等优点。

图 5-21　三足式离心机

（二）螺旋式压榨机

压榨脱水通常采用螺旋式压榨机，有传统丝杠压榨机和液（油）压榨机。

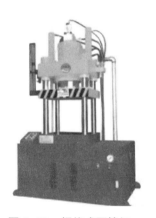

图 5-22　螺旋式压榨机

（三）带式压榨机

带式压榨脱水采用带式压榨机，它具有刚柔相济，结构简单，脱水效率高，处理量大，能耗少，噪音低，自动化程度高，可连续作业，易于维护等特点。一般蔬菜料坯水分在 75% ~ 90% 时，进带式压榨后可达到 50% ~ 70%，或更低，此类带式压榨的压（滤）带宽 1.0 ~ 3.0 m，产能 50 ~ 200 t/d。

图 5-23 带式压榨机

三、传送设备

（一）带式输送设备

带式输送设备是食品工业中应用很广泛的一种连续输送机械。它不仅可用于块状物料、粉状物料及整件物品的水品或倾斜方向的输送，向其他加工机械及料仓的加料卸料设备，还可作为加工中被检验半成品或成品的输送装置。

图 5-24　带式输送设备

（二）斗式设备（提升机）

在带或链等挠性牵引件上，均匀地安装着若干料斗用来连续运送物料的输送设备称为斗式输送设备或斗式提升机。

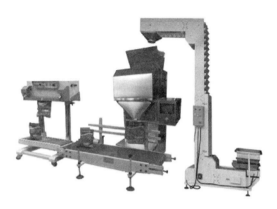

图 5-25　斗式设备（提升机）

（三）螺旋式输送机

螺旋式输送机是一种不带挠性物件密封输送设备，主要用来输送蔬果块丁或粉状、粒状的物料。

图 5-26　螺旋式输送机

四、切分设备

泡菜加工过程中，经常需要对原料进行切片、切条、切块、切碎等处理，以适应不同原料特性及不同类型泡菜的质量要求，因此要用到各种类型的切割设备。切割过程利用切刀锋利的刀口对物料做相对运动来达到切断、切碎的目的。相对运动的方向基本分为顺向和垂直两种，为了使被切后的物料有固定的形状，切割设备中一般有定位机构。

图 5-27　多功能切菜机

表 5-19　多功能切菜机参数

项　目	参　数
段丝形（mm）	2 ~ 20
块性（mm）	（8×8）~（20×20）
特殊（mm）	（3×3）~（30×30）
加工能力（kg/h）	1 000 ~ 3 000
整件重量（kg）	201
整机（无级型）（mm）	1 200×680×1 350

五、混合拌料设备

泡菜加工常常使用混料和拌料设备。混合拌料一般用于泡菜原辅材料等均匀混合与泡菜的调味工艺阶段。混合拌料机按混合拌料容器是否可旋转分为旋转容器式和固定容器式。

（一）旋转容器式混合拌料机

旋转容器式混合拌料机是由旋转容器及驱动转轴、机架、减速传动机和电动机组成，旋转容器内部无拌料工作部件。正常工作时，容器内物料在容器的带动下运动，造成上下翻动和侧内运动，从而不断进行扩散，达到混合拌料的目的。

图 5-28　旋转容器式混合拌料机

（二）固定容器式混合拌料机

这种混合拌料机的特征是容器固定，内部设有回转的搅拌桨叶或绞龙螺旋，强制性地分散、切断物料，物料在容器内有确定的流动方向，属于对流混合，适用于物料的性质差别较大及混合比较大、混合精度要求高的场合。由于容器固定，物料进出方便，有些类型的固定容器式混合机可以实现连续式操作。

图 5-29　固定容器式混合拌料机

六、杀菌设备

杀菌是现代泡菜加工关键的工序之一，杀菌需用杀菌设备来实现。杀菌主要分为巴氏杀菌和其他杀菌两大类。目前，泡菜工厂中主要用巴氏杀菌设备。

（一）巴氏杀菌设备

泡菜加工往往进行热杀菌，所需要的热杀菌设备主要有杀菌锅、杀菌机等，而根据泡菜特性及加工的连续性，一般采用连续式水浴杀菌机。

连续式水浴杀菌机主要用于对已包装好的泡菜成品进行高温连续杀菌，再自动进入冷却箱进行快速冷却，以尽可能保持食品的脆性，该机集灭菌、冷却于一体，连续、自动加工，也可用于其他袋装、瓶装、盒装食品的灭菌、冷却。根据杀菌加工量分单层和双层。该机操作、维修方便，自动化程度高，输送速度可根据加工的需要自动调节。

图 5-30   连续式水浴杀菌机

表 5-20   连续式水浴杀菌机主要技术参数

处理能力（t/h）	1 ~ 1.5	2 ~ 2.8	3 ~ 4
运行速度（m/min）	0.3 ~ 1.5	0.3 ~ 1.5	0.3 ~ 1.5
蒸汽压力（MPa）	≤ 0.6	≤ 0.6	≤ 0.6
杀菌温度	98 ℃以内（可调）	98 ℃以内（可调）	98 ℃以内（可调）
容积（m³）	4.8	6.9	9.7
功率（kW）	2.2	3.0	4.0
外形尺寸（mm）	12 000 × 1 250 × 980	14 500 × 1 500 × 980	16 500 × 1 800 × 1 080

（二）其他杀菌设备

其他杀菌方式有辐照杀菌、紫外线杀菌等。辐照作为一种非热力杀菌技术，在食品杀菌过程中引起食品内部温度变化极小（升高 2.8 ℃ /10 kgy），受到国内外学者的广泛关注。我国目前应用最广泛的是以 Co_{60} 为放射源的 γ 射线辐照，其穿透力强，可以有效地杀灭食品中的微生物。

电子束辐照加工技术，其原理是利用电子加速器产生的电子束（最大能量 10 MeV）辐照食品产生的物理效应、化学效应以及生物学效应，杀灭虫卵及微生物、推迟成熟、抑制发芽、促进物质转化，从而达到食品保藏和保鲜的目的。与传统的食品保鲜方法相比，电子束辐照加工技术不存在化学残留和放射性污染等问题，且在常温条件下进行，是目前其他保鲜方法无法替代的一种绿色食品保鲜加工技术。电子束

辐照加工技术目前已经广泛应用于肉制品、果蔬、香辛料等食品领域，

图 5-31　辐照杀菌设备

七、封口包装设备

封口包装设备是加工流水线上必不可少的设备，下面介绍几种常见的封口包装设备。

（一）连续自动封口机

连续自动封口机采用电子恒温控制和自动输送装置，可控制各种不同形状的塑料薄膜带，能在各种包装流水线上配套使用，其封口长度不受限制。该自动薄膜封口机适用于医药、农药、食品、日化、润滑油等行业的铝箔袋，塑料袋，复合袋的封口，本设备具有封口牢固、功效高；结构简单、紧凑，体积小；造型美观，技术先进，功耗低；操作维修保养方便等优点，是一种理想封口机械。本机亦可以卧式、立卧，卧式使用干燥物品的包装封口，立式适用于液体物品的包装封口。

图 5-32　自动封口机（卧式）

（二）真空封口机

真空封口机主要特点是排除了包装容器中的部分空气（氧气），能有效地防止食品腐败变质。采用阻隔性（气密性）优良的包装材料及严格的密封技术和要求，能有效防止包装内容物质的交换，既可避免食品减重、失味，又可防止二次污染。真空包

装容器内部气体已排除，加速了热量的传导，这既可提高热杀菌效率，也避免了加热杀菌时，由于气体的膨胀而使包装容器破裂。该设备应用比较广泛。

图 5-33　真空封口机

（三）全自动拉伸包装机

全自动拉伸包装机是通过下膜拉伸成型，然后将包装物装入成型了的下膜腔中，接着在封合箱中对包装物进行真空或真空充气，并将上膜与下膜热合，再通过横切、纵切将包装物进行分割，最后包装的成品输送到下一工序，余下的废膜料由收集器收回。该设备适合于冷冻分割肉、冷鲜肉等肉制品，豆制品，海产品，休闲食品，医药产品，医疗器械，电子元件，五金工具等行业产品的真空或气调包装，这种包装已成为今后食品包装的潮流。

图 5-34　全自动拉伸包装机

（四）全自动计量真空包装一体机

本机采用自动制袋、自动计量灌装、自动真空包装机电一体化结构，控制精准；实现连续式一体作业，彻底改善人工密集的手工作业方式，人与食品原料无接触，保证食品卫生安全，产品符合 HACCP 认证标准。

图 5-35　全自动计量灌装真空包装一体机

八、整形设备

袋装泡菜的成品经真空包装后，包装形状往往不规则，直接影响产品质量，通过整形机整形后，使包装更夹带，可以使杀菌更均匀，包装形状更规则，增加产品外观质量，增强杀菌后的除水效果，避免产品装箱后包装表面出现霉变现象。

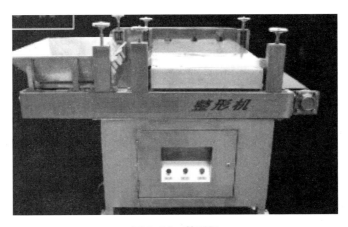

图 5-36　整形机

九、除水设备

工厂主要使用强流除水机应用于杀菌后的泡菜产品，及时将包装物表面的残留水滴去除。除水机可以连续作业，只需要将杀菌后的产品输入输送网带，经设备的强流风力干燥即可去除表面水分，之后进入下一道工序，彻底简化了传统加工工艺，提高了加工效率。

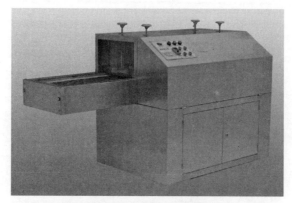

图 5-37　强流除水设备

图 5-38　震动除水机器

十、打包设备

泡菜加工成成品经装箱后，还需要进行包装稳定，这方面的设备有封箱机和打包机。

（一）封箱机

封箱机是一种常用的包装机械，使用粘胶带对纸箱进行封箱，可上、下两面同时封箱，包装速度快、效率高，主要适用于纸箱的封箱包装，既可以单机操作，也可与流水项配套使用，它可单箱作业，也可与纸箱成型机、装箱机、贴标机、捆包机、栈板堆叠机、输送机等设备配套成包装流水线使用，为包装流水线作业必须得设备。

常见的封箱机可分为半自动封箱机、自动封箱机、全自动封箱机、气动封箱机、手动封箱打包机、胶带封箱机、自动折底封底机、自动封箱打包机、四角边封箱机、折盖封箱机、角边封箱机、侧边封箱机。

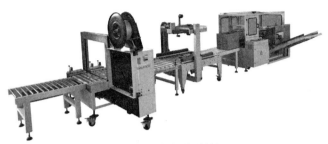

图 5-39　全自动封箱机

（二）自动打包机

自动打包机具有良好的刚性和稳定性，造型美观大方，操作维修方便，安全节能，设备基础工程投资费用低等特点。它广泛应用于各类废纸厂、旧物回收公司等单位企业，适用于对旧物废纸、塑料秸秆、药箱打包、轻工业打包等的打包回收，是提高劳动效率、减小劳动强度、节约人力、减少运输费用的好设备。包块大小和压力大小可以根据用户要求定制。

自动打包机可以实现自动打包，其原理是使用塑料打包带缠绕产品或包装件，然后收紧并将两端通过热效应熔融连接的机器。打包机的功用是使塑料带能紧贴于被捆扎的包件表面，保证包件在运输、贮存中不因捆扎不牢而散落，同时还应捆扎整齐美观。

图 5-40　自动打包机

（三）自动装箱机

自动装箱机用于完成运输包装，它将包装成品按一定排列方式和定量装入箱中，并把箱的开口部分闭合或封固。装盒机是用于产品销售包装的机械，它将经过计量的一份定量物料装入盒中，并把盒的开口部分闭合或封固。

自动装箱机能自动将包装物整形排列，装入打开的纸箱中，并完成不干胶封口等动作，所有动作都是全自动完成的。大多数自动装箱机采用新型组合结构，包括成箱装置、整列装置、充填装置和封箱装置等功能单装在同一主机架上；成箱装置的箱坯架在上方，充填装置在成箱装置正下方，整列装置在充填装置的前方，封箱装置在充填装置的后方；采用"PLC+"触摸显示屏控制；设有缺瓶报警停机、无瓶不装箱安全控制；大大方便操作、管理、减少加工人员和劳动强度，是自动化、规模化加工必不可少的设备。

图 5-41　自动装箱机

（四）自动开箱机

自动开箱机也叫纸箱自动成型封底机，是把纸箱板打开，箱子底部按一定程序折合，并用胶带密封后输送给装箱机的专用设备。自动纸箱成型机、自动开箱机是大批量纸箱自动开箱、自动折合下盖、自动密封下底胶带的流水线设备，机器全部采用"PLC ＋"显示屏控制，一次完成纸箱吸箱、开箱、成型、折底、封底等包装工序，大大方便操作，是自动化规模加工必不可少的设备。该设备广泛应用于食品、药品、乳品、饮料、日化、电子等领域。

图 5-42　自动开箱机

（五）码垛机器人

码垛机器人，是机械与计算机程序有机结合的产物，为现代加工提供了更高的加工效率。随着我国经济的持续发展和科学技术的突飞猛进，使得机器人在码垛、涂胶、点焊、喷涂、搬运、测量等行业有着相当广泛的应用。

图 5-43　码垛机器人

（六）智能仓储

智能仓储是物流过程的一个环节，其系统内部不仅物品复杂、形态各异、性能各异，而且作业流程复杂，既有存储，又有移动，既有分拣，也有组合。因此，以仓储为核心的智能物流中心，经常采用的智能技术有自动控制技术、智能机器人堆码垛技术、智能信息管理技术、移动计算技术、数据挖掘技术等，大大提高了整个物流配送的效率，保证了货物仓库管理各个环节数据输入的速度和准确性，确保企业及时准确地掌握库存的真实数据，合理保持和控制企业库存。通过科学的编码，还可方便地对库存货物的批次、保质期等进行管理。

图 5-44　智能仓储

十一、喷码设备

（一）产品包装喷码机

喷码机是运用带电的墨水微粒在高压电场中偏转的原理，在各种物体表面上喷印上图案文字和数码，是集机电一体化的高科技产品。产品广泛应用于食品工业、化妆品工业、医药工业、汽车等零件加工行业、电线电缆行业、铝塑管行业、烟酒行业以及其他领域，可用于喷印加工日期、批号、条形码以及商标图案、防伪标记和中文字样，是贯彻卫生法和促进包装现代化强有力的设备。喷码技术可分为连续喷墨技术、按需喷墨技术、热发泡喷墨技术等。

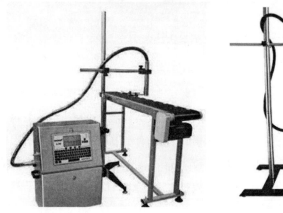

图 5-45　包装袋喷码机　　　　图 5-46　纸箱喷码机

（二）激光打码机

激光打码机的工作原理是将激光以极高的能量密度聚集在被刻标的物体表面，通过烧灼和刻蚀，将其表层的物质气化，并通过控制激光束的有效位移，精确地灼刻出图案或文字。

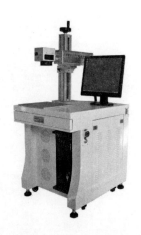

按照标识形式的不同，激光打码设备可以分为刻画式和点阵式两种。目前市场中出现的激光打码设备大多是刻画式的，而马肯的激光打码设备则是采用新型点阵技术——点阵驻留技术。刻画式激光打码机主要是将要标识的字符的轨迹完全刻画出来，而点阵式激光打码机则是将要标识的字符的一些重要轨迹点刻画出来。因此，在同样能量的情况下，新型点阵式激光打码机打印速度更快。

图 5-47　激光打码机

第六章
泡菜质量与安全控制

　　影响泡菜品质的因素有很多，其中原辅料的质量、加工清洁程度、加工过程质量控制是影响泡菜产品品质的三大因素。对于加工优质泡菜而言，优良品种的高品质蔬菜及辅料是加工优质泡菜的前提，加工过程的清洁化控制是保证，加工过程质量控制是关键。

　　我国对于食品生产企业的卫生条件有着严格的要求，多项标准、规范、法律的出台更是将食品安全推向一个新的高度。对于泡菜而言，究竟存在哪些安全隐患呢？泡菜加工企业又该如何开展生产质量安全监管？实际生产中，哪些环节可能存在危害？关键点又如何控制呢？本章将替你解答这些问题。

第一节　蔬菜的组织结构

一、组织结构

　　蔬菜是泡菜的主要原料。蔬菜组织由各种不同的细胞组成，细胞的形状、大小随蔬菜种类和组织结构而不同。蔬菜的食用部分主要由纤维薄壁组织构成，这种组织细胞壁厚薄不一，细胞间排列较致密（有的疏松），细胞内含有水、糖（碳水化合物）、蛋白质（含氮物质）、脂肪、维生素、矿物质和单宁等。

二、细胞结构

　　蔬菜是由细胞组成的，所有复杂的生命活动都是在蔬菜的细胞内进行

的，所以细胞是蔬菜的结构和功能的基本单位。蔬菜的细胞是典型的植物细胞，由原生质体、细胞壁和液泡三大部分构成，见图6-1。

（一）原生质体

原生质体是细胞内有生命活性的物质。原生质是一种无色、半透明、具有黏性和弹性的胶体状物质。它的成分极为复杂，主要由蛋白质、核酸、类脂、糖类等组成，还含有极微量的酶、生长激素、抗生素等复杂的有机物，此外还有无机盐和水，水的含量可达80%以上。在光学显微镜下，可以看到原生质体包括细胞质、细胞核、线粒体、高尔基体、质体等。

1. 细胞质

在幼嫩的细胞里，细胞质充满在细胞壁和细胞核之间。在成熟的细胞里，由于出现大的液泡，细胞质便紧贴着细胞壁成为一层薄膜，此时的细胞质可分为三层：在细胞质表面的薄膜称为原生质膜或质膜；细胞质和液泡相接触的一层薄膜，称为液泡膜；两膜中间的部分称为中质。细胞核以及各种细胞器都分布在中质里。质膜和液泡膜对不同物质的透过具有选择性，具有控制内外物质交换的作用。细胞质内有核糖核蛋白体，为细胞合成蛋白质的场所。细胞质在细胞内不断地缓慢流动，以促进营养物质的运输、气体交换、细胞生长和创伤的恢复等。

2. 细胞核

细胞核通常呈球形或椭圆形，存在于细胞质内。在幼小的细胞里，细胞核位于细胞的中央，以后由于液泡的增大，被推至靠近细胞壁一侧。一般一个植物细胞只有一个细胞核。组成细胞核的主要成分是脱氧核糖核酸（DNA）、类脂、酶和其他成分。细胞核可分为核膜、核质和核仁三个部分。核膜包在核的最外边，在电子显微镜下可以看到核膜是双层膜，膜上有许多小孔，称为核孔，它是细胞核和细胞质之间物质交换的通道。核膜内充满着核质。在核质内有一至数个小球体，称为核仁，核仁主要由rRNA、rDNA和核糖核蛋白组成，具有合成核糖核酸的作用。核质大多是均匀一致的，但经碱基染料染色后，有一部分核质染色较深，称为染色质；另一部分染色很浅或不染色，称为核液。染色质呈细丝网状结构散布在核液中，在细胞分裂时，浓缩为染色体。染色体由脱氧核糖核酸和蛋白质组成，是细胞的控制中心，遗传物质的复制、转录在这里进行。细胞核通过遗传物质转录成mRNA，然后翻译成蛋白质而控制细胞的代谢活动。细胞质内有核糖体，为细胞合成蛋白质的场所。故细胞核不但是遗传物质存在的地方，而且是遗传物质复制的场所，并且由此决定蛋白质的合成，从而控制细胞的整个生命过程。

（二）细胞壁

绝大多数蔬菜细胞具有细胞壁，它是由原生质体向外分泌的产物所构成的，包围在原生质体的外面，使细胞保持一定的形状，并起到坚固的保护作用。细胞壁含有纤维素和其他如果胶、半纤维素和木质素等聚合物，它是具有一定硬度和弹性的固体结构，其主要功能是：第一，支持细胞质膜，维持细胞内的一定水势；第二，通过机械组织，维持细胞和植物组织的结构。细胞壁分为胞间层、初生壁和次生壁三个层次。

1. 胞间层

胞间层位于细胞壁的最外层，是相邻两个细胞所共有的一层，它的主要成分是果胶质（包括果胶酸钙和果胶酸镁），能将两个相邻的细胞黏合在一起，并可以缓冲细胞之间的挤压，同时又不影响细胞生长。有些果实成熟后变软，与胞间层发生溶解有关。

2. 初生壁

在细胞生长过程中，原生质体分泌纤维素和少量的果胶质加在胞间层上，构成初生壁。初生壁一般较薄，有伸缩性，可随细胞的生长而扩大。

3. 次生壁

细胞壁继续增厚，加在初生壁的内侧，就形成了次生壁。次生壁的主要成分也是纤维素，并常有其他物质填充入细胞壁内使细胞壁发生角质化、木栓化、木质化和矿物化等变化。

在细胞壁上有许多小孔，称为纹孔，纹孔是细胞间物质交流的通道。在两个相邻细胞之间的壁上，有许多原生质的细丝相连，称为胞间连丝。通过胞间连丝，相邻细胞彼此连接在一起，使所有的细胞连成一个整体，使细胞间相互流通。细胞与细胞之间相连的角部往往形成空洞，称为细胞间隙。

（三）细胞器

在中质内散布着各种各样的细胞器，这些细胞器均担负着一定的生理功能。

1. 质体

质体是绿色蔬菜细胞所具有的细胞器，呈颗粒状分布在细胞质里，它的主要成分是蛋白质和类脂，并含有各种不同的色素，根据所含色素的不同，质体可分为白色体、叶绿体和有色体三种。

1）白色体

白色体不含色素，是质体中最小的一种，常存在于幼嫩细胞和根茎、种子等无色部分细胞中，以球形或纺锤形聚集在细胞核周围。白色体在光的作用下能形成叶绿素，例如萝卜的根和马铃薯的块茎在见光后变绿，就是白色体转变为叶绿体的缘故。有的白色体能合成淀粉、脂肪或蛋白质。

2）叶绿体

叶绿体分布在茎、叶、果实等绿色部分的细胞里，以叶肉细胞为最多。叶绿体含有绿色的叶绿素和黄色的胡萝卜素与叶黄素，由于叶绿素含量多，掩盖了其他色素，所以叶绿体呈现绿色。叶绿体是细胞的光合工具，能进行光合作用，在光的作用下，能将太阳能转化成化学能，同时还具有特定的酶类固定大气中的 CO_2，利用其化学能

将 CO_2 与水合成为糖和其他碳水化合物，将光能贮存起来。当叶绿素被降解时，成熟的叶绿体主要发展为有色体，它含有胡萝卜素，是许多果蔬中的黄红色素，例如番茄和辣椒果实在成熟时由绿色变为红色，就是叶绿素分解转化成胡萝卜素和叶黄素的结果。

3）有色体

有色体含有胡萝卜素和叶黄素，常呈红色和黄色，存在于花和果实中，例如番茄、辣椒的果实和胡萝卜的肉质根等部位，使其呈现出各种颜色。

2. 线粒体

线粒体是一种很小的细胞器，呈球形、线形或椭圆形。线粒体主要由蛋白质、类脂和少量的核糖核酸组成，并包含着进行三羧酸循环的呼吸酶以及呼吸的电子传递系统，是生活细胞进行呼吸作用的主要场所。呼吸作用是把有机物氧化分解成水和二氧化碳，产生细胞代谢过程所需的能量三磷腺苷（ATP），所以线粒体是细胞生活过程所需能量的供应中心，是细胞的能源工厂。

3. 内质网

内质网是由两层膜围成的囊、泡或更大的池，并连接成分枝或网状结构分布在细胞质中。内质网的一些分枝和核膜相连，另一些分枝也可和原生质膜相连。在内质网上结合有核蛋白体的称为糙面内质网，没有结合核蛋白体的称为平滑内质网。内质网是合成蛋白质的主要场所，具有合成、包装和运输物质的功能。

4. 核糖体

核糖体为球状小颗粒，分布在内质网的表面或游离于细胞质中，是合成蛋白质的主要部位。

5. 高尔基体

高尔基体参与细胞壁的形成，构成细胞壁的物质如木质素、果胶质等就是在高尔基体内形成的，是细胞质中的膜系统，具有合成、包装和运输的功能。

6. 微粒体

微粒体是一种球状或杯状颗粒。有些微粒体可把油脂转化成糖，有些与氨基酸的合成和光呼吸有关。

7. 圆球体

圆球体是比微粒体更小的颗粒，含有合成脂肪的酶，是积累或合成脂肪的细胞器。

8. 溶酶体

溶酶体内含有许多水解酶（多种消化酶），一旦它的膜破裂，酶被释放出来，可使细胞解体，细胞内容物被破坏，它能分解蛋白质、脂肪和糖类。

9. 微管

微管呈细微管状，一般靠近质膜平行排列，它与细胞分裂时纺锤体的形成有关。

（四）液泡及其内含物

蔬菜细胞内液泡及其内含物是原生质体生命活动的产物。在幼小的细胞中，液泡很小，数目很多，呈点滴状分散在细胞质中，以后随细胞的生长和液泡的增多，小的液泡逐渐合并，最后在细胞中央形成一个大液泡（图6-1），它可占细胞体积的90%。

液泡中所含的水溶液称为细胞液，它的成分很复杂，包括有糖、有机酸、单宁、植物碱和无机盐等，使细胞具有甜、酸、涩、苦等味道。有些细胞液中含有花青素，花青素在酸性中呈红色，在碱性中呈蓝色，在中性中呈紫色。花和果实的颜色，有些与染色体有关，有些与花青素有关。

细胞液中的营养物质主要是淀粉、脂肪和蛋白质，它们除了供给自身营养成分外，并使植物细胞进行呼吸作用，以供给生命活动所需能量的主要物质。

液泡是液体的贮藏库，含有溶质如糖、氨基酸、有机酸和盐类，它被一半透性膜包围着。液泡膜与半透性的细胞膜一起，调节细胞的水势，允许水分能自由地通过膜，但有选择地限制如蛋白质和核酸类大分子溶质的移动，由此而维持细胞的膨压，使蔬菜硬脆口感好。

在蔬菜细胞中，细胞质往往都有丰富的内含物，它们都是一些新陈代谢的产物，如淀粉、糖原粒、油滴和乳液等。

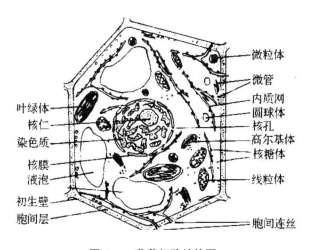

图6-1　蔬菜细胞结构图

第二节　蔬菜的成分与加工特性

泡菜的主要原料是蔬菜，蔬菜的化学成分与组成比例，直接影响着蔬菜的营养价值和风味特点，也对蔬菜在采收、运输、贮藏、加工等过程产生极其重要的影响，蔬菜的化学成分与其加工特性有着密切的关系。

蔬菜的化学成分复杂，主要含有水分、碳水化合物（纤维素等）、含氮化合物（蛋

白质等）、脂肪、色素、维生素、矿物质等几大类。按其能否溶解于水，大致可分为两大类：

水溶性成分：碳水化合物、果胶、单宁类、大部分矿物质以及部分色素、部分维生素、部分含氮物质和有机酸盐等。

非水溶性成分：纤维素、半纤维素、原果胶、淀粉、脂肪以及部分维生素、部分色素、部分含氮物质和有机酸盐等。

与其他同类相比较，蔬菜化学成分具有如下特点：

（1）水分含量多，干物质成分含量比例少，故有鲜菜之称。有些蔬菜水分含量高达98%以上。

（2）在干物质中，除少部分蔬菜外，大部分蔬菜的淀粉、含氮化合物（蛋白质等）、脂肪含量均较少，而纤维素含量较多。所以蔬菜不像富含淀粉的粮食和含脂肪多的动物性食品那样向人体提供大量热量，却由于纤维素含量高可增进人体肠胃蠕动，有助于消化。

（3）蔬菜含有能调节人体生理功能的成分，主要是维生素和矿物质。这使蔬菜在人们膳食营养中具有特殊的食用意义。

（4）蔬菜含有种类较多的天然的色、香、味成分。蔬菜的颜色由天然的色素形成，香气是一些挥发性的芳香物质引起的，滋味比较复杂，有呈甜味、酸味、辣味、涩味、苦味等，由各种化学成分所决定。虽然蔬菜中色、香、味成分的含量不多，但却是构成各种蔬菜特有风味不可缺少的物质。

一、水分

水分是蔬菜的主要化学成分之一。蔬菜中含有大量的水分，是各种化学成分中含量最高的，蔬菜中的水是保证和维持蔬菜品质的重要成分，正常的含水量是衡量蔬菜新鲜程度的重要指标，一般鲜菜中含65%～96%的水分。叶菜类、果菜类含水都在90%以上，黄瓜的水分高达96%以上，根茎类依品种不同也在65%～80%之间。水分的存在是蔬菜生命活动必要的条件，蔬菜中的水分直接影响其味道，同时又是导致蔬菜贮藏性差，容易变质和腐烂的原因之一。水分对泡菜的质地、口感和加工工艺的确定有十分重要的影响。蔬菜中的水分呈两种状态存在：自由水和结合水。

（一）自由水

自由水也称游离水，它是指蔬菜组织中没有与胶体物质结合的水，存在于蔬菜组织的细胞中作为一种溶剂，热容量也较大，在细胞中能自由出入，占含水量的70%～80%，并保持着普通水的物理特性，其特点是可溶解糖（碳水化合物）、果胶、单宁类、酸等多种水溶性成分，流动性大，在加工过程中，容易被排出，这一特性决定了新鲜蔬菜容易萎蔫的现象。

（二）结合水

结合水又称束缚水，这种水和蔬菜中的一些胶体物质（如蛋白质、果胶质、淀粉等）相结合而存在。它的相对密度大、热容量小，失去了通常水的特性，在低温下不结冰，但在高温下则难以排除。

1. 胶体结合水

胶体结合水是同一些胶体物质（如果胶、多糖类、蛋白质等）相结合的水。与游离水不同，胶体结合水冰点低，是干制后主要蒸发的水分。该种水分占整个水分含量的20%左右。

2. 化学结合水

化学结合水是存在于化学物质晶格中的水，性质很稳定，在加工过程中一般不与其他物质发生反应。这类水分不仅不蒸发，人工排除也比较困难。只有在较高的温度和较低的冷冻温度下方可分离。

水分的存在是蔬菜生命活动的必要条件，正常的含水量是衡量蔬菜新鲜程度的重要特征。水分多表明蔬菜鲜嫩、多汁，并在细胞液中有较多的水溶性固形物，品质优良。如果水分含量减少，则说明蔬菜组织细胞的膨压减小，就会使蔬菜萎蔫而降低鲜嫩品质，而且会由于细胞中酶的活性增强而使蔬菜外观失色，营养价值降低。但是含水量过多的蔬菜，其营养成分易被各种微生物所利用，因鲜嫩的蔬菜易遭外伤，给微生物生长繁殖创造了条件，造成腐烂变质。因此，有些蔬菜在（发酵）预处理（盐渍）前采用晒制办法，以脱去蔬菜中的一部分水分。有的蔬菜在（发酵）预处理（盐渍）时采取分段盐渍（发酵）工艺，逐一脱去蔬菜中的水分。表6-1列举了几种泡菜原料的水分含量。

表 6-1 几种泡菜原料的水分含量（每100 g 可食部分）

蔬菜名称	水分含量（g）	蔬菜名称	水分含量（g）
大白菜	93.0 ~ 96.0	萝卜	89.9 ~ 95.0
芹菜	88.0 ~ 95.3	甘蓝	91.0 ~ 95.0
苋菜	82.0 ~ 92.2	莴苣	94.2 ~ 97.0
芥菜	90.8 ~ 95.0	洋葱	87.0 ~ 90.0
雪里蕻	91.0 ~ 93.0	大蒜	63.0 ~ 72.0
姜	85.0 ~ 87.0	辣椒	79.4 ~ 94.0
莲藕	77.9 ~ 89.0	黄瓜	94.0 ~ 97.2
胡萝卜	86.0 ~ 91.0	茄子	91.6 ~ 95.7

泡菜加工学

PAOCAI JIAGONGXUE

二、碳水化合物

碳水化合物亦称糖类化合物，是自然界存在最多、分布最广的一类重要的有机化合物，主要由碳、氢、氧所组成，由于它所含的氢氧的比例为二比一，和水一样，故称为碳水化合物，它是为人体提供热能的三种主要的营养素中最廉价的营养素，葡萄糖、蔗糖、淀粉和纤维素等都属于碳水化合物。碳水化合物是蔬菜干物质中最主要的化学成分。常见的几种蔬菜原料的碳水化合物含量见表6-2。

表6-2　几种蔬菜原料碳水化合物含量（每100 g可食部分）

蔬菜名称	碳水化合物含量（g）	蔬菜名称	碳水化合物含量（g）
大白菜	1.7～3.4	辣椒	2.8～16.1
萝卜	2.4～7.3	胡萝卜	6.2～10.4
芹菜	1.5～5.8	黄瓜	1.6～4.1
莴笋	1.4～2.2	大蒜	22～30.3
莲藕	7.3～20.4	甘蓝	2.1～5.6
洋葱	6.3～10.8	茄子	2.5～5.4
雪里蕻	1.9～4.2	芥菜	2.2～4.7
姜	8.5～11.1		

（一）糖

糖类物质是多羟基（2个或以上）的醛类或酮类化合物，在水解后能变成以上两者之一的有机化合物。在化学上，由于其由碳、氢、氧元素构成，在化学式的表现上类似于"碳"与"水"聚合，故又称之为碳水化合物。大多数蔬菜中都含有糖分，糖是决定蔬菜营养和风味（甜味）的主要成分。蔬菜中的糖主要是葡萄糖、果糖、蔗糖和某些戊糖等。其中对人体最有营养价值的是葡萄糖和果糖。各种蔬菜所含糖的数量、种类及比例是不相同的，如黄瓜含的糖主要是葡萄糖和果糖，胡萝卜则含蔗糖较多，甘蓝含葡萄糖，番茄含糖量为1.9%～4.9%，甘蓝为2.5%～5.7%，洋葱为6.8%～10.5%。蔬菜的成熟度与其含糖量也有着密切的关系。一般的蔬菜随着成熟度提高而含糖量增加，故滋味较甜，但是蔬菜中的块茎、块根类则恰恰相反，成熟度越高其含糖量越低。同一品种的蔬菜，随着成熟度、立地条件、栽培管理技术不同，含糖量有很大差异。

在泡菜制作（生产）中，蔬菜中的蔗糖在酸或酶的作用下可转化为转化糖（单糖）。转化糖是由葡萄糖和果糖组成的，是微生物最好的营养物质。单糖（或双糖）可在乳酸菌的作用下引起乳酸发酵，在发酵的过程中将转化为乳酸和酒精，使制品产生酸味和芳香物质，这对制品的风味形成和保藏性能起着重要作用。但是，如果蔬菜

被有害微生物等污染，有的可利用糖发酵，就会有可能造成泡菜产品风味的变化甚至腐败，这在生产加工过程中必须防止。

糖中的羰基能与蛋白质或者氨基酸中的氨基发生羰氨反应（即美拉德反应），生成黑色素，使泡菜产品出现非酶褐变，进而影响产品的质量（例如色泽变暗或发黑），这种现象在泡菜中同样存在；褐变度越高，反应越快，因此在生产加工时需注意这一点。多数糖类一般具有甜味，泡菜产品的甜味高低，并不完全取决于蔬菜含糖量的多少，因为甜味高低还与糖的种类和其他成分（如有机酸、食盐等）有密切关系。

（二）淀粉

淀粉是葡萄糖的高聚体，水解到二糖阶段为麦芽糖，完全水解后得到葡萄糖。淀粉有直链淀粉和支链淀粉两类，淀粉不溶于冷水，当加温至 55 ~ 60 ℃时，会膨胀而变成带黏性的半透明凝胶或胶体溶液，即通常所说的糊化，易被人体吸收。淀粉与稀酸溶液共热或在淀粉酶的作用下，能水解成葡萄糖。蔬菜的淀粉以块根、块茎、豆类等蔬菜中含量为最多，其淀粉含量与老熟程度成正比增加。

（三）纤维素（半纤维素）

纤维素（半纤维素）这两种成分在蔬菜中普遍存在，是构成蔬菜纤维细胞壁的主要成分，起着支持植物骨架的作用。纤维素是由葡萄糖组成的大分子多糖，不溶于水及一般有机溶剂，是植物细胞壁的主要成分，是自然界中分布最广、含量最多的一种多糖，占植物界碳含量的 50% 以上。蔬菜中的纤维素含量在 0.2% ~ 2.8% 之间，特别是在蔬菜的皮层和机械组织、输导组织的细胞壁中含量更多，它又能与木素、栓质、角质、果胶等结合成复合纤维素，这对蔬菜的品质与贮运有重要意义，而这些组织又多数分布在蔬菜的叶、茎、根的营养器官中。当蔬菜老熟之后，纤维素中即产生木质和角质，成为坚硬而粗糙的物质，使其食用品质下降。一般幼嫩蔬菜的纤维素与半纤维素含量低，成熟蔬菜的纤维素与半纤维素含量高。所以为了获取较为鲜嫩的蔬菜，成熟度不宜过高。纤维素不溶于水，只有在特定的酶的作用下才能被分解，许多霉菌含有分解纤维素的酶，受霉菌感染腐烂的蔬菜，往往变为软烂状态，其中有纤维素被分解的原因。

半纤维素是由几种不同类型的单糖构成的异质多聚体，这些糖是五碳糖和六碳糖，包括木糖、阿拉伯糖、甘露糖和半乳糖等，具有亲水性能，这将造成细胞壁的润胀，可赋予纤维弹性，半纤维素在植物体中有着双重作用，既有类似纤维素的支持功能，又有类似淀粉的贮存功能。蔬菜中最多的半纤维素为多缩戊糖，其水解产物为己糖和戊糖。

纤维素（半纤维素）虽然不能被人体吸收，但它能清理肠道，促使肠胃蠕动，有助于食物消化，所以人们把它视为第七种营养素。

（四）果胶类物质

果胶类物质是一种含有甲氧基（–OCH$_3$）的多缩半乳糖醛酸缩合物，它沉淀在蔬菜细胞初生细胞壁和中胶层中，并与纤维素结合在一起，构成纤维细胞壁，成为蔬菜细胞的加固物质，起着黏结细胞个体和保持组织硬脆性能的作用。蔬菜中的果胶类物质通常以原果胶、果胶、果胶酸三种不同的形态存在蔬菜组织中，对蔬菜品质产生不同的影响，是构成蔬菜细胞壁的主要成分之一。蔬菜采收之前，主要含不溶于水的原果胶，它与纤维素等将细胞与细胞紧紧地结合在一起，使组织显得坚实脆硬，采收之后，原果胶逐渐分解为可溶性果胶，并与纤维素分离，引起细胞间结合力下降，硬度减小，蔬菜在贮藏过程中，常以不溶性果胶含量的变化作为鉴定贮藏效果和能否继续贮藏的标志。

果胶组织与泡菜产品的硬度脆度密切相关，有关内容参见相关章节。

三、含氮物质

蔬菜中的含氮物质含量较少而种类较多，其中主要的是蛋白质、氨基酸等。此外，还有酰胺、铵盐、硝酸盐及亚硝酸盐等。蔬菜中游离氨基酸为水溶性，存在于蔬菜汁中，一般果蔬中含氨基酸较少，但对人体的综合营养来说，却具有重要价值。氨基酸是蛋白质的基础物质，提供人体中激素、酶、血液等所需的氮，也是骨骼的组成部分，又是生物缓冲液的重要成分，还有免疫的效应。

蔬菜中含氮物质一般在0.4%～3%之间，但豆类含量最高，叶菜类次之，根菜类和果菜类含量最低。几种泡菜原料蔬菜蛋白质含量见表6-3。

表6-3　几种泡菜原料蔬菜蛋白质含量（每100 g可食部分）

蔬菜名称	蛋白质含量（g）	蔬菜名称	蛋白质含量（g）
青笋	2.1～2.7	鲜榨菜	0.8～1.6
甘蓝	1.2～1.4	大白菜	0.5～1.3
甜椒	1.0～1.3	茄子	0.7～2.3
黄瓜	0.4～1.2	苦瓜	0.7～1.0
胡萝卜	0.6～1.4	姜	0.4～2.3
大头菜	0.9～1.5	莴笋	0.4～1.3
雪里蕻	0.9～2.8	莲藕	0.4～2.3

　　蔬菜中含有多种不同于其他食品的氨基酸，可提高人体对蛋白质的消化率，从而增大蛋白质的生理价值。蔬菜中的蛋白质主要是催化各种代谢反应的酶类，而不是作为贮藏物质。蔬菜的 20 多种游离氨基酸中，含量较多的有 14 ～ 15 种，有些氨基酸是具有鲜味的物质。叶菜类中有较多含氮物质，其中主要是蛋白质。蔬菜中的辛辣成分如辣椒中的辣椒素，花椒中的山椒素，均为具有酰胺基的化合物。生物碱类的茄碱、糖苷类的黑芥子苷、色素物质中的叶绿素和甜菜色素等也都是含氮素的化合物。

　　蔬菜中含氮物质虽少，但对生产加工有一定的影响。新鲜蔬菜中所含的蛋白质在加工过程中，在蛋白酶的作用下，可生成多种氨基酸，有的氨基酸本身还具有鲜味和香气。因此，蔬菜中含氮物质的多少在一定条件下与产品的外观色泽、香气和鲜美滋味有密切关系。另外，糖与氨基酸在一定温度下可互相作用，形成（褐）黑色物质，即美拉德反应，美拉德反应过程复杂。一般来说，泡菜装坛发酵时间越长，温度越高，则黑（褐）色的形成越快越多。所以贮存时间长的泡菜颜色较深且香气更浓。同时，在生产加工过程中，如果受到有害微生物的污染，也会使蛋白质发生腐败而产生恶臭有毒的产物，为此应注意加强清洁卫生的管理工作。

四、维生素

　　维生素是维持人体生命活动必需的一类有机物质，也是保持人体健康的重要活性物质，在人体生长、代谢、发育过程中发挥着重要的作用。虽然人体对维生素需要量甚微，但缺乏某种维生素，正常的新陈代谢活动就不能进行，发育和生长就会受到阻碍。各种维生素的化学结构以及性质虽然不同，但它们却有着以下共同点：①维生素均以维生素原（维生素前体）的形式存在于食物中；②维生素不是构成机体组织和细胞的组成成分，它也不会产生能量，它的作用主要是参与机体代谢的调节；③大多数的维生素，机体不能合成或合成量不足，不能满足机体的需要；④人体对维生素的需要量很小，日需要量常以 mg 或 μg 计算，但一旦缺乏就会引发相应的维生素缺乏症，对人体健康造成损害。如缺乏维生素 C 可患坏血病，缺乏维生素 A 会出现夜盲症、眼干燥症和皮肤干燥，缺乏维生素 D 可患佝偻病，缺乏维生素 B_1 可得脚气病，缺乏维生素 B_2 可患唇炎、口角炎、舌炎和阴囊炎，缺乏维生素 PP 可患癞皮病，缺乏维生素 B_{12} 可患恶性贫血。蔬菜中所含维生素的种类很多，是供给人体维生素的主要来源之一，含有丰富的维生素 C 和作为维生素 A 原的胡萝卜素，同时还含有少量的 B 族维生素。特别是维生素 C 和胡萝卜素，是人体维生素的主要成分。不同品种、不同运输和贮藏条件及不同生产加工方法都会造成维生素含量的变化。常见泡菜原料蔬菜中维生素的含量见表 6-4。

表 6-4　蔬菜中维生素的含量（每 100 g 可食部分）　　　单位：mg/100 g

蔬菜名称	胡萝卜素	维生素 C	维生素 B_1
大白菜	0.11	24	0.02
芹菜	0.11	6	0.03
青椒	1.56	105	0.04
黄瓜	0.01	16	0.01
茄子	0.04	3	0.03
冬笋	0.08	1	0.08
芦笋	0.73	21	17.00
萝卜	0.02	30	0.02
胡萝卜	2.8	8	0.04
大蒜	0	3	0.24

维生素按其溶解性的不同，分为水溶性维生素和脂溶性维生素两类。

（一）水溶性维生素

水溶性维生素是能溶解于水的维生素，包括维生素 C 和 B 族维生素（包括维生素 B_1、维生素 B_2、维生素 B_6、维生素 B_{12} 等）。水溶性维生素从肠道吸收后，通过循环到机体需要的组织中，多余的部分大多由尿排出，在体内储存甚少。维生素 B_1 在豆类中含量最多，易溶于水，在酸性环境中很稳定，在中性及碱性条件下易被氧化，加热不容易破坏，但受氧、氧化剂、紫外线及 γ 射线的作用很容易破坏。维生素 B_1 是维持人体神经系统正常活动的重要成分，也是糖代谢的辅酶之一。维生素 B_2 在甘蓝、番茄中含量较多。维生素 B_2 耐热、耐干、耐氧化，在蔬菜加工过程中不易被破坏，但在碱性溶液中对热较不稳定。它是一种感光物质，存在于视网膜中，是维持眼睛健康的必要成分，在氧化作用中起辅酶作用。维生素 C 又称抗坏血酸，呈酸性，是一种易溶于水且不稳定的维生素，在水溶液中容易被氧化损坏，热、光、碱以及微量的铜、铁都会促使其破坏，但在酸性溶液和糖水中比较稳定。它参与人体代谢活动，增加对病菌的抵抗力，维持胶原的正常发育，在毛细血管中帮助铁的吸收和保护结缔组织，从而加快伤口的越合，同时也是生成骨蛋白的重要成分。维生素 C 易与致癌物质亚硝胺结合，有防癌效应。一般情况下，贮藏后的蔬菜，维生素 C 的含量会有不同程度的减少，这与维生素 C 酶的活性直接有关，酶的活性增强，会促使维生素 C 分解。蔬菜贮藏期间的低温，也是减少维生素损耗的方式之一。蔬菜泡渍（盐渍）过程中，由于发酵产生乳酸，有利于保存维生素 C，在有空气及其他氧化剂存在时，维生素 C 非常不稳定，其分解速度受温度、pH 值、金属离子及紫外光线等影响，因此，在生产加工泡菜的过程中，蔬菜表面用盐水浸没，以隔绝空气，减少氧化机会，有利于减少维生素的损失。

（二）脂溶性维生素

脂溶性维生素只能溶解于脂类物质中，难溶解于水，包括维生素 A 原、维生素 D、维生素 E 和维生素 K 四种。脂溶性维生素大部分由胆盐帮助吸收，循淋巴系统到体内各器官。体内可储存大量脂溶性维生素。维生素 A 是脂溶性的，只存在于动物性食品中，在植物性食品中只含有维生素 A 原即胡萝卜素。维生素 A 原进入人体后便转变为维生素 A，理论上讲一分子 β - 胡萝卜素在动物体内可产生两分子的维生素 A，α - 胡萝卜素和 γ - 胡萝卜素及隐黄素可产生一分子维生素 A。它在人体内能维持黏膜的正常生理功能，保护眼睛和皮肤等，能提高对疾病的抵抗性。维生素 A 耐热，在加工过程中损失较少，仅在有较强氧化剂存在时可因氧化而失去活性，在无氧条件下，加热至 120 ~ 130 ℃不发生任何氧化。含胡萝卜素较多的蔬菜有胡萝卜、菠菜、韭菜等。维生素 E 和维生素 K 存在于植物的绿色部分，性质稳定。脂溶性维生素如果过量就会在体内蓄积起来，引起不良反应。

五、矿物质

矿物质是蔬菜中具有特殊食用意义的化学成分，一般含量（以灰分计）为 0.1% ~ 3.0%。其中，根菜类 0.5% ~ 1.0%，茎菜类 0.2% ~ 2.6%，叶菜类 0.3% ~ 2.2%，果菜类 0.2% ~ 1.6%。常见蔬菜中的矿物质含量见表 6-5。矿物质是构成人体组织结构的主要成分，蔬菜中的矿物质与人体营养关系最密切的有钙、磷、铁等。钙含量最多的是雪里蕻（230 mg /100 g）、苋菜（160 mg /100 g）；大蒜含磷、硒最多，分别为 117 mg /100 g 和 3.09 μg/100 g；芹菜含铁最多，为 8.5 mg /100 g。钙、磷、镁是骨骼、牙齿的主要成分，磷、硫是构成蛋白质的重要成分；钙、磷、镁缺乏时，人体骨骼、牙齿发育不正常，出现骨质疏松、软骨病、血凝不正常、肌肉抽搐等现象；缺乏镁时，则神经反射亢进或减退、肌肉震颤、手足抽搐、心动过速、情绪不安、易激动；含钙较丰富而草酸少的蔬菜有雪里蕻、芹菜、蒜、韭菜、大头菜等，菠菜中含有草酸，可以与钙结合成不溶性草酸钙，不但本身所含钙不易吸收，而且还会影响其他食物中钙的吸收，因此菠菜不应吃得太多；铁是人体血红蛋白的成分，是人类所需的最重要的微量元素，人体摄取不足，将会患缺铁性贫血症，蔬菜中含铁最多的是芹菜、毛豆等，多数绿叶菜每 100 g 含铁 1 ~ 2 mg，但蔬菜中的铁吸收率很低，易受食物中一些因素干扰；在蔬菜的无机盐中以钾的含量最高，钾能促进心肌的活动，因此蔬菜对心脏衰弱及高血压有一定的疗效。

海藻类蔬菜中的碘含量高于陆地上生长的任何蔬菜，而碘是构成甲状腺素的必要物质，甲状腺素是人体调节物质代谢的重要激素。促进生长发育，维持中枢神经系统的结构，保持正常的精神状态等重要机能均与碘直接有关。碘缺乏时，可使儿童发生呆小病（克汀病），表现出生长迟缓，智力低下或痴呆等症状，甲状腺肿大与食物

中缺碘有直接关系。进食含高碘蔬菜如海带、紫菜、裙带菜等蔬菜，是预防和治疗缺碘性甲状腺肿大的重要措施。

另外，蔬菜中还含有一定量的砷、铅、铜等微量元素，人体吸收过多会产生危害。

蔬菜中所含的矿物质容易为人体所吸收，而且被消化后分解产生的物质大多呈碱性反应，可以中和鱼、肉、蛋和粮食中所含的蛋白质、脂肪、淀粉等被消化分解后产生的酸性产物，起到调节人体酸、碱平衡、保持皮肤健美、延缓皮肤衰老等作用。

表6-5 常见蔬菜中的矿物质含量（每100g可食部分）

蔬菜名称	锰（mg）	锌（mg）	镁（mg）	钙（mg）	磷（mg）	铜（mg）	铁（mg）	钾（mg）	钠（mg）	硒（μg）
白萝卜	0.09	0.3	16	36	26	0.04	0.5	173	61.8	0.61
胡萝卜	0.24	0.23	14	32	27	0.08	1	193	71.4	2.8
大头菜	0.15	2.38	19	65	36	0.09	0.8	243	65.6	0.95
莴苣	0.19	0.33	19	23	48	0.07	2	212	36.5	0.54
榨菜	0.1	0.25	5	28	35	0.05	0.7	316	41.1	0.95
苤蓝	0.11	0.17	24	32	46	0.2	0.3	190	29.8	0.16
生姜	3.2	0.34	44	27	45	0.14	7	295	14.9	0.56
大蒜	0.29	0.88	21	39	117	0.22	1.2	302	19.6	3.09
薤头	0.34	0.58	39	160	58	0.28	3.6	120	—	—
大白菜	0.15	0.38	11	50	31	0.05	0.7	—	57.5	0.49
芹菜	0.16	0.24	31.2	160	61	0.09	8.5	206	328	0.57
雪里蕻	0.42	0.7	24	230	64	0.08	3.4	281	30.5	0.7
辣椒	0.18	0.3	16	37	95	0.11	1.4	222	2.6	1.9
黄瓜	0.06	0.18	15	24	33	0.05	1.1	102	4.9	0.38
豇豆	0.39	0.94	43	42	63	0.14	1	145	4.6	1.4
苦瓜	0.16	0.36	18	14	35	0.06	0.7	256	2.5	0.36

六、色素

色泽是感官评价蔬菜质量的一个重要因素，也是检验蔬菜成熟衰老的依据。蔬菜的色泽都是由多种色素的存在而形成的，色素的种类和特性关系着蔬菜新鲜度及老熟度的感官鉴定，并对其加工制品的质量，具有感官影响作用。色素种类很多，有时单独存在，有时几种色素同时存在，或显现或被遮盖。按照溶解性质，可将蔬菜中的色素分为两大类，一类是脂溶性色素，一类是水溶性色素（类黄酮色素）。在蔬菜加工中，要尽量保持原有的色泽，防止变色。

（一）脂溶性色素

1. 叶绿素

蔬菜的绿色是由叶绿素构成的，叶绿素是光合作用的产物。叶绿素是由叶绿素 a 和叶绿素 b 组成，叶绿素 a 呈蓝绿色，叶绿素 b 呈黄绿色。蔬菜的绿色越浓，则叶绿素 a 含量越多。在阳光和氧气的作用下，叶绿素 a 会分解为叶绿素 b，此时蔬菜呈黄色或黄绿色。叶绿素不溶于水，在酸性环境中不稳定，在碱性环境中稳定。

2. 类胡萝卜素

类胡萝卜素不溶于水而溶于有机溶剂。叶绿体中的类胡萝卜素含有两种色素，即胡萝卜素和叶黄素，前者呈橙黄色，后者呈黄色，功能为吸收和传递光能，保护叶绿素。蔬菜中的类胡萝卜素，一般比较稳定，不溶于水，胡萝卜、红辣椒等所表现的黄色、橙色和红色都是由类胡萝卜素所形成的。在绿色的叶绿素中也含有类胡萝卜，但其颜色被绿色所遮盖而不显现。属于类胡萝卜素的有 α－胡萝卜素、β－胡萝卜素和 γ－胡萝卜素，蔬菜中的类胡萝卜素，常见的有胡萝卜素、番茄红素、番茄黄素、玉米黄素、隐黄质、白英果红素和叶黄素及辣椒红素等，它们都可以在各种果实中发现，其中 β－胡萝卜素被人体摄取后可转变为维生素 A。

1）胡萝卜素（$C_{40}H_{56}$）

胡萝卜素即维生素 A 原，常与叶黄素、叶绿素同时存在，呈橙黄色，富含于胡萝卜、南瓜、番茄、辣椒和绿色蔬菜中。

2）番茄红素（$C_{40}H_{56}$）

番茄红素是番茄表现红色的色素。它是胡萝卜素的同分异构体，呈橙红色，存在于番茄、西瓜中。番茄红素的合成和分解受温度影响较大。16 ~ 21 ℃是番茄红素合成最适温度，29.4 ℃以上就会抑制番茄红素的合成，番茄在炎热季节较难变红是温度太高的缘故。番茄各品种的颜色决定于各种色素的相对浓度和分布。

3）叶黄素（$C_{40}H_{56}O_4$）

叶黄素呈黄色，各种蔬菜中均有叶黄素存在，它与叶绿素和胡萝卜素同时存在于蔬菜的绿叶中，当叶绿素分解失去绿色时，叶黄素则成为绿叶蔬菜发生黄化的主要色素。

4）辣椒红素（$C_{40}H_{60}O_4$）

红辣椒中含有色泽鲜艳的色素成分，主要为辣椒红素及辣椒玉红素，两者均属于储类色素，通称辣椒红色素，辣椒红素是类胡萝卜素的一种。辣椒红色素外观为深红色黏性油状液体，在加热条件下不易被破坏，并且具有较强的着色力和良好的分散性，但耐光性、耐氧化性较差，辣椒红泽鲜艳，色价高，其显色强度为其他色素的10 倍。

类胡萝卜素不溶于水，较耐高温，对酸碱都具有稳定性，因而含这类色素的蔬菜，虽经加热处理仍能保持其原有色泽。但光和氧都能引起类胡萝卜素的分解，使蔬菜褪色，因此在生产加工过程中应采取避光和隔氧的措施。

（二）水溶性色素

1. 花青素

花青素是一类水溶性植物色素，是果实和花等呈现不同的红、蓝、紫等颜色的水溶性植物色素，总称为花青素苷。它可以随着细胞液的酸碱改变颜色，细胞液呈酸性则偏红，细胞液呈碱性则偏蓝。花青素是构成花瓣、蔬菜和果实等颜色的主要色素之一。它存在于植物体内，溶于细胞质或液泡中。花青素经由苯基丙酸类和类黄酮合成途径生成。影响花青素呈色的因子包括花青素的构造、pH 值、共色作用等。天然花青素苷呈糖苷的形态，经酸或酶水解后，可产生花青素和糖。不同的糖和不同的花青素结合则产生不同的颜色，一般结构中的糖为单糖或双糖等。花青素性质极不稳定，随着溶液的 pH 变化而不断地改变着颜色反应，如呈现出不同的红、青、紫色，与铁、铜、锡等金属接触时变蓝、蓝紫或带黑色，遇二氧化硫则发生褪色现象。花青素是一种感光性色素，它的形成需要日光，如在遮阴处生长的蔬菜，色彩的呈现就不够充分，往往显绿色。在阳光下极易变为褐色，加热时分解褪色。蔬菜中含花青素的品种不多，茄子皮的紫色是一种花青素，经氧化后会变成褐色。

花青素类色素广泛存在于紫甘薯、葡萄、血橙、红球甘蓝、蓝莓、茄子皮、樱桃、红橙、红莓、草莓、桑葚、山楂皮、紫苏、黑（红）米、牵牛花等植物的组织中。

花青素为人体带来多种益处。从根本上讲，花青素是一种强有力的抗氧化剂，它能够保护人体免受一种称为自由基的有害物质的损伤。花青素还能够增强血管弹性，改善循环系统和增进皮肤的光滑度，抑制炎症和过敏，改善关节的柔韧性。

2. 黄酮素

黄酮素是蔬菜中的另一种色素，是色素的一种苷类，呈现黄色或白色，普遍存在于蔬菜中，但一般含量较低。

3. 花黄素

属于花黄素类的色素有黄酮、黄酮醇、黄烷酮和黄烷酮醇，前两者为黄色结晶，后两者为无色结晶。

黄酮类多带有酸性羟基，因此具有酚类化合物的通性。某些金属离子如 Al^{3+}、Pb^{2+}、Fe^{2+} 等与花黄素能形成颜色较深的络合物。花黄素的色泽也受 pH 值的影响。另外，花黄素在空气中久置易氧化而成为褐色沉淀。

4. 无色花色素

无色花色素的母体为黄烷 -3, 4- 二醇。无色花色素具有单宁的某些性质，在酸性环境中加热时可生成花色素，使原先无色的制品带上颜色，故生产加工中也要多加注意。

七、芳香物质

蔬菜的香味由其本身含有的各种不同的芳香物质所形成，芳香物质系油状的挥发性物质，故又称挥发油。其含量极微，一般只有万分之几或千分之几，它们是蔬菜特殊气味的主要来源，也是判断蔬菜成熟度的重要指标之一。由于蔬菜在泡渍发酵过程中加入了一些香辛料，或在发酵过程中生成的氨基酸或酯醇醛酮类的香味超过了原料本身的一些香味，因此，鲜菜本身的一些芳香气味就不明显了。

挥发油类不仅具有刺激食欲、帮助消化的作用，而且还具有抗菌或植物杀菌的作用，有利于加工品的保藏。泡渍生产加工时普遍地应用香辛料，一则改进风味，二则增强保藏性。为防止泡菜"生花"，可在盐酸水液中滴入少许丁香油、肉桂油、芥子油或酒精等。

蔬菜中具葱、蒜类芳香成分为硫代丙烯类化合物；具有青草香味的为叶醇；芹、香菜为水芹烯；黄瓜主要香味成分为（E，Z）-2，6-壬二烯醛；萝卜、白菜为芥子油（异硫氰酯）$R-N=C=S$；姜气味主要有姜烯、姜萜。

八、酶

酶是生物体内活细胞产生的一种生物催化剂。大多数由蛋白质组成。生命活动中的消化、吸收、呼吸、运动和生殖都是酶促反应过程，细胞新陈代谢包括的所有化学反应几乎都是在酶的催化下进行的。酶或是溶解于细胞液中，或是与各种膜结构结合在一起，或是位于细胞内其他结构的特定位置上，这些酶统称胞内酶。还有一些在细胞内合成后再分泌至细胞外的酶——胞外酶，酶催化化学反应的能力称为酶活力（或称酶活性）。果蔬内酶的种类多种多样，对蔬菜原料影响较大的主要有两类：一类是水解酶类；一类是氧化酶类。影响泡菜颜色变暗或变黑等变化的生物因素主要是生物酶，即"酶促褐变"，它是一个十分复杂的生物化学变化过程。

（一）水解酶类

1. 果胶酶

果胶酶是常见于果蔬中的一种酶类，包括能够降解果胶的任何一种酶。果胶酶对果胶有水解作用而影响泡菜产品的硬度和脆度（参见本书的相关章节）。

2. 淀粉酶

淀粉酶主要包括 α-淀粉酶：属于内切酶，可水解淀粉分子内部的 α-1，4-糖苷键；β-淀粉酶：属外切酶，从淀粉分子的非还原性末端水解 α-1，4-糖苷键，依次切下麦芽糖单位；β-葡萄糖淀粉酶：属外切酶，它催化分子的非还原性末端，逐个

水解下葡萄糖单位；脱支酶：能够水解支链淀粉、糖原及相关大分子化合物中的 α -1,6- 糖苷键。

3. 蛋白酶

蛋白酶为水解蛋白质肽键的一类酶的总称。按其水解多肽的方式，可以将其分为内肽酶和外肽酶两类。按其反应的最适 pH，分为酸性蛋白酶、中性蛋白酶和碱性蛋白酶。工业生产上应用的蛋白酶，主要是内肽酶。泡菜生产加工在泡渍发酵时有益微生物产生的蛋白酶分解蔬菜中的蛋白质而生成氨基酸等呈味物质。

此外，水解酶类还有纤维素酶，各种糖苷分解酶等。

（二）氧化酶类

氧化酶类是催化各种物质的氧化，较重要的有抗坏血酸氧化酶、过氧化物酶、过氧化氢酶和脂肪氧化酶等。多酚氧化酶是导致蔬菜褐变的主要酶，抗坏血酸氧化酶导致维生素 C 的氧化损失，脂肪氧化酶加速不饱和脂肪酸的氧化，从而导致异味的产生。

蔬菜中的多酚氧化酶（即 PPO 酶）利用蔬菜中的酚类（酚类化合物，例如邻羟基苯酚、儿茶酚等），先生成醌类，再由醌类经过一系列变化，最后生成一种褐黑色的物质，称为黑色素，即诱发酶促褐变，对泡菜产品色泽有一定的影响，生产加工过程要加以注意。

蔬菜中酶的种类见表 6-6。

表 6-6　蔬菜中酶的种类

相关性状	酶类名称	催化反应	制品品质变化
与香味有关	脂类水解酶（脂肪酶、脂酶等）	脂类水解	水解性酸败
	脂肪加氧酶	多聚不饱和脂肪酸氧化	氧化性败坏（香味劣变）
	过氧化物酶 / 过氧化氢酶	过氧化氢分解	香味变劣
	蛋白酶	蛋白质水解	苦味、异味
与色泽有关	多酚氧化酶	多酚类氧化	褐变
组织硬度	淀粉酶	淀粉水解	软化、黏度下降
	果胶甲酯酶	果胶脱甲氧基	软化、黏度下降
	多聚半乳糖醛酸酶	果胶链水解	软化、黏度下降
营养价值	抗坏血酸氧化酶	L- 抗坏血酸氧化	维生素 C 含量下降
	硫胺酶	维生素 B_1 的水解	维生素 B_1 含量下降

第三节　原辅料及质量要求

一、原料及质量要求

蔬菜原料与品种是泡菜生产加工的基础，泡菜产品的质量与其生产加工用蔬菜原料的质量及品种紧密相关，优质的原料、优质的品种才能生产加工出优质的泡菜产品，所以泡渍发酵原料的要求与品种的选择非常重要。

（一）泡菜蔬菜原料的要求

泡菜生产加工对蔬菜原料一般要求是新鲜、大小基本一致、成熟适度、质地致密而脆嫩、无病虫害、无机械损伤、无发热现象的优质蔬菜，卫生（包含重金属及农残）指标必须达到无公害蔬菜要求。

（二）泡菜原料品种的要求

泡菜生产加工对原料和对品种的要求有相似性，但原料是普遍要求，而品种则是具体要求。现代泡菜的生产加工对原料品种的要求越来越高，要求泡菜产品有专用专一品种，达到以下标准：高产抗逆，大小基本一致；干物质含量较高，水分含量较低；加工不易发生色变（色泽变化，例如酚类物质含量较低）；加工不易发生脆变（脆度变化）；加工易保持蔬菜的自身风味；加工菜汁液不易外流，耐贮运。

（三）泡菜原料品种

四川泡菜的特点之一是蔬菜原料来源广泛，四季蔬菜均可用于泡渍加工，其中包括根菜类、茎菜类、叶菜类、果菜类和花菜类等蔬菜，当然要生产加工优质泡菜就必须满足上述原料或品种的要求。一般常用的泡菜原料品种主要有辣椒、萝卜、豇豆、生姜、青菜、榨菜、大头菜、莴苣、白菜、黄瓜、胡萝卜、苦瓜和花菜等。

1. 根菜类

根菜类是以植物膨大的变态根作为食用部分的蔬菜，常用于制作泡菜的根菜类蔬菜有萝卜、胡萝卜、芥菜头、根用芹菜、根用甜菜等，肉质块根类主要有豆薯等。这类蔬菜含有适量的水分，富含糖类以及一定的维生素和矿物质、少量的蛋白质，由于其组织紧密、质地嫩脆、肉质肥厚、不易发软，且产量高、耐贮藏，所以是制作泡菜

的主要原料，在泡菜生产中占有很大比例。根菜类按其生长、形成的不同，可分为肉质直根和肉质块根两种类型。用于泡菜制作的多属于肉质直根，它是由直根及胚轴膨大形成的肉质贮藏器官，即为贮藏养分的变态器官，其肉质是发达的薄壁细胞组织，含有大量水分、淀粉、维生素等，此外某些根菜还含有挥发性芳香油，主要成分为烯丙基芥子油。

1）萝卜

萝卜（*Raphanus sativus*）又名莱菔、芦菔，为十字花科萝卜属的一两年生草本科植物；为我国主要蔬菜品种之一，根肉质，长圆形、球形或圆锥形，根皮红色、绿色、白色、粉红色或紫色；茎直立，粗壮，圆柱形，中空，自基部分枝；基生叶及茎下部叶有长柄，通常大头羽状分裂，被粗毛，侧裂片 1 ~ 3 对，边缘有锯齿或缺刻，茎中、上部叶长圆形至披针形，向上渐变小，不裂或稍分裂，不抱茎；总状花序，顶生及腋生，花淡粉红色或白色。萝卜原产我国，各地均有栽培，品种极多，常见有红萝卜、青萝卜、白萝卜、水萝卜和心里美等，根供食用，种子、鲜根、叶均可入药，功能下气消积，种子千粒重 15 ~ 16 g。

图 6-2 萝卜

萝卜营养丰富（见表 6-7），具有极高的食用价值。富含碳水化合物、维生素及磷、铁、硫等无机盐类，食用萝卜可促进新陈代谢和增进消化淀粉的作用。萝卜中带有辛辣味的芥辣油、钾、镁等矿物质，可促进胃肠蠕动，有助于体内废物的排出，增进食欲。萝卜中还有淀粉酶、氧化酶等酶类，能起到帮助消化的作用，还可促进食物中的淀粉、脂肪分解，使之得到充分吸收，所以，在食用过多面食、豆制品、肉类感到腹胀时，吃些萝卜就可以消食除胀。萝卜中的酶类还能分解致癌物质亚硝胺，萝卜的木质素能提高人体巨噬细胞的活力，常吃萝卜有增强免疫功能、预防疾病的作用。

萝卜品种较多，根据生长期的长短可分为早熟、中熟及晚熟等类，在栽培上一般以收获季节分为冬萝卜、春萝卜、夏秋萝卜及四季萝卜四类，四类萝卜因其成熟条件及生长时间不同，其质地色泽各不相同，其中适宜于泡制的主要是冬萝卜、春萝卜和四季萝卜。作者科研团队冉茂林等人，选育出专用于泡菜的萝卜加工品种"蜀萝9号"（川审蔬2013006），生长期76 d，比春不老萝卜（对照）早熟16 d，单根重864 g，亩产4 048 kg。该品种干物质5.79%，还原糖3.78 g/100g，果胶2.15 g/kg。

表6-7　（白）萝卜营养成分（每100 g可食部分）

成分	含量	成分	含量
热量	88 kJ	维生素 B_1	0.02 mg
核黄素	0.03 mg	蛋白质	0.9 g
脂肪	0.1 g	烟酸	0.3 mg
膳食纤维	1 g	碳水化合物	4 g
视黄醇当量	93.4 μg	维生素 E	0.92 mg
维生素 C	21 mg	维生素 A	3 μg
胡萝卜素	0.6 μg	铜	0.04 mg
锰	0.09 mg	铁	0.5 mg
锌	0.3 mg	钾	173 mg
镁	16 mg	钠	61.8 mg
钙	36 mg	硒	0.61 μg
磷	26 mg		

供泡菜用的萝卜，其品质要求新鲜，成熟适度，肉质厚皮薄脆嫩，质地致密，水分中等，纤维少，不糠心，不软腐，无冻伤，无虫蚀。至于颜色、个体重、形态则视加工需要而定。适宜泡菜加工的萝卜品种有以下几类：

（1）冬萝卜。冬萝卜在立秋到处暑间播种，立冬到大雪间收获。生长期为70～120 d，重庆、成都地区多在8～9月间播种，晚秋或初冬收获。在广东地区则在7～9月间播种，9～12月间收获。这类萝卜由于生长季节的气候条件适宜，品种多、产量高、品质好、耐贮藏、用途多，是萝卜生产中最主要的一类。冬萝卜有多种品种，各品种各有其特点及其适宜的食用方法，其中心里美萝卜、露头青萝卜、透顶白萝卜、系马桩萝卜、黄州萝卜和圆白萝卜都适宜于盐渍。心里美萝卜、系马桩萝卜最适合于泡制，心里美萝卜在全国各地均能栽培，是最好的果用萝卜，肉质脆，味甜，宜于生食，也适于作泡菜。露头青萝卜，河南省普遍栽种，洛阳市郊产的品质较优，适宜盐渍。透顶白萝卜，山东济南栽培，肉质白而细密，适于盐渍。系马桩萝卜，湖北武汉市郊及附近各县均有栽培，根长、圆筒形，根皮出土部分为绿白色，入土部分为微带淡紫的白色，根肉白色，含水分较少，适宜于泡渍及酱渍加工。黄州萝卜，湖北黄冈地区栽培，纤维素少，汁多而脆，品质佳，适宜泡渍、干制。圆红萝卜，江苏常州新闸产的品质较优，皮红肉白、光滑致密，味甜脆嫩，适宜盐制。圆白萝卜，江

苏如皋地方特产，品质洁白、脆嫩、甘甜、素有"如皋萝卜赛雪梨"之称，适合盐渍萝卜条。

（2）春萝卜。春萝卜肉质好，顶部有细颈，根扁圆球形，全部在土中，重150～200 g。这类萝卜生长在长江以南及四川等冬季不太寒冷的地区，晚秋初冬间播种，露地越冬，二三月间收获，如成都和武汉地区栽培的春不老萝卜等。春萝卜的特点是耐寒性强，不易抽薹，不易糠心，其皮全部为深红色、肉白色，皮薄多汁，味甜不辣，肉质极脆嫩，最宜生吃。

（3）夏秋萝卜。夏秋萝卜在春夏播种，夏季到秋季收获。主要在我国北方地区栽培，如北京市郊一带的象牙白萝卜，皮白光滑，肉质嫩，含水适中产于北京郊区，河南也有种植。其特点是肉质致密细嫩，水分含量中等，味淡适宜于盐渍、泡渍，北京酱萝卜、郑州酸辣萝卜干均用此品种。此外成都平原新品种透身红和白玉春萝卜也适宜盐渍，且长时间盐渍对口感的脆嫩影响不大。

（4）四季萝卜。四季萝卜过去主要在湖北、江西栽培，现在采用人工栽培技术，在全国各地均能栽培。其特点是根皮红色、肉质白色，味微甜，可生食、熟食，也可干制，适于作泡菜。

2）胡萝卜

胡萝卜（*Daucus carota var.sativa*）又称红萝卜或甘荀，是伞形科胡萝卜属两年生草本科植物，供食用的部分是肥嫩的肉质直根。常见品种中，根呈球状或锥状，表皮红色或黄色，肉色橙红、红或红褐。胡萝卜原产阿富汗及邻近国家，地中海地区早在公元前就已栽培胡萝卜。胡萝卜喜凉爽至温和的气候条件，在温暖地区不宜于夏季种植，要求深而肥沃的疏松土壤。一般在第一个生长季节长叶，叶为二回复叶，细裂，直立丛生，在近冰点的低温下休眠后生出高大而分枝的花茎，复伞形花序顶生，花极小，白色或淡粉色，果实为小而带刺的双悬果，每半含一粒种子。

图6-3　胡萝卜

胡萝卜营养丰富（表6-8），20世纪时人们认识了胡萝卜素的营养价值而提高了胡萝卜的身价，素有"小人参"之称。胡萝卜有防治夜盲症、保护呼吸道和促进儿童生长，降低血中胆固醇含量，预防心脏疾病和肿瘤等功能。胡萝卜含有丰富的胡萝卜素，胡萝卜素被人体吸收后能转变成维生素A，可维护眼睛和皮肤的健康；胡萝卜中维生素A的含量又与胡萝卜的根色有关，红色胡萝卜含量高，黄色的含量低，各类品种中尤以深橘红色胡萝卜素含量最高。中医认为胡萝卜味甘性平，有健脾和胃、补肝明目、清热解毒、壮阳补肾、透疹、降气止咳等功效，可用于肠胃不适、便秘、夜盲症、性功能低下、麻疹、百日咳、小儿营养不良等症状。

表6-8　胡萝卜营养成分（每100 g可食部分）

成分	含量	成分	含量
热量	155 ~ 180 kJ	维生素 B_1	0.04 mg
核黄素	0.03 ~ 0.04 mg	蛋白质	1 ~ 1.4 g
脂肪	0.2 g	烟酸	0.2 ~ 0.6 mg
维生素 C	13 ~ 16 mg	碳水化合物	8.8 ~ 8.9 g
膳食纤维	1.1 ~ 1.3 g	维生素 E	0.41 mg
胡萝卜素	4 130 μg	维生素 A	668 ~ 688 μg
硒	0.63 ~ 2.8 μg	视黄醇当量	87.4 μg
锌	0.14 ~ 0.23 mg	锰	0.07 ~ 0.24 mg
钙	32 mg	镁	7 ~ 14 mg
铁	0.5 ~ 1 mg	钾	190 ~ 193 mg
磷	16 ~ 27 mg	铜	0.03 ~ 0.08 mg
钠	25.1 ~ 71.4 mg		

胡萝卜全国各地均有种植。胡萝卜肉质根形状上的变异虽没有萝卜那样大，但肉质根的色泽却又是多种多样的，但以红色或黄色为主，还有黄、白、橙红、橙黄、紫色和黄白色等多种，根据其肉质的形状可分为圆锥形及圆柱形两种。

胡萝卜既可生吃也可以熟食，泡渍品种要求新鲜，成熟适度，质细味甜，脆嫩多汁，表皮光滑，形状整齐，心柱小，肉厚，不糠心，无裂口和病虫伤害的为佳，胡萝卜是制作泡菜理想的原料之一。

圆锥形胡萝卜中，较好的品种有烟台三寸、烟台五寸、汕头红、二斤红等；圆柱形的有南京长红、常州胡萝卜、广州胡萝卜、西安胡萝卜等。

3）大头菜

大头菜（*Brassica juncea*）即芥菜的根茎，又名蔓菁、盘菜、诸葛菜、大头芥，芥辣、芥菜疙瘩，是芥菜的一个变种，为根用芥菜，一年生或二年生草本植物，属十字花科，叶子小，外形酷似萝卜，株高 20～50 cm，地下有圆形或椭圆形直根，叶有羽状复叶或匙状裂叶，具粗毛，花顶生，花冠黄色。肉质根扁圆形或圆锤形，上部紫色，下部白色，单重 150～500 g，其肉质致密，色白甘甜，水分少，有强烈的辛辣味。大头菜在早秋播种，霜冻前收获，生长期在 120～130 d 之间。大头菜为我国原产，南北各省均有栽培，以云南、四川、湖北、山东、浙江和广东等地最为出名。

图6-4　大头菜

大头菜营养丰富（表6-9），含维生素 B_1、维生素 C 和烟酸比较多，矿物质含量和萝卜相仿，但因水分含量低，所以糖含量和蛋白质含量相对比萝卜高，对人体产生的热量也较多。其他维生素、矿物质、糖类含量也很丰富，是营养价值比较高的蔬菜。

大头菜具有特殊的芳香气，味甘，肉质比萝卜坚硬，有强烈芥辣味并稍带苦味，不能生吃，但组织细密，盐渍后由于生物酶的作用，氨基酸和糖含量增多，品质变得柔软而脆嫩，所以它是盐渍泡菜等的最好原料之一。用作泡渍生产加工的大头菜，要求新鲜，成熟适度，肉质根皮厚而硬，肉质致密坚实，水分少，肉白色，未抽薹，不糠心，无软腐，无虫蚀，菜头单个重约在 0.2～1.0 kg。大头菜品种很多，按其形状可分为以下三种类型：

（1）扁圆大头菜。扁圆芜菁肉质根，呈扁圆形，近根的部位比较细，出土的部分为绿色，入土的部分为白色；肉质根，表皮平滑，肉质坚实，品质好，适宜盐渍加工。

（2）长圆大头菜。长圆芜菁肉质根，呈长圆形，表皮黄白色，有环状纹突起；其肉质坚实，组织细致，纤维少，品质好，既可以腌制，又可以熟食。

表 6-9　大头菜营养成分（每 100 g 可食部分）

成分	含量	成分	含量
水分	50.3 ~ 89.6 g	能量	138 kJ
核黄素	0.02 ~ 0.04 mg	维生素 B_1	0.06 ~ 0.07 mg
脂肪	0.2 g	蛋白质	1.4 ~ 1.9 g
维生素 C	34 mg	糖类	6.3 g
膳食纤维	1.4 ~ 1.7 g	烟酸	0.3 ~ 0.6 mg
碳水化合物	6 g	维生素 E	0.2 mg
胡萝卜素	0.9 μg	维生素 A	20 μg
锌	0.39 ~ 2.38 mg	视黄醇当量	89.6 μg
铁	0.5 ~ 0.8 mg	锰	0.15 mg
钙	41 ~ 65 mg	铜	0.09 mg
磷	31 ~ 36 mg	钾	243 mg
钠	65.6 mg	镁	19 mg
硒	0.95 μg		

（3）圆锥大头菜。肉质根圆锥形，根肩部分平圆，下部渐尖。其根有 2/3 露出地面，露出地面的部分为浅绿色，入土的部分为乳白色；皮厚，表皮光滑，肉质坚实，宜于加工腌制。

大头菜的区域品种有成都大头菜、四川内江红缨子大头菜、浙江南浔大头菜、云南玫瑰大头菜、湖北襄樊大头菜、河南开封大头菜、江苏大头菜、昆明油菜叶大头菜、湖北宋凤大花叶大头菜、济南疙瘩菜和浙江慈溪板叶大头菜等。

2. 茎菜类

茎菜类是以嫩茎作为主要食用部位的蔬菜，茎菜种类很多，仅次于叶类菜和果类菜。按其生长状况不同，可分为地上茎和地下茎两类。地上茎又可分为嫩茎菜和肉质茎菜，嫩茎菜如莴笋、菜薹、蒜苗等，肉质茎菜如榨菜、球茎甘蓝等。地下茎其食用部位生长于地下，可分为块茎类、根状茎类、球茎类和鳞茎类四类，块茎类有马铃薯、山药等；根状茎类如藕、姜；球茎菜如芋头、慈菇等；鳞茎类有大蒜、葱头等。

茎菜营养价值丰富而且用途较广泛，其中莴苣、藕、榨菜、球茎甘蓝、姜、菊芋等，肉质脆嫩，纤维少，是泡菜的理想原料。

（1）莴苣

莴苣（*Lactuca sativa*），为菊科，莴苣属，一、二年生草本植物。莴苣可分为叶用和茎用两类。叶用莴苣又称春菜、生菜，广东、广西栽培较多。茎用莴苣根基肥大，肉质能吃，形如笋，故称莴笋、香笋。茎用莴苣叶较窄，尖端尖或圆，茎部肥大为主食部分。莴苣的栽培要求冷凉的气候条件，最有利的茎叶生长温度为 11 ~ 18 ℃，不耐严寒，在长日照和高温条件下容易抽薹。所以在冬季较冷地区莴苣的主要栽培季节是春秋两季。莴苣收获期大致为春莴苣 3 ~ 4 月份采收，夏莴苣 5 ~ 6 月份采收，秋莴苣 9 ~ 10 月份采收，冬莴苣 11 ~ 12 月份采收。

图 6-5　莴苣

莴苣的营养成分见表 6-10。中医认为，莴苣味苦甘、性凉，有消热、利尿、通乳之功效，可治疗小便赤热短少，尿血，乳汁不通等症。莴苣茎叶中含有莴苣素，味苦，高温干旱苦味浓，刺激消化，增进食欲。

表 6-10　莴苣营养成分（每 100 g 可食部分）

成分	含量	成分	含量
水分	96.4 g	糖类	1.9 g
热量	58 kJ	维生素 B_1	0.02 mg
核黄素	0.02 mg	蛋白质	0.6 ~ 1 g
脂肪	0.1 g	烟酸	0.5 mg
维生素 C	1 ~ 4 mg	维生素 E	0.19 mg
膳食纤维	0.4 ~ 0.6 g	维生素 A	25 μg
碳水化合物	2.2 g	视黄醇当量	95.5 μg
胡萝卜素	150 ~ 200μg	铜	0.07 mg
铁	0.9 ~ 2 mg	钾	212 mg
锌	0.33 mg	锰	0.19 mg
钙	7 ~ 23 mg	镁	19 mg
磷	31 ~ 48 mg	硒	0.54 μg
钠	36.5 mg		

　　用作泡渍莴苣要求新鲜，成熟适度，皮薄肉嫩脆，无空心，无烂斑、无软腐，无机械损伤，单重在 0.2 ~ 0.25 kg。因为晚期比早期收获的莴苣含水量少，干物质多，出品率高，成本低，所以晚期品种宜于生产加工泡菜。莴苣品种很多，常根据叶形、叶色、茎色或属性等命名，按照叶片形状和颜色可分为以下三种：

　　（1）圆叶种。多是早熟品种，植株较小，叶浅绿色，倒卵形，顶部稍圆。肉淡绿色，皮薄，肉质致密，脆嫩。含水分较多，品质上等，生、熟食皆可。如北京的白笋、上海的大圆叶、南京的白皮香等。

　　（2）尖叶种。多是晚熟品种，植株高大，叶片为绿色或浅绿色，披针形，似柳叶。其皮较薄，肉质脆嫩、微甜，含水较少，品质中等，生、熟食皆可。可以用作盐渍加工。如柳叶莴苣，北京的紫叶莴笋，陕西的尖叶白笋、尖叶青笋，上海的大尖叶，湖南的大尖叶，贵州的双尖莴笋等。

　　（3）紫叶种。

　　为晚熟品种。植株较高，叶的边缘为紫红色。皮薄，肉质脆嫩，含水分较多，品质好，生、熟食皆可。

　　莴苣区域优良品种有陕西的八金棒莴笋、圆叶白笋、四川挂丝红莴笋、北京煌鲫瓜莴笋、内蒙古鱼肚莴笋等。

　　2）榨菜

　　榨菜（*Brassica juncea var.tsatsai*）即茎用芥菜，又名羊角菜、包包菜等。原产我国涪陵（长江沿岸），属十字花科，一、二年生草本植物，株高 40 ~ 55 cm，展度 60 ~ 65 cm，叶长椭圆形，叶色绿，叶面中皱，蜡粉中，无刺毛，叶缘波状，裂片 4 ~ 5 对，叶柄长 3 ~ 4 cm。瘤茎近圆球形，皮色浅绿，瘤茎上每一叶基外侧着生肉瘤 3 个，中瘤稍大于侧瘤，肉瘤钝圆，间沟浅。榨菜为芥菜的一个变种，其茎基部膨大，叶子着生的基部瘤状突起，形成瘤状的肉质茎，其加工成品也称为榨菜。榨菜营养丰富，营养成分见表 6-11。

图 6-6　榨菜

表 6-11　榨菜营养成分（每 100 g 可食部分）

成分	含量	成分	含量
热量	29kJ	维生素 B_1	0.02 mg
核黄素	0.02 mg	蛋白质	1.3 ~ 4.4 g
脂肪	0.2 ~ 1.2 g	烟酸	0.3 mg
维生素 C	7 mg	维生素 E	1.29 mg
膳食纤维	2.8 ~ 3.1 g	维生素 A	47μg
胡萝卜素	0.7 ~ 1.2μg	视黄醇当量	95μg
糖类	5.6 g	铜	0.05 mg
磷	35 mg	钾	316 mg
锌	0.25 mg	锰	0.1 mg
铁	0.7 mg	镁	5 mg
钙	23 ~ 28 mg	硒	0.95μg
钠	41.1 mg		

　　宜于盐渍泡渍的榨菜品种要求丰产，新鲜，成熟适度，表皮光滑，色青绿，皮薄肉嫩脆，脱水速度快，无空心，无机械损伤，单重在 0.3 ~ 0.6 kg。榨菜品种主要有三层楼、鹅公包、三转子、棒菜、蔺市草腰子、永安小叶、涪杂 1 号、涪杂 2 号、涪杂3 号、涪杂 4 号和涪杂 5 号等。茎用芥菜播种和收获日期因各地气候条件不一而有所差异，一般在 9 月上旬播种，于当年 11 ~ 12 月份或次年 3 ~ 4 月份收获，整个生长期约为 100 ~ 150 d，所以榨菜加工主要集中在一季度。

　　（1）永安小叶。本品种适用于重庆市海拔 500 m 以下沿江地区栽培，排灌良好的壤土或沙壤土较为适宜。株高 45 ~ 50 cm，开展度 60 ~ 65 cm。叶长椭圆形，叶色绿，叶面中皱，蜡粉中，无刺毛，叶缘波状，裂片 4 ~ 5 对，叶柄长 3 ~ 4 cm。瘤茎近圆球形，皮色浅绿，瘤茎上每一叶基外侧着生肉瘤 3 个，中瘤稍大于侧瘤，肉瘤钝圆，间沟浅。出苗至现蕾 155 ~ 160 d。该品种具有产量高、加工性能好（茎瘤含水量低，皮薄，脱水速度快，加工成菜率高）、品质优良等特点，是涪陵榨菜产区当前大面积栽培的优良品种。由重庆市涪陵区农业科学研究所选育。

　　（2）涪杂 2 号。本品种为涪陵榨菜杂交良种，交茎瘤芥（榨菜）新品种，适用于重庆市及四川盆地榨菜产区栽培，排灌良好的壤土或沙壤土较为适宜。株高 52 cm，开展度 63 cm，叶长椭圆形，叶色深绿，叶缘细锯齿状，叶面平滑，叶片无刺毛、无蜡粉。最大叶长 56.6 cm，4 ~ 5 对裂片，叶柄长 3.8 cm。瘤茎呈圆球形，皮色绿色，无刺毛、无蜡粉，每一叶基外侧着生 3 个肉瘤，肉瘤钝圆形，间沟浅。营养生长期145 d，单株瘤茎鲜重 415 g。该品种早熟，能在 8 月下旬播种，次年 1 月上中旬收获，不出现先期抽薹。产性好，其瘤茎近圆球形，肉瘤大而钝圆，瘤茎产量与"涪杂1号"相当。株型紧凑，瘤茎形状好，生态适应性较强，瘤茎含水量低，皮薄，脱水速度快，加工成菜率与"蔺市草腰子"相当，由重庆市涪陵区农业科学研究所（现重庆市渝东南农业科学研究院）选育。

（3）涪杂8号。晚熟丰产茎瘤芥（榨菜）杂新一代品种，该品种最显著的特点是晚熟丰产，特别是抗抽薹能力强，播期弹性大，叶片较直立、株型较紧凑，耐肥，一般亩产 3 500~4 000 kg，瘤茎皮薄、筋少，含水量低，脱水速度快，加工成菜率与"永安小叶""涪杂2号""涪杂3号"相当。是目前涪陵第二季榨菜栽培的主要品种，由重庆市涪陵区农业科学研究所（现重庆市渝东南农业科学研究院）选育。

3）球茎甘蓝（茎蓝）

球茎甘蓝（*Brassica oleracea var. caulorapa*）是甘蓝的变种之一，又称茎蓝、擘蓝、玉蔓青等，福建称香炉菜，十字花科，芸薹属，一、二年生草本植物。根系浅，茎短缩，叶丛着生短缩茎上，叶片椭圆、倒卵圆或近三角形，绿、深绿或紫色，叶面有蜡粉，叶柄细长，生长一定叶丛后，短缩茎膨大，形成肉质茎，圆或扁圆形，肉质、皮色绿或绿白色，少数品种紫色。球茎甘蓝一定大小的幼苗在 0 ~ 10 ℃通过春化，后在长日照和适温下抽薹、开花、结果。原产地中海沿岸，由叶用甘蓝变异而来，在德国栽培最为普遍，16 世纪传入中国，现全国各地均有栽培。

图 6-7　球茎甘蓝

球茎甘蓝含有较多的维生素 B_1、维生素 C，它还含大量的钾，而维生素 E 的含量也很高见表 6-12。

球茎甘蓝有大型种和小型种两种。大型球茎甘蓝的叶片较大，球茎每只重 1 ~ 1.5 kg，甘肃陇西县栽培的品种陇西甘蓝单重可达 4 ~ 4.5 kg。小型球茎甘蓝叶片较小，球茎重 0.25 ~ 0.5 kg／只，如北京、南京等地的早白甘蓝和成都平原的二叶子甘蓝等。茎蓝的品种依球茎的色泽可分为绿白色、绿色及紫色三种，以绿白色的品质较好。依生长期的长短可分为小型的早熟种和大型的晚熟种，长江流域生长期较短，应栽培早、中熟品种。球茎甘蓝播种期有春、秋两季。春季在 2 ~ 3 月份播

种，6 月上旬收获，秋季在 7 ~ 8 月份播种，早熟品种 10 月下旬至 11 月份收获，晚熟品种在 12 月份至次年 2 ~ 4 月份收获。球茎甘蓝适应性强易栽培，耐贮藏、运输。

用于泡菜盐渍的原料要求新鲜、肉质致密、脆嫩、白色、味甜。盐渍球茎甘蓝往往用作复合酱渍菜或酱油渍菜的配菜。

表 6-12　球茎甘蓝营养成分（每 100 g 可食部分）

成分	含量	成分	含量
水分	93.7 g	维生素 B_1	0.04 ~ 0.05 mg
热量	125 kJ	蛋白质	1.3 ~ 1.6 g
核黄素	0.02 mg	烟酸	0.4 ~ 0.5 mg
脂肪	0.2 g	碳水化合物	5.7 g
维生素 C	41 ~ 76 mg	维生素 E	0.13 mg
膳食纤维	1.1 ~ 1.3 g	维生素 A	3 μg
胡萝卜素	0.7 μg	视黄醇当量	90.8 μg
锌	0.17 mg	铜	0.02 mg
铁	0.3 mg	钾	190 mg
钙	25 ~ 32 mg	锰	0.11 mg
磷	33 ~ 46 mg	镁	24 mg
钠	29.8 mg	硒	0.16μg
糖类	2.7 g		

（1）小型种。多为早熟，球茎重一般不超过 500 ~ 1 000 g。从播种到采收叶球约 100 ~ 110 d，从定植到采收约 60 ~ 70 d，早熟类型品种的叶球形态多为尖头形和圆头形。

（2）中型种。多为中熟，球茎重 1 000 ~ 2 000 g，从播种到采收 20 ~ 50 d，从定植到采收 80 ~ 100 d。叶球形态一般为圆环形或扁圆形。

（3）大型种。多为晚熟类型品种，球茎重 2 500 ~ 3 000 g，从播种到采收叶球需要 150 ~ 180 d，从定植至采收需要 100 d 以上，球茎甘蓝晚熟类型品种植株高大，生长势旺，叶肥厚，叶球大，结球一般不太紧实。

4）生姜

生姜（Zingiber officinale）又称为鲜姜、黄姜、姜、姜根等，属蘘荷科，是多年生宿根植物，根茎肉质，肥厚，扁平，有芳香和辛辣味，茎皮为黄色、淡黄色或灰黄色、肉黄色，根茎肥厚，断面黄白色，有浓厚的辛辣气味。叶互生，排成两列，无柄，几抱茎；叶舌长 2 ~ 4 mm；叶片披针形至线状披针形，长 15 ~ 30 cm，宽 1.5 ~ 2.2 cm，先端渐尖，基部狭，叶革鞘状抱茎，无毛。生姜为我国自古栽培，分布南北各地，长江以南普遍栽培。

图 6-8　生姜

生姜是典型的药食两用食物，营养成分见表 6-13。它含有较多的维生素 A 和维生素 C 以及矿物质，也含有丰富的芳香性挥发油 0.25% ~ 3.0%，主要成分为姜醇（$C_{15}H_{26}O$）、姜烯（$C_{15}H_{24}$）、莰烯、水芹烯、龙脑、枸木橡醛、芳樟醇、桉油精等。此外，还含有姜辣素、姜烯酮（$C_{17}H_{24}O_3$）、姜酮（$C_{11}H_{14}O_3$）等辣味成分，因而具有辛辣的香味，可以刺激胃肠的消化腺促使分泌消化液，帮助消化，增进食欲，是一种主要的调味品。生姜为芳香性辛辣健胃药，有温暖、兴奋、发汗、止呕、解毒等作用，特别对于鱼蟹毒，半夏、天南星等药物中毒有解毒作用，还适用于外感风寒、头痛、痰饮、咳嗽、胃寒呕吐。在遭受冰雪、水湿、寒冷侵袭后，急以姜汤饮之，可增进血行，驱散寒邪。

宜于做泡菜的生姜品种要求新鲜、肉质脆嫩、大小一致、无病虫害、无机械损伤的姜。生姜生物学特性喜温暖湿润的气候，不耐寒，怕潮湿，怕强光直射；忌连作，宜选择坡地和稍阴的地块栽培，以上层深厚、疏松、肥沃、排水良好的沙壤土至重壤土为宜。生姜播种后从上发出新芽，新芽不久便开始膨大形成初生根茎，随后发育成母姜。母姜在生出新芽的同时陆续膨大形成二次生根茎，称为子姜。子姜在生出新芽的同时又陆续膨大形成三次生根茎，称为孙姜。依此类推，四次和五次生根茎称为曾孙姜和玄孙姜。一般母姜发生最早，每株只有一个，重量最轻，子姜和孙姜的根茎，每株有 3 ~ 4 个，重量最大，是构成产量的主要部分，约占所有新姜生长量的 75% 左右，所以肉质肥大的子姜和孙姜也是泡菜盐渍加工的主要原料。生姜在夏季开花，花色一般为黄色。生姜的栽植时期，长江流域一般在四五月份栽植，广东广西等春暖较早，一般在 2 ~ 3 月份。生姜的采收，按产品用途分收种姜、嫩姜及老姜，即种姜一般在 6 月下旬采收（若采收过迟，掘时损伤根群过多，影响姜株生长及产量），嫩姜

从 8 月份就开始采收，嫩姜是泡菜的上等原料，老姜于 11 月中、下旬，待地上茎开始枯黄，根茎充分膨大致熟时采收，老姜常作香料。

表 6-13　生姜营养成分（每 100 g 可食部分）

成分	含量	成分	含量
水分	87 g	糖类	8.5 g
热量	171 kJ	维生素 B_1	0.02 mg
核黄素	0.03 mg	蛋白质	1.3 ~ 1.4 g
脂肪	0.6 ~ 0.7 g	烟酸	0.8 mg
维生素 C	4 mg	碳水化合物	7.6 g
膳食纤维	2.7 g	维生素 A	28 μg
胡萝卜素	170 ~ 180 μg	视黄醇当量	87 μg
锌	0.34 mg	铜	0.14 mg
铁	1.4 ~ 7 mg	钾	295 mg
钙	20 ~ 27 mg	镁	44 mg
磷	25 ~ 45 mg	锰	3.2 mg
钠	14.9 mg	硒	0.56 μg

姜的品种很多，名称有按地方命名，有按根茎皮色或根茎上的芽色命名。在我国南方栽培的生姜品种中，纤维素较少，肉质较脆嫩的有浙江的红爪姜、黄爪姜，福建的红牙姜、竹姜，广东的疏轮大肉姜和密轮大肉姜，广西的玉林圆肉姜，山东莱芜片姜，四川的峨眉姜，云南玉溪黄姜，湖北的枣阳姜、来凤生姜，还有东北安东地区的白姜，陕西汉中地区的黄姜等。

（1）灰白品种。姜块表皮呈灰白色，光滑，每个小姜块互相连接像手掌样的一个整块。嫩姜辣味较小，肉质脆嫩，可以炒食或盐渍等。老姜辣味强，肉质坚实，水分含量少，主要用于调味。

（2）黄皮黄姜。姜块表面呈白黄色，较平滑，整块有单、双排列。姜肉呈淡黄色，肉质柔软。辛辣味不烈，品质佳。此类姜个大，最适宜泡渍、腌制、糖渍，也可以调味或作香料。

（3）黄皮姜。整块表皮呈鲜黄色或浅黄色，比较光亮，每个小姜块连接成一个大整块。姜肉蜡黄或黄白色，纤维少，辛辣味强，品质佳。嫩姜辣味小，肉质脆嫩，可泡渍。

5）大蒜

大蒜（*Allium sativum*）又名蒜头、独蒜、胡蒜等，为多年生的宿根草本植物，地下鳞茎分瓣，味辣，有刺激性气味，可食用或供调味，亦可入药。大蒜种西汉时从西域传入，为百合科葱属。蒜的假茎、花茎、鳞茎都可作为蔬菜，也是泡菜的好原料。假茎又名青蒜，是由许多层叶鞘包裹而形成的，为叶用蒜的主要食用部分。花茎又名蒜茎、蒜苗，中间充实，是由花芽分化以后、从茎盘顶端抽出而成。在一般情况下，凡是能分蒜瓣的都有蒜薹，鳞茎就是蒜头。大蒜的播种期因地区及使用目的不同而有差异。我国南方都是秋播（9月份），当年11～12月份收获叶用大蒜（即假茎），次年清明后收获蒜薹（蒜苗），6月上、中旬收获蒜头。华北地区有的秋播，有的春播，东北地区全部春播。

图6-9　大蒜

大蒜含挥发性油0.1%～0.2%，油中主要成分为大蒜辣素（$C_6H_{10}O_2$），为无色油状液体，具特有的强刺激性臭，是一种天然植物广谱杀菌素，大蒜辣素是在大蒜捣碎或撞碰时，由蒜酶把大蒜中的蒜氨酸（$C_6H_{14}OS_2$）转化而来的。大蒜是典型的药食两用食物，营养成分表6-14。现代医学研究证实，大蒜集数十种药用和保健成分于一身，其中含硫挥发物43种，硫化亚磺酸（如大蒜素）酯类13种、氨基酸9种、肽类8种、甙类12种、酶类11种。大蒜具有强烈杀菌（大蒜中含硫化合物具有奇强的抗菌消炎作用，对多种球菌、杆菌、真菌和病毒等均有抑制和杀灭作用），防治肿瘤和癌症（大蒜中的锗和硒等元素可抑制肿瘤细胞和癌细胞的生长），排毒清肠、预防肠胃疾病（大蒜可有效抑制和杀死引起肠胃疾病的幽门螺杆菌等细菌病毒，清除肠胃有毒物质，刺激胃肠黏膜，促进食欲，加速消化），降低血糖、预防糖尿病，防治心脑血管疾病（大蒜可防止心脑血管中的脂肪沉积，诱导组织内部脂肪代谢，显著增加纤维蛋白溶解活性，降低胆固醇，抑制血小板的聚集，降低血浆浓度，增加微动脉的扩张度等功效），预防感冒，旺盛精力等保健作用。

适宜做泡渍用蒜头要求新鲜，质地致密，蒜头规格大小基本一致，不干瘪、无软腐，无机械伤害，蒜薹要求脆嫩、辛辣，茎尚未木质化、纤维少。用青蒜（即假茎）做盐渍菜的极少。

表6-14　大蒜营养成分（每100 g可食部分）

成分	含量	成分	含量
热量	527 kJ	维生素 B_1	0.04 mg
核黄素	0.06 mg	蛋白质	4.5 g
脂肪	0.2 g	烟酸	0.6 mg
维生素 C	7 mg	碳水化合物	26.5 ~ 27.6 g
维生素 B_6	1.5 mg	泛酸	0.7 mg
膳食纤维	1.1 g	维生素 E	1.07 mg
叶酸	92.00 μg	维生素 A	5 μg
胡萝卜素	1.1 ~ 30 μg	尼克酸	0.60 mg
锌	0.88 mg	视黄醇当量	66.6 μg
铁	1.2 mg	钾	302 mg
钙	39 mg	铜	0.22 mg
磷	117 mg	镁	21 mg
钠	19.6 mg	锰	0.29 mg
硒	3.09 μg		

　　我国大蒜品种多，以蒜瓣大小分，有大瓣种和小瓣种；以蒜瓣颜色分可分为白皮蒜和紫皮蒜；以蒜茎的发达与否分可分为有蒜薹种和无薹种；以蒜瓣多少分可分为四、六、八、九瓣蒜等。在蒜头中还有不分瓣的大蒜，称为独蒜或麦蒜，独蒜不是单独的品种，而是普通大蒜的变态，形成独蒜头的原因很多，如播种时蒜瓣很小，幼苗生长期间肥水不足或叶子受病虫侵害等，均可形成独蒜头。湖北沙市的独蒜则是人工创造条件，有意使之形成独蒜的（如大蒜和萝卜套种）。如成都温江、彭州市等地的独蒜很有名气。大蒜一般还是以皮色区分，白皮蒜多为小瓣种，每一蒜头的瓣数较多，外皮不易剥落，其中大白皮蒜头较大，其蒜瓣亦较均匀。其优良品种如北京的柳子蒜、河北永年狗牙蒜、东北的马牙蒜等。紫皮蒜属大瓣种，蒜头大而分瓣少，外皮易剥落，香味辛辣，产量高，其蒜薹亦肥大，一般以收获蒜头和蒜薹为主。其优良品种有黑龙江阿城大蒜、山东安丘、苍山大蒜、陕西蔡家坡大蒜、湖北黄冈苏蒜，成都郊县的四、六瓣蒜等。

　　我国大蒜的主要产地：河北省永年县、大名县北部，河南省杞县、中牟县贺兵马村，山东省莱芜市、金乡县（济宁市）、商河县、苍山县（临沂市）、广饶县（东营市）、荏平县、成武县（菏泽市），江苏省邳州市、射阳县、太仓市，上海嘉定，安徽省亳州市、来安县，四川省成都温江区、彭州市，云南省大理，陕西省兴平市及新疆等地。

6）藠头

藠头又名薤、薤子，因藠字是由3个白字组成，故又俗称三白。藠头为多年生草本百合科植物的地下鳞茎，叶细长，中空，横切面呈三角形，浓绿色而带白色。开紫色小花，不结种子，嫩叶也可食用。成熟的藠头个大肥厚，洁白晶莹，辛香嫩糯。藠头为我国原产，长江流域以南各省栽培较多。

图6-10　藠头

藠头营养丰富（表6-15），含糖、蛋白质、钙、磷、铁、胡萝卜素、维生素C等多种营养物质，是烹调佐料和佐餐佳品。干制藠头入药可健胃、轻痰、治疗慢性胃炎。

表6-15　藠头营养成分（每100g可食部分）

成分	含量	成分	含量
热量	—	蛋白质	—
核黄素	—	烟酸	—
脂肪	—	碳水化合物	—
维生素C	27 mg	维生素E	0.11 mg
膳食纤维	0.3 g	维生素A	560 μg
胡萝卜素	—	视黄醇当量	81.4 μg
锌	0.58 mg	铜	0.28 mg
铁	3.6 mg	钾	120 mg
钙	160 mg	镁	39 mg
磷	58 mg	锰	0.34 mg
钠	—	硒	—
维生素B$_1$	—		

加工学
PAOCAI JIAGONGXUE

泡渍用藠头原料要求新鲜，洁白晶莹，大小一致，细嫩微辣，无破皮、无软腐等，藠头很适宜泡渍（盐渍）或醋渍或糖渍，渍后质脆，味更好。藠头用鳞茎繁殖，膨大鳞茎为短纺锤形，上部稍带青紫色，分生能力强，一个鳞茎栽植后可分生成 15 ~ 30 个以上的鳞茎，单个鳞茎质量为 10 ~ 15 g，藠头生长适应性广，各种土壤均可栽培，但以排水良好的砂质土壤较好，适于在冷凉的气候下生长。其播种期为 8 ~ 9 月份，次年的 6 ~ 7 月份采收，生长期在 300 d 左右。

我国湖北、湖南、江西、浙江、云南、四川、广东、广西、台湾等省、自治区栽培多、品质好，例如江西省新建县生米藠头，云南省开远碑格的珍珠藠头，湖北省武昌和鄂城的梁子湖藠头，四川省青神和彭州藠头等。中国藠头之乡有江西省新建县生米镇。

7）菊芋

菊芋又名洋姜、鬼子姜，是一种多年宿根性草本植物。高 1 ~ 3 m，有块状的地下茎及纤维状根。茎直立，有分枝，被白色短糙毛或刚毛。叶通常对生，有叶柄，但上部叶互生；下部叶卵圆形或卵状椭圆形。头状花序较大，少数或多数，单生于枝端，有 1 ~ 2 个线状披针形的苞叶，直立，舌状花通常 12 ~ 20 个，舌片黄色，开展，长椭圆形，管状花花冠黄色，长 6 毫米。瘦果小，楔形，上端有 2 ~ 4 个有毛的锥状扁芒。花期 8 ~ 9 月。

表 6-16　菊芋营养成分（每 100 g 可食部分）

成分	含量	成分	含量
水分	79.8 g	维生素 B_1	—
热量	—	蛋白质	0.1 g
核黄素	—	烟酸	—
脂肪	0.1 g	碳水化合物	16.6 g
维生素 C	6 mg	维生素 B	10.13 mg
粗纤维	0.6 g	维生素 B_2	0.06 mg
胡萝卜素	0.7 μg	视黄醇当量	90.8 μg
锌	0.17 mg	铜	0.05 mg
铁	5 ~ 8.5 mg	钾	180 mg
钙	25 ~ 49 mg	锰	0.11 mg
磷	60 ~ 119 mg	镁	24 mg
钠	30 ~ 46 mg	硒	0.18 μg
糖类	2.7 g		

菊芋原产北美洲，17 世纪传入欧洲，后传入中国。其地下块茎富含淀粉、菊糖等果糖多聚物，可以食用，煮食或熬粥，腌制咸菜，晒制菊芋干，或作制取淀粉和酒精原

240

料。宅舍附近种植兼有美化作用。菊芋被联合国粮农组织官员称为"21 世纪人畜共用作物"。

图 6-11　菊芋

菊芋块茎耐储存，富含氨基酸、糖、维生素，并含丰富的菊糖、多缩戊糖、淀粉等物质。菊芋块茎质地白细脆嫩，无异味，可生食、炒食、煮食或切片油炸，若腌制成泡菜或制成洋姜脯，更具独特风味。菊芋是一种无病虫危害和农药污染、适于制作泡菜食品的上乘原料。

8）竹笋

竹笋，是竹的幼芽，也称为笋，别名竹萌、竹芽、春笋、冬笋、生笋。竹为多年生常绿草本植物，食用部分为初生、嫩肥、短壮的芽或鞭。竹原产中国，类型众多，适应性强，分布极广。全世界共计有 30 个属 550 种，盛产于热带、亚热带和温带地区。中国是世界上产竹最多的国家之一，有 26 个属、共 200 多种，分布全国各地，以珠江流域和长江流域最多，秦岭以北雨量少、气温低，仅有少数矮小竹类生长。

图 6-12　竹笋

竹笋，在中国自古被当作"菜中珍品"，是中国传统佳肴，味香质脆，食用和栽培历史极为悠久。任何竹都能产笋，但可作为蔬菜食用的竹笋，必须组织柔嫩，无苦味或恶味，或虽稍带苦、涩味，经加工后除去，仍具有美好滋味。在长江流域的笋用竹主要是刚竹属的毛竹、早竹、罗汉竹、哺鸡竹、红哺鸡、白哺鸡、花哺鸡、尖头青竹、高节竹和石竹等。在珠江流域和福建台湾等省栽培的是慈竹属的麻竹、绿竹、吊丝丹竹、大头典竹等。一般食用笋又分甜竹笋，苦竹笋，淡竹笋，冬笋，青笋等类别。

（1）毛竹。毛竹也叫江南竹。是我国栽培面积最大、经济价值最高的竹种。竹秆高 10~13 m，横径 10~14 cm，竹壁厚，质坚韧，用途广。江南于 3 月下旬至 5 月上旬采收春笋，以笋尖刚露出土面时挖取的春笋品质最好，笋壳底色淡黄，单个重 1~1.5 kg。笋体露出土面后，笋壳色泽变褐紫，表面密生棕色小刺毛，称为"毛笋"，单个重 2~5 kg。冬季可挖取冬笋，笋体略呈纺锤形，单个重 0.25~0.75 kg，肉质细嫩，夏秋间可采掘鞭笋，笋体细长，单个重 0.1~0.2 kg，亩产春笋 750~1 000 kg，冬笋和鞭笋 50~100 kg。

（2）早竹。早竹产于浙江和江苏南部，竹秆高 3 m 多，粗 3 cm 多，有紫头红与芦头青两个变种。紫头红从 2 月下旬至 4 月下旬出笋，笋壳淡紫，有褐色斑点和小斑块，笋长 15~20 cm，基都粗约 3 cm，单个重约 0.1 kg。芦头青笋壳淡青带紫，有深紫褐色斑点和斑块，笋长约 33 cm，基部粗 3 cm，单个重 0.15~0.2 kg，出笋日期比紫头红迟约半个月，持续期也较短。亩产春笋 500~750 kg，夏秋间可采收鞭笋。

（3）红哺鸡笋。红哺鸡笋也叫红笋，浙江栽培。竹秆高 5~5.3 m，横径约 6 cm，出笋期 4 月中旬至 5 月中旬。笋壳褐红，有黑色斑点和小斑块，中央约 1/3 青色带紫，笋长 33 cm 左右，基部粗 3~5 cm，单个重 0.25~0.3 kg，亩产春笋 200~250 kg。

（4）尖头青笋。尖头青笋产于浙江杭州，竹杠高 3.5~5.5 m，横径 3~4 cm。出笋期 4 月中旬至 5 月中旬，笋壳青紫，有褐色小斑点及云纹状斑块，青紫色，两侧青色，笋长 33~40 cm，粗 4~4.6 cm，单个重 0.2~0.35 kg，肉厚味美。亩产春笋 200~300 kg。

（5）麻竹。麻竹也叫甜竹、大叶乌竹。竹秆丛生，高 20~23 m，横径 10~20 cm，出笋期 5~11 月，以 7~8 月最盛。笋壳黄绿色，有暗紫色毛。笋长约 26 cm，基部粗约 13 cm，单个重 1 kg，大的 3~4 kg，肉质较粗；主要制笋干和罐头笋。亩产 1 000~1 500 kg。

（6）绿竹。绿竹产于浙江温州，叫"马蹄笋"。竹秆丛生，高 6~10 m，横径 4~8 cm。出笋期 5~10 月，笋壳淡绿带黑，平滑无毛。笋短圆锥形，向一侧弯曲，长 16~20 cm，基部粗 6~8 cm，单个重 0.15~0.6 kg，肉质细嫩，滋味鲜美，亩产约 500 kg。

（7）吊丝丹竹。吊丝丹竹产于珠江流域，竹杠丛生，高约 10 m，横径 4.0~6 cm，出笋期 5~11 月，7~8 月为盛期。笋壳黄色带青、有毛，笋圆锥形，长 40 cm，基部粗约 13 cm，单个重 0.5~1.5 kg，肉嫩质优。亩产 500~600 kg。

竹笋含有丰富的蛋白质，氨基酸，脂肪，糖类，钙，磷，铁，胡萝卜素，维生素 B_1、B_2、C。每 100 g 鲜竹笋含干物质 9.79 g、蛋白质 3.28 g、碳水化合物 4.47 g、纤维素 0.9 g、脂肪 0.13 g、钙 22 mg、磷 56 mg、铁 0.1 mg，多种维生素和胡萝卜素含量比大白菜含量高一倍多；而且竹笋的蛋白质比较优越，人体必需的赖氨酸、色氨酸、苏氨酸、苯丙氨酸，以及在蛋白质代谢过程中占有重要地位的谷氨酸和有维持蛋白质构型作用的胱氨酸，都有一定的含量，为优良的保健蔬菜。

3. 叶菜类

叶菜类的食用部位是叶片及肥嫩的叶鞘和叶柄。是品种最多的一类蔬菜。叶菜类蔬菜富含叶绿素、维生素和矿物质，营养价值高，例如大白菜、小白菜、卷心菜（莲花白）、芹菜、大叶芥菜、小叶芥菜、紫苏、包心芥菜、菠菜等。叶菜品种很多，大部分叶菜生长期短，叶片面积大，组织幼嫩，含水量多。

按照产品的形态特点可分为以下三种类型：

普通叶菜：以幼嫩的绿叶、叶柄或嫩茎为产品，生长期短，为快熟蔬菜。其品种多，形态、结构和风味也各具特色。例如小白菜、油菜、菠菜、芹菜、（叶用）芥菜、生菜等。

结球叶菜：叶片大而圆，叶柄宽而肥嫩，其叶片在生长的后期，包心结球而形成紧实的叶球产品，主要品种是大白菜、卷心菜等。

香辛叶菜：为绿叶蔬菜，叶片和叶柄中含有挥发油，具特殊芳香或辛辣味，是一种调味蔬菜，如大葱、韭菜、香菜等。

1）大白菜

大白菜（*Brassica rapa pekinensis*）亦称结球白菜，在西方又称"北京品种白菜"，在粤语里称绍菜，叶浅绿色，有皱，叶球抱合紧密。大白菜有宽大的绿色菜叶和白色菜帮，多重菜叶紧紧包裹在一起形成圆柱体，多数会形成一个密实的头部。被包在里面的菜叶由于见不到阳光绿色较淡以至呈淡黄色。大白菜原产于我国北方，为我国北方冬、春季最主要蔬菜，引种南方，南北各地均有栽培。19 世纪传入日本、欧美各国。

图 6-13　大白菜

大白菜是人们生活中不可缺少的一种重要蔬菜，味道鲜美可口，营养丰富（表6-17），素有"菜中之王"的美称，含有丰富的粗纤维，不但能起到润肠、促进排毒的作用，又有刺激肠胃蠕动，促进大便排泄，帮助消化的功能。大白菜因含较多维生素，与肉类同食，既可增添肉的鲜美味，又可减少肉中的亚硝酸盐和亚硝酸盐类物质，减少致癌物质亚硝酸胺的产生。

大白菜是做泡菜的好原料，例如韩国泡菜常用白菜制成。宜于泡渍的大白菜要求是新鲜、包心紧、甜脆嫩（梆薄纤维少）、无黄（老）叶、大小基本一致，无机械损伤。

白菜种类很多，北方的大白菜有山东胶州大白菜、北京青白、天津绿、东北大矮白菜、山西阳城的大毛边等。南方的大白菜是北方引种的，其品种有乌金白、蚕白菜、鸡冠白、雪里青等，都是优良品种。大白菜较耐贮存，所以中国的老百姓特别是中国北方老百姓对白菜有特殊的感情。大白菜一般每株重 2 ~ 4 kg，播种期在每年 7 月底至 9 月初，收获期早熟品种为 11 ~ 12 月份，晚熟品种为次年 1 ~ 2 月份。

表 6-17　大白菜营养成分（每 100 g 可食部分）

成分	含量	成分	含量
热量	71 kJ	维生素 B_1	0.04 mg
核黄素	0.05 mg	蛋白质	1.5 g
脂肪	0.1 g	烟酸	0.6 mg
维生素 C	31 mg	碳水化合物	2.4 ~ 3.2 g
膳食纤维	0.8 g	维生素 E	0.67 ~ 0.76 mg
尼克酸	0.60 mg	维生素 A	20 μg
胡萝卜素	120 ~ 250 μg	视黄醇当量	94.6 μg
锌	0.38 mg	铜	0.05 mg
铁	0.7 mg	钾	—
钙	50 mg	镁	11 mg
磷	31 mg	锰	0.15 mg
钠	57.5 mg	硒	0.49 μg

我国大白菜类型和品种十分丰富，主要有三个基本形态：第一，直筒形，叶球细长，圆筒形，此类产量高，品质好，耐贮藏，为大型品种，如北京青口白，天津青麻叶（天津绿），成都竹筒白等。第二，圆形，叶球卵圆形，顶部光或稍圆，如胶州白菜、福山包头等。第三，平头型，叶球呈倒圆锥形，顶平下尖，如安阳包头、石特 1

号、菏泽包头等。也有分为散叶型、花心型、结球型和半结球型几类的。此外，黄芽白菜（黄色菜叶为主）、玉田包尖白菜等品种非常不错。

2）芹菜

芹菜（*Apiumgraveolens*）属伞形科植物，有水芹、旱芹两种，功能相近，药用以旱芹为佳。芹菜性喜冷凉、湿润的气候，属半耐寒性蔬菜，不耐高温。芹菜的种子小，幼芽顶土力弱，出苗慢，种子发芽最低温度为 4 ℃，最适温度 15 ～ 20 ℃，幼苗能耐 –5 ～ –7 ℃低温，属绿体春化型植物，西芹抗寒性较差，幼苗不耐霜冻，完成春化的适温为 12 ～ 13 ℃。

图 6-14　芹菜

芹菜具有特殊香气，主要成分是三羟基黄酮（芹菜素）和芹菜籽油。由于它们的根、茎、叶和籽都可以当药用，故有"厨房里的药物""药芹"之称。芹菜营养丰富（见表 6-18），钙磷含量较高，所以它有一定镇静和保护血管的作用，又可增强骨骼，预防小儿软骨病。芹菜是高纤维食物，它经肠内消化作用产生一种木质素或肠内脂的物质，这类物质是一种抗氧化剂，常吃芹菜，尤其是吃芹菜叶，对预防高血压、动脉硬化等都十分有益，并有辅助治疗作用，此外芹菜也是一种理想的绿色减肥蔬菜。

宜于泡渍的芹菜要求鲜绿，质地脆嫩（纤维少），（药）香味浓，未抽薹，分枝少，叶柄实心，耐寒耐热且耐贮藏。芹菜的果实（或称籽）细小，具有与植株相似的香味，可用作佐料，特别用于泡渍泡菜（有汤汁），芹菜（果实）种子约含 2%~3% 的精油，主要成分是柠檬烯（$C_{10}H_{16}$）和瑟林烯（$C_{15}H_{24}$）。

芹菜幼苗生长缓慢，苗期长，易受杂草危害，育苗中要加强管理。芹菜为耐寒冷的蔬菜，每年 7 月上旬至 8 月上旬播种育苗，9 ～ 10 月定植，翌年 1 ～ 3 月份采收。一般春季栽培 1 ～ 2 月在温室内育苗，3 月下旬至 4 月中定植，5 月下旬至 7 月采收；秋季栽培，6 月中旬至 7 月上旬播种育苗，8 月上、中旬至 9 月中旬定春植，10 月 ～ 12 月收获。

表 6-18　芹菜茎营养成分（每 100 g 可食部分）

成分	含量	成分	含量
水分	94 g	糖类	1.9 g
热量	84 kJ	维生素 B_1	0.02 mg
核黄素	0.06 mg	蛋白质	1.2 ~ 2.2 g
脂肪	0.2 ~ 0.3 g	烟酸	0.3 ~ 0.4 mg
维生素 C	6 ~ 8 mg	碳水化合物	3.3 g
膳食纤维	0.6 ~ 1.2 g	维生素 E	1.32 mg
胡萝卜素	60 ~ 110 μg	维生素 A	57 μg
锌	0.24 mg	视黄醇当量	93.1 μg
铁	1.2 ~ 8.5 mg	铜	0.09 mg
钙	80 ~ 160 mg	钾	163 ~ 206 mg
磷	38 ~ 61 mg	镁	18 ~ 31.2 mg
钠	159 ~ 328 mg	锰	0.16 mg
氯	280 mg	硒	0.57 μg

　　芹菜分本芹（中国芹菜）和洋芹两种，我国栽培的多为本芹，北京和少数沿海地区有洋芹栽培。本芹叶柄细长，洋芹叶柄宽厚。本芹根据其叶柄的颜色不同而分为白色种和青色种，白色种叶较细小，淡绿色，叶柄黄白色，植株较矮小而柔弱，香味浓，品质好，易软化。青色种叶片较大，绿色，叶柄粗，呈绿色，植株高大而强健，香味浓，软化后品质较差。本芹生长势强，抽薹晚，分枝少，叶柄实心，抗病，平均单株重 0.5 kg，平均亩产 5 000 kg 以上。洋芹植株高大，生长旺盛，定植后 80 d 可上市，单株重 1 kg 以上，亩产达 7 500 kg 以上。

　　3）叶用芥菜

　　芥菜（*Brassica juncea*）是十字花科芸薹属一年生或二年生草本，为中国著名的特产蔬菜。芥菜的主侧根分布在土层内，茎为短缩茎，叶片着生短缩茎上，有椭圆、卵圆、倒卵圆、披针等形状；叶色绿、深绿、浅绿、黄绿、绿色间紫色或紫红。叶面平滑或皱缩，叶缘锯齿或波状，全缘或有深浅不同、大小不等的裂片；花冠十字形，黄色，四强雄蕊，异花传粉，但自交也能结实；种子圆形或椭圆形，色泽红褐或红色；原产我国，欧美各国极少栽培。中国的芥菜主要有芥子菜、叶用芥菜、茎用芥菜（如榨菜）、薹用芥菜、芽用芥菜（如儿菜）和根用芥菜（如大头菜）6 个类型。叶用芥菜有 5 个主要变种：大叶芥（*var.foliosa*）的植株和叶片均较大，叶缘波状或钝锯齿状，少有缺裂，叶柄狭长或较宽，叶面光滑无毛或皱缩，叶绿色；花叶芥（*var.multisecta*）

的叶缘有明显缺裂，其细裂程度因品种而异；瘤叶芥（var.strumata）的叶柄发达，其上具有不同形状的突起或瘤状物；包心芥（var.capitata）的叶柄和中肋增宽，中心的叶片包心成为叶球；分蘖芥（var.multiceps）通称雪里蕻，其短缩茎上侧芽发达，形成分蘖。

图 6-15　叶用芥菜

芥菜是重要的蔬菜加工原料。叶芥中的卷心芥、叶瘤芥、宽柄芥和大叶芥是四川泡酸菜的主要原料，以其质地嫩脆，滋味鲜美，深受广大消费者的喜爱。

芥菜富含维生素 A，B 族、维生 C 和维生素 D 等（表 6-19）。有提神醒脑，解除疲劳的作用；有解毒消肿之功，能抗感染和预防疾病的发生，抑制细菌毒素的毒性；有开胃消食的作用，因为芥菜泡渍后有一种特殊鲜味和香味，能促进胃、肠消化功能，增进食欲，可用来开胃，帮助消化；因芥菜组织较粗硬、含有胡萝卜素和大量食用纤维素，故有明目与宽肠通便的作用。

表 6-19　（大叶）芥菜营养成分（每 100 g 可食部分）

成分	含量	成分	含量
热量	59 ~ 100 kJ	维生素 B_1	0.02 ~ 0.03 mg
核黄素	0.11 mg	蛋白质	1.8 ~ 2.0 g
脂肪	0.4 g	烟酸	0.5 mg
维生素 C	31 ~ 72 mg	维生素 E	0.64 ~ 0.74 mg
膳食纤维	1.2 ~ 1.6 g	维生素 A	52 ~ 283 μg
碳水化合物	0.8 ~ 4.7 g	视黄醇当量	94.6 μg
胡萝卜素	1 700 μg	铜	0.08 ~ 0.1 mg
锌	0.41 ~ 0.7 mg	钾	224 ~ 281 mg
铁	1 ~ 3.2 mg	镁	18 ~ 24 mg
钙	28 ~ 230 mg	锰	0.42 ~ 0.7 mg
磷	36 ~ 47 mg	硒	0.53 ~ 0.7 μg
钠	29 ~ 30.5 mg		

中国芥菜品种丰富，前面已介绍了一些，例如榨菜等，这里主要是指大叶芥菜。

宜于泡渍用芥菜要求新鲜、成熟适度、大小一致、无黄叶老皮、未抽薹、无病虫害。芥菜喜冷凉润湿，忌炎热、干旱，稍耐霜冻。最适于食用器官生长的温度为 8～15 ℃，一般叶用芥菜对温度要求较不严格。孕蕾、抽薹、开花结实需要经过低温春化和长日照条件。中国南北各地均以秋播为主，长江流域及西南、华南各地于冬季或次春收获，北方于霜冻前收获。以幼小植株供食用的叶用芥菜在南方可春播或夏播。芥菜含有硫代葡萄糖苷，经水解后产生挥发性的异硫氰酸化合物、硫氰酸化合物及其衍生物，具有特殊的风味和辛辣味。

我国长江以南及西南地区普遍栽培大叶芥，西南地区大叶芥也有称为"青菜"（日本称"高菜"）的，在四川泡青菜和鱼酸菜均是以此为原料，种植面积与泡渍加工均位居全国前列，所以有的称"中国四川是芥菜许多重要变异类型的分化中心"。2012年8月通过四川省农作物品种审定委员会审定，审定名为"优选宽叶青1号"，审定号为"川审蔬2012 015"。大叶芥一般是每年9月播种，第二年3～4月收获，也有少数在当年12月收获的。

芥菜的主要品种有浙江的早芥、中芥、迟芥，广州和四川新繁的三月青芥，湖北的早、晚熟枇杷叶春芥、春不老青芥以及长沙的早青芥、四川冬茎芥菜等。

4）雪里蕻

雪里蕻又名雪菜、雪里蕻、春不老、霜不老；为十字花科植物芥菜的嫩茎叶；是芥菜类蔬菜中叶用芥菜的一个变种；一年或二年生草本植物；叶子接触地面，叶片为长椭圆形，叶柄细长，叶面和叶背有稀疏的短毛，叶缘有缺裂，形似锯齿，叶片色泽有黄绿、淡绿和深绿（或紫色）。

图 6-16 雪里蕻

雪里蕻是叶用芥菜，营养丰富（表6-20），有解除疲劳、解毒消肿之功，有开胃消食的作用。

表6-20　雪里蕻营养成分（每100g可食部分）

成分	含量	成分	含量
水分	91.5 g	维生素 B$_1$	0.03 mg
热量	100 kJ	蛋白质	2 ~ 2.8 g
核黄素	0.06 ~ 0.11 mg	烟酸	0.5 ~ 0.7 mg
脂肪	0.4 ~ 0.6 g	碳水化合物	3.1 ~ 3.6 g
维生素 C	31 ~ 83 mg	维生素 E	0.74 mg
膳食纤维	1.6 g	维生素 A	52 µg
胡萝卜素	1.4 µg	视黄醇当量	91.5 µg
锌	0.7 mg	铜	0.08 mg
铁	3.2 ~ 3.4 mg	钾	281 mg
钙	230 mg	锰	0.42 mg
磷	47 ~ 64 mg	镁	24 mg
钠	30.5 mg	硒	0.7 µg

宜于泡渍用雪里蕻要求新鲜、成熟适度、叶片叶柄大小基本一致、无枯黄叶、无病虫害。雪里蕻是供加工盐渍泡菜的主要原料之一，它含有硫代葡萄糖苷，经水解后产生挥发性的异硫氰酸化合物、硫氰酸化合物及其衍生物，具有特殊的风味和辛辣味，所以加工成产品的香气突出，滋味鲜美，上海、江苏、浙江等地盐渍的雪里蕻是全国知名泡菜。

雪里蕻的叶形变异较大，从叶形上分有板叶型和花叶型等品种，主要品种有黄叶种（叶色浅绿带黄色）、黑叶种（叶色深绿）、板叶种（叶色深、植株开展度大，分生力强），几头芥等。

一般品种可以分生成很多侧芽。雪里蕻有春、冬两种，冬雪里蕻为早种，一般每年8 ~ 9月播种，11 ~ 12月收获。春雪里蕻为晚种，一般每年9 ~ 10月播种，次年2 ~ 3月收获。

5）紫苏

紫苏（*Perilla frutescens*），古名荏，又名白苏、赤苏、红苏、香苏等，是唇形科紫苏属，一年生草本植物；茎四棱形，紫色、绿紫色或绿色，有长柔毛，以茎节部较密；叶片对生，卵形至宽卵形，先端尖或渐尖，下部近圆形，边缘具粗锯齿，两面紫色，或面青背紫，或两面绿色，上面被疏柔毛，下面脉上被贴生柔毛；具有特异的芳香，有紫色和绿色两种。如今紫苏主要分布于印度、缅甸、中国、日本、朝鲜、韩国、印度尼西亚和俄罗斯等国家。我国华北、华中、华南、西南及台湾省均有野生种和栽培种。

图 6-17　紫苏

　　紫苏在我国种植应用约有近 2 000 年的历史，主要用于药用、食用等方面，其叶、梗、果均可入药。紫苏全株均有很高的营养价值（见表 6-21），它具有低糖、高纤维、高胡萝卜素、高矿质元素等。紫苏叶性味辛温，具有发表、散寒、理气的功效，可治感冒风寒、恶寒发热、咳嗽、气喘、胸腹胀满等。紫苏种子中含大量油脂，出油率高达 45% 左右，油中含亚麻酸 62.73%、亚油酸 15.43%、油酸 12.01%。种子中蛋白质含量占 25%，内含 18 种氨基酸，其中赖氨酸、蛋氨酸的含量均高于高蛋白植物籽粒苋。此外还有谷维素、维生素 E、维生素 B_1、缁醇、磷脂等。抗衰老素 SOD 在每 1 mg 紫苏叶中含量高达 106.2 μg。

表 6-21　紫苏营养成分（每 100 g 可食部分）

成分	含量	成分	含量
还原糖	0.68 ~ 1.26 g	蛋白质	3.84 g
纤维素	3.49 ~ 6.96 g	脂肪	1.3 g
胡萝卜素	7.94 ~ 9.09 mg	维生素 B_1	0.02 mg
尼克酸	1.3 mg	维生素 B_2	0.35 mg
钾	522 mg	维生素 C	55 ~ 68 mg
钠	4.24 mg	钙	217 mg
镁	70.4 mg	磷	65.6 mg
铜	0.34 mg	铁	20.7 mg
锌	1.21 mg	锰	1.25 mg
锶	1.50 mg	硒	3.24 ~ 4.23 μg

紫苏常见有两种，一种叶绿色，花白色，习称白苏。一种叶和花均紫色或紫红色，习称紫苏。紫苏在我国常用中药，而日本人多用于料理，尤其在吃生鱼片时是必不可少的陪伴物，在我国少数地区也有用它作蔬菜或入茶，紫苏因有特异的芳香可抑制异味而食用越来越广。

紫苏叶是泡渍的常用原料之一，要求新鲜、成熟适度、叶片大小基本一致、无枯黄叶、无病虫害。紫苏叶在每年 6～8 月，当紫苏即将开花而叶正茂时采收。

4. 果菜类

以果实为食用产品的蔬菜通称为果菜类蔬菜，果菜类蔬菜是我国种植栽培面积最广的一类蔬菜，随着栽培方式的不断发展，这一类蔬菜已由过去的露地春夏栽培发展到现在的秋延迟、越冬茬和早春保护地栽培，实现了周年生产，四季供应，为泡菜生产加工提供了原料保障。果菜类蔬菜可分为以下三类：

瓜果类：瓜类蔬菜种类多，主要的有黄瓜、冬瓜、西葫芦、南瓜、丝瓜和苦瓜等。

茄果类：茄果类蔬菜是以茄科蔬菜的果实为食用的果类蔬菜，主要有茄子、番茄和辣椒等。

荚果类：蔬菜中豆科植物的嫩豆荚等属此类，主要有豇豆、菜豆、扁豆和蚕豆等，荚果类蔬菜的营养价值较高。

1）辣椒

辣椒（*Capsicum frutescens*），又称番椒、海椒、辣子、辣角、秦椒等，是一种茄科辣椒属植物。辣椒原产于中南美洲热带地区（原产国是墨西哥）。哥伦布发现美洲之后把辣椒带回欧洲，并由此传播到世界其他地方，于明代传入中国，现中国各地普遍栽培，成为一种大众化蔬菜。辣椒为一年或多年生草本植物，叶子卵状披针形，花白色。果实大多像毛笔的笔尖，也有灯笼形、心脏形等，绿色，成熟后变成红色，也有成熟后颜色仍是绿色的，一般都有辣味。

辣椒营养丰富，其中维生素 C 的含量在蔬菜中居第一位。辣椒可增进食欲，帮助消化；预防胆结石；改善心脏功能（促进血液循环）；降血糖血脂（辣椒素能显著降低血糖水平）；有减肥作用；防感冒，挡辐射等。辣椒中的辣味来自辣椒素，辣椒素水解后生成香草基胺和癸烯酸。辣味色素前期系叶绿素 a（$C_{55}H_{70}O_6N_{4\ mg}$）和叶绿素 b（$C_{55}H_{72}O_5N_{4\ mg}$），后期为椒黄素（黄色：$C_{40}H_{58}O_3$）、椒红素（红色：$C_{40}H_{60}O_4$）和黄碱素（由黄到红色）。辣椒中的辣椒碱、辣红素具有强烈的辛辣味，可刺激食欲，帮助消化。

宜于泡渍辣椒的要求新鲜硬健、肉质厚、成熟适度、大小一致、无病虫害、无机械损伤的原料。

图 6-18　辣椒

表 6-22　辣椒营养成分（每 100 g 可食部分）

成分	含量	成分	含量
水分	85.5 g	糖类	0.6 g
热量	134 kJ	维生素 B_1	0.03 mg
核黄素	0.06 mg	蛋白质	1.3 ~ 1.9 g
脂肪	0.3 ~ 0.4 g	烟酸	0.8 mg
维生素 C	144 ~ 171 mg	视黄醇当量	88.8 μg
膳食纤维	3.2 g	维生素 E	0.44 mg
碳水化合物	5.7 g	维生素 A	232 μg
胡萝卜素	1390 ~ 1 430 μg	铜	0.11 mg
锌	0.3 mg	钾	222 mg
铁	1.2 ~ 1.4 mg	镁	16 mg
钙	20 ~ 37 mg	锰	0.18 mg
磷	40 ~ 95 mg	硒	1.9 μg
钠	2.6 mg		

　　一般辣椒有五个种类：①长椒类，多为中早熟品种，植株、叶片中等，分枝性强，果多下垂，长角形，向先端尖锐，常稍弯曲，辣味强。按果形之长短，又可分为三个品种群：长羊角椒（果实细长，坐果数较多，味辣），短羊角椒（果实短角形，肉较厚，味辣），线辣椒（果实线形，较长大，辣味很强）。长椒类品种可用于干制、泡渍等。②甜柿椒类，植株中等、粗壮，叶片肥厚，长卵圆形或椭圆形，果实肥大，果肉肥厚。按果实之形状又可分为三个品种群：大柿子椒（中晚熟，个别品种较早熟，果实扁圆形，味甜，稍有辣味），大甜椒（中晚熟，抗病丰产，果实圆筒形或钝圆锥

形，味甜，辣味极少），小圆椒（果形较小，果皮深绿而有光泽，微辣）。③樱桃椒类，植株中等或较矮小，分枝性强；叶片较小，圆形或椭圆形，先端较尖；果实朝上或斜生，呈樱桃形，果色有红、黄、紫，极辣。④圆锥椒类，植株与樱桃椒相似，果实为圆锥形或圆筒形，多向上生长，也有下垂的，果肉较厚，辣味中等。⑤簇生椒类，枝条密生，叶狭长，分枝性强；晚熟，耐热，抗病毒；果实簇生而向上直立，细长红色，果色深红，果肉薄，辣味甚强，油分含量高。

辣椒品种繁多，有大红袍、大金条、二金条、朝天椒、米辣椒、牛角海椒、七星椒等。夏、秋季采摘未成熟（色青，实为绿色）的果实，称青辣椒；采摘成熟（色红）的果实，称红辣椒。红辣椒可洗净鲜用，又可晒干备用。辣椒播种育苗期，冬播在每年12月上、中旬，春播在每年2月份以后，辣椒是多次采收的果菜。作为青椒采收期在花谢后15～20 d，由青椒到红椒还须15～20 d。

作者科研团队宋占峰等人从全国引进26个杂交辣椒新品种进行试种，通过田间抗性、产量及品质鉴定，筛选出皖椒18号、湘辣4号、川腾6号等3个适合泡制的辣椒新品种，其中湘辣4号、川腾6号已在辣椒产区进行较大面积推广应用。选育的9个泡制用辣椒新组合进行正规品比试验，通过田间抗性、产量、商品性等鉴定，筛选出3个高产、质优、抗逆性强的泡制用辣椒新组合，效果较好。

2）黄瓜

黄瓜（*Cucumis sativus*）又名胡瓜、玉瓜、青瓜、刺瓜，葫芦科，黄瓜属，一年生蔓生或攀缘草本，茎细长，有纵棱，被短刚毛。黄瓜根系分布浅，再生能力较弱；叶掌状，大而薄，叶缘有细锯齿；花通常为单性，雌雄同株；嫩果颜色由乳白至深绿；果面光滑或具白、褐或黑色的瘤刺；种子扁平，长椭圆形，种皮浅黄色。黄瓜属喜温作物，种子发芽适温为25～30 ℃，生长适温为18～32 ℃。黄瓜栽培历史悠久，种植广泛，是世界性蔬菜，广泛分布于我国各地，并且为主要的温室产品之一，是深受广大群众喜爱的果菜。

图6-19 黄瓜

黄瓜营养丰富（表6-23），味甘、性凉、无毒，具有清热利水，解毒消肿，生津止渴的功效。主治身热烦渴，咽喉肿痛，风热眼疾，湿热黄疸，小便不利等病症。尤其是黄瓜中含有（细）纤维素，可以降低血液中胆固醇、甘油三酯的含量，促进肠道蠕动，加速废物排泄，改善人体新陈代谢。新鲜黄瓜中含有的丙醇二酸（2-羟基丙二酸），还能有效地抑制糖类物质转化为脂肪，因此，常吃黄瓜可以减肥和预防冠心病的发生。

宜于泡渍黄瓜的品种要求新鲜、成熟适度、脆嫩清香、大小一致、无水浸、无病虫害、无机械损伤。大、粗、老的黄瓜是不适于生产加工的。泡渍加工最好的是春黄瓜和秋黄瓜，或部分刺黄瓜、乳黄瓜和小黄瓜。除泡渍之外，黄瓜可生食、熟食、酱渍等，各具风味。

表6-23　黄瓜营养成分（每100 g可食部分）

成分	含量	成分	含量
热量	63 kJ	维生素 B_1	0.02 ~ 0.04 mg
核黄素	0.03 mg	蛋白质	0.6 ~ 0.8 g
脂肪	0.2 g	烟酸	0.2 ~ 0.3 mg
核黄素	0.04 ~ 0.4 mg	碳水化合物	1.5 ~ 2.4 g
维生素 C	9 mg	维生素 E	0.49 mg
膳食纤维	0.5 g	维生素 A	15 μg
灰分	0.4 ~ 0.5 g	视黄醇当量	95.8 μg
胡萝卜素	90 μg	铜	0.05 mg
锌	0.18 mg	钾	102 mg
铁	0.2 ~ 1.1 mg	镁	15 mg
钙	15 ~ 24 mg	锰	0.06 mg
磷	24 ~ 33 mg	硒	0.38 μg
钠	4.9 mg		

黄瓜品种很多，按果形分为刺黄瓜类、鞭黄瓜类、短黄瓜类和小黄瓜类四类；按季节分有春黄瓜、夏黄瓜、秋黄瓜；按地区分，黄瓜的主要类型有华北型（主要分布于长江以北各省），华南型（主要分布于东南沿海各省），英国温室型和欧美凉拌生食型及酸渍加工型。

黄瓜栽培期较长，结果能力强，产量高，可陆续收获，陆续供应。收获期因气候和品种不同而不同，有的只要40 ~ 50 d，有的需要100 d左右。黄瓜结果特性称为"头瓜不摘、二瓜不结"。黄瓜栽培品种有园丰元6号青瓜（山西夏县）、早青二号

（广东省农科院蔬菜所）、津春四号青瓜（天津黄瓜研究所）、粤秀一号（广东省农科院蔬菜所）、中农 8 号（中国农科院蔬菜所）等。

辽宁锦州的小黄瓜每 140 ~ 160 条重 1 kg，在当地自然条件下，成簇结瓜，类似鞭炮。扬州的乳黄瓜，嫩瓜深绿色，棒状，表皮光滑，有黑刺，采摘时分为五种：大黄瓜 18 ~ 26 条 / kg、中大黄瓜 28 ~ 36 条 /kg、中黄瓜 36 ~ 42 条 /kg、小黄瓜 44 ~ 50 条 /kg、乳嫩黄瓜 52 ~ 60 条 /kg。适于泡渍生产加工。

3）豇豆

豇豆（*Vigna unguiculata*）又名豆角、长豆角、角豆、裙带豆等，亦称中国豆或黑眼豆；一年生缠绕草本植物，无毛；羽状复叶具 3 小顺，顶生小叶菱状卵形，顶端急尖，基部近圆形或宽楔形，两面无毛，侧生小叶斜卵形，托叶卵形，长约 1 cm，着生处下延成一短距；荚果线形，下垂，长可达 40 cm；花果期 6 ~ 9 月。豇豆原产于印度和中东。

图 6-20　豇豆

豇豆营养成分见表 6-24，豇豆性平、味甘咸，归脾、胃经；具有理中益气、健胃补肾、和五脏、调颜养身、生精髓、止消渴的功效；主治呕吐、痢疾、尿频等症。豇豆种子入药，能健胃补气、滋养消食。

供泡菜用的豇豆，其品质要求新鲜，成熟适度，长短一致，质地致密脆嫩，不糠心，不软腐，无虫蚀等。豇豆为泡渍的主要原料之一。

豇豆据其生长习性分为蔓性、半蔓性和矮性。按其荚果颜色分为青、白和红三种类型。

（1）青荚类型。此类型品种茎蔓细，叶片较小，叶色浓绿，荚果细长，绿色；嫩荚肉较厚，质脆嫩。能忍受稍低温度，但耐热性稍差，采收期较短，产量较低。主要品种有成都的成豇 7 号、广东的铁线青、细叶青、竹叶青，浙江的青豆角、早青红，贵州的朝阳线等。

表6-24　豇豆（长）营养成分（每100 g可食部分）

成分	含量	成分	含量
热量	121 kJ	维生素 B_1	0.07 ~ 0.16 mg
核黄素	0.07 mg	蛋白质	2.7 ~ 2.9 g
脂肪	0.2 ~ 0.3 g	烟酸	0.8 ~ 1.4 mg
维生素 C	18 ~ 19 mg	维生素 E	0.65 ~ 4.39 mg
膳食纤维	1.8 ~ 2.3 g	维生素 A	10 ~ 20 μg
碳水化合物	4 g	视黄醇当量	90.8 μg
胡萝卜素	250 μg	核黄素	0.09 mg
糖类	5.9 g	铜	0.11 ~ 0.14 mg
锌	0.54 ~ 0.94 mg	钾	112 ~ 145 mg
铁	0.5 ~ 1 mg	镁	31 ~ 43 mg
钙	27 ~ 42 mg	锰	0.37 ~ 0.39 mg
磷	50 ~ 63 mg	硒	0.74 ~ 1.4 μg
钠	2.2 ~ 4.6 mg		

（2）白荚类型。此类型品种茎蔓较粗大，叶片较大而薄，绿色；荚果较肥大，浅绿或绿白色，肉薄，质地较疏松，种子容易显露；耐热性较强，产量较高。主要品种有广东的长身白、金山白，浙江白豆角，四川的五叶子等。

（3）红荚类型。此类型品种茎蔓较粗壮，茎蔓和叶柄有紫红色，叶较大，绿色；荚果紫红色，较粗短，嫩荚肉质中等，容易老化，采收期较短，产量较低。主要品种有上海、南京等地的紫豇豆，广东的西圆红，北京紫豇等。

豇豆在长江流域自每年3月下旬开始至7月份播种，5月下旬至11月份收获。豇豆在我国南北方均有栽培，主要产地有河南、山西、陕西、山东、广西、河北、湖北、安徽、江西、贵州、云南、四川及台湾等。

作者科研团队陈玲等人，选育出专用于泡渍的豇豆加工品种"成豇9号"（川审蔬2013002），为早中熟品种，春季从播种到始收60~65 d。豆夹肉厚致密，顺直不弯曲，耐贫瘠，适用性广，一般亩产2 000~3 000 kg。

4）苦瓜

苦瓜（*Momordica charantiap*）又名凉瓜，是葫芦科植物，为一年生攀缘草本；根系发达，侧根较多，根群分布范围在1.3 m以上；茎为蔓性，五棱，浓绿色，有茸毛，分枝力强，易发生侧蔓，侧蔓又发生孙蔓，形成枝叶繁茂的地上部；子叶出土，初生真叶对生，盾形、绿色；真叶互生，掌状深裂，绿色，叶背淡绿色；果实长椭圆形，表面具有多数不整齐瘤状突起，皮色有绿色，绿白色和浓绿色；成熟时果肉开裂，露出种子，种子盾形、扁、淡黄色，单个果实含有种子 20 ～ 30 粒，千粒重为 150 ～ 180 g；果实含苦瓜甙。

图 6-21　苦瓜

　　苦瓜营养成分见表 6-25。苦瓜具有特殊的苦味，但仍然受到大众的喜爱。苦瓜的苦味来源是生物碱和糖苷，苦瓜是瓜类蔬菜中含维生素 C 最高的一种，在蔬菜中仅次于辣椒，具有预防坏血病、保护细胞膜、防止动脉粥样硬化、提高机体应激能力、保护心脏等作用。嫩果中糖甙含量高，味苦，随着果实成熟，糖甙被分解，苦味变淡。苦瓜具有清热消暑、养血益气、补肾健脾、滋肝明目的功效，对治疗痢疾、疮肿、中暑发热、痱子过多、结膜炎等有一定的功效。苦瓜中的有效成分可以抑制正常细胞的癌变和促进突变细胞的复原，具有一定的抗癌作用。

　　供泡菜用的苦瓜，其品质要求新鲜，成熟适度，长短一致，果瘤大，肉质脆嫩，清香可口，不软腐，无虫蚀，无机械损伤，皮面凹凸皱褶较少、无水浸等。苦瓜是夏季蔬菜，又是一味良药。

　　苦瓜表面上一粒一粒的果瘤，是判断苦瓜好坏的特征。颗粒越大越饱满，表示瓜肉越厚；粒越小，瓜肉相对较薄。选苦瓜除了要挑果瘤大、果行直立的，还要洁白漂亮，因为如果苦瓜出现黄化，就代表已经过熟，果肉柔软不够脆，失去苦瓜应有的口感。

　　苦瓜优良品种有大白苦瓜（湖南）、滑身（滑线）苦瓜、大顶苦瓜（雷公齿），广州以及广西、湖北、四川等省栽培的青皮苦瓜和白皮苦瓜等。苦瓜喜温、耐热，宜及时采收嫩瓜，一般当幼瓜充分成长时，果皮瘤状突起膨大，果实硕端开始发亮时采收。苦瓜耐热，病虫害少，易栽培。

　　苦瓜一般每年 3 ～ 4 月播种育苗，4 月下旬定植，可从 6 月下旬一直采收到 9 月中、下旬，所以夏、秋季节都可吃到苦瓜。广东地区苦瓜还出口港澳。苦瓜还作为庭园垂直绿化的观赏植物，夏季开黄色小花，真是万绿丛中点点黄。

表6-25　苦瓜营养素成分（每100 g可食部分）

成分	含量	成分	含量
热量	79 kJ	维生素 B_1	0.03 mg
核黄素	0.03 mg	蛋白质	0.9 ~ 1 g
脂肪	0.1 ~ 0.2 g	烟酸	0.4 mg
维生素 C	56 ~ 84 mg	碳水化合物	3.5 g
膳食纤维	1.1 ~ 1.4 g	维生素 E	0.85 mg
维生素 B_1	0.07 mg	维生素 A	17 μg
糖类	3.2 g	维生素 B_2	0.04 mg
胡萝卜素	80 ~ 100 μg	视黄醇当量	93.4 μg
锌	0.36 mg	铜	0.06 mg
铁	0.7 mg	钾	256 mg
钙	14 mg	镁	18 mg
磷	35 mg	锰	0.16 mg
钠	2.5 mg	硒	0.36 μg

5）黄花

黄花（*Hemerocallis citrina Baroni*），又称金针菜、七星菜，属百合科，萱草属，是一种多年生草本植物的花蕾。黄花根系可分为肉质根和纤细根两类，茎可分地上花葶（假茎）和地下根茎两部分，叶条形或剑形（基出，互生二列，10 ~ 20 片不等）。花蕾长约13 ~ 15 cm（其筒部长3 ~ 5 cm，花被2轮6片，外3片绿黄色或带褐尖，内, 3片淡黄色；雄蕊6枚，三强三弱，常异花授粉），果实长圆形，有棱。黄花在我国南北各地均有栽培，多分布于中国秦岭以南各地，以湖南、江苏、浙江、湖北、四川、甘肃、陕西所产较多。

图6-22　黄花

黄花是一种营养价值高（表6-26），具有多种保健功能的花卉珍品蔬菜，是人们喜吃的一种传统蔬菜，也是什锦泡菜的原料之一。黄花富含花粉、糖、蛋白质、维生素C、钙、脂肪、胡萝卜素、氨基酸等人体所必需的养分，其所含的胡萝卜素甚至超过西红柿的几倍。黄花性味甘凉，有止血、消炎、清热、利湿、消食、明目、安神等功效，对吐血、大便带血、小便不通、失眠、乳汁不下等有疗效，可作为病后或产后的调补品。鲜黄花菜中含有一种"秋水仙碱"的物质，它本身虽无毒，但经过肠胃道的吸收，在体内氧化为"二秋水仙碱"，则具有较大的毒性，所以不宜鲜食，食用时先将鲜黄花用开水漂烫一下，再用清水浸泡2h以上，这样秋水仙碱就能破坏掉。

表6-26　黄花营养成分（每100 g可食部分）

成分	含量	成分	含量
热量	832 kJ	维生素 B_1	0.05 mg
核黄素	0.21 mg	蛋白质	19.4 g
脂肪	1.4 g	烟酸	3.1 mg
维生素 C	10 mg	维生素 E	4.92 mg
膳食纤维	7.7 g	维生素 A	307 μg
碳水化合物	27.2 ~ 34.9 g	视黄醇当量	40.3 μg
胡萝卜素	1 840 μg	铜	0.37 mg
锌	3.99 mg	钾	610 mg
铁	8.1 mg	镁	85 mg
钙	301 mg	锰	1.21 mg
磷	216 mg	硒	4.22 μg
钠	59.2 mg		

宜于泡渍的黄花，要求新鲜，成熟适度，大小一致，花蕊未开放，花瓣肥厚，肉质脆嫩，无虫蚀，无机械损伤，无杂物等。黄花菜除花蕾部分可供蔬菜食用外，其肉质根也可食用或酿酒，其叶可作饲料。

黄花到每年5 ~ 6月份，从叶丛中抽生花薹，花薹上分生几个侧枝，其上着生花蕾，成为伞房花序，能陆续发生花蕾，充分长大的花蕾呈黄色或黄绿色。黄花的采摘应掌握在花蕾接近开放的时候，因品种而异，例如湖南的四月花，6月上旬收获，而中秋花要到9月上旬才能收获。主要品种有马蔺黄花、渠县花、高葶黄花、四月黄花、

冲里花、白花、猛子花等。四川省渠县黄花以花冠硕大，色泽鲜亮，香气馥郁，肉头肥厚而最为闻名，被命名为"中国黄花之乡"，每年6月18日被定为黄花节。湖南省祁东县被命名为"黄花菜原产地"。黄花盐渍产品有安徽亳县和河南商丘的酱黄花菜传统产品。

6）海藻

海藻（Algae），又名海萝，海苔，是生于海中的藻类植物（如海带、紫菜、石花菜、龙须菜等）的统称。海藻是植物界的隐花植物，通常固着于海底或某种固体结构上，是基础细胞所构成的单株或一长串的简单植物；大量出现时分不出茎或叶，最常见的大型海藻是海草（如绿藻、红藻和褐藻）。海藻在浅水中常密生成片，在水深50 m以内的岸边形成明显区带。其根状固着器只有固着功能，而不能吸收营养。

图6-23　海藻

海藻营养丰富，富含亲糖蛋白（一种特殊的蛋白质）、海藻多糖（具有增强免疫力及抗癌活性的物质）、海藻纤维（一般海藻的纤维量约为干重的30%～65%）、维生素（维生素C、维生素B_{12}、维生素E等）、矿物质、氨基酸及脂肪酸等。海藻中含有大量的能明显降低血液中胆固醇含量的碘，有利于维持心血管系统的功能，它具有一定的抗病毒、防癌抗癌、预防白血病、降血压、抗甲状腺功能亢进等功能。

用作泡渍原料的海藻有海带、石花菜和蜇皮等。它们都是低等植物，属海藻植物门。绝大部分海藻类生长在海水和淡水中，根据藻中所含色素的不同把它们分成绿藻、褐藻、硅藻和红藻。

石花菜属红藻，生长在海中的珊瑚上，石花菜形似鹿角，有的地方称它鹿角菜。实际上鹿角菜是另一种褐藻。石花菜体态圆柱形，棕红色或淡黄色，有4～5次羽状分枝，小枝对生或互生。石花菜含有陆生植物所没有的多糖——半乳胶糖，是用来制作琼脂的原料。石花菜不耐热，温度高了会溶化，石花菜营养成分含量见表6-27。

表 6-27　石花菜营养成分（每 100 g 可食部分）

成分	含量	成分	含量
热量	1 313 kJ	维生素 B$_1$	0.06 mg
核黄素	0.2 mg	蛋白质	5.4 g
脂肪	0.1 g	烟酸	3.3 mg
维生素 C	—	维生素 E	14.84 mg
膳食纤维	—	维生素 A	—
碳水化合物	72.9 g	视黄醇当量	15.6 μg
胡萝卜素	6 μg	铜	0.12 mg
锌	1.94 mg	钾	141 mg
铁	2 mg	镁	15 mg
钙	167 mg	锰	0.04 mg
磷	209 mg	硒	15.19 μg
钠	380.8 mg		

　　海带属褐藻，系昆布科昆布属植物，是浅海的底栖性海藻植物，为褐藻门；孢子体形大，分为带片、带柄和假根（固着器）三个部分；带片切面为多层细胞构造，内含叶绿素 A 和胡萝卜素及褐藻素；假根呈多分枝，分枝顶端有吸着盘，以使藻体固着于海底基质上。海带含藻胶素（即藻胶酸的钠盐）、多聚糖、氨基酸和含碘化合物。在我国沿海地区，有以海带为主料的盐渍品，海带营养成分见表 6-28。

表 6-28　海带营养成分（每 100 g 可食部分）

成分	含量	成分	含量
热量	50 kJ	维生素 B$_1$	0.02 mg
核黄素	0.15 mg	蛋白质	1.2 g
脂肪	0.1 g	烟酸	1.3 mg
维生素 C	—	维生素 E	1.85 mg
膳食纤维	0.5 g	维生素 A	—
碳水化合物	1.6 g	视黄醇当量	94.4 μg
胡萝卜素	2.2 μg	铜	—
锌	0.16 mg	钾	246 mg
铁	0.9 mg	镁	25 mg
钙	46 mg	锰	0.07 mg
磷	22 mg	硒	9.54 μg
钠	8.6 mg		

7）山野菜

山野菜清新清香，营养丰富，口味鲜美，风味独特，无污染，是生产加工盐渍泡菜的优质原料之一。我国的山野菜十分丰富，大多以盐渍品出口到日本及东南亚国家。山野菜种类繁多，有蕨菜、薇菜、荠菜、莼菜、发菜、费菜、角菜、蒲菜、蕺菜、马齿苋、蒲公英、次嫩尖、山芹菜、灰条菜、苦苣菜、桔梗、牛蒡等。有关山野菜的详细情况参见《山野菜保鲜贮藏与加工》（轻工业出版社，2002 年）。山野菜的莼菜营养成分见表 6-29。

表 6-29　莼菜营养成分（每 100 g 可食部分）

成分	含量	成分	含量
热量	84 kJ	蛋白质	1.4 g
钙	42 mg	镁	3 mg
核黄素	0.01 mg	烟酸	0.1 mg
脂肪	0.1 g	碳水化合物	3.3 g
铁	2.4 mg	锰	0.26 mg
维生素 C	—	维生素 E	0.9 mg
膳食纤维	0.5 g	维生素 A	55 μg
锌	0.67 mg	铜	0.04 mg
胡萝卜素	0.2 μg	钾	2 mg
磷	17 mg	视黄醇当量	94.5 μg
钠	7.9 mg	硒	0.67 μg

5. 食用菌

我国食用菌有 300 多种，多属担子菌亚门，营养丰富，口味鲜美，风味独特，是生产加工盐渍泡菜的优质原料之一，主要有木耳、平菇、蘑菇、金针菇、香菇、竹荪、松茸、牛肝菌等。食用菌蘑菇的营养成分见表 6-30。

表 6-30　蘑菇营养成分（每 100 g 可食部分）

成分	含量	成分	含量
热量	84 kJ	维生素 B_1	0.08 mg
核黄素	0.35 mg	蛋白质	2.7 g
脂肪	0.1 g	烟酸	4 mg
维生素 C	2 mg	碳水化合物	2 g

续表

成分	含量	成分	含量
膳食纤维	2.1 g	维生素 E	0.56 mg
维生素 A	2 μg	视黄醇当量	92.4 μg
胡萝卜素	0.7 μg	铜	0.49 mg
磷	94 mg	钾	312 mg
钠	8.3 mg	硒	0.55 μg
钙	6 mg	镁	11 mg
铁	1.2 mg	锰	0.11 mg
锌	0.92 mg		

二、辅料及质量要求

泡菜的生产加工离不开辅料，在本书第三章"泡渍原理"中"香辛料和调味料的作用"已做了说明。这里主要阐述泡菜中常用的主要辅助原料的质量要求，以便在生产加工中参考。

泡菜的生产加工主要辅料有食盐、水、调味料和香辛料等。

1. 食盐

泡菜生产加工的最基本要素一是蔬菜，二是食盐。食盐是泡菜加工的主要辅料之一，它在蔬菜的泡渍发酵中起防腐、脱水、变脆、呈味等作用。食盐的主要成分是氯化钠（NaCl）。氯化钠的相对分子质量为58.44，是无色立方结晶或白色结晶，易溶于水、甘油，微溶于乙醇，相对密度2.165，味咸，pH 呈中性，在空气中微有潮解性，在水溶液里全部电离成为离子，所以为强电解质；具有渗透力强，渗透速度快和高渗透压的特点。

食用盐按其生产和加工方法可分为精制盐、粉碎洗涤盐、日晒盐，按其等级可分为优级、一级、二级。精制盐是以海水或埋藏在地下 500 ~ 3 000 m 的卤水和固体岩盐为原料，经过净化处理，采用真空蒸发工艺精制而成的食用盐，其特点是纯净、卫生，白度高达 80 以上，氯化钠含量高达 99% 以上，水分 0.5% 左右，适用于家庭烹调、食品加工等。粉碎洗涤盐是以大颗粒海盐为原料，经过 1 ~ 3 次机械粉碎、水洗、筛选、烘干等工艺，氯化钠含量 95% 以上，水分 2% ~ 3%，适用于食品加工。日晒盐是以海水为原料，经太阳、自然风蒸发而成的颗粒较粗的盐产品，氯化钠含量 93% 以上，水分 5% ~ 6%，其白度一般在 50 左右，适用于蔬菜泡渍（盐渍）等食品加工。食用盐国家标准（GB /T 5461—2016）见表 6-31。

表 6-31　食用盐国家标准（GB/T 5461—2016）

指标 优级			精制盐			粉碎洗涤盐		日晒盐	
			优级	一级	二级	一级	二级	一级	二级
物理指标	白度 / 度 ≥		80	75	67	55	55	55	45
	粒度		在下列某一范围内应不少于 75 g/100 g。 ——大粒：2~4 mm ——中粒：0.3~2.8 mm ——小粒：0.15~0.85 mm						
化学指标 （湿基）/ （g/100 g）	氯化钠	≥	99.1	98.5	97.2	97.2	96.0	93.5	91.2
	水分	≤	0.30	0.50	0.80	2.00	3.20	4.80	6.4
	水不溶物	≤	0.03	0.07	0.10	0.10	0.20	0.10	0.20
	硫酸根	≤	0.40	0.60	1.00	0.60	1.00	0.80	1.10
卫生指标 / （mg/kg）	铅（以 Pb 计）	≤	2.0						
	总砷（以 As 计）	≤	0.5						
	氟（以 F 计）	≤	5.0						
	钡（以 Ba 计）	≤	15						
	镉（以 Cd 计）	≤	0.5						
	总汞（以 Hg 计）	≤	0.1						
碘强化剂 / （mg/kg）	碘（以 I 计）		14 ~ 39						
抗结剂 / （mg/kg）	亚铁氰化钾 （以 [Fe（CN）$_6$]$^{4-}$ 计）≤		10.0						

　　泡菜在生产加工过程中，蔬菜原料的泡渍往往需要使用一定浓度的食盐溶液，食盐溶液浓度和含盐量的关系见表 6-32。

　　食盐因其来源不同，可分为海盐、湖盐（池盐）、井盐及矿盐（岩盐或石盐）。我国以海盐生产为主，海盐习惯上以产地命名，如产于浙江沿海的称为姚盐，产于淮河两岸沿海的称为淮盐，产于山东沿海的称为鲁盐。在内地四川、山西、陕西等省均有井盐，而以四川自贡井盐闻名于全国。此外，湖北省应城的矿盐也颇负盛名。

　　食盐应贮存于阴凉、常温避光、通风干燥处，可以垛放，防止雨淋，不得与酸碱混存，垛底要铺放木板，用以防潮，垛放高度不超过 2 m。

表 6-32 食盐溶液的相对密度、浓度、含盐量对照表

相对密度 （20℃）	浓度 /°Be	氯化钠含量 /（g/100 g 食盐溶液）	氯化钠含量 /（g/100 mL 食盐溶液）
1.007 8	1.21	1	1.01
1.016 3	2.19	2	2.03
1.022 8	3.17	3	3.06
1.022 9	4.15	4	4.1
1.036 9	5.13	5	5.17
1.043 9	6.1	6	6.25
1.051 9	7.08	7	7.34
1.058 9	8.05	8	8.45
1.066 1	8.98	9	9.56
1.074 1	9.94	10	10.71
1.081 1	10.88	11	11.8
1.089 2	11.87	12	13
1.0960	12.69	13	14.2
1.104 2	13.66	14	15.4
1.112 1	14.6	15	16.6
1.119 2	15.42	16	17.9
1.127 2	16.35	17	19.1
1.135 3	17.27	18	20.4
1.143 1	18.14	19	21.7
1.151 2	19.03	20	23
1.159 2	19.89	21	24.3
1.167 3	20.75	22	25.6
1.175 2	21.6	23	27
1.183 4	22.45	24	28.4
1.192 3	23.37	25	29.7
1.200 4	24.18	26	31.1
1.203 3	24.48	26.4	31.8

2. 水

泡菜生产加工过程中用水量较大，供水方式有集中式供水、二次供水、农村小型集中式供水、分散式供水。水质常规指标能反映生活饮用水水质基本状况的水质指标。非常规指标是根据地区、时间或特殊情况需要的生活饮用水水质指标。泡菜水质的要求必须达到《生活饮用水卫生标准》（GB 5749—2006），详见表6-33、表6-34、表6-35。

生活饮用水水质卫生要求：生活饮用水中不得含有病原微生物，化学物质不得危害人体健康，饮用水中放射性物质不得危害人体健康，生活饮用水的感官性状良好，生活饮用水应经消毒处理。

表6-33 水质常规指标及限值（《生活饮用水卫生标准》GB 5749—2006）

指 标	限 值
1. 微生物指标[①]	
总大肠菌群 /（MPN/100 mL 或 cfu/100 mL）	不得检出
耐热大肠菌群 /（MPN/100 mL 或 cfu/100 mL）	不得检出
大肠埃希氏菌 /（MPN/100 mL 或 cfu/100 mL）	不得检出
菌落总数 /（cfu/mL）	100
2. 毒理指标	
砷 /（mg/L）	0.01
镉 /（mg/L）	0.005
铬 /（六价，mg/L）	0.05
铅 /（mg/L）	0.01
汞 /（mg/L）	0.001
硒 /（mg/L）	0.01
氰化物 /（mg/L）	0.05
氟化物 /（mg/L）	1.0
硝酸盐 /（以 N 计，mg/L）	10 地下水源限制时为20
三氯甲烷 /（mg/L）	0.06
四氯化碳 /（mg/L）	0.002
溴酸盐 /（使用臭氧消毒时，mg/L）	0.01
甲醛 /（使用臭氧消毒时，mg/L）	0.9

续表

指　标	限　值
亚氯酸盐 /（使用二氧化氯消毒时，mg/L）	0.7
氯酸盐 /（使用复合二氧化氯消毒时，mg/L）	0.7
3. 感官性状和一般化学指标	
色度 /（铂钴色度单位）	15
浑浊度 /（NTU，散射浊度单位）	1 水源与净水技术条件限制时为 3
臭和味	无异臭、异味
肉眼可见物	无
pH /（pH 单位）	不小于 6.5 且不大于 8.5
铝 /（mg/L）	0.2
铁 /（mg/L）	0.3
锰 /（mg/L）	0.1
铜 /（mg/L）	1.0
锌 /（mg/L）	1.0
氯化物 /（mg/L）	250
硫酸盐 /（mg/L）	250
溶解性总固体 /（mg/L）	100 0
总硬度 /（以 $CaCO_3$ 计，mg/L）	450
耗氧量 /（CODMn 法，以 O_2 计，mg/L）	3 水源限制，原水耗氧量＞ 6 mg/L 时为 5
挥发酚类 /（以苯酚计，mg/L）	0.002
阴离子合成洗涤剂 /（mg/L）	0.3
4. 放射性指标[②]	指导值
总 α 放射性 /（Bq/L）	0.5
总 β 放射性 /（Bq/L）	1

注：① MPN 表示最可能数；cfu 表示菌落形成单位。当水样检出总大肠菌群时，应进一步检验大肠埃希氏菌或耐热大肠菌群；水样未检出总大肠菌群，不必检验大肠埃希氏菌或耐热大肠菌群。②放射性指标超过指导值，应进行核素分析和评价，判定能否饮用。

表6-34 饮用水中消毒剂常规指标及要求

消毒剂名称	与水接触时间	出厂水中限值	出厂水中余量	管网末梢水中余量
氯气及游离氯制剂 / (游离氯, mg/L)	至少 30 min	4	≥ 0.3	≥ 0.05
一氯胺 / (总氯, mg/L)	至少 120 min	3	≥ 0.5	≥ 0.05
臭氧 / (O$_3$, mg/L)	至少 12 min	0.3		0.02 如加氯, 总氯 ≥ 0.05
二氧化氯 / (ClO$_2$, mg/L)	至少 30 min	0.8	≥ 0.1	≥ 0.02

表6-35 水质非常规指标及限值

指 标	限 值
1. 微生物指标	
贾第鞭毛虫 / (个 /10L)	< 1
隐孢子虫 / (个 /10L)	< 1
2. 毒理指标	
锑 / (mg/L)	0.005
钡 / (mg/L)	0.7
铍 / (mg/L)	0.002
硼 / (mg/L)	0.5
钼 / (mg/L)	0.07
镍 / (mg/L)	0.02
银 / (mg/L)	0.05
铊 / (mg/L)	0.000 1
氯化氰 / (以 CN$^+$ 计, mg/L)	0.07
一氯二溴甲烷 / (mg/L)	0.1
二氯一溴甲烷 / (mg/L)	0.06
二氯乙酸 / (mg/L)	0.05
1,2- 二氯乙烷 / (mg/L)	0.03
二氯甲烷 / (mg/L)	0.02
三卤甲烷 (三氯甲烷、一氯二溴甲烷、二氯一溴甲烷、三溴甲烷的总和)	该类化合物中各种化合物的实测浓度与其各自限值的比值之和不超过 1
1,1,1- 三氯乙烷 / (mg/L)	2

续表

指　标	限　值
三氯乙酸 /（mg/L）	0.1
三氯乙醛 /（mg/L）	0.01
2,4,6- 三氯酚 /（mg/L）	0.2
三溴甲烷 /（mg/L）	0.1
七氯 /（mg/L）	0.000 4
马拉硫磷 /（mg/L）	0.25
五氯酚 /（mg/L）	0.009
六六六 /（总量，mg/L）	0.005
六氯苯 /（mg/L）	0.001
乐果 /（mg/L）	0.08
对硫磷 /（mg/L）	0.003
灭草松 /（mg/L）	0.3
甲基对硫磷 /（mg/L）	0.02
百菌清 /（mg/L）	0.01
呋喃丹 /（mg/L）	0.007
林丹 /（mg/L）	0.002
毒死蜱 /（mg/L）	0.03
草甘膦 /（mg/L）	0.7
敌敌畏 /（mg/L）	0.001
莠去津 /（mg/L）	0.002
溴氰菊酯 /（mg/L）	0.02
2,4- 滴 /（mg/L）	0.03
滴滴涕 /（mg/L）	0.001
乙苯 /（mg/L）	0.3
二甲苯 /（mg/L）	0.5
1,1- 二氯乙烯 /（mg/L）	0.03
1,2- 二氯乙烯 /（mg/L）	0.05
1,2- 二氯苯 /（mg/L）	1
1,4- 二氯苯 /（mg/L）	0.3
三氯乙烯 /（mg/L）	0.07

续表

指　标	限　值
三氯苯 /（总量，mg/L）	0.02
六氯丁二烯 /（mg/L）	0.000 6
丙烯酰胺 /（mg/L）	0.000 5
四氯乙烯 /（mg/L）	0.04
甲苯 /（mg/L）	0.7
邻苯二甲酸二（2- 乙基己基）酯 /（mg/L）	0.008
环氧氯丙烷 /（mg/L）	0.000 4
苯 /（mg/L）	0.01
苯乙烯 /（mg/L）	0.02
苯并（a）芘 /（mg/L）	0.000 01
氯乙烯 /（mg/L）	0.005
氯苯 /（mg/L）	0.3
微囊藻毒素 –LR/（mg/L）	0.001
3. 感官性状和一般化学指标	
氨氮 /（以 N 计，mg/L）	0.5
硫化物 /（mg/L）	0.02
钠 /（mg/L）	200

表 6-36　生活饮用水水质参考指标及限值

指　标	限　值
肠球菌 /（cfu/100 mL）	0
产气荚膜梭状芽孢杆菌 /（cfu/100 mL）	0
二（2- 乙基己基）己二酸酯 /（mg/L）	0.4
二溴乙烯 /（mg /L）	0.000 05
二噁英 /（2,3,7,8-TCDD，mg/L）	0.000 000 03
土臭素 /（二甲基萘烷醇，mg /L）	0.000 01
五氯丙烷 /（mg/L）	0.03
双酚 A/（mg/L）	0.01
丙烯腈 /（mg/L）	0.1
丙烯酸 /（mg/L）	0.5
丙烯醛 /（mg/L）	0.1

续表

指　　标	限　　值
四乙基铅 /（mg /L）	0.000 1
戊二醛 /（mg /L）	0.07
2- 甲基异茨醇 /（mg /L）	0.000 01
石油类 /（总量，mg/L）	0.3
石棉 /（> 10 μm，万 /L）	700
亚硝酸盐 /（mg/L）	1
多环芳烃 /（总量，mg/L）	0.002
多氯联苯 /（总量，mg/L）	0.000 5
邻苯二甲酸二乙酯 /（mg/L）	0.3
邻苯二甲酸二丁酯 /（mg/L）	0.003
环烷酸 /（mg/L）	1.0
苯甲醚 /（mg/L）	0.05
总有机碳 /（TOC，mg/L）	5
β - 萘酚 /（mg/L）	0.4
黄原酸丁酯 /（mg /L）	0.001
氯化乙基汞 /（mg /L）	0.000 1
硝基苯 /（mg /L）	0.017
镭 226 和镭 228/（pCi/L）	5
氡 /（pCi/L）	300

3. 调味料和香辛料

调味料和香辛料在泡菜生产加工中占有极其重要的地位。

1）酱油

酱油是泡菜生产加工中常用的调味品，为我国传统调味品，分为酿造酱油和配制酱油。酿造酱油是用大豆或脱脂大豆，或用小麦或麸皮为原料，采用微生物发酵酿制而成的酱油。配制酱油是以酿造酱油为主体，与酸水解植物蛋白调味液、食品添加剂等配制而成的液体调味品。在产品标签上必须注明是"酿造酱油"或"配制酱油"。因着色力不同，酱油亦有生抽、老抽之别，前者着色力弱而后者强，至于"生抽王"，是故意表示好的意思，没什么特别。生抽颜色比较淡，呈红褐色，味较咸，一般的烹调用；老抽颜色较深，呈棕褐色有光泽，鲜美微甜，常用于食品着色。

酿造酱油按生产工艺不同可分为高盐固稀发酵、高盐稀醪发酵、低盐固态发酵和无盐固态发酵四种酿造方法。前两种酿造的酱油为红褐色，酯香和酱香浓郁，滋味鲜美，最适合于酱油渍菜用。前两种酿造酱油中还可以分为天然发酵和人工控温发酵两种类型。制作酱油的原料因国家、地区的不同，使用的配料不同，风味也不同，比较出名的是泰国的鱼露（使用鲜鱼）和日本的味噌（使用海苔）。酿造酱油质量标准见表 6-37、表 6-38。

表 6-37　酿造酱油感官特性（《酿造酱油》GB 18186—2000）

项目	要求							
	高盐稀态发酵酱油（含固态发酵酱油）				低盐固态发酵酱油			
	特级	一级	二级	三级	特级	一级	二级	三级
色泽	红褐色或浅红褐色，色泽鲜艳，有光泽		红褐色或浅红褐色		具有鲜艳的深红褐色，有光泽	红褐色或棕红褐色，有光泽	红褐色或棕褐色	棕褐色
香气	浓郁的酱香及酯香气	较浓的酱香及酯香气	有酱香及酯香气		酱香浓郁，无不良气味	酱香较浓，无不良气味	有酱香，无不良气味	微有酱香，无不良气味
滋味	味鲜美、醇厚，鲜、咸、甜适口	味鲜，咸甜适口	鲜咸适口		味鲜美、醇厚、咸甜适口	味鲜美，咸味适口	味较鲜，咸味适口	鲜咸适口
体态	澄清							

表 6-38　酿造酱油理化指标（《酿造酱油》GB 18186—2000）

项目	指标							
	高盐稀态发酵酱油（含固态发酵酱油）				低盐固态发酵酱油			
	特级	一级	特级	一级	特级	一级	特级	一级
可溶性无盐固形物（g/100 mL）≥	15.00	13.00	10.00	8.00	20.00	18.00	15.00	10 00
全氮（以氮计，g/100 mL）≥	1.50	1.30	1.00	0.70	1.60	1.40	1.20	0.80
氨基酸态氮（以氮计，g/100 mL）≥	0.80	0.70	0.55	0.40	0.80	0.70	0.60	0.40

　　注：铵盐的含量不得超过氨基酸态氮含量的 30%；卫生指标应符合《酱油卫生标准（GB 2717—2003）的规定。

2）食醋

食醋是重要的酸味调味品，是以含有淀粉、糖类、酒精的粮食、果实、酒类等为原料，经微生物发酵而成的一种液体酸性调味品，分为酿造食醋和配制食醋。酿造食醋是单独或混合使用各种含有淀粉、糖的物料或酒精，经微生物发酵酿造而成的调味食醋。配制食醋是以酿造食醋为主体（≥50%），与冰乙酸（即乙酸，食品级，见表6-39）、食品添加剂等混合配制而成的调味食醋。食醋中醋酸（乙酸）的含量一般为3%～5%，食醋感官要求是色泽鲜明、酸味纯正、香味浓郁，不涩，无其他不良气味与异味，无浮物，不浑浊，无沉淀，无异物，无醋鳗、醋虱，食醋卫生指标见表6-39、表6-40。

表 6-39　食醋理化指标（食醋卫生标准 GB 2719—2003）

项　　目		指　　标
游离矿酸		不得检出
总砷（以 As 计）/（mg/L）	≤	0.5
铅（Pb）/（mg/L）	≤	1
黄曲霉毒素 B_1/（μg/L）	≤	5

表 6-40　食醋微生物指标（GB 2719—2003）

项　　目	指　　标
菌落总数 /（cfu/mL）	10 000
大肠菌群 /（MPN/100 mL）	3
致病菌（沙门氏菌、志贺氏菌和金黄色葡萄球菌）	不得检出

按原料处理方法分类，粮食原料不经过蒸煮糊化处理，直接用来制醋，称为生料醋；经过蒸煮糊化处理后酿制的醋，称为熟料醋。若按制醋用糖化曲分类，则有麸曲醋、老法曲醋之分。若按醋酸发酵方式分类，则有固态发酵醋、液态发酵醋和固稀发酵醋之分。若按食醋的颜色分类，则有浓色醋、淡色醋、白醋之分。若按风味分类，陈醋的醋香味较浓；熏醋具有特殊的焦香味；甜醋则添加有中药材、植物性香料等。食醋类型新分为烹调型（醋酸度为5%左右）、佐餐型（醋酸度为4%左右）、保健型（醋酸为3%左右）和饮料型（醋酸1%左右）等系列。

用含淀粉原料酿造食醋，经过液化、糖化、酒精发酵、醋酸发酵四个生化阶段，或糖化、酒精发酵、醋酸发酵三个生化阶段。用含糖原料酿造食醋，经过酒精发酵、醋酸发酵两个生化阶段。用含酒精原料酿造食醋，只经过醋酸发酵一个生化阶段。酿醋原料不同，经历的生化阶段也不同。唯有醋酸发酵阶段是必不可少的，醋酸发酵阶

段是在固态下进行的，称为固体发酵醋；醋酸发酵阶段是在液态下进行的，称为液体发酵醋。采用固体发酵酿造的食醋，有著名的山西老陈醋、北京熏醋、镇江米醋、四川保宁醋等，其工艺特点是醋酸发酵时呈固态，以粮食为主料，以麦麸、谷糠、稻壳为填充物，以大曲、小曲为糖化发酵剂，经糖化、酒精发酵、醋酸发酵而成，色、香、味、体各有独特风格，成品总酸含量最低为3.5%（以醋酸计），最高可达11%点，这类食醋多属名特优质品，受到消费者欢迎。采用液体发酵酿造的食醋，有著名的浙江玫瑰醋、福建红曲老醋、丹东米醋、北京糖醋等，其工艺特点是醋酸发酵多数在液体静置下进行的，少数是在液体动态条件下进行的，生产周期最短的只要几天，最长的两三年。成品总酸含量最低为2.5%，最高达8%以上。

表 6-41　食品添加剂乙酸技术要求

项　目		指标
乙酸 /%	≥	99.5
高锰酸钾试验时间 /min	≤	30
蒸馏残渣 /%	≤	0.005
结晶点 /℃	≥	15.6
酿造醋酸的比率（天然度）/ %	≥	95
重金属（以 Pb 计）/%	≤	0.000 2
砷（As）/%	≤	0.000 1
游离矿酸试验		合格
色度（铂 – 钴色号 /Hazen 单位）	≤	20

3）味精

味精的主要化学成分是 L- 谷氨酸钠，相对分子质量187；它是以淀粉质或糖质为原料，经微生物发酵而制成的谷氨酸钠，含量大于或等于99%，且具有特殊鲜味的白色结晶或粉末；不溶于酒精、丙酮等有机溶剂，易溶于水；具有强烈的鲜味，是食品添加剂中的增鲜剂。

味精按添加成分分成三大类，即普通味精、加盐味精和增鲜味精。普通味精谷氨酸钠含量大于或等于99%；加盐味精的谷氨酸钠含量应不小于80%，食用盐添加量应小于20%，铁含量小于等于 10 mg/kg；对于增鲜味精，谷氨酸钠含量不小于97 %（添加剂含量不得超过3%），增鲜剂呈味核苷酸二钠不小于 1.5%，铁含量小于等于 5 mg/kg 等。味精质量标准（GB/T 8967—2007）见表 6-42、表 6-43、表 6-44。

表 6-42　味精的理化要求（《谷氨酸钠》GB/T 8967—2007）

项　目		指　标
谷氨酸钠 /%	≥	99.0
透光率 /%	≥	98
比旋光度 [α]20 d/（°）		+24.9 ~ +25.3
氯化物（以 Cl⁻ 计 /%	≤	0.1
pH 值		6.7 ~ 7.5
干燥失重 /%	≤	0.5
铁 /（mg/kg）	≤	5
硫酸盐（以 SO_4^{2-} 计）/%	≤	0.05

表 6-43　加盐味精的理化要求（《谷氨酸钠》GB/T 8967—2007）

项　目		指　标
谷氨酸钠 /（%）	≥	80.0
透光率 /（%）	≥	89.0
食用盐（以 NaCl⁻ 计 /（%）	<	20.0
干燥失重 /（%）	≤	1.0
铁 /（mg/kg）	≤	10
硫酸盐（以 SO_4^{2-} 计）/（%）	≤	0.5

注：加盐味精需用 99% 的味精加盐。

表 6-44　增鲜味精的理化要求（《谷氨酸钠》GB/T 8967—2007）

项　目		指　标		
		添加 5'—鸟苷酸二钠（GMP）	添加呈味核苷酸二钠	添加 5'—肌苷酸二钠（IMP）
谷氨酸钠 /%	≥	97.0		
呈味核苷酸二钠 /%	≥	1.08	1.5	2.5
透光率 /%	≥	98		
干燥失重 /%	≤	0.5		
铁 /（mg/kg）	≤	5		
硫酸盐（以 SO_4^{2-} 计）/%	≤	0.05		

注：增鲜味精需用 99% 的味精增鲜。

谷氨酸钠阈值很低，在常温下为 0.03%。味精的鲜味与溶液的 pH 值有关，在 pH 值为 6.0～7.0 时，鲜味最强，pH 值再降低，则鲜味下降，而在 pH 值大于 7.0 时，不显鲜味；味精的鲜味还与食盐（NaCl）有关，没有食盐甚至感觉不出鲜味；味精的鲜味还受温度影响。味精一般使用浓度仅 0.1%～1.0%，适量的味精能增进食品天然风味。使用晶体味精时最好先用少量开水溶解后再拌入泡菜中。在选购味精时，要选晶体洁白、均匀、无杂质、流动性好、无结块、无异味，无其他结晶形态颗粒的。由于味精中含有食盐，易吸湿结块，因此在日常贮存时要密封防潮，最好放在干燥通风的地方。

4）花椒

花椒又名大花椒、青花椒、川椒、红椒、红花椒，因其味麻，又称作麻椒。花椒是花椒树的果实，颜色大多为青色，红色，紫红色或者紫黑色，密生疣状凸起的油点。花椒是一种优质的香料，可除各种腥气，抑制异味，还可促进唾液分泌，增加食欲。花椒麻味及涩味浓烈，我国西南地区居民尤为喜爱。花椒以麻味足、香味大、干燥、无硬梗、无枝叶、黑籽少、不腐霉者及壳浅紫色的为佳。

花椒油的主要成分为柠檬烯、枯醇、香叶醇、淄醇、不饱和有机酸。花椒是常用的调味料，不仅能够温阳驱寒，还能杀菌防病，增强免疫力，有事半功倍的效果。我国华北、西北、西南地区均出产花椒。

5）胡椒

胡椒是胡椒树的果实，又名古月、黑川、百川。胡椒果实为球形、无柄、单核浆果，成熟时为黄绿色、红色。胡椒气味芳香，有刺激性，味辛辣。胡椒辣味主要成分有胡椒碱、佳味碱、哌啶和胡椒亭碱等。

胡椒收获时依后处理方法的不同，可得白胡椒、黑胡椒两种主要产品（也有红胡椒）。黑胡椒：胡椒果穗呈暗绿色时采收，晒干烘干，脱粒，呈黑褐色，即黑胡椒。白胡椒：胡椒果穗上的胡椒完全成熟并全部变红，这时剪下用水浸渍数天（或盐水、石灰水浸渍）后，擦去外果皮，晒干，皮面呈灰白色，即为白胡椒。白胡椒的药用价值稍高一些，调味作用稍次，它的味道相对黑胡椒来说更为辛辣。

胡椒是一种优质香料，可防腐，可作调味品，胡椒的作用与辣椒相似，但刺激性较小，胡椒在东西方烹调中都相当重要（例如，欧洲将黄绿色的胡椒果实添加到泡黄瓜之中）。胡椒主要产于东南亚地区和巴西，我国海南岛、云南、广西以及南洋群岛出产，夏秋之交果收获。胡椒有香辣风味，跟辣椒、花椒一起被称为"三椒"。

6）八角

八角是八角树的果实，学名称为八角茴香，大料和大茴香，颜色紫褐，呈八角，形状似星，有甜味和强烈的芳香气味，果实在秋冬季采摘，干燥后呈红棕色或黄棕色。八角是我国的特产，盛产于广东、广西等地。

八角以褐红、朵大饱满、完整不破、干燥味香、无杂质、无腐烂者为佳。八角果实与种子是优质调料，还可入药，具强烈香味，能除去异味（例如肉中臭气）新添香气。其香味来于挥发油，挥发油的香气成分主要是茴香酮、茴香醚、黄樟醚、茴香醛、水芹烯等。八角味微甜并稍带辣味，有驱虫、温中理气、健胃止呕、祛寒、兴奋神经等功效。八角除作调味品外，还可供工业上作香水、牙膏、香皂、化妆品等的原料，也可用在医药上，作祛风剂及兴奋剂。

八角是制作冷菜及炖、焖菜肴中不可少的调味品，其作用为其他香料所不及，也是加工五香粉的主要原料。

八角与茴香不完全一样，因为茴香有两种，大茴香即八角，小茴也称茴香，呈粒状而且小，黄绿色。

7）排草

排草又称排香、香排草、毛柄珍珠菜，茎细长，呈四角或五角形，夏秋采集。排草是优质香料资源，可用于食品（例如泡菜、火锅配料等）、烟草及化妆品中。排草气味清香而浓郁，口味较淡，与其他香辛料一样有一定的防腐作用。它是我国民间传统的草药，可以用来治疗感冒、咳嗽、急性和慢性气管炎、哮喘等疾病。一般生长于山地斜坡草丛中，茂密的林边及林下，分布四川、湖北、云南、贵州、广东、福建等地。

8）甘草

甘草又称甜草根、甜草、甜根子等，系豆科多年生草本植物；根呈圆柱形，外皮松紧不一，表面红棕色或灰棕色，具显著的纵皱纹、沟纹、皮孔及稀疏的细根痕，质坚实，断面略显纤维性，黄白色。甘草含甘草酸，味甜，有清热、解毒、祛痰、止痛、解痉以至抗癌等药理作用。甘草主要成分是甘草酸、甘草甙、甘草类黄酮和槲皮素等。甘草以皮细而紧、甜味浓、干燥无杂质者为佳，常用于食品、医药等行业，不仅是很好的香料基料，而且又是中药材，有较强的增加人体免疫功能作用。

9）白菌

白菌是一种菌名，野生的生长于高海拔地方，采收前呈金黄色，采后晒干即为白色。白菌盖小肉厚柄短、气味清香，内含钙、磷、铁等矿物质，又含蛋白质（含量约30%）、粗纤维，营养价值很高，有利于抗衰老、护肤、延年益寿等，白菌在泡菜等食品中的应用有增鲜等作用（可能是因为蛋白质含量高的原因）。

10）小茴香

小茴香又称茴香、怀香、谷茴、土茴香等，为伞形科（多年生草本）植物茴香的干燥成熟果实；为双悬果，呈细椭圆形，有的稍弯曲，表面黄绿色或淡黄色，两端略尖，基部有时有细小的果梗，形似干瘪的稻粒。

小茴香是优质香辛料，具特异香气，味微甜，可解除腥、膻、臭等不愉快的味道。香气来自挥发油（约含1.5%），主要成分是茴香醚、α-茴香酮、茴香醛等。小茴香

以粒大饱满、色黄绿、鲜亮、无梗、无杂质、无土者为佳。小茴香主产于宁夏、山西、内蒙古、甘肃、辽宁等地区。

11）桂皮

桂皮又称肉桂、官桂或香桂，为樟科植物天竺桂、山桂、月桂、细叶香桂、肉桂或川桂等树皮的通称。桂皮香气馥郁，似樟脑，味微辛甜，皮细肉厚，颜色乌黑或呈茶褐色，断面呈紫红色，桂皮是最早被人类使用的香料之一，是制作五香粉的主要原料，亦可入药。

桂皮因含有挥发油而香气馥郁，可祛腥解腻，芳香可口，桂皮挥发油主要为桂皮醛、丁香油酚、黄樟醚等。丁香酚对金黄色葡萄球菌、痢疾杆菌、大肠杆菌、变形杆菌等有抑制作用，说明香辛料有一定的抑菌作用。桂皮有补元阳，暖脾胃，除积冷，通脉止痛和止泻的功效。研究发现桂皮可降低血糖和血脂。桂皮在广东、福建、浙江、四川等省均产，多产于广西中部、南部和东南部的平南、容县、防城等县市，其中以平南桔皮质量最好，称"陈桂"。桂皮深褐色，皮瓢薄，放在手上觉得很轻而又容易折断，同时还发出香味，是为上品。

12）山奈

山奈又称三萘子、三赖、山辣、砂姜，多年生姜科草本植物，块状根茎，单生或数枚连接，淡绿色或绿白色，有特异芳香，干燥根茎为圆形或近圆形的横切片。

山奈是优质香辛料，香气特异，味辛辣。山奈切面类白色，粉性，常鼓凸，质脆，易折断，香气浓厚而辣味强者是为上品。山奈含有挥发油，其主要成分为龙脑、莰烯、山奈酚、山奈素等。山奈是"五香料"的主要配料。山奈有温中散寒，开胃消食，理气止痛的功效。山奈主产地区有广西、云南、广东（南盛等）、台湾等省区。

13）橘皮

橘皮是橘的果皮，又名陈皮、青皮和甜皮，外表面成黄色或红棕色，有细皱纹及圆形小凹点，内表面黄白色，粗糙，呈海绵状，基部残留有经络。橘皮质柔软，不易折断。

橘皮是优质香辛料，有芳香而稍苦，可祛腥解腻，除去异味，在泡菜等食品中常常使有"清爽"之感。橘皮中含维生素C和香精油、果胶、天然色素、膳食纤维、黄酮类化合物和类柠檬苦素等功能性活性成分，所以能消痰、化食、增进食欲，可作为药用。我国四川、湖南、广东、福建、浙江、江西、湖北、云南、贵州等省均产。

14）丁香

丁香是木樨科落叶灌木或常绿小乔木的花蕾，花小芳香，白色、紫色、紫红色或蓝色。丁香花蕾略呈细长棒状，稍似丁字形且具芳香而得名。当花蕾由绿色转红色时采摘后晒干，具有特异的芳香气。

丁香是优质香辛料，可除去异味，能祛腥解腻，丁香花蕾含有丁香油，其主要成分是丁香油酚和丁香烯、丁香酮等。丁香抗菌作用、增强机体的体液免疫功能、耐缺氧能力、抗氧化和抗衰老作用。中医认为丁香味辛、性温，具有温中降逆、补肾助阳的作用。丁香广泛用于烹调、香精提取、香烟添加剂、焚香的添加剂。丁香的主要产地在非洲、欧洲及我国华北、东北、西北、华东等地区。

4. 其他

1）甜味剂

（1）白砂糖。食糖按颜色可分为白糖、红糖和黄糖。颜色深浅不同，是因为制糖过程中除杂质的程度不一样：白糖是精制糖，纯度一般在99%以上；黄糖则含有少量矿物质及有机物，因此带有颜色；红糖则是未经精制的粗糖，颜色很深。

根据颗粒大小，食糖又可分为白砂糖、绵白糖、方糖和冰糖等。白砂糖、绵白糖都称白糖，绵白糖中蔗糖含量一般在95%以上。白砂糖是食糖中质量最好的一种，其颗粒为结晶状，均匀，干燥松散，颜色洁白，有光泽，甜味纯正，水分、杂质、还原糖含量均少。绵白糖简称绵糖，也称白糖，它颜色洁白，质地绵软、细腻，结晶颗粒细小，并在生产过程中喷入了1.5%～2.5%左右的转化糖浆。白砂糖和绵白糖只是结晶体大小不同，砂糖的结晶颗粒大，含水分很少，而绵白糖的结晶颗粒小，含水分较多，绵白糖外观质地绵软、潮润，入口溶化快。冰糖是以白砂糖为原料，经加水溶解、除杂、清汁、蒸发、浓缩后，冷却结晶制成。

白砂糖晶粒均匀，粒度在下列范围内蔗糖含量应不少于80%：粗粒（0.800～2.50 mm），大粒（0.630～1.60 mm），中粒（0.450～1.25 mm），细粒（0.280～0.800 mm）。白砂糖分为精制（蔗糖≥99.8%，还原糖≤0.03%，色值IU≤30，不溶于水杂质 mg/kg≤20）、优级（蔗糖≥99.7%，还原糖≤0.05%，色值IU≤80，不溶于水杂质 mg/kg≤30）、一级（蔗糖≥99.6%，还原糖≤0.1%，色值IU≤170，不溶于水杂质 mg/kg≤50）、二级（蔗糖≥99.5%，还原糖≤0.17%，色值IU≤260，不溶于水杂质 mg/kg≤80）四个等级。

绵白糖分为精制（总糖%≥98.4）、优级（总糖%≥97.95）、一级（总糖%≥97.92）三个等级。

（2）饴糖。饴糖是以淀粉质（例如大米、玉米、薯类等）为原料，经α-淀粉酶、麦芽（或β-淀粉酶、真菌淀粉酶）水解工艺制得的麦芽糖饴（饴糖），是一种高质量的甜味剂。生产工艺有酸法、酸酶法和酶法等，现在一般是酶法生产。饴糖也称麦芽糖、水饴或糖稀，是淀粉糖的一种，淀粉糖包括麦芽糖、葡萄糖、果葡糖浆等，常用于盐渍泡菜生产加工之中，可增加产品的甜味及黏稠性（例如甜蒜头、甜葱头等），还具有护色（保护和增加光泽）的作用。

饴糖呈黏稠状微透明（或淡黄色至棕黄色）液体，具有麦芽糖饴的正常气味，甜味舒润纯正、无异味，无肉眼可见杂质。产品分为优级（固形物≥75%，DE≥42）、一级（固形物≥75%，DE≥38）、二级（合格品，固形物≥73%，

DE ≥ 36）。

（3）甜蜜素。甜蜜素化学名是环己基氨基磺酸钠，是人工合成的甜味剂，白色针状、片状结晶或结晶状粉末，无臭，味甜，其稀溶液的甜度约为蔗糖的30倍。10%水溶液呈中性（pH值为6.5），对热、光、空气稳定。甜蜜素类似于糖精，加热后略有苦味，不发生焦糖化反应。甜蜜素在泡菜中的最大使用量≤0.65 g/kg。

1966年有研究发现甜蜜素可在肠菌作用下分解为可能有慢性毒性的环己胺。不久后美国食品与药物管理局（FDA）即发出了全面禁止使用的命令。英国、日本、加拿大等随后也禁用。目前承认甜蜜素甜味剂食用安全性的国家有55个，包括中国在内。

（4）安赛蜜。安赛蜜化学名（6-甲基-1，2，3-恶唾嗪-4（H）-酮-2，2-二氧化物钾盐），又称为乙酰磺胺酸钾、A-K糖、阿尔适尔芳钾。安赛蜜是一种人工合成的甜味剂，类似于糖精，易溶于水，没有营养，口感较好，无热量，具有在人体内不代谢、不吸收、对热和酸稳定性好等特点，是目前世界上第四代合成甜味剂。它和其他甜味剂混合使用能产生很强的协同效应，一般浓度下可增加甜度30%～50%，甜度为蔗糖的200～250倍。安赛蜜在泡菜中的最大使用量≤0.3 g/kg。

经常食用安赛蜜等合成甜味剂超标的食品会对人体的肝脏和神经系统造成危害。

（5）甜菊糖。苷甜菊糖苷别名甜菊糖，系白色或微黄色粉末，易溶于水、乙醇和甲醇，味极甜，似蔗糖，略带后涩味，甜度约为蔗糖的200倍，是一种天然甜味剂，对热、酸、碱、盐稳定，在pH值大于9或小于3时，长时间加热（100 ℃）会使之分解，甜味降低，具有非发酵性。甜菊糖与蔗糖果糖或异构化糖混用时，可提高其甜度，改善口味，用甜菊糖代替30%左右的蔗糖时，效果较佳。甜菊的主要甜味来源是甜菊糖苷，甜菊糖苷不仅甜度高，风味好，而且对糖尿病、高血压、肾脏病等患者无害，中国是全球最大的甜菊糖苷生产与出口国，占据全球市场的80%以上。

（6）三氯蔗糖。三氯蔗糖是我国批准使用的甜味剂。其甜度约为蔗糖的600倍，甜味纯正，甜味特性与甜味质量和蔗糖十分相似。在一般食品加工和储存过程中都非常稳定，水溶性很好，适宜于各种食品加工过程。我国规定可用于饮料、酱菜类、复合调味料、配制酒、雪糕、糕点、饼干、面包等许多领域。

2）调味料酒

（1）白酒。白酒是中国特有的一种蒸馏酒，为世界六大蒸馏酒之一。利用淀粉质（高粱或糖质等）为原料，以曲类、酒母为糖化发酵剂，经蒸煮、糖化、发酵、蒸馏、陈酿和勾兑而酿制而成的各类白酒，酒质无色（或微黄）透明，气味芳香醇和，入口绵甜爽净，酒精含量较高（一般为38%～52%），经贮存老熟后，具有以酯类为主体的复合香味。在泡菜生产中白酒可起到调味、去腥解腻，消毒杀菌等作用。白酒以川酒为代表。

（2）料酒。料酒是专门用于烹饪调味的酒。啤酒、白酒、黄酒、葡萄酒、威士忌等饮用酒都可用作料酒，但人们经过长期的实践、品尝后发现，不同的料酒所烹饪出来的菜肴风味相距甚远。以往，人们发现以黄酒烹饪效果为最佳，所以料酒一般指黄酒，现在料酒多指专用于烹饪调味的非直接饮用的调味酒类。在泡菜制作过程中，根据其特殊风味要求而添加不同的料酒。

黄酒也称为米酒，属于酿造酒，是世界三大酿造酒（黄酒、葡萄酒和啤酒）之一。它是用大米为原料，经发酵、陈酿而酿造的非蒸馏。黄酒颜色有米色、黄褐色或红棕色，一般酒精含量为14%～20%，香味浓郁，味道醇厚，营养丰富（含有多种氨基酸），在烹制菜肴中广泛使用，主要起调味去腥、增香等作用。黄酒以浙江绍兴黄酒为代表。

（3）醪糟汁。醪糟（汁）也称酒酿、酒娘、酒糟、米酒、甜酒、糯米酒，由糯米或者大米经过酵母发酵而制成的一种低酒精度（酒精2%）的风味发酵食品，醪糟细腻润滑、醇香甜蜜，富含碳水化合物、蛋白质、B族维生素、矿物质等。在泡菜生产中醪糟可起到调味、去腥解腻，增香增甜等作用。

3）着色剂

着色剂按来源可分为人工合成着色剂和天然着色剂。按结构，人工合成着色剂又可分类偶氮类、氧蒽类和二苯甲烷类等；天然着色剂又可分为吡咯类、多烯类、酮类、醌类和多酚类等。按着色剂的溶解性可分为脂溶性着色剂和水溶性着色剂。常用的天然着色剂有辣椒红、甜菜红、红曲红、胭脂虫红、高粱红、叶绿素铜钠、姜黄、栀子黄、胡萝卜素、藻蓝素、可可色素、焦糖色素等。天然着色剂色彩易受金属离子、水质、pH值、氧化、光照、温度的影响，一般较难分散，染着性、着色剂间的相溶性较差，且价格较高。合成着色剂有胭脂红、苋菜红、日落黄、赤藓红、柠檬黄、新红、靛蓝、亮蓝等。与天然色素相比，合成色素颜色更加鲜艳，不易褪色，且价格较低。

（1）姜黄粉。姜黄粉是姜科植物姜黄的干燥根茎磨制成的粉。姜黄是一种多年生有香味的草本植物，既有药用价值（降血脂等），又可以作食品调料（调色调味）。姜黄粉呈黄色，辛香轻淡，略有辣味、苦味。姜黄在泡菜中的最大使用量 ≤ 0.01 g/kg。

（2）柠檬黄。柠檬黄又称酒石黄、食用色素黄4号，为橙黄色粉末，是水溶性合成色素，呈鲜艳的嫩黄色，单色品种。柠檬黄是着色剂中最稳定的一种，可与其他色素复配使用，匹配性好，但过多过量使用对儿童发育有一定影响。柠檬黄在泡菜中的最大使用量 ≤ 0.1 g/kg。

（3）辣椒红。辣椒红又称辣椒红色素，别名辣椒色素，是以红辣椒果实为原料，萃取而制得的粉末状天然色素或者为深红色油状液体色素，是目前使用最为广泛的天

然食品着色剂之一。辣椒红是存在于辣椒中的类胡萝卜素，主要成分为辣椒红素、辣椒玉红素、玉米黄质、胡萝卜素、隐辣椒质等，既是优质着色剂又是一种营养强化剂（抗氧化），可提高人体免疫力，延缓细胞和机体衰老，具有抗癌、防癌的功能。

辣椒红色泽鲜艳，着色力强，耐热和耐酸碱，对可见光稳定，但在紫外线下易褪色，色调因稀释浓度不同由浅黄至橙红色。辣椒红色素有 E15、E40、E60（粉末，水分散性），E100 ～ E180（黏性液体，油溶性）等品种。

4）食品添加剂

食品添加剂是为改善食品色、香、味等品质，以及为防腐和加工工艺的需要而加入食品中的人工合成或者天然物质。食品添加剂具有以下三个特征：一是为加入到食品中的物质，因此，它一般不单独作为食品来食用；二是既包括人工合成的物质，也包括天然物质；三是加入到食品中的目的是为改善食品品质和色、香、味以及为防腐、保鲜和加工工艺的需要。

食品添加剂大大促进了食品工业的发展，并被誉为现代食品工业的灵魂，这主要是它给食品工业带来许多好处，其主要作用大致如下：

例如：防腐剂可以防止由微生物引起的食品腐败变质，延长食品的保存期，同时还具有防止由微生物污染引起的食物中毒作用。又如：抗氧化剂则可阻止或推迟食品的氧化变质，以提供食品的稳定性和耐藏性，同时也可防止可能有害的油脂自动氧化物质的形成。此外，还可用来防止食品，特别是水果、蔬菜的酶促褐变与非酶褐变。这些对食品的保藏都是具有一定意义的。

（1）改善食品感官性状。食品的色、香、味、形态和质地等是衡量食品质量的重要指标。适当使用着色剂、护色剂、漂白剂、食用香料以及乳化剂、增稠剂等食品添加剂，可以明显提高食品的感官质量，满足人们的不同需要。

（2）提高食品营养价值。在食品加工时适当地添加某些属于天然营养范围的食品营养强化剂，可以大大提高食品的营养价值，这对防止营养不良和营养缺乏、促进营养平衡、提高人们健康水平具有重要意义。

（3）增加品种和方便性。现在市场上已拥有多达 2 万种以上的食品可供消费者选择，尽管这些食品的生产大多通过一定包装及不同加工方法处理，但在生产工程中，一些色、香、味俱全的产品，大都不同程度地添加了着色剂、增香剂、调味剂乃至其他食品添加剂。正是这些众多的食品，尤其是方便食品的供应，给人们的生活和工作带来极大的方便。

（4）方便食品加工。在食品加工中使用消泡剂、助滤剂、稳定和凝固剂等，可有利于食品的加工操作。例如，当使用葡萄糖酸 δ 内酯作为豆腐凝固剂时，可有利于豆腐生产的机械化和自动化。

目前，中国商品分类中的食品添加剂种类共有 35 类，包括增味剂、消泡剂、膨松剂、着色剂、防腐剂等，含添加剂的食品达万种以上。其中，《食品添加剂使用标准》和卫生部公告允许使用的食品添加剂分为 23 类，共 2 400 多种，制定了国家或行业质量标准的有 364 种，主要有酸度调节剂、抗结剂、消泡剂、抗氧化剂、漂白剂、膨松剂、胶基糖果中基础剂物质、着色剂、护色剂、乳化剂、酶制剂、增味剂、面粉处理剂、被膜剂、水分保持剂、营养强化剂、防腐剂、稳定剂和凝固剂、甜味剂、增稠剂、食品用香料、食品工业用加工助剂、其他等 23 类。

防腐剂：常用的有苯甲酸钠、山梨酸钾、二氧化硫、乳酸等。用于果酱、蜜饯等的食品加工中。

抗氧化剂：与防腐剂类似，可以延长食品的保质期。常用的有维 C、异维 C 等。

着色剂：常用的合成色素有胭脂红、苋菜红、柠檬黄、靛蓝等。它可改变食品的外观，使其增强食欲。

增稠剂和稳定剂：可以改善或稳定冷饮食品的物理性状，使食品外观润滑细腻。他们使冰淇淋等冷冻食品长期保持柔软、疏松的组织结构。

膨松剂：部分糖果和巧克力中添加膨松剂，可促使糖体产生二氧化碳，从而起到膨松的作用。常用的膨松剂有碳酸氢钠、碳酸氢铵、复合膨松剂等。

甜味剂：常用的人工合成的甜味剂有糖精钠、甜蜜素等，目的是增加甜味感。

酸味剂：部分饮料、糖果等常采用酸味剂来调节和改善香味效果。常用的酸味剂有柠檬酸、酒石酸、苹果酸、乳酸等。

增白剂：过氧化苯甲酰是面粉增白剂的主要成分。中国食品在面粉中允许添加最大剂量为 0.06 g/kg。增白剂超标，会破坏面粉的营养，水解后产生的苯甲酸会对肝脏造成损害，过氧化苯甲酰在欧盟等发达国家已被禁止作为食品添加剂使用。

香料：香料有合成的，也有天然的，香型很多。消费者常吃的各种口味巧克力，生产过程中广泛使用各种香料，使其具有各种独特的风味。

山梨酸钾（防腐剂）：与水果的梨无关，山梨酸（钾）能有效地抑制霉菌，酵母菌和好氧性细菌的活性，还能防止肉毒杆菌、葡萄球菌、沙门氏菌等有害微生物的生长和繁殖。山梨酸钾抗菌力强、毒性较小，可参与体内正常代谢，转化为二氧化碳和水，但价格较贵，不少国家已开始逐步用它取代苯甲酸钠。

亚硝酸钠（护色剂）：亚硝酸钠不仅可以使肉制品色泽红润，还可以抑菌保鲜和防腐，目前还没有其他更为理想的添加剂替代它。过量食入亚硝酸纳可麻痹血管运动中枢、呼吸中枢及周围血管，它还有一定致癌性。亚硝酸钠可按 GB 1907—2003 作为食品添加剂，按 GB 2760—2014 规定量添加，肉食中最大使用量是 0.15 g/kg，肉食中亚硝酸钠残留量在罐头中不得超过 0.05 g/kg；肉制品不得超过 0.03 g/kg。世界食品卫生科学委员会 1992 年发布的人体安全摄入亚硝酸钠的标准为 0 ~ 0.1 mg/kg 体重，按此标准使用和食用，对人体不会造成危害。

异抗坏血酸钠（抗氧化剂）：异抗坏血酸钠被中国食品添加剂协会评为"绿色食

品添加剂"，可保持食品的色泽，自然风味，延长保质期，主要用于肉制品、水果、蔬菜、罐头、果酱、啤酒、汽水、果茶、果汁、葡萄酒等。它能防止腌制品中致癌物质——亚硝胺的形成。异抗坏血酸钠基本无害，但过量摄入会导致一系列的肠道与皮肤疾病。

红曲红（着色剂）：红曲红属于天然红色素，是微生物发酵的产物，目前并未发现对人体有什么危害。可以用在调制乳、冷冻饮品、果酱、腐乳、糖果、方便米面制品、饼干、腌腊肉制品、醋、酱油、饮料、果冻、膨化食品上，不允许用在生鲜肉或调理肉制品中速冻面点食品速冻面点食品速冻面点食。

糖精钠（甜味剂）：糖精钠是一种人工合成的甜味剂，又称可溶性糖精，是糖精的钠盐。一般认为糖精钠在体内不被分解，不被利用，大部分从尿排出而不损害肾功能。糖稀钠有致癌作用。果脯大量含有糖精钠。糖精钠的最大使用量是 0.15 g/kg，婴幼儿食品中不得使用。在美国，凡是添加糖精钠做甜味剂的食品，均要求标有"糖精钠能引起动物肿瘤"的警告语。

甜蜜素（甜味剂）：甜蜜素是目前我国使用最多的甜味剂，成分是环己基氨基磺酸钠，经英、法、德等国以及中国卫生部门指定可使用甜蜜素新合成甜味料。甜蜜素调配于清凉饮料，加味水及果汁汽水最适宜。罐头、酱菜、饼干、蜜饯凉果等均有使用。甜蜜素对肝脏及神经系统有影响，对代谢排毒能力较弱的老人、孕妇、小孩的危害则更为明显，目前我国常出现食品甜蜜素使用过量的情况，出口食品也曾因甜蜜素超标被退回。国际市场大多要求检测甜蜜素产品微生物指标，而我国的国标却没有该项要求。美国食品与药物管理局（FDA）在 30 多年前就全面禁止使用甜蜜素，日本也禁止在食品中使用甜蜜素。

苯甲酸（防腐剂）：苯甲酸和苯甲酸钠常在碳酸饮料、低盐酱菜、酱类、蜜饯、葡萄酒、果酒、软糖、酱油、食醋、果酱等食品中使用。美国 FDA 规定，苯甲酸被列为安全类食品添加剂，但毒性较山梨酸高。

磷酸三钙（抗结剂）：拥有抗凝、水分保持等多功能，最大使用量 10 g/kg。

抗坏血酸棕榈酸酯（抗氧化剂）：维生素类抗氧化剂 L- 抗坏血酸及其盐类是常用的水溶性抗氧化剂。获国际粮农组织和世卫组织批准使用，每天摄入量最大为1.25 g/kg 体重。在中国，L- 抗坏血酸棕榈酸酯也是唯一允许添加到婴儿食品中的抗氧化剂。

黄原胶（增稠剂）：最大使用量 10 g/kg。

谷氨酸钠（增味剂）：你可能会有这种经验——往鸡汤中加一些盐，味道会更加鲜美。这是因为鸡肉当中富含谷氨酸这种氨基酸，您又放了一些氯化钠盐进去，便在不知不觉当中就制造了谷氨酸钠，也就是味精的主要成分。

食用谷氨酸钠有一定的副作用，在消化过程中能分解出谷氨酸，后者在脑组织中经酶催化，可转变成一种抑制性神经药物饲料添加剂递质。摄入过多时，对人体中各种神经功能有抑制，从而出现眩晕、头痛、嗜睡、肌肉痉挛等一系列症状。

没食子酸丙酯（PG）：PG 对猪油的抗氧化能力较 BHT 强些，我国规定可用于食用油脂、油炸食品、饼干等制品中，最大使用量 0.1 g/kg。为了达到更好的抗氧化效果，往往几种抗氧化剂复合使用。

⑤泡菜中食品添加剂使用限值

泡菜生产加工离不开食品添加剂，但有的企业因利益驱使，超量超范围使用添加剂，不仅影响产品质量而且威胁着人们健康。所以使用食品添加剂务必严格按照国家《食品添加剂使用卫生标准》（GB 2760—2014）规定使用，泡菜中食品添加剂使用限量详见表 6-45。

表 6-45　泡菜中食品添加剂使用限量

类别	食品添加剂名称	最大使用量 /（g/kg）
酸度调节剂	柠檬酸	按生产需要适量使用
	乳酸	按生产需要适量使用
	苹果酸	按生产需要适量使用
	乙酸	按生产需要适量使用
着色剂	辣椒红	按生产需要适量使用
	辣椒油树脂	按生产需要适量使用
	柠檬黄及其铝色淀	0.1
	靛蓝及其铝色淀	0.025
	姜黄	0.01
	胭脂红	0.05
	苋菜红及其铝色淀	0.05
	酸枣色	1.0
抗氧化剂	乙二胺四乙酸二钠	0.25
	乳酸钠	按生产需要适量使用
	磷脂	按生产需要适量使用
	抗坏血酸	按生产需要适量使用
	抗坏血酸钠	按生产需要适量使用
	抗坏血酸钙	按生产需要适量使用
	D- 异抗坏血酸及其钠盐	按生产需要适量使用

续表

类别	食品添加剂名称	最大使用量 / (g/kg)
防腐剂	山梨酸及其钾盐（以山梨酸计）	1.0
	苯甲酸及其钠盐（以苯甲酸计）	1.0
	脱氢乙酸钠	1.0
	乙二胺四乙酸二钠	0.25
	乳酸链球菌素	0.5
甜味剂	糖精钠	0.15
	三氯蔗糖（蔗糖素）	0.25
	天门冬酰苯丙氨酸甲脂乙酰磺胺酸	0.20
	阿斯巴甜	0.3
	乙酰磺胺酸钾（安赛蜜）	0.3
	纽甜	0.01
	环己基氨基酸钠（甜蜜素）	1.0
	麦芽糖醇	按生产需要适量使用
	山梨糖醇	按生产需要适量使用
	麦芽糖醇	按生产需要适量使用
	山梨糖醇	按生产需要适量使用
漂白剂	二氧化硫，焦亚硫酸钾，焦亚硫酸钠，亚硫酸钠，亚硫酸氢钠，低亚硫酸钠	0.1

第四节　加工清洁要求

　　我国独特的泡菜生产工艺技术，决定了从新鲜蔬菜原料到泡菜产品，需要历经许多道生产工序（段），而每一道生产工序（段）都直接或间接影响着泡菜产品的质量，所以泡菜产品的清洁化生产是保障其产品质量的前提。这里阐述的泡菜清洁化生产（或要求）是建立在传统泡菜和现代泡菜生产加工基础之上的，与泡菜 GMP（良好操作规范）是一致的。

一、清洁加工主要原料辅料

（一）主要原料

泡菜加工原料要求新鲜、无腐烂、无变质，农药和重金属残留应符合国家相应标准和有关规定。

（二）主要辅料

食盐：食盐应符合 GB 2721 的规定。

食品添加剂：食品添加剂使用应符合 GB 2760 的规定。

香辛料：香辛料应符合 GB/T 15691 的规定，其他辅料应符合相关规定要求。

（三）加工用水

水质应符合 GB 5749 的规定。

二、清洁加工厂区环境

泡菜加工厂区四周应无有害气体、烟尘、放射性物质及其他扩散性污染源；厂区应当清洁、平整、无积水；厂区道路应用水泥、沥青或砖石等硬质材料铺成，内应无裸露的地面；厂区生活区与生产区应当相互隔离并可进行适当的绿化；厂区内垃圾应有固定场所并密闭存放，远离生产区，排污沟渠密闭并畅通；厂区内不得有各种杂物堆放。

三、清洁加工车间

（一）盐渍车间

盐渍车间屋顶坚固、耐用，防雨、防晒，无脱落，车间地面清洁、平整、无积水，并应有防蝇、防虫、防鼠等措施。

（二）加工车间地面

宜采用地砖、树脂或其他硬质材料，应进行地面硬化处理。地面易排水，排水口应设置地漏。

（三）加工车间门窗

生产中需要开启的窗户，应装设易拆卸清洗且具有防护产品免受污染的不生锈的纱网。配料拌和间、灌装间、品质检验间在作业时不得设置可开启的窗户。

室内窗台的台面深度如有 2 cm 以上者，其台面与水平面的夹角应达到 45° 以上，未满 2 cm 者应以不透水材料填补其内面死角。门窗设置防蝇、防尘、防虫、防鼠等设施。

（四）加工车间墙壁

应平整、光洁，无脱落。应采用无毒、不吸水、不渗水、防霉、平滑、易清洗的浅色材料构筑，车间墙面应贴不低于 1.5 cm 高的白色瓷砖墙裙。

（五）加工车间屋顶

应平整、光洁，无脱落，防落尘。屋顶和天花板应选用不吸水、表面光洁、无毒、防霉、耐腐蚀、易清洁的浅色材料覆涂或装修，在结构上能起到减少结露滴水的效果。食品及食品接触面暴露的上方不应设有蒸汽、水、电气等辅助管道，以防止灰尘、冷凝水等落入。

四、清洁加工卫生设施

（一）设置更衣室

车间（或清洁区）的入口处应设有更衣室，宽敞整洁，应有足够的空间和数量足够的个人用衣物架及鞋柜等。

（二）设置洗手设施

洗手设施应在车间（或清洁区）的入口处、洗手间出入口和其他方便员工及时洗手的地点，根据员工多少设置足够数目。洗手消毒间用的水龙头，不得采用手动开关，可采用脚踏、触及或感应等开关方式，以防止已清洗或消毒的手部再度受污染。必要时应提供温水，应有鞋靴消毒池。

（三）其他设施

与车间外侧相连的卫生间应设有冲水装置和洗手消毒设施，并配有洗涤用品和干手器。卫生间要保持清洁卫生，门窗不得直接开向车间。

五、清洁加工设施及工具

（1）应具备与生产加工相适应的加工机器和工具、设施。应定期对生产加工机器、工具进行清洗、消毒，使用的洗涤剂、消毒剂应符合 GB 14930.1、GB 14930.2 的规定。生产加工过程中重复使用的设施、工具应便于清洗、消毒。

（2）凡直接接触泡菜物料的机器和工具及设施，必须用无毒、无味、抗腐蚀、不吸水的材料制成。

（3）计量器具须经计量部门鉴定合格，并有有效的合格证件。

（4）陶坛应内外壁光滑，干净，无砂眼，无裂纹，以防渗漏水现象。采用混凝土构筑的盐渍池，池的内壁（即接触蔬菜等食物料壁）需贴耐酸碱瓷砖或涂（聚酰胺）环氧树脂或涂无毒无味抗腐蚀涂料，以防腐、易清洗。不锈钢制造的盐渍池，内壁不需处理。

六、清洁加工人员卫生

（1）从事清洁生产加工人员应经卫生知识培训，每年必须进行健康检查，持有效健康证明的才能上岗。

（2）从事清洁生产加工（含成品包装）的人员，应穿戴清洁的工作服、帽、鞋、围裙、套袖等，直接接触食品的还应戴口罩，手指甲应修剪整齐，不得藏污纳垢，不得佩戴饰物。

（3）上岗作业前，应洗手消毒。

七、排污及除虫灭害

（1）生产加工过程中产生的废水的排放应达到 GB 8978 标准要求。

（2）生产加工过程中产生的污物及废渣、废料应置于带盖的专用容器中，做到班产班清，并定期对容器清洗、消毒。

（3）应定期对生产车间及周边环境进行除虫灭害工作，采取有效的措施防止鼠类、蚊蝇、昆虫等的聚集和滋生。

八、清洁加工工艺

参见第四章第一节传统泡菜加工工艺和第二节现代泡菜加工工艺的操作执行。另作补充如下：

（1）在预泡制、泡渍发酵或盐渍的过程中，应定时监测蔬菜颜色、气味等变化并采取相应的措施；定时监测食盐、总酸、pH 值等数据及其变化情况并采取相应的措施；及时清除盐渍池液面可能出现的"霉花浮膜"，保证液面的清澈。

（2）在预泡制、泡渍发酵或盐渍的过程中，不得有任何异杂物（例如，包装用编织袋、塑料袋、纸袋、绳带等）入盐渍池（或陶坛）内。盐渍发酵时间根据蔬菜品种、季节及生产量的不同而不同，一般在 3 个月以上。

九、清洁加工标志、标签

按 GB 7718 执行。

十、清洁加工运输和贮存

（一）运输

泡菜运输工具应清洁卫生，不得与有毒有害、有异味物品混装、混运，防止污染食品。

（二）贮存

泡菜应贮存于阴凉、通风、干燥并具有防虫防鼠设施的专用仓库内，产品须离地离墙，便于通风换气。应根据产品特性，配备冷藏设施（如冷库等）。

第五节　过程质量控制要求

一、加工环境的要求

我国对食品企业生产环境有严格的要求，泡菜食品生产加工企业（参考 SC 质量安全）相关要求，结合泡菜生产加工实际情况。

现代泡菜生产加工企业（厂）的环境包括企业周围环境和企业内部环境，有以下要求。

（一）泡菜企业（厂）周围环境

选择在环境卫生状况比较好的区域建厂，企业不得设置在污染区或易遭受污染的区域。泡菜企业须注意要远离粉尘、有害气体、放射性物质和其他扩散性污染源。泡菜企业应与其保持 1km 以上距离。泡菜企业也不宜建在闹市区和人口比较稠密的居民区。泡菜企业所处的位置应在地势上相对周围要高些，以便企业废水的排放和防止企业外污水和雨水流入企业内。

（二）泡菜企业（厂）内部环境

厂区应保持清洁、美化，地面不得有可能成为污染源的积水、泥泞、污秽等，厂区内应无裸露的地面，厂区的道路应该全部用水泥和沥青铺制的硬质路面，路面要平坦、不积水、无尘土飞扬；厂区邻近道路及厂内道路，应铺设混凝土、柏油或地砖等，防止灰尘造成污染；厂区内不得有产生不良气味、有害（毒）气体或其他有碍卫生的污染源，即厂区卫生间应当有冲水、洗手、防蝇虫、防鼠设施等；厂区内禁止饲养禽、畜及其他宠物；厂区内不得兼营、生产、存放有碍泡菜食品的其他产品；厂区应有健全的排水系统，排水道应有适当斜度并保持通畅，不得堵塞、积水、淤泥、污秽、破损或滋生有害生物，以免成为污染源；必要时，厂区应当设置围墙，防范外来物侵入；厂区内生产区和生活区（例如员工宿舍和员工餐厅等）必须严格隔离分开，生产区内的各管理区应通过设立标示牌和必要的隔离设施来加以界定，以控制不同的区域的人员和物品相互间的交叉流动，工厂应该为原料运入、成品的运出分别设置专用的门口和通道；此外，泡菜加工生产过程产生的废水、蔬菜皮渣等废弃物、废气、噪声等，必须采取有效的措施（例如，生产废料和垃圾应该用有盖的容器存放，并于当日清理出厂，厂区的污水管道至少要低于车间地面 50 cm），否则对环境将造成不利影响。

二、生产环节危害分析与关键点控制

进行比较系统的安全危害分析，确定泡菜生产环节中可能存在的生物性、化学性和物理性危害，并将其中的显著危害列为关键控制点，如下表 6-46 所示。

表 6-46　泡菜关键生产环节安全危害分析表

生产步骤	安全危害	危害等级
原辅材料验收及预处理	生物危害：病原菌、霉菌、真菌、毒素和虫卵等	***
	化学危害：蔬菜农药、重金属、亚硝酸盐、硝酸盐残留，食用油酸败等	***
	物理危害：泥土、石块及其他杂物	**
盐渍发酵	生物危害：杂菌的污染	
	化学危害：蔬菜腐败	*****
	物理危害：水泥、瓷砖脱落污染	
清洗、整形、切分、脱盐	生物危害：生产用水中的杂菌污染	
	化学危害：农残、重金属残留，机油污染等	*
	物理危害：金属、石块、沙子等污染	
调味拌料	生物危害：杂菌污染	
	化学危害：食品添加剂超范围超量添加	*****
	物理危害：金属、泥沙、机油等污染	
包装封口	生物危害：杂菌污染	
	化学危害：包装材料不合格造成化学品污染	*****
	物理危害：毛发、金属等污染	
杀菌冷却	生物危害：杂菌污染	
	化学危害：设备清洗剂残留	****

备注："*"号为危害等级标识，* 为一般危害，** 为较显著危害，***、**** 为显著危害，***** 为极显著危害。

第六节　泡菜的感官评定

一、感官评定的特点

感官科学是系统研究人类感官与食物相互作用形式与规律的一门科学，其核心的表现形式是食品感官品质，基本的科学方法是感官评定。所谓食品感官评定是以人的感觉（视觉、听觉、触觉、味觉、嗅觉）为基础，通过感官定价食品的各种属性后，再经统计分析而获得客观结果的实验方法。食品感官评定过程中，其结果受客观条件和主观条件的影响。感官评定仅短短几十年的发展历史，却因在产品研发、质量控制、风味营销和质量安全监督检测等方面的重要作用，迅速成为现代食品科学技术及食品产业发展的重要技术支撑。

利用感官评定食品品质历史非常悠久，然而科学的感官评定始于 20 世纪 40 年代的美国，其目的为保证有营养的军需食品味道爽美，能普遍被军人接受。在以后的几十年里，随着食品工业以及各种学科的发展，感官评定技术不断的吸纳新学科、新技术，融合了统计学、生理学、心理学、计算机科学以及现代仪器分析等学科，其应用范围从食品行业扩展到环保、医学、纺织等多个行业。

感官评定是在食品理化分析的基础上，集心理学、生理学、统计学的知识发展起来的一门学科，它不仅实用性强，灵敏度高，结果可靠，而且能解决一般理化分析所不能解决的复杂的生理感受的问题。按照 1975 年美国食品科学技术专家学会感官评定会的定义，感官评定是用于唤起、测量、分析和解释通过视觉、嗅觉、触觉、味觉和听觉而感知到的食品及其他物质的特征或性质的一种科学方法。

食品感官评定是以人为仪器来进行检测、分析的一种科学方法，与其他分析方法相比，它有着本身的特点，如下：

（一）感官评定对食品的外观、气味、滋味、质地等特性具有高度灵敏性

如人可以感觉得到 0.000 05% 奎宁溶液的苦味，能嗅到 6×10^7 个分子 /mL 空气，这意味着人嗅觉的敏感度要比气相色谱还要高约两个数量级。

（二）具有简单、直观、实用的特性

通过人的感觉器官对产品感知后进行分析评价，大大提高了工作效率，并解决了一般理化分析所不能解决的复杂的生理感受问题，通过感官分析不仅可以很好地了解、掌握产品的各种性能，而且为产品的管理与控制提供了理化和实践依据。

（三）具有不稳定性

由于感官评价人员个体间的差异使得感官评定具有不稳定性的特点。有的人感觉器官比较灵敏，而有的人相对比较迟钝；同样，即使是同一个人在一天中不同的时间、不同的情况下也会不一样，比如有的早上感觉灵敏，而有的人下午感觉灵敏；同时还和评定人员的情绪、身体状况有关，情绪低落时，感官灵敏性往往比较差。

（四）容易受到干扰

这种干扰一方面来自外界，比如所有的评价人员都坐在一起，如果大多数人都说该产品有酸味，那么即便有几个人并没有真正尝到酸味，他们也会同意大多数人的观点，在这种情况下，他们就丧失了独立判断的能力；另一方面，这种干扰还会受其他评价人员过去的经历和对评价项目的熟悉程度的影响。比如让人描述某种产品所含有的所有气味，如果其中含有某种热带水果的香味，对接触过该水果的人来说就很容易识别出，而对于从未接触过该水果的人来说，就很难识别。

虽然感官评定容易受到主观因素的影响，但它在短期内仍是理化分析方法所不能取代的，主要有以下几个方面的原因：

（1）理化分析方法操作复杂，费时花钱，不如感官评定方法简单、实用。理化分析的基础就是各种精密仪器，而各种精密仪器不仅价格昂贵，而且方法复杂，需要专业人员才能操作，而感官评定以人本身作为仪器，在某些评定中，甚至还不需要经过专门培训的人员，如喜好性感官评定等。

（2）一般理化分析方法还达不到感官方法的灵敏度。

（3）有的理化成分感官可以感知，但其理化性能尚不明了。

（4）还没有开发出合适感官评定的理化分析方法。在食品感官评定是，呈味物质会在感受器官周围渗透，这类渗透发生在如唾液或黏液等流体中，能引起风味物质的化学区分，仪器很难模拟食品在品尝时的机械处理或是这种在感受器周围渗透的形式。

二、感官评定的基本理论

感觉是人类认识客观世界的本能，是外部世界通过机械能、辐射能或化学能刺激到人体的受体部位后，在人体中产生的印象或反应。通常，人们认为获得某种物理刺激而出现反应的过程是瞬间完成的，而实际上，这个过程的完成至少需要三个步骤，如下所示：

刺激 ——感觉语言→ 感觉 ——大脑→ 接受 ——大脑→ 反应

因此，感觉受体可按下列不同的情况分类。

（1）机械能受体：听觉、触觉、压觉和平衡。

（2）辐射能受体：视觉、热觉和冷觉。

（3）化学能受体：味觉、嗅觉和一般化学感。

以上三种感官受体也可概括为物理感（视觉、听觉和触觉）和化学感（味觉、嗅觉和一般化学感）。感觉就是可观事物的各种特征和属性通过刺激人的不同感觉器官引起兴奋，经神经传导反映到大脑皮层的神经中枢，从而产生的反应。简单讲，感觉就是可观事物的不同特性在人脑中引起的反应。感觉是最简单的心理过程，是形成各种复杂心理的基础。一种特征或属性，即产生一种感觉，而感觉的综合就形成了人对这事物的认识和评价。

感觉是通过刺激感觉器官而产生的，感觉器官对周围环境和机体内部的化学和物理变化非常敏感，感觉器官具有以下几个特征：

（1）一种感官只能接受和识别一种刺激。

（2）只有刺激量在一定范围内才会对感官产生作用。

（3）某种刺激连续施加到感官上一段时间后，感官会产生疲劳现象，使其灵敏度明显下降。

（4）心理作用对感官识别刺激有影响。

（5）不同感官在接受信息时，会相互影响。

食物作为一种刺激物，它能刺激人的多种感觉器官而产生多种感官反应，早在两千多年前就有人将人类的感觉划分为5种基本感觉，即视觉、味觉、嗅觉、听觉和触觉。其中，视觉、听觉和触觉是通过感知事物物理性质而产生的感觉，而味觉和嗅觉则是通过感知事物化学性质而产生的，因此，也有人将感觉分为化学感觉和物理感觉两大类。除上述的5种基本感觉外，人类可辨认的感觉还有温度觉、痛觉、疲劳觉等。

感觉的量度是通过感觉阈实现的。感觉的产生需要适当的刺激，而刺激强度才能引起感觉，这个感觉的刺激强度范围称为感觉阈，它是指从刚好能引起感觉，到刚好不能引起感觉的刺激强度范围，以及对这个范围内最微小变化感觉的灵敏程度。比如人的眼睛，只能对波长范围在380~780 nm之间的光刺激产生视觉，在此范围之外的光刺激，均不能引起视觉，这个波长范围的光就称为可见光，也就是人的视觉阈。

依照测量技术和目的的不同，可以将感觉阈的概念分为绝对感觉阈、察觉阈值、极限阈值和差别阈值几种。

绝对感觉阈：以使人的感官产生一种感觉得某种刺激的最低刺激量为下限，以引起人同种感觉消失的最高刺激量为上限，这上下限之间的刺激强度范围值就是绝对感觉阈。低于该下限值的刺激称为阈下刺激；高于该上限的刺激称为阈上刺激。阈上刺激或阈下刺激都不能产生相应的感觉。

察觉阈值：是指刚好能引起明确感觉得最小刺激量，也称为感觉阈值下限或识别阈。通常我们所说的味阈值、嗅阈值等即指它们的察觉阈值，如果阈值是指刚刚能引起受试者明确嗅觉感受的最小刺激量等。我们应该明确的是某种物质的阈值并不是一个常数，而是随受试者的心情、饥饿程度和时间的变化而变化的。

极限阈值：是指刚好导致感觉消失的最大刺激量，又称为感觉阈值上限。

差别阈值：是指感官所能感受到的刺激的最小变化量。以重量感觉为例，把 100 g 砝码放在手上，若加上 1 g 或减去 1 g，一般是感觉不出重量变化的，根据实验，只有使其增减量达到 3 g 时，才能够刚好察觉出重量的变化，3 g 就是重量感觉在原重量感觉在 100 g 情况下的差别阈。又如，人对光波变化的感觉得波长差是 10 nm。差别阈值不是一个恒定值，它会随某些因素的变化而变化。

通常在泡菜的感官评定中，主要用的是视觉、味觉和嗅觉这三种基本感觉。

三、食品感官评定中的主要感觉

1. 视觉

视觉是人类重要的感觉之一，绝大部分外部信息要靠视觉来获取。视觉是认识周围环境，建立客观事物第一印象的最直接和最简捷的途径。由于视觉在各种感觉中占据非常重要的地位，因此，在食品感官评定上，视觉起着相当重要的作用。

1）视觉的产生

视觉是外界光线（光源光或反射光）进入眼球晶状体，集中到视网膜上形成影像，影像刺激视网膜上的感光细胞产生神经冲动，神经冲动在沿视神经传入大脑皮层的视觉中枢而产生的。虽然产生视觉的刺激物质是光波，但并非所有的光线都能被人所感知，只有波长在 380~780 nm 范围内的光线才是人眼的可接受光，超出或低于这个范围的光线由于不能被人所感知而被称为不可见光。

2）视觉的影响因素

影响视觉的因素主要是有亮度和身体状况。亮度对视觉最明显的影响就是色彩。在明亮光线的作用下，人眼可以看清物体的外形和细小的地方，并能分辨出不同的颜色，而在亮度较低的时候，只能看到物体的外形，不能分辨不同的色彩。亮度的另外一个影响就是暗适应和亮适应现象，当人们从明亮突然转向黑暗时，会出现视觉短暂消失而后逐渐恢复的情形，称为暗适应。暗适应过程主要是由于亮度骤变，视网膜上的感光细胞需要一定的时间调整适应所引起的，而亮适应正好与之相反，是从暗处到亮处视觉逐步适应的过程。一般而言，亮适应要比暗适应经历的时间短。因此，感官分析中的视觉检测应在相同的光照下进行，并避免光线的突然变化。

色盲和眼部疾病是身体状况对视觉的主要影响。根据三原色学说，可见光谱内任何颜色都可由红、绿、蓝三色组成，如能正确辨认这三种颜色的为视觉正常人，不能正确辨认红、绿、蓝三原色中一种或几种的现象称为色盲。色盲是由观察者的体质所

造成的。色盲对食品感官评定有影响，在挑选感官评定人员时应该注意这个问题。

3）视觉与感官评定

视觉对感官评定具有重要影响，食品颜色变化会影响其他感觉。实验证实，只有当食品处于正常颜色范围内才会使味觉和嗅觉在对该种视频的评定上正常发挥，否则这些感觉的灵敏度会下降，甚至不能正确感觉。

颜色对分析评价食品具有下列作用：

第一，便于挑选食品和判断食品的质量。食品的颜色比另外一些因素诸如形状、质构等对食品的接受性和食品质量影响更大、更直接。

第二，食品的颜色和接触食品时环境的颜色显著增加或降低对食品的食欲；

第三，食品的颜色也决定其是否受人欢迎。倍受喜爱的食品常常是因为这种食品带有使人愉快的颜色。没有吸引力的食品，颜色不受欢迎是一个重要因素。

第四，通过各种经验的积累，可以掌握不同食品应该具有的颜色，并据此判断食品所具有的特性。

因此，视觉在食品感官评定尤其是喜好性评价上占据重要地位。

2. 味觉

味觉是人的基本感觉之一，对人类的进化和发展起着重要作用。味觉一直是人类对食物进行辨别、挑选和决定是否予以接受的主要因素之一。同时，由于食品本身所具有的风味对相应味觉的刺激，使得人类在进食的时候产生相应的精神享受。味觉在食品感官评定上占有重要地位。

1）味觉器官特征

味觉是可溶性呈味物质进入口腔后，在舌头肌肉运动作用下将呈味物质与味蕾相接触，然后呈味物质刺激味蕾中的味细胞，这种刺激再以脉冲的形式通过神经系统传至大脑经分析后产生的。

人对味的感觉主要依靠口腔内的味蕾，以及自由神经末梢。人的味蕾大部分都分布在舌头表面的乳突中，小部分分布在软腭、咽喉和会咽等处，特别是舌黏膜褶皱处的乳突侧面最为稠密。人舌的表面是不光滑的，乳头覆盖在极细的突起部位上。医学上，根据乳头的形状将其分类为丝状乳头、茸状乳头、叶状乳头和有廓乳头。丝状乳头最小、数量最多，主要分布在舌前 2/3 处，因无味蕾而没有味感。茸状乳头、有廓乳头及叶状乳头上有味蕾。茸状乳头呈蘑菇状，主要分布在舌尖和舌侧部。成人的叶状乳头不太发达，主要分布在舌的后部。有廓乳头是最大的乳头，直径 1.0~1.5 mm，高约 2 mm，呈 "V" 字形分布在舌根部位。胎儿几个月就有味蕾，10 个月时支配味觉的神经纤维生长完全，因此新生儿能辨别咸味、甜味、苦味、酸味。味蕾在哺乳期最多，甚至脸颊、上腭咽头、喉头的黏膜上也分布，以后就逐渐减少、退化，成年后味蕾的分布范围和数量都在减少，只在舌尖和舌侧的舌乳头和有廓乳头上，因而舌中部对味较迟钝。味蕾数量随着年龄而改变。味蕾数与年龄关系如表 6-47。

表 6-47　味蕾数与年龄关系

年龄	0~11 个月	1~3 岁	4~20 岁	30~45 岁	50~70 岁	74~85 岁
味蕾数	241	242	252	200	214	88

味蕾通常由 40 ~ 50 个香蕉形的味细胞板样排列成桶状组成，内表面为凹凸不平的神经元突触，10~14 d 由上皮细胞变为味细胞。味细胞表面的蛋白质、脂质及少量的糖类、核酸和无机离子，分别接受不同的味感物质，蛋白质是甜味物质的受体，脂质是苦味和咸味物质要求的受体，有人认为苦味物质的受体可能与蛋白质相关。

味觉是可溶性呈味物质溶解在口腔中对味道感受体进行刺激后产生的反应。从试验角度讲，纯粹的味感应是堵塞鼻腔后，将接近体温的试样送入口腔内获得的感觉。通常，味感往往是味觉、嗅觉、温度觉和痛觉等几种感觉在嘴内的综合反应。

关于味觉的分类，各国存在着一些差异，在我国主要分为六种基本味，即咸、甜、酸、苦、辣、鲜，其中较为特殊的是辣味，因为它不是由味蕾所感受到的味觉，是化学物质（譬如辣椒素、姜酮、姜醇等）刺激细胞，在大脑中形成了类似于灼烧的微量刺激的感觉，所以不管是舌头还是身体的其他器官，只要有神经能感觉到的地方就能感受到辣。泡菜的基本味感或单一味感是咸、甜、苦、酸四种味感。

许多研究者都认为基本味道和色彩中的三原色相似，它们以不同的浓度和比例组合时就可以形成自然界千差万别的各种味道。例如，有研究者用蔗糖（甜味）、氯化钠（咸味）、酒石酸（酸味）和奎宁（苦味）以适当的浓度混合调配出了不同无机盐溶液的多种味道。

2）味觉机制

关于味觉的产生，许多学者都从不同的角度提出了自己的理论。限于实验技术和统一标准的缺乏，至今仍没有一个经过实验证实的完整理论的味觉理论，仍处于探索阶段。目前，味觉的理论主要有伯德罗理论、酶理论、福伦斯理论和其他理论。

伯德罗提出味觉的产生是呈味物质的刺激在味感受体上达到热力学平衡的过程，这个过程非常快而且是不可逆的。呈味物质的阳离子和阴离子都参与该过程，不同的化合物达到不同的饱和水平。按照伯德罗的理论，在这个热力学平衡过程中，呈味物质会受到味感受体的特定构型及味感神经去电荷形式上的不同会引起脉冲数的变化以及所刺激的味神经纤维在去电荷时间上的差别，从而在大脑中形成不同的味觉。

酶理论首先指出味神经纤维附近酶活性的变化，可影响味传导神经脉冲离子发生相应的变化。呈味物质与味感受体接触后，呈味物质会抑制某些酶的活性，而另一些酶则不受影响，不同的呈味物质对酶活性的抑制作用不相同，因而传导神经传递脉冲的形式也不相同，由此区分出不同的味道。酶理论的一个突出特点是能够解释为什么化学组成相差很大的物质却有相似的味道，但酶理论对另外一些问题则无法给予合理的解释，比如味觉反应程度与温度的关系不太大，而酶促反应却与温度的关系很大，

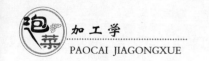

酶理论否定了味神经纤维与特定味感之间的关系，但所观察到的味神经纤维的作用与上述结论不符。

福伦斯借助光谱理论建立起"味谱"的概念。按照他的理论，基本味是"味谱"上几个最熟悉的点，所有味道在"味谱"上都有相应的位置，福伦斯的理论还对不同部位味感受体灵敏性的差别进行了解释。按照这个理论，呈味物质刺激的有效性和呈味物质对味感受体的穿透性及吸附性所决定。参与味觉反应的感受体数量随其对刺激的敏感性而变，味感受体对呈味物质穿透性和吸附性的敏感程度也不尽相同。这种理论的缺陷是不能解释为什么一种物质能同时有多种味道。

在20世纪80年代初期，中国学者曾广植在总结前人研究成果的基础上，提出了味细胞膜的板块振动模型。对受体的实际构象和刺激物受体构象的不同变化，曾广植提出构型相同或互补的脂质和蛋白质按结构匹配结为板块，形成一个动态的多相膜模型，如与蛋白质结合成脂质块，或以晶态、似晶态组成各种胶体脂质块。板块可以阳离子桥相连，也可以在有表面张力的双层液晶脂质中自有漂动，其分子间的相互作用与单层单尾脂膜相比，多了一种键合形式，即在脂质的头部除一般盐键外还有亲水键键合，其颈部有氢键键合，其烃链的 C_9 前段还有一种新型的，两个烃链向两侧形成疏水键键合，在其后 C_9 段则有范德华力排斥作用。必需脂肪酸和胆固醇都是形成脂质块的主要成分，两者在生物膜中发挥相反而相辅的调节作用。无机离子也影响胶体脂质块的存在，以及板块的数量、大小。

对于味感的高速传导，曾广植认为在味物质与味受体的结合之初就已有味感，并引起受体构象的改变，通过量子交换，受体所处板块的振动受到激发，跃迁至某特殊频率的低频振动，再通过其他相似板块的共振传导，成为神经系统能接受的信息。由于使相同的受体板块产生相同的振动频率范围，不同结构的味物质可以产生相同味感。味细胞的板块振动模型对于一些味感现象做出了满意的解释。

（1）镁离子、钙离子产生苦味，是它们在溶液中水合程度远高于钠离子，从而破坏了味细胞膜上蛋白质－脂质间的相互作用，导致苦味受体构象的改变。

（2）神秘果能使酸变甜和朝鲜蓟使水变甜，则是因为它们不能全部进入甜味受体，但能使味细胞膜发生局部相变而处于激发状态，酸和水的作用只是触发味受体改变构象和启动低频信息。而一些呈味物质产生后味，是因为它们能进入并激发多种味受体。

（3）味盲是一种先天性变异。甜味盲者的甜味受体是封闭的，甜味剂只能通过激发其他受体而产生味感；因为少数几种苦味剂难于打开苦味受体口上的金属离子桥键，所以苦味盲者感受不到它们的苦味。

3）味觉识别

（1）4种基本味的识别。制备甜（蔗糖）、咸（氯化钠）、酸（柠檬酸）和苦（咖啡感）4种呈味物质的2个或3个不同浓度的水溶液。按规定号码排列顺序（表

298

6-48）。然后，依次品尝各样品的味道。品尝时应注意品味技巧：样品应一点一点地啜入口内，并使其滑动接触舌的各个部位。样品不得吞咽，在品尝2个的中间应用35 ℃的温水漱口去沫。

表6-48　四种基本味的识别

样品	基本味觉	呈味物质	试验溶液/（g/L）	样品	基本味觉	呈味物质	试验溶液/（g/L）
A	酸	柠檬酸	0.2	F	甜	蔗糖	6.0
B	甜	蔗糖	4.0	G	苦	咖啡碱	0.3
C	酸	柠檬酸	0.3	H		水	
D	苦	咖啡碱	0.2	J	咸	NaCl	1.5
E	咸	NaCl	0.8	K	酸	柠檬酸	4.0

（2）4种基本味的察觉阈实验。味觉识别是味觉的定性认识，阈值实验才是味觉的定量认识。

制备呈味物质（蔗糖、氯化钠、柠檬酸或咖啡因）的一系列浓度的水溶液（表6-49）。

表6-49　四种基本味的察觉阈

编号	蔗糖（甜）	NaCl（咸）	柠檬酸（酸）	咖啡因（苦）
1	0.1	0	0	0
2	0.5	0.2	0.05	0.03
3	1.0	0.4	0.10	0.04
4	2.0	0.6	0.13	0.05
5	3.0	0.3	0.15	0.06
6	4.0*	1.0	0.18*	0.08
7	5.0	1.3	0.20	0.10*
8	6.0	1.5*	0.25	0.15
9	6.0	1.8	0.30	0.20
10	10.0	2.0	0.35	0.30

注：标 * 的为平均阈值

4）影响味觉的因素

影响味觉的因素很多，最主要的影响因素是温度、介质和身体状况。温度对味觉的影响表现在味阈值的变化上，感觉不同的味道所需的最适温度有明显差别。如甜味和酸味的最佳感觉温度在35~50 ℃，咸味为18~35 ℃，而苦味是在10 ℃，各种味道的味阈值会随温度的变化而变化，如甜味的阈值在17~37 ℃范围内下降，超过37 ℃又回升，咸味和苦味阈值在17~42 ℃随温度的升高而升高。

由于呈味物质只有在溶解状态下才能扩散至味感受体今儿产生味觉，因此味觉也会受味物质所处介质的影响。介质的黏度会影响可溶性呈味物质向味感受体的扩散，介质的性质会降低呈味物质的可溶性或抑制呈味物质有效成分的释放。一般而言，黏度增加，味觉的辨别能力会降低，呈味物质处于水溶液中最容易辨别，而处于胶体状态介质时，就不容易辨别出来了，例如酸味感在果胶溶液中会明显降低。油脂会对某些呈味物质产生双重影响：既降低呈味物质的扩散速度又抑制呈味物质的溶解性。例如，咖啡因和奎宁的苦味及糖精的甜味在水溶液中比较容易感觉，在矿物油中则感觉比较困难。

身体状况对味觉的影响主要与疾病、饥饿、年龄和性别有关，在患有某些疾病时，味觉会发生变化，如黄原病患者对苦味的感觉明显下降，甚至消失。糖尿病患者对甜味的刺激敏感性明显下降，身体内缺乏或富余某些营养成分时也会造成味觉的变化，如长期缺乏维生素 C，会对柠檬酸的敏感性增加，体内缺乏维生素 A 时，会出现对苦味的厌恶，若这种维生素 A 缺乏症持续下去，对咸味也拒绝接受。人处于饥饿状态下会提高味觉敏感性，有实验证明，味觉的敏感性在上午 11:30 达到最高，在进食后 1h 敏感性会显著下降。人在进食前味觉敏感性很高，证明味觉敏感性与体内生理需求密切相关。而进食后味敏感下降，一方面是食物满足了生理需求，另一方面则是饮食过程造成味感受体产生疲劳导致味敏感性降低。饥饿对味觉敏感性有一定影响，但是对喜好性却几乎没有什么影响。年龄对味觉的影响主要发生在 60 岁以上的人群，老人们会经常抱怨没有食欲感或很多东西吃起来无味，这一方面是由于味蕾减少的缘故，另一方面可能跟某些疾病也有关系。性别对味觉的影响有两种不同看法。一些研究者认为在感觉基本味的敏感性上无性别差别，另一些研究者则指出性别对苦味敏感性没有影响，而对与咸味和甜味，女性比男性敏感，对于酸味则是男性比女性敏感。

3. 嗅觉

食品除含有各种味道外，还含有各种不同的气味。食品的味道和气味共同组成食品的风味特征影响人类对食品的接受性和喜好性。同时对内分泌亦必有影响。因此，嗅觉与食品有密切的关系，是进行感官评定是所使用的重要感觉之一。

嗅觉的感受器位于鼻腔的上方，不像味觉感受器是一些分化的上皮细胞，嗅觉感受器是由神经细胞组成，一般 1 个月内就会死亡，被新的神经细胞所代替。

1）嗅觉的特点

嗅觉细胞容易产生疲劳，而且当嗅球等中枢系统由于气味的刺激陷入负反馈状态是，感觉受到抑制，气味感消失，这便是对气味产生了适应性。嗅觉疲劳具有三个特征：从施加刺激到嗅觉疲劳式嗅感消失有一定的时间间隔（疲劳时间）；在产生嗅觉疲劳的过程中，嗅觉阈值逐渐增加；嗅觉对一种刺激疲劳后，嗅感灵敏度再度恢复需要一定的时间。因此，在嗅觉的感官评定中，一般是鼻子闻 1~2 s，用力中等，等5~20 s 或更长时间后，再去闻另外一种气味。

嗅觉的个体差异比较很大，有嗅觉敏锐者和嗅觉迟钝者。嗅觉敏锐者并非对所有气味都敏锐，因不同气味而异。如长期从事评酒工作的人，其嗅觉对酒香的变化非常敏感，但对其他气味就不一定敏感。嗅觉比味觉敏感性高很多，甚至超过化学分析中仪器测定的灵敏度。如乙硫醇，在十亿分之几的水平范围内就能被察觉到，目前最灵敏的气相色谱法能够检测到的气体浓度大约为 109 个分子 /mL 空气，而对于自然界中的很多气体，人类鼻子的敏感度要比气相色谱灵敏 10 倍 ~100 倍。

嗅觉对分辨气味物质浓度变化后气味相应变化能力却不及味觉。对于经过培训的个体进行识别气味种类的实验证明，人类只能可靠地分辨大约 3 种水平的气体强度。嗅觉的最后一个特点是混合物具有相互掩盖和抑制的现象。大多数空气清新剂就是通过强烈抑制或掩盖其他气味的方式工作的。气味性质相互影响的方式还不清楚，但气味混合物在性质上与单一化合物的性质会有许多相似之处，比如，对一个二元混合物的气味剖析得到的结果同单一成分的气味剖析结果非常相似，虽然风味感觉的强度有所不同，但如果混合物种类很多，就可以产生一种的风味，比如合成的番茄味就是由多种化合物混合而成的，咖啡香气由几百种物质组成，其中许多物质单独存在时是没有任何咖啡香气的，用气相色谱法分析酪乳香气时也发现，某些关键物质在单独存在时没有任何酪乳香气，但在混合物中就会产生酪乳香气

2）影响嗅觉的因素

气温和湿度、情绪和注意力、身体状况会影响嗅觉。

同样的湿度，气温升高时，嗅觉敏感性增加；气温恒定时，湿度升高，嗅觉的敏感性增加。但情绪差，注意力不集中时，嗅觉的敏感性会降低。患病也会使嗅觉的敏感性发生变化，如感冒时嗅觉的敏感性会降低。嗅觉也会随着年龄的增长而降低，和味觉一样，也与感受细胞的减少和疾病有关。

3）食品的嗅觉识别

（1）嗅觉技术。嗅觉受体位于鼻腔最上端的嗅上皮内。在正常的呼吸中，吸入的空气并不倾向通过鼻上部，多通过下鼻道和中鼻道。带有气味物质的空气只能极少量而且缓慢地通入鼻腔嗅区，所以只能感受到有轻微的气味。要是空气到达这个区域获得一个明显的嗅觉，就必学作适当用力地吸气（收缩鼻孔）或煽动鼻翼作急促的呼吸。并且把头部稍微低下对准被嗅物质使气味自下而上地通入鼻腔，使空气易形成急驶的涡流，气体分子较多地接触嗅上皮，从而引起嗅觉的增强效应。

需要注意的是，嗅觉技术并不适用于所有气味物质。如一些能引起痛感的含辛辣成分的气体物质。因此，使用嗅觉技术要非常小心。同时，通常对同一气味物质使用嗅技术不超过三次，否则会仪器"适应"，使嗅敏度下降。

（2）范氏实验。一种气体物质不送入口中而在舌上被感觉出的技术，就是范氏试验。首先，用手捏住鼻孔通过张口呼吸，然后把一个盛有气味物质的小瓶放在张开的口旁（注意：瓶颈靠近口但不能咀嚼），迅速地吸入一口气并立即拿走小瓶，闭口，

放开鼻孔使气流通过鼻孔流出（口仍闭着），从而在舌上感觉到该物质。这个试验已广泛地应用于训练和扩展人们的嗅觉能力。

各种气味就像学习语言那样可以被记忆。人们时时刻刻都可以感觉到气味的存在，但由于无意识或习惯性，总不被人们察觉。因此要记忆气味就必须设计专门的试验，有意识地加强训练这种记忆（注意，感冒者例外），以便能够识别各种气味，详细描述其特征。

（3）风味识别。因为吞咽大量样品不卫生，品茗专家和鉴评专家发明了一项专门的技术，即啜技术，来代替吞咽的感觉动作，使香气和空气一起流过鼻部并压入嗅觉区域。这是一种专门技术，对一些人来说要用很长时间才能来学会正确的啜技术。

啜技术是用匙把样品送入口内并用力吸气，使液体杂乱地吸向咽壁（就像吞咽时一样），气体成分通过鼻后部到达嗅味区。不同产品使用啜食技术的技巧也不一样，品酒时随着酒被送入张开的口中，轻轻地吸气并进行咀嚼。酒香比茶香和咖啡香具有更多的挥发成分，因此品酒专家的啜食技术更应谨慎。

香识别训练首先应注意色彩的影响，通常多采用红光以消除色彩的干扰。训练用的样品要有典型，可选各类食品总最具典型香气的食品进行。果蔬汁最好用原汁，糖果蜜饯类要用纸包原块，面包用整块，肉类应该采用原汤，乳类应注意异味区别的训练。训练方法用啜食技术，并注意必须先嗅后觉，以确保准确性。由于嗅细胞有易疲劳的特点，所以，对产品气味的检查或对比，数量和时间应尽可能缩短。

4. 感觉间的相互作用

不同的感觉之间会产生一定的影响，在同一类感觉中，不同的刺激也会引起适应、阻碍、对比等现象。在感官分析中，这种感官与感官之间、感官与刺激之间的相互作用引起充分的重视，特别在考虑样品制备，实验环境的设立时。感觉间的相互作用主要有适应现象、对比现象、相乘作用、阻碍作用、变调现象等。

1）适应现象

适应现象是指感受器在同一刺激物的持续作用下，敏感性发生变化的现象。这是大多数感官系统的特性，有研究者做过这样的实验，将溶液流过伸出的舌头，大多数味觉会在 1~2 min 内消失，一般感受不到溶液的咸味，但用去离子水冲洗舌头后再提供与唾液等浓度的盐水，有能明显感觉到咸味。值得注意的是，在整个过程中，刺激物的性质强度没有发生变化，但由于连续或重复刺激，使感受器的敏感性发生了暂时性的变化。一般情况下，强刺激的持续作用，敏感性降低，微弱刺激的持续作用，敏感性提高。评价员的培训正是利用这一特点。

2）对比现象

对比现象是指当两个刺激物同时或连续存在于同一感受器时，一个刺激的存在使另一个刺激增强的现象。各种感觉都存在着对比现象，例如，在舌头的一边舔上低浓度食盐溶液，在舌头的另一个边舔上极淡的砂糖溶液，即使砂糖的甜度在阈值以下，也会感觉到甜味。又如同一种颜色，用浓淡不同的两种对比时，给人的感觉是浓的颜色比原来深，淡的颜色比原来浅。对比效应提高了对两个同时或连续刺激的差别反应，因此，在感官检验时，应尽可能避免对比现象的产生。

3）相乘作用

相乘作用是指两种或多种刺激作用时，产生的感觉水平超过预期每种刺激各自效应的叠加。如海带和木松鱼相煮食用，鲜味会明显加强，又如草莓的香气对甜味有增强作用。

4）阻碍作用

阻碍作用与相乘作用相反，是指因一种刺激的存在，而使另一种刺激强度减弱的现象，如除臭剂是通过掩盖臭味或与臭味物质反应来抵消臭味，在鱼或肉的烹饪中，加入葱、姜等调料可以掩盖鱼、肉的腥味。在喝中药的时候，中药的苦味常常令人难以下咽，人们常常会加一定量的白糖，喝起来就没那么苦了。在果汁饮料中，酚类物质的酸味可部分的被糖的甜味所阻碍。

5）变调现象

变调现象是指两个刺激先后施加时，一个刺激造成另一个刺激的感觉发生本质变化的现象。例如，尝过氯化钠或奎宁后，再饮用无味的清水也会感觉有甜味，又如神秘果肉中的神秘素，能改变人的味觉，吃神秘果后几小时内吃酸的食物，味觉显著变甜。

四、泡菜基本味相互作用

（一）泡菜风味及基本味

泡菜风味包括香气与滋味。香气是一类具有挥发性的有香物质相互作用后给人体嗅觉的综合印象。成熟泡菜的香气源于多方面因素，包括蔬菜原料自身带来的香气物质（菜香）、发酵过程中新生成的香气物质、发酵体系中加入的香辛料芳香物质溶出以及其他方式生成的香气物质。原料和香辛料中的一些呈味物质会赋予泡菜一定的风味，如萝卜有温和的辛辣气味；生姜有姜醇、姜酮和姜酚等风味成分；大蒜中含有蒜素、甲基烯丙基二硫化物、二烯丙基二硫化物等物质；各种香辛料也有各自的特征风味成分，可赋予泡菜特殊香味。不正确的发酵方式或条件，对泡菜香气特性具有不利影响，如蛋白质腐烂产生的氨味、硫化氢味、酸败气味等其他异味。

泡菜是以微生物乳酸菌主导发酵而生产加工的传统食品，富含以乳酸菌为主的功能益生菌群及其代谢产物，其代谢产物是泡渍发酵过程中形成的泡菜滋味成分。乳酸菌发酵会产生一些风味物质，如乳酸、乙酸、丁酸、乙醇、琥珀酸、乙烯、丁二醇、乳酸乙酯等。醇类具有轻快的醇香味，有机酸类能赋予泡菜柔和的酸味。乳酸菌还可将蔬菜中的脂肪分解成甘油和脂肪酸，而低级饱和脂肪酸和脂肪醇所形成的酯类有水果香味。酵母菌和醋酸菌在泡菜发酵的后期阶段也起一定的作用，产生的醋酸和乙醇本身具有风味，还能相互结合生成的酯类增加泡菜的香气。泡菜发酵过程中，蔬菜中所含蛋白质在微生物和自身所含蛋白酶作用下水解生成氨基酸，这是泡菜产生特定风味的主要原因之一，其中谷氨酸（Glu）和天门冬氨酸（Asp）与泡菜中钠离子结合生成钠盐，具有鲜味，氨基酸还和醇生成多种具有芳香的酯类。此外，氨基酸与戊糖的还原产物 4- 羧基戊烯醛作用生成烯醛类的香味物质。氨基酸种类不同，与戊糖作用所产生的香味也不同。咸味也是人的其中基本味觉之一，泡菜的含盐量也是影响泡菜滋味重要的因素，它不仅给味觉以咸味刺激感，而且还会影响到发酵体系中的微生物菌群，进一步影响到发酵产物的种类和比例，对泡菜滋味起到十分重要的重要。

同样地，不正确的发酵方式或条件，对泡菜滋味特性也具有不利影响，如氧化味、馊味、霉味等其他异味。

（二）泡菜风味的影响因素

泡菜风味成分十分复杂，其风味的形成受原料、水质、食盐浓度、香辛料、发酵方式、泡制时间、卫生条件、温度等诸多因素的影响。

1. 原料的选择

泡菜可以使用多种蔬菜原料，泡菜的风味和原料种类有密切关系。各种蔬菜的特征味不同，是因为其含有不同种类的芳香物质，如萝卜特有的温和的辛辣气味，特征风味物质是 4- 甲硫基 -3- 反 - 丁烯异氰酸酯，黄瓜的风味物质主要是羰基化合物、醇类化合物，胡萝卜的风味物质主要是萜类、醇类、羰基化合物，而芹菜的风味物质主要是二氢苯肽类化合物、丙酮酸 -3 顺 - 己烯酯、2，3- 丁二酮（双乙酰）。同时，不少家庭自制的泡菜还会将多种蔬菜混合泡制，其中的化学成分还可能发生相互反应，形成复杂的风味。

2. 水质的影响

泡制泡菜的水多是硬质水，硬水含有较多的矿物质，用以配制泡菜盐水，效果最好，可以保持泡菜成品的脆性，这是由于在硬水中，植物体内形成果胶酸钙，具有凝胶性质，能在细胞间隙使细胞相互粘结，使蔬菜的组织不致变软，从而保持其鲜脆性。

3. 食盐浓度的影响

在泡制过程中，由于食盐的渗透作用，使蔬菜组织内的汁液外渗，以供给发酵作用所需要的原料。食盐还可以赋予制品咸味，并与谷氨酸形成钠盐产生鲜味。一般传统泡菜的食盐浓度在 8% 左右，而近年来，随着人们对健康的关注，人们对于低盐泡菜的需求正在增加，不少研究者用 4% 左右的盐浓度泡制泡菜，生产出了甜味适当、咸味适中的泡菜。

4. 香辛料的添加

泡制中加一些香辛料，可起到增加香味、除去异味、防腐的作用。如花椒可以增加麻味，辣椒可以增加辣味，八角、生姜、大蒜的添加，可以赋予泡菜一些特殊的香味。

5. 发酵方式的影响

泡菜制作可分为传统发酵和人工接种发酵，传统发酵所用的"老泡菜水"微生物种类较多，成分复杂，因此微生物的发酵产物也要多出不少，其风味一般要比人工接种的方式丰富。然而，由于传统发酵不易控制，不利于大规模生产，近年来，人工接种的方式也在迅速发展。人工接种发酵分为单一菌种发酵和复合菌种发酵，复合菌种发酵已成为近年来研究的热点，不少研究者利用复合菌种发酵的方式生产出了香味浓郁，口感较好的泡菜。

6. 泡制时间的选择

泡制的时间，需看蔬菜种类、温度高低及食盐浓度而定。少则几小时、一天，多则一个月左右。室温稍低或盐水浓度稍高，需时稍长，反之则短。一般来说，发酵期满即成泡菜。泡的时间越长，则菜味越酸。

7. 卫生条件的影响

泡制过程中的卫生条件对成品的风味有极大的影响。必须严格注意清洁，防止油污。如果有油腻性物质浸入，泡菜盐水就会变质。管理中最常见的是生花，这是盐水表面的一层白膜状微生物，这种微生物抗盐性和抗酸性均较强，属于好气性菌类。它可以分解乳酸，降低泡菜的酸度，使泡菜组织软化，甚至还会导致其他腐败性微生物的生长，使泡菜品质变劣，故应及时治理，始终保持泡菜盐水清洁，密封隔绝空气。

8. 温度的影响

温度会影响微生物的生长，气温高时，微生物生长快，反之则慢。温度还会影响分子运动的水平，温度的升高会加速一些化学反应的进行。

我们可以看出，各影响因素并非单独作用，而是相互影响，共同作用，最终才形成了泡菜独特的风味。

（三）现代仪器辅助感官鉴评

随着生命科学和人工智能的发展，人们在仿生生物学领域表现出极大的兴趣。通过对人类和动物体嗅觉味觉感官的深入研究，人们研发出了可以模仿生物有机体嗅觉和味觉的人工智能识别系统——电子鼻和电子舌。电子鼻和电子舌在食品工业中的应用既克服了传统人工评价食品时所带来的受主观性影响和可重复性不佳的问题，又解决了使用色谱法进行分析检测时烦琐的样品前处理，且不使用任何有机溶剂，不会对分析检测人员的身体健康有所影响，是一种环保可靠的快速分析检测手段。基于电子

鼻和电子舌各自的特点和优越性能，它们在国内外已广泛应用于食品工业、药品工业、环境检测和国家安全等方面。

1. 电子鼻检测原理

电子鼻是利用气体传感器阵列的响应图案来识别气味的电子系统，它可以在几小时、几天甚至数月的时间内连续地、实时地监测特定位置的气味状况。

图 6-24　电子鼻

1）电子鼻的基本组成

电子鼻一般由气敏传感器阵列、信号处理单元和模式识别单元 3 大部分组成。工作时，气味分子被气敏传感器阵列吸附后产生信号，生成的信号被送到信号处理单元进行处理和加工，最终由模式识别单元对信号处理的结果做出综合判断后得出分析结果。

2）气敏传感器阵列

在电子鼻的组成中，气敏传感器阵列是整个系统的基础，它可以是多个分立元件构成的，也可以是单片集成的，功能是把不同的气味分子在其表面的作用转化为可测的物理信号。用作传感器的材料必须具备两个基本条件：对不同的气味应均有响应，即通用性要强，要求其可对成千上万种不同的嗅味在分子水平上做出鉴别；与嗅味分子的相互作用或反应必须是快速、可逆的，不产生任何"记忆效应"。根据材料的不同，现有的传感器可分为三大类：第一，无机金属氧化物型半导体传感器（MOS），如 SnO_2，WO_3，ZnO 等，它们吸附嗅味分子后通常引起电阻降低，产生负的信号。第二，有机导电高分子传感器（CP），如吡咯，苯胺，噻吩，吲哚等碱性有机物的聚合物或衍生物，它们与嗅味分子反应后通常引起电阻增加，产生正的信号。第三，质量传感器，如石英晶体微平衡传感器（QCM）和表面声波传感器（SAW），它们通过吸附气味分子使石英振动频率发生改变，从而产生信号。许多传感器都可以应用在电子鼻上，但是，目前仅有 4 种传感器用于商业上的电子鼻：金属氧化物传感器、金属氧化物半导体场效应管传感器、有机导电聚合物传感器和质量传感器。

3）信号处理单元

由传感器产生的电信号经电子线路放大及A/D转换成为数字信号后输入计算机中，被测的嗅觉强度既可用每个传感器的输出的绝对电压、电阻或电导来表示，也可用相对信号值归一化的电阻值或电导值来比较嗅味特征，以完成特征提取。如在气味/气体的定性辨识中，采用归一化算法可在一定程度上消除浓度对传感器输出响应的影响。

4）模式识别单元

传感器阵列输出的信号经专用软件采集，加工，处理后与电子鼻经过人为"学习、训练"后在数据库储存的已知信息进行比较、识别，最后得出定量的质量因子决定被测样品质量的真伪、优劣、合格与否等不同结果。由n个传感器组成的传感器阵列产生的n维参数，必须采用降维技术变成2维（平面）或3维（立体）的可视图形，才能进行比较和识别，在降维过程中必须最大保持原有维参数的信息，使之丢失最少。电子鼻中常用的模式识别方法有统计模式识别的方法（如主成分分析法（PCA）和最小二乘法），以及智能识别的方法，如模糊逻辑法和误差反向传播神经网络法（BP）、自适应共振神经网络（ART）法等方法。但是，统计模式识别的方法只能说是模仿了人的逻辑思维，它对数据处理后所得的结果与人的感官感受之间无法对应起来，或者说二者之间存在很大距离。神经网络模式分类方法既能模仿人的逻辑思维，又能模仿人的形象思维，而且神经网络通过学习或训练，能自动地掌握和理解隐藏在事物内部的、不能用明确数学公式进行表示的关系，这与统计模式分类形成复杂的判别函数或决策十分困难的缺点形成了鲜明的对照。同时，神经网络技术和传感器阵列技术融合后，对混合气体成分和浓度的确定也表现出极大的优越性。因而，人工智能技术在电子鼻研究中具有广阔的应用前景。

5）工作原理

某种气味呈现在一种活性材料的传感器面前，传感器将化学输入转换成电信号，由多个传感器对一种气味的响应便构成了传感器阵列对该气味的响应谱。显然，气味中的各种化学成分均会与敏感材料发生作用，所以这种响应谱为该气味的广谱响应谱，为实现对气味的定性或定量分析，必须将传感器的信号进行适当的预处理（消除噪声、特征提取、信号放大等）后采用合适的模式识别分析方法对其进行处理。理论上，每种气味都会有它的特征响应谱，根据其特征响应谱可区分不同的气味。同时还可利用气敏传感器构成阵列对多种气体的交叉敏感性进行测量，通过适当的分析方法，实现混合气体分析。

电子鼻正是利用各个气敏器件对复杂成分气体都有响应却又互不相同这一特点，借助数据处理方法对多种气味进行识别，从而对气味质量进行分析与评定。电子鼻的工作可简单归纳为：传感器阵列—信号预处理—神经网络和各种算法—计算机识别（气体定性定量分析）。从功能上讲，气体传感器阵列相当于生物嗅觉系统中的大量嗅感受器细胞，神经网络和计算机识别相当于生物的大脑，其余部分则相当于嗅神经信号

传递系统。

6）电子鼻在食品中的应用

在果蔬成熟度检测方面，果蔬通过呼吸作用进行新陈代谢而变熟，在不同的成熟阶段，其散发的其味不同，可以通过闻其气味来评点其品质，然而人的鼻子灵敏度不高，只能感受出 1 000 种独特的气味，特别是区分相似的气味时，辨别力受到限制。利用电子鼻对果蔬气味进行识辨和分析，通过气味检测得到数据信号与产品各种成熟度指标建立关系，从而能够达到在线检测生长中的水果或熟菜所散发的气味，实现对成熟度、新鲜度的检测和判别。

Benady 等发明了一种水果成熟度传感器，根据其挥发性的气味或是没有气味的电子感应进行区分。传感器中利用了安置在水果表面的气味探测半导体，收集成熟水果散发出来的气味，随着气味的积累，引起传感器导率的改变，然后通过计算机数据系统进行计算。该传感器在实验室测试时，判断水果成熟度的准确率在 90% 以上。

在葡萄酒生产在线监测方面，Wies 等利用质谱电子鼻技术对澳大利亚赤霞珠和西拉 2 种葡萄酒生产过程中由 Brettanomyces 酵母引起的异常发酵进行快速检测，避免了原有检测方法分析时间长、资金消耗大及滞后性等缺点，显示了其独特的优越性，有效避免了由于异常发酵导致的损失，保证了葡萄酒的品质，为企业生产优质的葡萄酒提供了技术保证。

在葡萄酒品种鉴别方面，Daniel 等采用质谱型电子鼻，对澳大利亚的雷司令和霞多丽两种干白葡萄酒进行分析，运用 PCA、DPLS 和 LDA 等方法进行了分析，其中DPLS 和 LDC 的准确度分别达到 95%、80%，能够较为准确地对两种葡萄酒进行区分，由此表明质谱型电子鼻结合统计学方法（如 PCA、DPLS 等）能够应用于葡萄酒的品种识别及其调配中各品种的比例问题。

在葡萄酒产地信息识鉴别方面，Corrado 等对来自不同庄园的葡萄酒进行比较，虽然不同庄园的酒在感官分析中差别甚微，但是运用金属氧化物半导体传感器型电子鼻进行分析后，结果表明这些庄园的酒即使用同一种酿造工艺所酿造，在气味指纹上也有明显的区别，这种差别可能是由于各庄园的土壤特性、园艺管理等不同所造成的。

在葡萄酒的年份识别方面。Corrado 等采用传感器型电子鼻分析了意大利 Lombardy 的 Rossodi Franciacorta 干红葡萄酒 1989 ~ 1993 年份的酒样，电子鼻输出结果运用主成分分析的方法处理后，结果表明上述 5 个年份的葡萄酒样品可以成功地区别开。

在肉类检测方面，意大利的 Taurino 等利用电子鼻分析了意大利干制腊肠在不同贮藏期的挥发性成分的构成，从而判断腊肠的新鲜程度。结果表明电子鼻技术不仅可以检测腊肠的类型、分析相同腊肠的不同成熟期，而且还能评估不同性别的猪肉制成的腊肠。Taurino 等将微生物分析方法结合到电子鼻技术中，利用微生物分析方法鉴别样品的准确性来判断腊肠的不同成熟期，使检测结果更真实可靠。Santos 等用电子鼻分析了伊比利亚火腿。伊比利亚火腿是一种传统火腿，它对原料肉和加工工艺都有严格的限制和要求。伊比利亚火腿中已经确定风味成分有 70 多种，Santos 等利用电子鼻对其中一些特殊的挥发性物质的含量进行测定，通过主成分分析（PCA）和人工神经网络（ANN）数据分析技术的配合使用，结果表明电子鼻可以判断伊比利亚火腿的原料肉种类和成熟时间，从而排除不合格和假的产品。

此外，电子鼻技术还被用于茶叶感官分析等许多方面，不过，目前还没有人用电子鼻技术建立分析泡菜的香味物质的方法，相信随着对泡菜研究的深入，会有越来越多的研究人员运用电子鼻技术对泡菜进行香味的分析和品质的鉴定。

2. 电子舌

1）电子舌的结构及其原理

电子舌技术是 20 世纪 80 年代中期发展起来的一种分析、识别液体"味道"的新型检测手段。它主要由传感器阵列和模式识别系统组成，传感器阵列对液体试样做出响应并输出信号，信号经计算机系统进行数据处理和模式识别后，得到反映样品味觉特征的结果。这种技术也被称为味觉传感器技术或人工味觉识别技术，与普通的化学分析方法相比，其不同在于传感器输出的并非样品成分的分析结果，而是一种与试样某些特性有关的信号模式，这些信号通过具有模式识别能力的计算机分析后能得出对样品味觉特征的总体评价。

图 6-25　电子舌

电子舌类似于电子鼻，是用类脂膜作为味觉物质换能器的味觉传感器，它能够模拟人的味觉感受方式识别检测液体中的各种味觉物质。其构建单元和对于所获数据分析判断处理的人工智能系统与电子鼻的机理相似，都是对传感器得到的信号经过计算机系统采用人工智能方法进行分析处理，最终得到对样品味觉特征的总体评价。电子舌的传感器主要有多通道类脂膜传感器，基于表面等离子体共振，表面光伏电压技术等。它们主要的区别是在综合传感系统灵敏性、选择性、多面性和重复性方面。电子舌的模式识别有最初的神经网络模式识别和最新发展的混沌识别。混沌是一种遵循一

定非线性规律的随机运动，它对初始条件敏感，混沌识别具有很高的灵敏度，因此其应用得到了越来越广泛的认可。目前较典型的电子舌系统有法国的 Alpha MOS 系统和日本的 Kiyoshi Toko 电子舌。

2）电子舌在食品行业中的使用

电子舌已经在食品行业多领域使用了，尤其在饮料、茶叶、酒类乳品工业、植物油的识别、生物发酵方面以及食品安全中应用。

在饮料识别方面，Toko 研究较早，应用多通道类脂膜味觉传感器研究氨基酸。结果表明：不同的氨基酸可以分成与人的味觉评价相吻合的 5 个组，这种味觉传感器能对氨基酸的混合味道做出正确评价。利用这一技术实现鉴别啤酒、日本米酒，牛奶等多种食品。

Leginm 等利用电子舌区别茶、咖啡、软饮料、啤酒、果汁和矿泉水。实验包括区分同类型的饮料和区别同种饮料中不同的种类。实验中使用了 18 ～ 21 个非特定传感器组成传感器阵列，采集数据后分别使用主成分分析法和人下神经网络算法处理。结果表明这种多非特定传感器组成的电子舌在两个阶段的实验中都能很好地达到实验目的。该实验表明，电子舌系统可以用于定量和定性分析成分复杂的液体。Vicente Paral 等利用 3 种稀有金属材料做传感器，使用主成分分析法分析传感器信号构成的电子舌系统。经比较化学分析和电子舌系统的分析结果，认为电子舌系统能成功区分性质相近的 6 种使用同种葡萄酿造的西班牙红酒。研究结果认为在这一实验的基础上，可以开发出更多种类的传感器用于鉴别更多的液体。

在食品安全方面，随着食品安全越来越引起人们的重视，用高灵敏度的味觉传感器来快速地对食品安全性进行评定，已经成为国内外研究的热点。电子舌生物传感器可以用来检测食品和农产品中的重金属污染和农药残留。造成农产品污染的重要金属种类繁多，主要是 Hg、Cu、Zn、Pb、Cd 和 Ni 等。Ramanatthan 等利用 lacZ 基因和 arsD 基因在重组大肠杆菌中的融合表达制成灵敏度的生物传感器，对亚锑盐的检出限为 1×10^{-15} mol/L；利用重金属可以替代叶绿素分子中的 Mg^{2+}，并引起 pH 值变化的特点，Giardi 等发明了基于光合系统 II（PSII）的生物传感器，将藻类细胞固定在 2% 的琼脂中，通过检测 pH 值的变化来测定重金属铬和镉的量；而通过固定技术将叶绿素体包埋在光交联的苯乙烯基吡啶聚乙烯醇中，用氧电极测定氧气量，可以 ug/L 质量浓度水平下检测到 Hg、Cu、Zn、Pb、Cd、Ni 等离子的存在。

在国内，电子舌技术的研究使用正处于起步阶段，因此，还需要进行深入的研究。电子舌不仅在食品领域，在环境监控及生物医学检测等方面也有应用。现在该技术还有很多不成熟的地方，其中最大的难点是高灵敏度和持久性的味觉传感器的研制。电子舌技术与计算机科学、材料学、信号处理科学等息息相关，这些学科的发展必将促进电子舌技术的进步，电子舌技术在工业生产应用中的潜能有待进一步发掘，它在食品领域的应用也会更加广泛。

3. 电子鼻与电子舌的集成化

在近几年中，应用传感器阵列和根据模式识别的数字信号处理方法，出现了电子鼻与电子舌的集成化。已经有研究者研究了电子舌与电子鼻复合成新型分析仪器，其测量探头的顶端是由多种味觉电极组成的电子舌，而在底端则是由多种气味传感器组成的电子鼻，其电子舌中的传感器阵列是根据预先的方法来选择的，每个传感器单元具有交叉灵敏度。这种将电子鼻与电子舌相结合并把它们的数据进行融合处理来评价食品品质的技术将具有广阔的发展前景。

Winqnist 等通过实验比较电子鼻、电子舌单独使用和结合使用所得的结果。电子鼻传感器阵列由金属氧化物半导体电极构成，电子舌传感器阵列由 6 种不同金属制成的工作电极，一个参比电极和一个辅助电极组成，分别测试橘子汁、苹果汁和菠萝汁。首先用电子鼻获得数据，再用电子舌进行检测。完成所有的测量后，用主成分分析法进行模式识别，结果表明，若仅用电子鼻来分析，橘子可以明显地从苹果、菠萝中区分开来，但苹果与菠萝不能很好地区分。若用电子舌来检测分析，则橘子与菠萝不能很好地区分，但若电子鼻与电子舌结合一起来分析检测，则可以大大提高其检测率。Buratti 等利用电子鼻和电子舌结合分析意大利的 Barbera 红酒，53 种红酒来自意大利北方的两个地区，使用同一种 2002 年种植的葡萄酿造。实验的第一步是用传统的化学方法分析这些红酒，得到 pH 值、酒精含量等数据，然后用电子鼻和电子舌分别检测，用 PCA、IJDA 和 CART 三种方法分析数据。在这一实验中 IJDA 方法取得了最好的结果。结果显示这种创新的方法完全可以区分用同种葡萄酿造的不同红酒。Bleibaumt 结合使用电子鼻和电子舌用于检测苹果汁的质量，实验采集了 9 种不同商标的苹果汁，有纯苹果汁、混合果汁、加维生素 C 的果汁等，首先让大约 200 名消费者品尝样品果汁，然后再用电子舌和电子鼻监测果汁。实验表明经训练过的电子舌和电子鼻系统可以用于预测果汁是否符合消费者的口味。如能正确地训练电子舌和电子鼻，这一方法就可以用作食品生产中质量控制的重要手段。

电子鼻和电子舌作为集仿生学、传感器和计算机科学为一体的新型仿生检测技术，提供了一种客观、具有良好重复性的辨别方法，在一定程度上解决了食品评价手段对食品工业自动化的制约。目前，对电子舌的研究国外较多，虽已有商业化的产品，但都是在 20 世纪 90 年代末才开始生产。在国内，对该项技术的研究尚处于实验阶段，结果有待验证。目前电子鼻和电子舌技术的应用受到敏感材料、制造工艺、数据处理方法等方面的限制，但是，随着生物芯片（基因芯片、蛋白质芯片、组织芯片、生物传感器芯片）和生物信息学的发展，传感器数据融合技术、模式识别、人工智能、模糊理论、概率统计等交叉的新兴学科的发展，其功能必将进一步增强。电子鼻和电子舌技术作为一个新兴技术它必将给众多领域带来一次新的技术革命，也将使其逐步走向实用，并以其独特的功能，拥有更加广阔的应用前景。

五、泡菜感官鉴评的基本方法

（一）感官鉴评的基本方法

1. 感官鉴评的环境

（1）评议室内要空气新鲜，光线充足，保持一定的室温，室温以 18 ~ 20 ℃，相对湿度 50% ~ 60% 为合适。

（2）评议室内无任何香气及异臭气味侵袭，并避免强噪音的干扰，以免影响评议人员感官的敏感性，而降低准确度。

（3）评议室内布置应简朴、严肃，保持安静和认真的气氛。

2. 感官鉴评的规则

（1）不得吸烟，不得饮酒，以免刺激嗅觉，妨碍味觉及防止烟气污染现场，干扰品尝的准确性。

（2）不饮浓茶，避免茶碱钝化味觉，并防止饮茶引起喉干而干扰品尝。

（3）不用热水热茶漱口，因为温度能影响滋味感觉，味觉在 30 ℃ 时最为敏锐，低于此温度或高于此温度，各种味觉都会减弱。甜味在 50 ℃ 以上时感觉会显著的迟钝。

（4）不高声谈话，以免影响注意力，干扰思考。

（5）品评时间以不超过 2 小时为宜，时间过长，引起感官疲劳造成评定的误差。

（6）每轮评定的样品在 6 个以内为宜。每轮留一个分数最高的样品，以便与下一轮样品比较。

（7）感官鉴评所需的器具、设施有光线明亮、保持适温的评比室，操作台，方（圆）瓷盘，大（圆）瓷盘，白色小圆瓷盘，小刀，牙签，毛巾，不锈钢小刀，大不锈钢勺，筷子等。

3. 感官鉴评的程序和方法

把被鉴定的泡菜样品，小心地从容器中取出，放在白色瓷盘上，首先观察泡菜的规格、颜色，并用鼻嗅其香气。然后用小刀从中间把泡菜切开，翻起切面，观察泡菜内部的颜色、质地，以后用牙签或筷子挑取泡菜，观察其软硬程度，并挑取少许泡菜放入口中品尝其滋味、质地及嫩脆程度。然后把咀嚼的样品移至口腔后部并慢慢咽下，以鉴定其滋味口感及质地，每品尝一个样品后要用冷开水漱口，然后才能进行第二个样品的品尝。

（1）每个评委准备记录本、笔、纸巾。

（2）样品按无记名密码在每只样品盘上注明编号，样品专职人员准备好平均样品。

评委应顺序远离列坐，在评比前事先由主管部门负责人介绍本次评比产品的类型与品名及评比要求。

（3）评委分别取样后，按照每一品种的感官质量，对照评（扣）分标准，依据现实的质量，发挥主观独立思考的能力，认真仔细地进行评比记分。

（4）要求评委在评比前，不饮酒或吃有关浓刺激性食物以免降低味（嗅）觉器官辨别的灵敏度而影响评比结果。

（二）描述的专业术语

1. 感官质量

感官即感觉器官，舌头是味觉器官，鼻子是嗅觉器官，眼睛是视觉器官，牙齿是咀嚼器官。凭借以上感官鉴定产品质量优劣即为感官质量。

1）光泽（宝光）

珍珠、玛瑙、翡翠、琥珀等被视为珍宝，它们大多颜色鲜明，光彩夺目，谓之宝光。用以评论酱腌菜的颜色，现在多以有光泽代之。

2）琥珀色

琥珀是产于煤层中的树脂化石，呈黄至红褐色，有透明感。琥珀色即指该颜色与光泽。

3）哈喇气

油脂酸败后散发出的令人不愉快的气味。

4）质地

鉴定泡菜组织结构性质的指标，比如，脆或不脆。

5）酱香

发酵食品特有的一种香气，类似甜面酱和黄酱固有的柔和、醇厚香气，挥发性能较差，距离较近时方可感觉。

6）酯香

发酵食品特有的一种香气，是醇和酸作用后产生酯类特有的香气。主要物质是易挥发的酯类物质，如乙酯。距离较远时也可感觉。

7）香气浓郁

具有完满协调的香气，俗称香气扑鼻。

8）醇厚

滋味在口中存留时间较长，滋味浓厚的感觉。

9）寡淡

滋味在口中存留时间较短，滋味单调的感觉。

10）后味

滋味在口腔中有持久的感受。

11）余味

滋味在口腔中余留的味感。

12）涩味

即劣味，使口腔黏膜收敛的一种感觉。

13）邪味

即异味，使人产生不愉快的感觉。

14）臭气

指硫化氢、氨以及挥发性胺等混合或单独散发的气息。

15）酸气

指挥发酸如甲酸、乙酸、丙酸、丁酸等散发的气息。

16）滋味

凭借感觉器官感受的咸、甜、酸、苦、鲜、辣、涩等单一味或复合味的味觉。

2. 质：触感

泡菜的脆硬度，依据不同蔬菜种类，细胞壁紧密程度各异，脆嫩度也各不相同，一般按下列要求，确定泡菜感官品脆的范围。

1）艮脆（硬脆）

泡菜细胞结构较为坚实，咀嚼时，须用力较大才能咬碎嚼烂，同时并发响声（如头芥、红萝卜干等）

2）嫩脆

泡菜组织结构不太坚实，咀嚼时，略加用力即能咬碎，同时发出轻微响声（如乳黄瓜、嫩芽姜、螺丝菜、蘑茄等）。

3）柔脆

泡菜细胞结构不坚实，咀嚼时有柔和的双重感觉，一般无响声。

4）清脆

泡菜组织结构坚实而又松脆。咀嚼时，一咬即脆，且有爽朗响声。

5）疲

指泡菜质地萎软，咀嚼时感觉软绵，缺乏坚实感。

6）霉花

液态中漂浮的肉眼可见的粉末状孢子及绒毛状菌丝体。

7）霉香

酿造食品特有的一种香气，俗称皮蛋香。

8）霉味

一种劣味，酿造食品中不应该出现的发霉的味道。

9）浮膜

样品中肉眼可见漂浮的微生物菌体膜。

3. 色：视觉

泡菜的蔬菜原料多采用重盐护色盐渍，以保持原有的天然色素，如鲜乳黄瓜，色泽翠绿，莴苣色泽淡黄，生姜色泽呈现乳黄色。蔬菜咸坯固有的自然本色：

1）蔬菜的多酚类物质及蛋白质在腌渍过程中，水解为氨基酸，发生酶褐变生成的色素。

2）菜质，糖、氮等可溶性成分产生非酶褐变如迈拉德反应生成的色素。

4.香：嗅觉

泡菜香气是由多种挥发性的香味物质，包括生产过程中产生微量的酯化反应和蔬菜的自然香气所组成。

酱酯香气成分，因含量甚微，主要来自于自然发酵的生化过程的产物，其风味纯正，产生愉快的嗅觉。

5.味：口（觉）感

组成泡菜滋味的成分是有机酸、食盐、谷氨酸钠、蔗糖、葡萄糖等成分，不得含有过度的酸、涩、苦等异味。

6.形：视觉

造型有菜体自然形态与切制加工两种形态，它对增加食欲起着有效的诱导作用，也能促进味觉功能的提高，使泡菜产生以下的特色。

（1）如瓜果类蔬菜的自然形态传统珍品有：螺丝菜外形呈螺丝状，有3～5节环状的连接珠，形态珠奇美观，乳黄瓜细瘦苗条规格整齐，萝卜头颗粒圆整。

（2）菜坯切制的造型美观，是提高泡菜感官质量的重要内容，如嫩佛手姜，取姜芽部，再横切数条插口，形如手状。什锦菜的菜坯切制成规定的条、块、丁、丝、片、角、段、棱形等均匀的规格，既能增加泡菜美观的程度，从视觉上提高泡菜感官质量。同时菜坯切片小，截面积增大，有利于泡汁可溶性成分渗入，加速泡渍的成熟期。

六、泡菜感官实验

（一）直接描述实验

1.描述实验的作用

食品的感官特征是多方面、多层次的，如其外观色泽、香气、入口后的风味（味觉、嗅觉、口腔的冷、热、涩、辣等感觉）及回味质地物性等。回味也称余味，是食物样品被吞下或吐出后出现的与原来不同的特性、特征的风味；质地则主要是由食物等样品的机械特征，如硬度、凝聚度、精度、附着度、弹性5个基本特性和碎裂度、固体食物咀嚼度、半固体食物胶密度3个从属性等来决定；物性主要指产品的颗粒、形态及方向物性，如食品食用时的平滑感、层状感、丝状感、粗粒感、油腻感、湿润感等。

为获得一个产品的详细感官特征说明，或对几个产品进行比较时，描述分析通常是非常有用的。这种技术可以被准确地显示在感官范围内，反映产品间的差别。可用

于检验货架寿命，尤其是评定人员受过良好的训练，并伴随着时间的流逝能保持一致。

在产品开发中，描述技术经常用来测定一个新内容与目标之间的紧密度，或用来评定原型产品的适用性。在质量保证体系中，当必须定义一个问题时，描述技术是无价的。

这种技术不适用于每天的质量控制，但在调解大多数消费者意见时，很有帮助。大多数描述方法可以用来定义感官与仪器之间的相互关系。描述分析技术不能与消费者一起使用，因为在所有的描述方法中，评定小组成员应该经过训练，至少达到一致性和重复性。

2. 感官鉴定的项目和标准

感官鉴定的项目和评分标准：根据泡菜的鉴定项目及评分标准，其中鉴定项目为四大项目，评分为百分制，色泽最高 20 分，体态最高 20 分，香气最高 30 分，滋味最高 30 分。每次得分及扣分的方法都有详细的规定，现将鉴定项目及评分标准列表 6-50。

表 6-50　泡菜感官评定标准

项目	标准	扣分（分）	得分（分）
色泽	具备本品种应有颜色，独具红、黄、翠、乳白、苍绿、酱黄等色，或各色相间，有光泽及晶莹感，渍液清亮，红褐色或黄褐色，不发乌		20
	颜色不正或不鲜明 光泽差或无光泽	1 ~ 5 1 ~ 5	
	晶莹感差或无晶莹感 渍液浑浊发乌	1 ~ 5 1 ~ 5	
体态	泡菜坯体态整齐，剖菜规格一致。无老皮筋、无菜屑，无杂质，无霉花浮膜，无油水分离现象		20
	泡菜坯体态不整齐 剖菜规格不一致 有菜屑，菜屑多 有杂质，杂质多 有油水分离现象 有霉花浮膜	1 ~ 3 1 ~ 3 1 ~ 3 1 ~ 3 1 ~ 3 5	

续表

项目	标准	扣分（分）	得分（分）
香气	具有浓郁的泡菜清香、本品的菜香及辅料的复合香气，无氨、硫化氢、焦糖、焦煳气及蛤蜊气		30
	泡菜香气差或无泡菜香	1～5	
	无本品应有的复合香气	1～5	
	有氨味及硫化氢气味	5～10	
	有焦糖、焦煳气及蛤蜊气	5～10	
质地及滋味	质地脆嫩，滋味鲜美，酸咸味适度、麻辣味协调。咸甜适口，无过酸味、无苦味、无涩味、无异味		30
	嫩脆度差，咀嚼有渣	1～6	
	不脆或腌度差	1～6	
	鲜味差或无鲜味	1～5	
	五味不调和	1～5	
	发酸或有不良异味	4～8	

3. 感官鉴定的品评要点及注意事项

1）单项评语

鉴定一个泡菜样品时，首先按照规定的评分标准，如色泽、体态、香气、质地及滋味四个项目，从视感、嗅感、触感、味感几个方面对菜质的感官质量认真细微地品尝鉴定，按照每项的特点，产品的优劣程度，对照评分标准，写出恰如其分的简要单项评语，要求明确扼要，文字简练，说明问题为主。

以嫩芽姜为例，评委对样品进行认真品尝后根据样品的感官质量，写出以下的评语：

（1）颜色：色黄润，有晶莹感。

（2）体态：体态整齐，但有少量菜屑。

（3）香气：酱香浓郁，酯香微弱。

（4）质地及滋味：质脆嫩，鲜甜咸适口，微有细渣。

评委应按上述评语，按照评（扣）分标准逐条对照，填写的评比分数。

2）总评语

摘录各单项评语，简要而精练地概括总结该样品的感官质量，并指出优缺点，要求言简义明，重点反映样品的特色。

以嫩芽姜为例，摘录单项评语，写成总评语如下：本品色黄润，有光泽晶莹感，体态整齐，酱香浓，酯香微，少量菜屑，脆嫩，鲜甜咸适口，微有细渣。

通过摘录写成的总评语，基本上表达了该产品的特色。

3）扣分表示方法

从评写的四个项目的单项评语中，根据样品优缺点的程度，对照评（扣）分的标准，综合考虑，全面衡量，评写扣分记录，如该产品质量差，缺点严重，就应按高分扣除，如质量存在少量或微量的质量缺陷，就应从最低分起扣，如质量存在一般的差异，就按适中的评分起扣，每扣一项均应认真评定，有一项缺陷就扣一项，不得任意扩大或缩小扣分范围，做到严格认真，实事求是。

以嫩芽姜为例，对照评语与评分标准。

（1）颜色：色黄润、其光泽、晶莹感。这一单项评语写出该产品的优点，无缺点，应得满分 20 分。

（2）体态：体形整齐，但有少量菜屑。这一单项评语，既写出体态的优点，又指出存在的少量缺点，这种情况，就应从最低分起扣，即扣除 1 ~ 1.5 分，可得 18.5 ~ 19 分。

（3）香气：酱香浓郁，酯香微弱。这一单项评语，写出了具酱香气的优点，同时也说明酯香微弱的缺点，这也应从最低分起扣，即扣除 1 ~ 1.5 分，得分 28.5 ~ 29 分。

（4）质地及滋味：质脆嫩，鲜甜咸适口，微有细渣。这一单项评语写出了质地的优点，指出了微有细渣的缺点，这也应从最低分起扣，即扣除 1 ~ 1.5 分，可得分 28.5 ~ 29 分。

四个单项评语写好并扣分后，即得总分，嫩芽姜可得 95.5 ~ 97 分。

通过评（扣）分的标准，对每一个产品感官质量做出正确的评价，全面衡量，综合考虑。如上述嫩芽姜最后定分应根据同类产品纵横比较，选择确定。

（二）差别实验

1. 概述

差别实验是感官评定中经常使用的两类方法之一。它要求品评员评定两个或两个以上的样品中是否存在感官差异（或偏爱其一）。差别实验一般不允许"无差别"的回答（即强迫选择），即品评员未能觉察出样品之间的差异。如果允许出现"无差别"的回答，那么可用以下两种处理方法：①忽略"无差别"的回答，即从评定小组的总数减去这些数；②将"无差别"的结果分配到其他类的回答中。在试验中需要注意样品外表、形态、温度和数量等表现出参数的明显差别所引起的误差，如果实验样品间的差别非常大，以至很明显，则差别实验是无效的。当样品间的差别很微小时，差别实验是有效的。

差别实验的用途很广。有些情况下，实验者的目的是确定两种样品是否不同，而在另外一些情况下，实验者的目的是研究两种样品是否相似，以至达到可以互相替换的成都。以上这两种情况都可通过选择合适的实验敏感参数（如 α、β、P_d）来进行实验。在统计学上，假设检验也称显著性实验，它是事先做出一个总体指标是否等于某一个数值或某一随机变量是否服从某种概率分布的假设，然后利用样本资料采用一定的统计方法计算出有关的统计量，依据一定的概率原则，用较小的风险来判断假设总体与现实总体是否存在显著差异，是否应当接受或拒绝原假设选择的一种检验办法。假设检验是依据样本提供的信息进行判断的，也就是由部分来推断总体，因而不可能绝对准确，它可能犯错误。根据样本对原假设做出接受或拒绝的决定时，可能会出现以下 4 种情况：

（1）零假设为真，接受它。

（2）零假设为真，拒绝它。

（3）零假设为假，接受它。

（4）零假设为假，拒绝它。

上面的 4 种情况中，很显然，（2）与（3）是错误的决定。当然人们都愿意做出正确的决定，但实际上难以做到，因此，必须考虑错误的性质和犯错误的概率。原假设为真却被我们拒绝了，否定了未知的真实情况，把真当成假了，称为犯第 I 类错误；原假设为假却被我们接受了，接受了未知的不真实状态，称为犯第 II 类错误。

在假设检验中，犯第 I 类错误的概率记作 α，称其为显著性水平，也称为 α 错误或弃真错误；犯第 II 类型错误的概率记作 β，也称 β 错误或取伪错误。α 常用水平为 0.1，0.05，0.01，是按所要求的精确度而事先规定的，表示概率小的程度。它说明检验结果与拟定假设是否有显著性差距，如有就应拒绝拟定假设。

P_d 是指能分辨出的差异的人数比例。在统计学上，α、β、P_d 值的范围表示意义见表 6-51。差别实验的目的不同，需要考虑的实验敏感参数也不同。在以寻找样品间差异为目的的差别试验中，只需要考虑 α 值风险，而 β、P_d 值通常不需要考虑。而在以寻找样品间相似性为目的的差别实验中，实验者要选择合适的 P_d 值，然后确定一个较小的 β 值，α 值可以大一些。而某些情况下，实验者要综合考虑 α、β、P_d 值，这样才能保证参与评定的人数在可能的范围之内。

表 6-51　α、β、P_d 值的范围所表示意义

α 值（％）	存在差异的程度	β 值（％）	存在差异的程度	P_d 值（％）	能分辨出差异的人的比例
10~5	中等	10~5	中等	< 25	较小
10~5	显著	10~5	显著	25~35	中等
10~5	非常显著	10~5	非常显著	> 35	较大
< 0.1	特别显著	< 0.1	特别显著		

差别实验中常用的方法：成对比较检验法、二~三点检验法、三点检验法、"A"-非"A"检验法、五中取二检验法、选择实验法及配偶法。下面介绍泡菜感官鉴定中常用到的三点检验法。

2. 三点检验法

在检验中，将三个样品同时呈送给评定员，其中有两个相同的，另外一个样品与其他两个样品不同，要求评定员挑选出其中不同于其他两个样品的检验方法称为三点检验法，也称为三角实验法。三点检验法是差别检验当中最常用一种方法，是由美国的 Bengtson（本格逊）及其同事首先提出的。三点检验法可使感官专业人员确定两个样品间是否有可觉察的差别，可以用三点检验法。三点检验法的具体应用领域有以下几个：

①确定产品差异是否来自成分、工艺、包装和储存期的改变。

②确定产品的差异是否存在整体差异

③筛选和培训检验人员，以锻炼其发现产品差异的能力。

1）方法特点

（1）在感官评定中，三点检验法是一种专门的方法，用于两种产品的样品间的差异分析，而且适合于检验样品间的细微差别，如品质管制和仿制产品。其差别可能与样品的所有特征，或者与样品的某一种特征有关。三点检验法不适用于偏爱检验。

（2）当参加评定的工作人员的数目不是很多时，可选择此法。

（3）三点检验中，每次随机呈送给评定员 3 个样品，其中两个样品是一样的，一个样品则不同。并要求在所有的评定员间交叉平衡。为了 13 个样品的排列次序和出现次数的概率相等，这两种样品可能的组合是：BAA、ABA、AAB、ABB、BAB 和BBA。在实验中，组合在 6 组中出现的概率也应是相等的，当评定人数不足 6 的倍数时，可舍去多余样品组，或向每个评定员提供六组样品做重复检验。

（4）对三点检验的无差异假设规定：当样品间没有可觉察的差别时，做出正确选择的概率是 1/3。如果增加检验次数至 n 次，那么这种猜测性的概率值将降至 $1/3^n$。实验次数对猜测性的影响见表 6-52。

表 6-52　实验次数对猜测性的影响

猜测概率	实验次数							
	1	2	3	4	5	6	…	10
1/2	0.5	0.25	0.13	0.063	0.031	0.016		9.8×10^{-4}
1/3	0.33	0.11	0.036	0.012	0.003 9	0.001 3		1.7×10^{-5}

（5）食品三点检验法要求的技术比较严格，每项检验的主持人都要亲自参与评定。为使检验取得理想的效果，主持人最好组织一次预备实验，以便熟悉可能出现的

问题，以及先了解一下原料的情况。但要防止预备实验对后续的正规检验起诱导作用。

（6）在食品三点检验中，所有评定员都应基本上具有同等的评定能力和水平，并且因食品的种类不同，评定员也应该是具有各专业之所长。参与评定的人数多少因任务而异，可以在 5 人到上百人的很大范围内变动，并要求做差异显著性测定。三点检验通常要求品评人员为 20 ～ 40 人，而如果实验目的是检验两种产品是否相似时（是否可以互相替换），要求的参评人员人数为 50~100。

（7）三点检验中，评定组的主持人只允许其小组出现以下两种结果：第一种，根据"强迫选择"的特殊要求，必须让评定员指明样品之一与另两个样品不同；第二种，根据实际，对于的确没有差别的样品，允许打上"无差别"字样。这两点在显著性测试表上查找差异水平时，都是要考虑到的。

（8）评定员进行检验时，每次都必须按从左到右的顺序品尝样品。评定过程中，允许评定员重新检验已经做过的那个样品。评定员找出与其他两个样品不同的一个样品或者相似的样品，然后对结果进行统计分析。

（9）三点检验法比较复杂。如当其中某一对样品被认为是相同的时候，也需要用另一样品的特征去证明。这样反复的互证，比较烦琐。为了得到正确的判断结果，不能让评定员知道样品的排列测序，因此，样品的排序者不能参加评定。

2）组织设计

在三点检验问答表的设计中，通常要求评定员指出不同的样品或者相似的样品。必须告知评定员该批检验的目的，提示要简单明了，不能有暗示。通常的三点检验问答表，见表 6-53。

表 6-53　三点检验问答表的一般形式

三点检验

姓名：　　　　　　日期：

实验指令

在你面前有三个带有编号的样品，其中有两个是一样，而另一个和其他两个不同。请从左到右一次品尝三个样品，然后在与其他两个样品不同的那一个样品的编号上划圈。你可以多次品尝，但不能没有答案。

| 624 | 801 | 129 |

（3）结果分析

按要求统计正确回答的问答表数，查表 6-54 可以得出两个样品间有无差异。

表 6-54 三点检验法检验表

答案数目	显著水平			答案数目	显著水平			答案数目	显著水平		
n	5%	1%	0.1%	n	5%	1%	0.1%	n	5%	1%	0.1%
4	4	~	~	33	17	18	21	62	28	31	33
5	4	5	~	34	17	19	21	63	29	31	34
6	5	6	~	35	17	19	22	64	29	32	34
7	5	6	7	36	18	20	22	65	30	32	35
8	6	7	8	37	18	20	22	66	30	32	35
9	6	7	8	38	19	21	23	67	30	33	36
10	7	8	9	39	19	21	23	68	31	33	36
11	7	8	10	40	19	21	24	69	31	34	36
12	8	9	10	41	20	22	24	70	32	34	37
13	8	9	10	42	20	22	25	71	32	34	37
14	9	10	11	43	21	23	25	72	32	35	38
15	9	10	12	44	21	23	25	73	33	35	38
16	9	11	12	45	22	24	26	74	33	36	39
17	10	11	13	46	22	24	26	75	34	36	39
18	11	12	13	47	23	24	27	76	34	36	39
19	11	12	14	48	23	25	27	77	34	37	40
20	12	13	14	49	23	25	28	78	35	37	40
21	12	13	15	50	24	26	28	79	35	38	41
22	13	14	16	51	24	26	29	80	35	38	41
23	14	15	16	52	24	27	29	81	36	39	42
24	14	16	18	53	25	27	29	82	37	40	43
25	15	16	18	54	25	27	30	83	38	40	44
26	15	17	19	55	26	28	30	84	38	41	44
27	15	17	19	56	26	28	31	85	39	42	45
28	16	18	20	57	26	29	31	86	40	43	46
29	15	16	18	58	27	29	32	87	41	44	47
30	15	17	19	59	27	29	32	88	42	44	48
31	15	17	19	60	28	30	33	89	42	45	49
32	16	18	20	61	28	30	33	90	43	46	49

例如 40 张有效鉴定表，有 23 张正确地选择出单个样品，查表 6-52 中 $n=40$ 栏。由于 23 大于 1% 显著水平的临界值 21，小于 0.1% 显著水平的临界值 24，则说明 1% 显著水平，两样品间有差异。

第七节　泡菜常见安全隐患及控制

泡菜在我国有数千年的历史，通常被认为是安全的，然而近年来，食品安全事件频频爆发，人们越来越关注食品的安全性。随着研究的深入，作者综合归纳了我国现存食品安全常见隐患，并就防治对策提出若干建议，以期引起社会的重视。

一、致病性微生物危害

致病性微生物是指能够引起人类、动物和植物的病害，具有致病性，个体直径一般小于 1 mm 的生物群体。致病性微生物引起的食源性疾病是全世界头号食品安全问题。食品生产是一个时间长，环节多的复杂过程，在整个过程中存在着许许多多被致病性微生物污染的可能性。作为原料来源的活体就可能带有致病性微生物；在加工过程中原料之间的交叉污染；加工者携带的致病性微生物也可能进入食品；在销售中会通过器具和其他途径污染致病性微生物。总之，与食品有直接和间接关系的致病性微生物都可能污染食品。致病性微生物是一个复杂的群体，在实际工作中要对它们逐一检查是很难做到的，在很大程度上也是徒劳的。有检验意义的是能引起人类疾病和食物中毒的致病性微生物，发现的有：沙门氏菌（*Salmonella*）、金黄色葡萄球菌（*Staphylococcus aureus*）、链球菌（*Streptococcus*）、副溶血性弧菌（*Vibrio Parahemolyticus*）、变形杆菌（*Proteusbacillus vulgaris*）、志贺氏菌（*Shigellae*）、单核细胞增生李斯特氏菌（*Listeria monocytogenes*）、禽流感病毒（AIV）、黄曲霉菌（*Aspergillus flavus*）及口蹄疫病毒（Foot-and-Mouth Disease Virus）等。其中沙门氏菌、志贺氏菌、金黄色葡萄球菌和单核细胞增生李斯特氏菌是导致食物中毒的主要病原菌，是食品安全风险预测和危害评估中重要监测项目，也是我国酱油、酱、冷冻饮品、熟肉制品、蛋制品、乳制品等多类食品检测标准中致病菌检测必检指标。

（一）沙门氏菌

沙门氏菌为沙门氏菌病的病原体，属肠杆菌科，革兰氏阴性肠道杆菌。沙门氏菌属有的专对人类致病，有的只对动物致病，也有的对人和动物都致病。沙门氏菌病是指由各种类型沙门氏菌所引起的对人类、家畜以及野生禽兽不同形式的总称。感染沙门氏菌的人或带菌者的粪便污染食品，可使人发生食物中毒。据统计在世界各国的种类细菌性食物中毒中，沙门氏菌引起的食物中毒常列榜首。我国内陆地区也以沙门氏菌

为首位。

按其抗原成分，可将沙门氏菌分为甲、乙、丙、丁、戊等基本菌组。其中与人体疾病有关的主要有甲组的副伤寒甲杆菌，乙组的副伤寒乙杆菌和鼠伤寒杆菌，丙组的副伤寒丙杆菌和猪霍乱杆菌，丁组的伤寒杆菌和肠炎杆菌等。除伤寒杆菌、副伤寒甲杆菌和副伤寒乙杆菌引起人类的疾病外，大多数仅能引起家畜、鼠类和禽类等动物的疾病，但有时也可污染人类的食物而引起食物中毒。

沙门氏菌引起的食品中毒症状主要有恶心、呕吐、腹痛、头痛、畏寒和腹泻等，还伴有乏力、肌肉酸痛、视觉模糊、中等程度发热、躁动不安和嗜睡，延续时问 2 ~ 3 d，平均致死率为 4.1%。其主要原因是由于摄入了含有大量沙门氏菌属的非寄主专一性菌种或血清型的食品所引起的。在摄入含毒食品之后，症状一般在 12 ~ 14 h 内出现，有些潜伏期较长。

（二）志贺氏菌

志贺氏菌属是在 1898 年由日本细菌学家志贺洁首先发现而得名，是一类革兰氏阴性杆菌，是人类和灵长类的肠道致病菌，引起细菌性痢疾，是细菌性痢疾最为常见的病原菌，通称痢疾杆菌。本菌属分为 4 个群，41 个血清型：A 群，即痢疾志贺菌；B 群，也称福氏志贺菌群；C 群，亦称鲍氏志贺菌群；D 群，又称宋内志贺菌群。志贺氏菌属大小为（0.5 ~ 0.7）μm ×（2 ~ 3）μm，无芽孢，无荚膜，无鞭毛，多数有菌毛，革兰氏阴性杆菌，具有耐寒性。在培养基上形成中等大小，半透明的光滑型菌落。其分解葡萄糖，产酸不产气。

食物中毒是指由志贺氏菌引起的细菌性食物中毒，引起食物中毒的志贺氏菌主要是宋内氏志贺菌，引起中毒的菌量在 200 ~ 10 000 CFU/g，其侵入肠黏膜组织并释放内毒素引起症状，中毒者常表现出剧烈腹痛、腹泻的症状，伏期短一般在 10 ~ 20 h 之间，中毒中常表现为突然出现剧烈的腹痛、呕吐、频繁的腹泻、恶寒、发热等。

（三）金黄色葡萄球菌

金黄色葡萄球菌隶属于葡萄球菌属，是一种革兰氏阳性的病原菌。典型的金黄色葡萄球菌为球形，直径 0.8 μm 左右，以出葡萄串状排列，无芽孢、鞭毛，大多数无荚膜；对营养物质要求不高，需氧或兼性厌氧，最适生长温度 37 ℃，最适生长 pH 值 7.4；在血平板上菌落周围形成透明的溶血环。

金黄色葡萄球菌在自然界中无处不在，空气、水、灰尘及人和动物的排泄物中都可找到。因此，食品受其污染的机会很多。美国疾病控制中心报告，由金黄色葡萄球菌引起的感染占第二位，仅次于大肠杆菌。金黄色葡萄球菌肠毒素是个世界性卫生问题，在美国由金黄色葡萄球菌肠毒素引起的食物中毒约占整个细菌性食物中毒的 33%，加拿大则更多，占 45%，中国每年发生的此类中毒事件也非常多。

金黄色葡萄球菌的流行病学一般有如下特点：季节分布，多见于春夏季；中毒食品种类多，如奶、肉、蛋、鱼及其制品。此外，剩饭、油煎蛋、糯米糕及凉粉等引起的中毒事件也有报道。上呼吸道感染患者鼻腔带菌率83%，所以人畜化脓性感染部位常成为污染源。

一般来说，金黄色葡萄球菌可通过以下途径污染食品：食品加工人员、炊事员或销售人员带菌，造成食品污染；食品在加工前本身带菌，或在加工过程中受到了污染，产生了肠毒素，引起食物中毒；熟食制品包装不严，运输过程受到污染；奶牛患化脓性乳腺炎或禽畜局部化脓时，对肉体其他部位的污染。

金黄色葡萄球菌是人类化脓感染中最常见的病原菌，可引起局部化脓感染，也可引起肺炎、伪膜性肠炎、心包炎等，甚至败血症、脓毒症等全身感染。金黄色葡萄球菌的致病力强弱主要取决于其产生的毒素和侵袭性酶。金黄色葡萄球菌肠毒素的检测主要有动物试验、血清学试验、免疫荧光试验及酶联免疫吸附等方法。

（四）单核细胞增生李斯特氏菌

单核细胞增生李斯特氏菌简称单增李斯特菌，是一种人畜共患病的病原菌。该菌为革兰氏阳性短杆菌，大小约为 $0.5\ \mu m \times (1.0 \sim 2.0)\ \mu m$，直或稍弯，两端钝圆，常呈 "V" 字形排列，偶有球状、双球状、兼性厌氧、无芽孢，一般不形成荚膜，但在营养丰富的环境中可形成荚膜，在陈旧培养中的菌体可呈丝状及革兰氏阴性，该菌有4根周毛和1根端毛，但周毛易脱落。该菌营养要求不高，在 $20 \sim 25\ ℃$ 培养有动力，穿刺培养 $2 \sim 5\ d$ 可见倒立伞状生长，肉汤培养物在显微镜下可见翻跟斗运动。最适培养温度为 $35 \sim 37\ ℃$，在 pH 值中性至弱碱性（pH 值9.6）、氧分压略低、二氧化碳张力略高的条件下该菌生长良好。

单增李斯特氏菌广泛存在于自然界中，不易被冻融，能耐受较高的渗透压，在土壤、地表水、污水、废水、植物、青储饲料、烂菜中均有该菌存在，所以动物很容易食入该菌，并通过口腔—粪便的途径进行传播。人主要通过食入软奶酪、未充分加热的鸡肉、未再次加热的热狗、鲜牛奶、巴氏消毒奶、冰激凌、生牛排、羊排、卷心菜色拉、芹菜、西红柿等而感染，占85% ~ 90% 的病例是由被污染的食品引起的。该菌可通过眼及破损皮肤、黏膜进入体内而造成感染。它能引起人畜的李氏菌的病，感染后主要表现为败血症、脑膜炎和单核细胞增多。单增李氏菌对人体的危害程度与人体的免疫状态和年龄有关，因为该菌是一种细胞内寄生菌，宿主对它的清除主要靠细胞免疫功能。

加工学
PAOCAI JIAGONGXUE

二、原辅料中重金属及农残危害分析

（一）重金属危害

重金属原义是指比重大于 5 的金属（一般来讲密度大于 4.5 g/cm³ 的金属），包括金、银、铜、铁、铅等，重金属在人体中累积达到一定程度，会造成慢性中毒。对什么是重金属，其实目前尚没有严格的统一定义，在环境污染方面所说的重金属主要是指汞（水银）、镉、铅、铬以及类金属砷等生物毒性显著的重元素。重金属不能被生物降解，相反却能在食物链的生物放大作用下，成千百倍地富集，最后进入人体。重金属在人体内能和蛋白质及酶等发生强烈的相互作用，使它们失去活性，也可能在人体的某些器官中累积，造成慢性中毒。常引起的重金属食入中毒表现为急性期会有恶心、呕吐、腹痛、血便、休克、低血压、溶血、肝炎、黄疸、急性肾衰竭、昏迷、抽搐，亚急性期会有周边神经炎、指甲上有 Mee's line 出现。

重金属对人体的危害主要为：

汞：食入后直接沉入肝脏，对大脑视力神经破坏极大。天然水每升水中含 0.01 mg，就会强烈中毒。含有微量的汞饮用水，长期食用会引起蓄积性中毒。

铬：会造成四肢麻木，精神异常。

镉：导致高血压，引起心脑血管疾病；破坏骨钙，引起肾功能失调。

铅：是重金属污染中毒性较大的一种，一旦进入人体很难排除。直接伤害人的脑细胞，特别是胎儿的神经板，可造成先天大脑沟回浅，智力低下；对老年人造成痴呆、脑死亡等。

钴：对皮肤有放射性损伤。

钒：伤人的心、肺，导致胆固醇代谢异常。

锑：与砷能使银首饰变成砖红色，对皮肤有放射性损伤。

铊：会使人得多发性神经炎。

锰：超量时会使人甲状腺机能亢进。

锡：与铅是古代剧毒药"鸩"中的重要成分，入腹后凝固成块，使人致死。

锌：过量时会得锌热病。

这些重金属中任何一种都能引起人的头痛、头晕、失眠、健忘、神经错乱、关节疼痛、结石、癌症（如肝癌、胃癌、肠癌、膀胱癌、乳腺癌、前列腺癌）及乌脚病和畸形儿等；建议平常注意饮食，不然一旦在体内沉淀会给身体带来很多危害。

（二）农药残留危害

农药残留是指农药使用后残存于环境、生物体和食品中的农药母体、衍生物、代谢物、降解物和杂质的总称。在农业生产中施用农药后一部分农药直接或间接残存于

谷物、蔬菜、果品、畜产品、水产品中以及土壤和水体中的现象。造成蔬菜农药残留量超标的主要是一些国家禁止在蔬菜生产中使用的有机磷农药和氨基甲酸酯类农药，如甲胺磷、氧化乐果、甲拌磷、对硫磷、甲基对硫磷等。食用含有大量高毒、剧毒农药残留引起的食物会导致人、畜急性中毒事故。长期食用农药残留超标的农副产品，虽然不会导致急性中毒，但可能引起人和动物的慢性中毒，导致疾病的发生，诱发癌症，甚至影响到下一代。

随着农业产业化的发展，农产品的生产越来越依赖于农药、抗生素和激素等外源物质。我国农药在粮食、蔬菜、水果、茶叶上的用量居高不下，而这些物质的不合理使用必将导致农产品中的农药残留超标，影响消费者食用安全，严重时会造成消费者致病、发育不正常，甚至直接导致中毒死亡。农药残留超标也会影响农产品的贸易。

目前使用的农药，有些在较短时间内可以通过生物降解成为无害物质，而包括DDT在内的有机氯类农药难以降解，则是残留性强的农药（见有机氯农药污染）。根据残留的特性，可把残留性农药分为三种：容易在植物机体内残留的农药称为植物残留性农药，如六六六、异狄氏剂等；易于在土壤中残留的农药称为土壤残留性农药，如艾氏剂、狄氏剂等；易溶于水，而长期残留在水中的农药称为水体残留性农药，如异狄氏剂等。残留性农药在植物、土壤和水体中的残存形式有两种：一种是保持原来的化学结构；另一种以其化学转化产物或生物降解产物的形式残存。

残留在土壤中的农药通过植物的根系进入植物体内。不同植物机体内的农药残留量取决于它们对农药的吸收能力。不同植物对艾氏剂的吸收能力强弱顺序为：花生，大豆，燕麦，大麦，玉米。农药被吸收后，在植物体内分布量的高低顺序是：根，茎，叶，果实。

农药进入河流、湖泊、海洋，造成农药在水生生物体中积累。在自然界的鱼类机体中，含有机氯杀虫剂相当普遍，浓缩系数为 5 ~ 40 000 倍。

导致和影响农药残留的原因有很多，其中农药本身的性质、环境因素以及农药的使用方法是影响农药残留的主要因素。目前普遍用的都检测方法有气相色谱 – 质谱法、化学速测法、免疫分析法、酶抑制法和活体检测法等。

1. 农药残留对健康的影响

食用含有大量高毒、剧毒农药残留引起的食物会导致人、畜急性中毒事故。长期食用农药残留超标的农副产品，虽然不会导致急性中毒，但可能引起人和动物的慢性中毒，导致疾病的发生，甚至影响到下一代。

2. 影响农业生产

由于不合理使用农药，特别是除草剂，导致药害事故频繁，经常引起大面积减产甚至绝产，严重影响了农业生产。土壤中残留的长残效除草剂是其中的一个重要原因。

泡菜加工学
PAOCAI JIAGONGXUE

3. 影响进出口贸易

世界各国，特别是发达国家对农药残留问题高度重视，对各种农副产品中农药残留都规定了越来越严格的限量标准。许多国家以农药残留限量为技术壁垒，限制农副产品进口，保护农业生产。2000 年，欧共体将氰戊菊酯在茶叶中的残留限量从 10 mg/kg 降低到 0.1 mg/kg，使中国茶叶出口面临严峻的挑战。

三、真菌毒素的危害

真菌毒素是真菌在食品或饲料里生长所产生的代谢产物，对人类和动物都有害。真菌毒素造成中毒的最早记载是 11 世纪欧洲的麦角中毒，这种中毒的临床症状曾在中世纪的圣像画中描述过。由于麦角菌的菌核中会形成有毒的生物碱，所以这种疾病至今仍称为麦角中毒。急性麦角中毒的症状是产生幻觉和肌肉痉挛，进而发展为四肢动脉的持续性变窄而发生坏死。

常见的真菌毒素为黄曲霉毒素，黄变米，即失去原有的颜色而表面呈黄色的大米，主要由黄绿青霉、岛青霉、橘青霉等霉菌的侵染造成。黄绿青霉可产生神经毒素，急性中毒表现为神经麻痹、呼吸麻痹、抽搐，慢性中毒表现为溶血性贫血。岛青霉产生的黄天精和环氯素引起肝内出血、肝坏死和肝癌。橘青霉产生的橘青霉素毒害肾脏。有一些出血综合征也是由真菌毒素引起。如拟分枝镰刀菌和梨孢镰刀菌产生的 T2 毒素，其急性症状为全身痉挛，心力衰竭死亡；亚急性或慢性中毒常表现为胃炎，恶心，口腔、鼻腔、咽部、消化道出血，白细胞极度减少，淋巴细胞异常增大，血凝时间延长等。葡萄状穗霉菌产生的毒素引起皮肤类和白血病症状，初期症状是流涎，鄂下淋巴肿大，眼、口腔黏膜、口唇充血，继而黏膜龟裂。开始白细胞增多，继之血小板白细胞减少，血凝时间长，许多组织呈坏死性病变，造成死亡。

真菌毒素对人和动物都有极大危害。防止真菌毒素病害，首先要防止食物和饲料霉变。粮食饲料在收获时未被充分干燥或贮运过程中温度或湿度过高，就会使带染在粮食饲料上的真菌迅速生长。几乎所有在粮食仓库中生长的真菌（仓储真菌）都侵染种胚造成谷物萌发率下降，同时产生毒素。谷物的含水量是真菌生长和产毒的重要因素。一般把粮食贮存在相对湿度低于 70% 的条件下，谷物的含水量在 15% 以下就可控制霉菌的生长。

大部分真菌在 20 ~ 28 ℃都能生长，在 10 ℃以下或 30 ℃以上，真菌生长显著减弱，在 0 ℃几乎不能生长。一般控制温度可以减少真菌毒素的产生。但是有些镰刀菌能在 7 ℃时在过冬的谷物上产毒。黄曲霉最低生长温度为 6 ~ 8 ℃，最高生长温度达 44 ~ 46 ℃，在 32 ℃时黄曲霉毒素 B_1 的产量最高。有趣的是微生物学家已经找到一种能产生黄曲霉毒素抑制剂的微生物，该抑制剂的应用大大减少了黄曲霉毒素的污染。

328

真菌为喜好氧气的微生物，在厌氧条件下几乎不能生长。谷物贮存使用抽真空或充氮气等方法都是有效的措施，但是这些方法成本昂贵，并不适合于农民使用。谷物贮存时及时通风也能防止霉菌的生长和产毒，因为通风可以带走谷物中的水分并降低温度。干燥、低温、厌氧是防止霉变的主要措施，其中以保持干燥最为重要。

四、亚硝酸盐

（一）泡菜中的亚硝酸盐

亚硝酸盐广泛存在于人类的环境中，是自然界中最普遍的含氮化合物，过量的亚硝酸盐会导致动物血中产生正铁血红蛋白而中毒。在泡菜环境中，人们更为关注亚硝酸盐不是其本身的毒性，而是因为亚硝酸盐和二级胺、三级胺合成强致癌物 N- 亚硝基化合物，这种化合物具有强致癌作用。20 世纪 70 和 80 年代，中国医学科学院肿瘤防治研究所对我国食管癌流行因素进行调查，依据统计学发现了食用酸菜与食管癌死亡率的关系；同时，中国医学科学院调查发现，林县酸菜提取液及酸菜汤浓缩液喂食老鼠，历时两年，大部分老鼠发生了食管癌疾病。这些报道是首次从统计学角度与体内实验验证了林县酸菜和癌症的关系，并认为酸菜中亚硝胺类化合物及其前身物质，霉菌及其毒素以及酸菜发酵、霉变过程中合成和污染的其他化合物是可能是导致食管癌的病因之一，该研究具有十分重要的意义。新泽西医学院 Yang 在中国食管癌综述中引用了我国科学家的数据，引发了广泛关注。此后，中国科学院肿瘤研究所陆士新等人继续研究了真菌对食物中致癌物亚硝胺及其前体物质形成的影响，进一步证明了感染真菌为串珠镰包霉、白地霉，不但能将食物中的硝酸盐还原为亚硝酸盐，而且还能增加二级胺的含量，并促进这些前体物质合成亚硝胺。而林县酸菜在过去的制作方法中，经常被真菌严重感染，而大部分感染的真菌是白地霉。赵学慧认为泡菜发酵在发酵过程中真菌较少，一般形成浮膜也会及时清除。而从泡菜制作角度而言，林县酸菜这种不添加食盐且无厌氧密封条件的发酵方式，可能会形成有益微生物、致病微生物和腐败微生物共生的情况，由于有益微生物不能有效地占据绝对的主导优势，因而也就无法满足泡菜发酵所需的基本条件，因而也无法称之为泡菜。近年来，我国科学工作者对各种泡菜类产品发酵过程中的亚硝酸盐变化进行了大量的研究，研究结果呈现出了相似的结果（如示意图 6-26），即起初含量很低，发酵到一定时间后快速增长并形成亚硝峰，而此后又快速下降直至较低的水平。

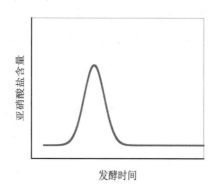

图 6-26　泡菜发酵过程中亚硝酸盐变化规律示意图

　　而对泡菜产品中亚硝酸盐含量也有广泛的报道,景小凡等人对成都及周边地区 190 多份超市销售、农贸市场销售的泡菜中亚硝酸含量进行检测结果表明,我国市售泡菜产品的亚硝酸盐含量远低于国标规定 20 mg/kg 的上线,平均值不到 5 mg/kg;近年来,我国少见报道泡菜亚硝酸盐含量超标问题。

（二）亚硝酸盐的成因及防控措施

1. 蔬菜本身的硝酸盐积累是泡菜中检出亚硝酸盐积累的前体

　　硝酸盐和亚酸盐是自然界中最普遍的含氮化合物。蔬菜是富集硝酸盐的植物性食品,植物体内累积硝酸盐是其生长过程的自然现象,硝酸盐是植物吸收氮素的主要形态之一,它可被同化为氨、氨基酸作为植物合成蛋白质的氮源,当吸收量超过其还原同化的量就造成硝酸盐的累积,尤其是在气候干旱、土壤中水分减少,缺少微量元素钼,盐碱地,光照不充分等情况时,植物蛋白的合成变得缓慢,剩余的硝酸盐和亚硝酸盐会在植物体内聚集,特别是近年来过量地施用氮肥更造成了蔬菜体内硝酸盐的大量积累。蔬菜中积累的硝酸盐为泡菜在发酵过程中硝酸盐转变为亚硝酸盐提供了前体物质,转变流程如图 6-27。

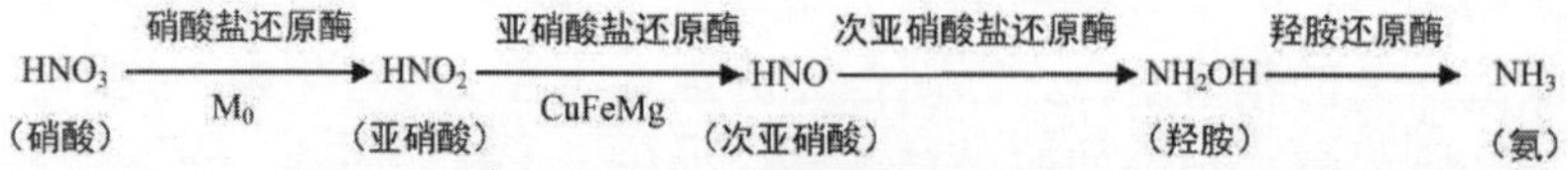

$$HNO_3 \xrightarrow[M_0]{\text{硝酸盐还原酶}} HNO_2 \xrightarrow[CuFeMg]{\text{亚硝酸盐还原酶}} HNO \xrightarrow{\text{次亚硝酸盐还原酶}} NH_2OH \xrightarrow{\text{羟胺还原酶}} NH_3$$

（硝酸）　　　　　　　（亚硝酸）　　　　　　（次亚硝酸）　　　　　　（羟胺）　　　　　（氨）

图 6-27　硝酸盐还原反应

　　对新鲜蔬菜的亚硝酸盐检测结果都显示其含量很低,一般都低于 0.5 ppm,但不同的菜品以及蔬菜的不同部位其亚硝酸盐含量不同,如菜梗中的亚硝酸盐含量比菜叶中高。

2. 发酵过程中微生物及其酶系作用是亚硝酸盐积累的主因

　　微生物作用是泡菜中亚硝酸盐形成的主要原因。具有硝酸还原酶的细菌是发酵泡菜产生大量亚硝酸盐的一个决定性因素。自然接种存在大量能够使硝酸还原的细菌，如大肠杆菌、白喉棒状杆菌、白念珠菌、金黄色葡萄球菌、芽孢杆菌、变形菌、球菌、放线菌、酵母、霉菌等。尤其是大肠杆菌、白喉杆菌、金黄色葡萄球菌等通常是 NO_3^- 厌氧地还原到 NO_2^- 的阶段而终止，使 NO_2^- 积累起来。而近年来大量的研究显示大肠杆菌等不期望的微生物在泡菜的发酵前期会占据一定的优势，尤其是以新盐水发酵的低盐泡菜，该特征更为明显。

3. 影响亚硝峰生成的因素

因不期望微生物的滋生导致泡菜中亚硝酸盐的不断积累，但随着发酵的进行，以乳酸菌为主导的优势菌群逐渐增加，代谢产生乳酸等有机酸，降低了泡菜发酵环境的 pH 值，一些不期望的微生物无法耐受，逐渐死亡，而亚硝酸盐含量的降低则由于乳酸菌等占据了绝对优势，而许多乳酸菌及其代谢产物被广泛报道具有降解亚硝酸盐作用，前期积累的亚硝酸盐逐渐降解，因而形成了图 6-26 所示的亚硝峰。

改变泡菜发酵的工艺条件和配方影响泡菜发酵过程中的微生物群落构成和泡菜初始的发酵环境，是影响泡菜亚硝峰生成的主要因素，影响泡菜微生物群落构成及发酵环境的主要因素包括食盐浓度、发酵温度、原辅料、发酵起始的酸度、接种优势菌群等。

4. 亚硝酸盐降解及防控措施

泡菜在发酵成熟及储存阶段，泡菜中的亚硝酸盐已经降低至较低水平，一般不会存在亚硝峰的问题，成熟泡菜的亚硝酸盐含量普遍低于 5 mg/kg，主要是由于成熟泡菜及发酵液呈现酸性环境，亚硝酸盐在酸性环境中不稳定（pH<4.5），快速降解；此外，成熟泡菜中一般以乳酸菌为主导优势菌群，乳酸菌具有亚硝酸盐还原酶活性，也可以降解泡菜中的亚硝酸盐，因而发酵正常及成熟的泡菜中理论上和实际上并不具备积累亚硝酸盐的条件。不需要刻意的防控措施，只要能够保证泡菜正常发酵产酸即可防止亚硝酸盐积累的问题。过去报道的一些直接采用食盐盐渍的蔬菜产品，由于在整个发酵过程中没有产酸或者产酸较少，则有可能出现亚硝酸盐积累而无法降解的问题，但这种情况在泡菜加工制作过程中一般不会出现。

（三）正确认识泡菜中的亚硝酸盐

国内酱腌菜行业对亚硝酸盐指标谈虎色变，尤其是国家标准中将亚硝酸盐列入安全性强制检验标准，给行业及消费者带来了比较大的困扰，建议相关部门取消。首先，亚硝酸盐作为一种食品添加剂，不是污染物，不应该被纳入国家安全标准之中，尤其是值得注意的是国际上没有将发酵蔬菜制品的亚硝酸盐作为安全性指标的先例，多数从事发酵蔬菜行业未系统开展亚硝酸盐方面的研究。第二，从产业方面来说，在商品泡菜产品中，极少检出亚硝酸盐超标行为，即便比较粗放的生产模式生产出来的泡菜产品也不会存在亚硝酸盐超标情况，因而该指标对规范我国泡菜行业并没有实质性的作用。此外，WHO 和 FAO 中亚硝酸根离子的 ADI 是 0.07 mg/kg 体重，按照人均体重 60 kg 计算，每人每天可以摄入的亚硝酸根离子的最大量是 4.2 mg，该数据主要是针对国际上大多数肉制品需要使用硝酸盐，其亚硝酸根离子含量多为 50 mg ~ 100 mg/kg，根据上述结果计算推导得到的 ADI 值。若以我国泡菜产品（工厂加工）平均亚硝酸根离子含量为 1.03 mg/kg 计，即每人每天至少摄入泡菜 4 kg 以上才有可能超出 WHO 和 FAO 建议的 ADI 值，而实际上，我国人均日消费泡菜不超过 50 g，作为泡菜人均消费量最大的韩国也仅为 100 g/d，因而该指标限定泡菜中亚硝酸盐含量并不具有实际意义。

作者呼吁应尽早取消泡菜中亚硝酸盐指标，纳入更为重要的亚硝胺及生物胺指标。

五、生物胺与亚硝胺

（一）生物胺

1. 生物胺结构与分类

生物胺是一类含氮的低分子量有机化合物的总称，在结构上看出是氨分子中的 1 ~ 3 个氢原子被烷基或芳香基团取代后的物质。根据结构可以把生物胺分成 3 类；根据组成成分又可分为单胺和多胺两大类。食品中常见的生物胺如表 6-55。

2. 生物胺生成机制

尽管不同种类食品中生物胺种类和含量有所差异，但是生物胺产生的主要途径是相同的，即机体内产生氨基酸脱羧酶，氨基酸脱羧酶作用于游离氨基酸形成生物胺，也有部分生物胺是通过醛和酮的氨基化和转胺作用生成。组胺、尸胺、腐胺、酪胺、精胺、亚精胺、色胺、苯乙胺分别由组织中的组氨酸、赖氨酸、鸟氨酸、酪氨酸、S-腺苷蛋氨酸、色氨酸和苯丙氨酸在氨基酸脱羧酶的作用下脱去 α–羧基而形成。

表 6-55　食品中常见的生物胺

分类方式	分类	构　成
结构分类	脂肪族	腐胺、尸胺、精胺、亚精胺、胍丁胺等
	芳香族	酪胺、苯乙胺、多巴胺等
	杂环族	组胺、色胺、5-羟色胺等
构成分类	单胺	组胺、色胺、腐胺、尸胺、酪胺、苯乙胺等
	多胺	精胺、亚精胺、胍丁胺、鲱精胺等

氨基酸脱羧酶

游离氨基酸 ⟶ 生物胺

图 6-28　氨基酸转变为生物胺

生物胺的产生需要满足：①游离氨基酸的存在；②满足脱羧酶反映的条件，微生物只有在 pH 值低于氨基酸等电点时，才能产生脱羧酶；③有利于细菌生长的环境。

3. 常见生物胺的危害性及食品安全

生物胺伴随着微生物脱羧反应而广泛存在于发酵食品当中。真核生物体内少量的生物胺为机体的正常活性成分。各种动植物体内的少量生物胺是合成激素、核酸、蛋白质的前体，也是重要的神经递质，起着调节体温、调节胃容积和 pH、调节大脑活动等重要的生理作用。当摄入超过机体代谢能力的生物胺时，会引发急性毒性反应，引起人体神经系统和心血管系统损伤：头痛、平滑肌痉挛、胃酸分泌增多、过敏、血压波动等症状，严重时可造成颅内出血甚至死亡。在生物胺引起的食品安全事件相关报道中，组胺因为鲭鱼目类中毒事件而受到广泛重视；酪胺则因"奶酪反应"事件而引发关注：在摄入量较大且同时服用氨基氧化酶抑制剂时，酪胺也可能引发中毒反应。尸胺和腐胺尚未见急性中毒报道，其主要是作为食物腐败程度的指示物。此外有研究表明，尸胺和腐胺能与亚硝酸盐反应，生成具有强致癌作用的亚硝胺。常见 8 种生物胺理化性质如下表 6–56。

4. 泡菜中的生物胺及防控方法

已有研究发酵蔬菜制品中存在生物胺的问题，比如欧洲酸菜在储存过程中具有较高的生物胺的含量，尤其是腐胺、尸胺和酪胺的含量含量较高。我国泡菜的生物含量报道较少，项目组前期对我国的发酵泡菜的生物胺含量检测发现，远低于欧盟的限量。瞿凤梅等人对重庆地区市售的泡菜进行检测，发现泡菜样品中腐胺含量最高，平均为 47.44 mg/kg，组胺、色胺、尸胺次之，精胺最少。

附着在蔬菜表面及其他自然界中的微生物种类繁多，尤其是泡菜发酵的优势乳酸菌，很多具有氨基酸脱羧酶，但由于蔬菜类原料游离氨基酸较少，因而产品中的生物胺含量也较低。但是由于腐胺、尸胺等可能与亚硝酸盐在酸性条件下发生反应生成强致癌物，在泡菜的酸性环境中如果同时存在生物胺和亚硝胺，可能会有更大的风险，因而降低泡菜中的生物胺也是非常必要的，但目前国内研究较少。霍娇等认为降低泡菜中的生物胺，应该筛选产生物胺较少的乳酸菌，严格控制蔬菜原料品质和生产条件，尤其是选择新鲜的蔬菜是重要保证，此外建立良好的泡菜生产规范也是降低生物胺危害物的重要保障。佟婷婷通过筛选出降解生物胺的菌种用于泡菜的发酵可以大大降低泡菜的生物胺含量。总之，从生物胺的生成机理上来说，我们应该减少泡菜中游离氨基酸，筛选不产氨基酸脱羧酶的菌种来强化发酵泡菜，以及筛选可以降解生物胺的菌种来发酵泡菜，当然从源头上避免蔬菜本身因腐败而积累的生物胺也十分必要。

表 6-56 生物胺的理化性质

中文名	英文名	CAS编号	分子式	相对分子质量	熔点/℃	沸点/℃	外观	溶解性	其他
组胺	Histamine	51-45-6	$C_5H_9N_3$	111.15	83～84	167（0.8 mmHg）	无色针状结晶	易溶于水	在日光下易变质，-20℃保存
酪胺	Tyramine	51-67-2	$C_8H_{11}NO$	137.18	155～163	175～181（8 mmHg）	浅褐色至褐色结晶粉末	能溶于水，溶解度为1 g/95 mL（15℃）	稳定，与强酸、强氧化剂反应
腐胺	Putrescine	110-60-1	$C_4H_{12}N_2$	88.15	27～28	158～160	白色晶体	易溶于水，能吸收二氧化碳	有强烈氨臭，明火可燃，高热分解产生有毒氨氧化物烟雾。空气敏感，-20℃氮气保护保存
尸胺	Cadaverine	462-94-2	$C_5H_{14}N2$	102.18	14～16	178～180	浆状液体	易溶于水、乙醇，难溶于乙醚	有六氢吡啶的臭味，在空气中发烟，能形成二水化合物。明火可燃，高热分解产生氢氧化物气体
色胺	Tryptamine	61-54-1	$C_{10}H_{12}N_2$	160.21	113～17	137（0.15 mmHg）	白色或淡黄色结晶	微溶于水	可燃，燃烧产生有毒氮氧化物烟雾
β-苯乙胺	2-phenyl-ethylamine	64-04-0	$C_8H_{11}N$	121.18	-65～-60	194～202	无色透明液体	能溶于水，易溶于乙醇	强碱性，能从空气中吸收二氧化碳，有鱼腥臭
亚精胺	Spermidine	124-20-9	$C_7H_{19}N_3$	145.25	22～25	12～130	无色或淡黄色透明液体	易溶于水，溶解度为1 g/ml（20℃）	空气敏感，2～8℃氮气保护保存，可与酸、酸性氧化物、酸酐、氧化剂反应
精胺	Spermin	71-44-3	$C_{10}H_{26}N_4$	202.34	26～30	150（5 mmHg）	黄色或淡黄色油状液体	易溶于水，溶解度为1 g/ml（20℃）	空气敏感，2～8℃氮气保护

（二）亚硝胺

Freund 于 1937 年首次报道了 2 例 N- 亚硝基二甲胺（NDMA，又称二甲基亚硝胺）中毒案例，病人表现为中毒性肝炎和腹水，其后以 NDMA 给小鼠和小狗感染也出现肝脏退化性坏死。此后油 Bames 和 Magee（1954 年和 1956 年）所做的工作引起了人们对亚硝胺的注意，他们揭示了 NDMA 不仅是肝脏的剧毒物质，也是强致癌物，可以引起肝脏肿瘤，这使得人们对亚硝胺的研究成为热点。

亚硝胺是强致癌物，是最重要的化学致癌物之一，是四大食品污染物之一。食物、化妆品、啤酒、香烟中都含有亚硝胺。在熏腊食品中，含有大量的亚硝胺类物质，某些消化系统肿瘤，如食管癌的发病率与膳食中摄入的亚硝胺数量相关。例如，在习惯吃熏鱼的冰岛、芬兰和挪威等国家，胃癌的发病率非常高。我国的胃癌和食管癌高发区的居民也有喜食烟熏肉和腌制蔬菜的习惯。

1. 亚硝胺的种类及理化性质

亚硝胺是 N- 亚硝基化合物的一种，一般结构为 $R_2(R_1)N-N=O$。R_1 和 R_2 相同时，称为对成型亚硝胺，N- 亚硝基二甲胺（NDMA），N- 亚硝基二乙胺（NDEA）；当 R_1 不等于 R_2 时，称为非对称性亚硝胺，N- 亚硝基甲乙胺（NMEA）和 N- 亚硝基甲苄胺（NMBzA）等。亚硝胺由于分子量不同，可以表现为沸点（蒸汽压）大小不同，能够被水蒸气蒸馏出来并不经衍生化直接由气相色谱测定的挥发性亚硝胺。

2. 亚硝胺生成机制

亚硝酸盐与胺和其他含氮物质在适宜条件下经亚硝基化作用易生成亚硝胺。

$$R_2(R_1)NH + HNO_2 \longleftrightarrow R_2(R_1)N-N=O + H_2O \tag{1}$$

$$R_2NH + N_2O_3 \longrightarrow R_2N\text{-}NO + HNO_3 \tag{2}$$

$$R_2N + N_2O_3 \longrightarrow R_2N\text{-}NO + R \tag{3}$$

N-亚硝胺的形成依赖于胺类物质、酰胺类物质、蛋白质、肽类物质和氨基酸的存在，微生物参与了 N- 亚硝胺的形成，除了把硝酸盐还原为亚硝酸盐外，还能把蛋白质降解为胺类物质和氨基酸，微生物可以使游离氨基酸脱羧形成生物胺类物质。近年来，在发酵食品中，越来越多的研究证明生物胺类物质可能参与了亚硝胺类物质的合成。如图 6-29。

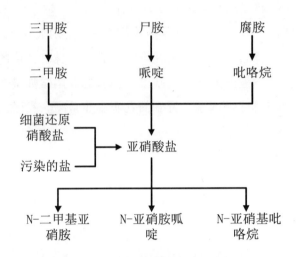

图 6-29　生物胺转化为亚硝胺的可能途径

3. 亚硝胺的致癌性

超过 300 多种亚硝胺类物质在一种或者多种动物身上显示出致癌作用。其中乙基亚硝胺、二乙基亚硝胺和二甲基亚硝胺至少对 20 种动物具有致癌活性。N- 亚硝基化合物的致癌性存在着器官特异性，并与其化学结构有关，如二甲基亚硝胺是一种肝活性致癌物，同时对肾脏也表现有一定的致癌活性；二乙基亚硝胺对肝脏和鼻腔有一定的致癌活性。常见亚硝胺的致癌性如下表 6-57。

表 6-57　一些亚硝胺的致癌性

N- 亚硝胺名称	类　别	作用靶器官
N- 二甲基亚硝胺（NDMA）	对称二烷基亚硝胺	肝脏
N- 二乙基亚硝胺（NDEA）	对称二烷基亚硝胺	肝脏、食管
N- 二丁基亚硝胺（NDBA）	对称二烷基亚硝胺	肝脏、食管、膀胱
N- 甲基乙基亚硝胺（NMEA）	非对称二烷基亚硝胺	肝
N- 甲基戊基亚硝胺	非对称二烷基亚硝胺	食管

续表

N-亚硝胺名称	类　别	作用靶器官
N-甲基苯基亚硝胺	非对称二烷基亚硝胺	食管
N-甲基-N'硝基-N-亚硝基呱（MNNG）	酰基、烷基亚硝酰胺	前胃、神经
N-吡咯烷亚硝胺（NPYR）	环状 N-亚硝胺	肝脏
N-哌啶烷亚硝胺	环状 N-亚硝胺	肝脏、食管
N-甲基-N-乙酸基亚硝胺	其他亚硝胺	食管

4.亚硝胺防控措施

预防亚硝胺对人体健康的危害，要在泡菜的加工过程中，从各个环节着手解决。

1）原料筛选控制

尽量筛选硝酸盐积累较少的专用蔬菜品种或蔬菜原料，减少过量施用氮肥等导致蔬菜中亚硝酸盐积累的问题。

2）发酵控制

加速泡菜发酵、使优势微生物占据主导，阻断硝酸盐还原，快速降解泡菜发酵体系中的亚硝酸盐。

3）储存控制

发酵成熟的泡菜原料尽量缩短原料储存时间，如确实要储存较长时间，应加大用盐量，避免生物胺积累。储存期间应该严格控制厌氧条件，防止真菌滋生。

4）创新发酵方式

采用筛选菌群，人工控制发酵等方式，降低泡菜发酵过程中亚硝胺形成的前体物质。

5）加工储运控制

未杀菌的泡菜产品尽量采用低温储存技术，减少在货架期胺类及亚硝酸盐的生成，尽量采用密闭隔氧包装，防止在储运过程中感染腐败菌。

六、其他安全隐患

（一）劣质原料

加工食品使用劣质原料给食品安全造成极大隐患，如在泡菜加工过程中使用地沟

油等等。

（二）滥用激素类药物

为了提高产量，在草莓、番茄、香蕉、西瓜等农产品中大量使用催熟剂"乙烯利""绿直灵"等等，可能对人体健康造成危害。

第七章
泡菜加工综合利用

泡菜加工副产物主要包含菜皮、菜渣、加工边角余料、高盐度盐渍水、清洗盐水、压榨盐水等。随着泡菜产业的不断发展，泡菜加工副产物的利用问题日趋突出。2016年四川省泡菜加工量超过360万t，全省泡菜盐渍水超过720万t，泡菜加工余料120万t。如果不进行回收利用，不仅造成了资源的严重浪费，而且对环境造成严重危害。泡菜加工副产物利用率低已成为阻碍泡菜企业可持续发展的"瓶颈"问题。因此，大力发展泡菜加工副产物的回收和高效利用技术，推动泡菜产业可持续发展已迫在眉睫。

泡菜加工副产物主要成分包含食盐、维生素、碳水化合物、有机酸、矿物质、泡菜风味物质及氨基酸等，不宜燃烧、不宜堆放，更不宜外运污染环境。目前我国的泡菜加工副产物仍然采用"外运、填埋、焚烧、稀释排放"等落后的处理方式，处理难度大，成本高，污染环境的同时造成了大量资源的浪费，严重制约了泡菜产业的发展。近年来，我国虽然进行了一些泡菜加工副产物回收利用相关技术的开发和"产学研"结合的研究工作，但仍缺乏对泡菜加工副产物成分的系统化、规模化的研究，且研究开发也仅仅停留在废物处理阶段。作者认为"减量化、再利用、再循环"是泡菜加工副产物高效回收利用的发展趋势，作者和团队在泡菜加工副产物的综合利用方面开展了一些工作，取得一些成效，供大家参考借鉴。

第一节　泡菜加工副产物的来源及成分特性分析

泡菜加工副产物包括固态的泡菜加工余料和液态的盐水两部分。固态泡菜加工余料主要包括菜皮、菜渣、边角余料等，液态盐水主要是泡菜生产加工过程中产生的高浓度盐渍水、清洗脱盐水和压榨盐水。

泡菜加工余料主要成分为盐、维生素、矿物质、碳水化合物等。一般泡菜盐渍工艺，为了防止采摘后的新鲜蔬菜因为"田间热"而导致的腐败变质，通常会在24小时内将蔬菜从基地采摘后直接运入盐渍池中，采取层菜层盐、密闭发酵的方式使盐坯发酵、增香添味，待盐坯成熟后起池捞出。由于盐渍时未对蔬菜原料进行清洗整形而直接整棵入池，因此发酵成熟后的菜坯（即盐坯或咸坯）不仅带有泥沙等杂质，而且还带有无法加工的部分，如老叶、黄叶、菜苑、老根等。当盐渍工段完成后，将成熟菜坯从池中捞出，通过清洗后要立即进入整形工序，将不能进行泡菜加工的这部分固态物质剔除，即为泡菜加工余料，这部分物质因蔬菜品种不同，余料占菜坯比例也不同，如榨菜其余料占菜坯比例为10%～20%，萝卜其余料占菜坯的3%～10%。这些加工余料通常不经回收处理而直接填埋或外运，给企业造成经济损失的同时也对环境造成了危害。

盐渍水是泡菜加工的主要剩余物之一。在盐渍过程中，蔬菜细胞内外的各种可溶性物质在渗透压的作用下，随水分一起从菜体内渗出，将加入其中的食盐缓慢溶解，通过翻池，再溶解，再翻池，再溶解，期间发生各种生化反应，在形成盐渍蔬菜产品的同时，产生了大量营养丰富、风味独特的泡菜盐渍水，其中含有大量的食盐、碳水化合物、风味物质、多种氨基酸、维生素、矿物质等。

一、食盐

食盐是启动盐渍工艺的重要物质，也是盐渍水的主要成分之一。食盐的防腐功能和渗透功能贯穿整个盐渍过程。在盐渍工艺中，通常采用层菜层盐的方式，表层用盐覆盖以隔绝空气；原料下料时先撒上底盐，逐层平铺，用盐量由池底向上分段增加用盐量，一般总加盐量占鲜菜重的8%～16%。泡菜盐渍过程中主导发酵的微生物是乳酸菌。乳酸菌大多为兼性厌氧菌，有一定的耐盐性，一般能耐5%的食盐，有的可达10%左右，少数在15%以上也能生长。根据蔬菜品种的不同，盐渍时的加盐量也有所区别，青菜加盐量8%～12%，榨菜加盐量10%～15%，萝卜加盐量10%～15%，豇豆加盐量12%～16%，此外，季节的不同，加盐量也不同。

二、碳水化合物

盐渍水中的碳水化合物是在盐渍过程中，随蔬菜细胞内外水分一起渗出的，是蔬菜的主要的成分之一，主要包括糖类、淀粉、纤维素、半纤维素和果胶物质等。

三、风味物质

一般盐渍水中的风味物质有三大来源，一是蔬菜本身的风味物质，如花椒中的 β－月桂烯、苧烯、罗勒烯，萝卜中的萜类、醇类等，二是乳酸菌发酵产生的风味物质，如乳酸、乙酸、丙酸、丁酸、琥珀酸、乙烯、乙醇、丁二醇、乳酸乙酯、乙酸乙酯等，三是其他菌群的发酵作用产生的风味物质，如醋酸菌、酵母菌发酵等。乳酸菌的生长活动能抑制有害的酵母菌、霉菌和腐败菌的生长，同时减少维生素 C 的损失和其他营养成分的损失，从而达到防腐增香的目的。

四、氨基酸及色素

新鲜蔬菜盐渍后，其色、香、味等均发生变化，主要是因为蛋白质分解的结果。鲜味形成过程中，蔬菜组织内所含的蛋白质受微生物的作用和蔬菜本身所含蛋白质水解酶的作用而逐渐被分解为氨基酸。不同的氨基酸具有不同的风味，有的为鲜味，有的则具有甜味。盐渍所用的食盐与其中的保护剂 B 酸作用，生成保护剂 B 酸钠（即味精），更增加了鲜味。此外，蛋白质水解生成氨基丙酸，具有一定的香气。酒精发酵生成的微量酒精也具有一定的芳香。酒精与氨基酸作用所生成的酯类物质则香气更浓。有的蔬菜组织中含有黑介子苷，黑介子苷水解后产生芥子油和糖。前者是一种芳香气味的物质，后者提升了风味。蛋白质的水解还造成了盐渍蔬菜色泽的改变，由蛋白质水解所生成的酪氨酸在组织中所含的酪氨酸酶的作用下，经过一系列的氧化作用，最后生成的黑色素，使加工品呈深黄褐色或黑褐色（即酶褐变）。氨基酸与还原糖作用也可生成黑色物质（即非酶褐变），这种物质又黑又香。温度越高，黑色素的形成越快。叶绿素在盐渍过程中也会逐渐变性而失去其鲜绿色泽。特别在酸性介质中，叶绿素变成黄褐色或黑褐色。

五、维生素、矿物质

蔬菜是人体所需维生素的主要来源之一，乳酸菌在泡菜发酵过程中能够利用蔬菜原料的可溶性物质代谢合成叶酸等 B 族维生素，有机酸使 pH 值降低，增加肠内维生素 B_1、B_6 和 B_{12} 的稳定性，从而提高了发酵制品的营养价值。经检测，盐渍水中富含维生素 A、B、C 及钙、磷、铁等多种矿物质。

第二节　泡菜加工余料回收及新产品研究开发

由现代调味泡菜生产加工实际可知，1 t 生鲜蔬菜平均能生产 0.3 t 成品，同时产生 0.7 t 边角物料和盐渍水，而这 0.7 t 之中 0.1 ~ 0.2 t 是边角物料，即泡菜加工余料。利用节能干燥技术、现代生物酶技术、现代食品加工技术等现代技术，将泡菜余料加工成 SCP 饲料、泡菜调味品、生活日用品等新产品，不仅实现了泡菜余料的回收及高效利用，提高了泡菜加工的综合效益，增强了泡菜产业核心竞争力，同时还减少了泡菜加工余料对环境的污染，减轻了土地和水质的污染，为实现泡菜清洁化生产奠定基础。

一、泡菜余料预处理关键工艺研究

泡菜生产余料预处理工艺路线及说明，如下图 7-1 所示。

图 7-1　泡菜余料预处理工艺路线

关键工艺说明：

泡菜生产余料收集整理：当盐渍蔬菜从盐渍池中运至泡菜前处理车间，经过整理，去掉腐烂部分、石子、金属、木棍等杂质，收集整形工序中剥除的老皮、老筋、黄叶等加工余料。

切分：将泡菜余料切分一定大小的小粒，扩大其表面积，以便于后续脱盐脱水工序；

浸泡：采用适宜比例的水对小粒进行浸泡脱盐处理，应采用少加水的方法，一定时间后，当水中的食盐含量达到平衡时及时换水；

压榨脱水、脱盐：采用压榨机对菜皮进行脱水脱盐，根据后续加工产品的不同，要求盐度达到 1% ~ 5%。

最佳预处理条件是：切分大小（长 × 宽）1.0 cm × 1.0 cm、浸泡温度 25 ℃、浸泡时间 5 h、压榨时间 90 min，此时泡菜余料加工余料菜粒中的含盐量最低，达 4.12%。

二、即食调味品加工工艺流程

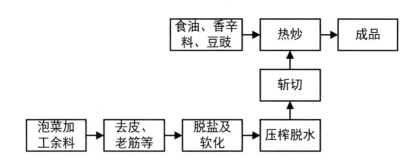

图 7-2　泡菜余料加工即食调味品工艺流程

（1）将泡菜加工余料（例如，老皮、老筋、菜篼等）进行再次挑选，再次除去老皮、老筋等粗纤维。或先进行适度软化（水煮或酶软化），再除去老皮、老筋等。

（2）把除去老皮、老筋等后的剩余物，用水煮沸，既脱盐又软化，并再次除去粗纤维等。

（3）脱盐软化后的剩余物，进行压榨脱水，然后利用斩切机进行切细处理。

（4）备好葱蒜辣椒等香辛料及豆豉和食用油，将油温升至 150 ~ 180 ℃，放入香辛料及豆豉，快炒（一般 1 min 以内或更长），然后放入切细后的剩余物进行热（翻）炒（一般 3 ~ 10 min 或更长）。

（5）炒制好后的物料，趁热或冷却后灌装均可，然后进行杀菌处理（若热灌装的且又是较短时间贮藏，可不杀菌）。

（6）即食调味品（下饭菜）中，处理后的泡菜剩余物一般约占产品的 20% ~ 50%，其余的根据市场需求可用其他（例如青菜、榨菜、豆豉、萝卜、辣椒等）填充。

三、泡菜加工余料生物转化制备 SCP 饲料关键工艺研究

微生物生物转化泡菜余料纤维素生产 SCP 饲料的基本过程是先用产纤维素酶的菌种把余料降解为可溶性还原糖，然后以可溶性糖作为主要碳源，接种蛋白质含量高的菌种进行二次发酵，最终得到大量的菌体蛋白，再通过干燥、粉碎即得到 SCP 饲料，其蛋白含量高达 7% 以上。

微生物酶解泡菜余料工艺路线，如图 7-3 所示。

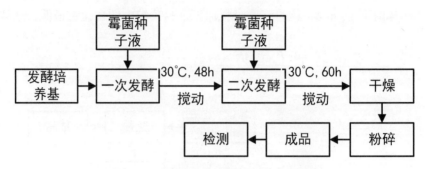

图7-3 泡菜余料生物转化技术工艺路线

关键工艺说明:

（一）微生物发酵菌种的选择

确定产纤维素酶类的霉菌、黑曲霉（SICC 3.387）、白地霉（SICC 2.707）、康宁木霉（SICC 3.590）和酵母菌、产朊假丝酵母（SICC 5.525）等菌种，由中国工业微生物菌种保藏中心西南菌种站提供。

（二）发酵菌种液的制备

从斜面菌种开始，经转接活化和扩大培养，制备菌种种子液。

黑曲霉菌种子液：将斜面菌种接种于液体淀粉培养基中，在30℃下，摇瓶培养3 d，镜检细胞数为10^8 CFU/mL。

康宁木霉种子液：将斜面菌种接种于麦芽汁纤维素分解酶液体培养基中，在28 ~ 30℃下，摇瓶培养3 d，镜检细胞数为10^7 CFU/mL。

产朊假丝酵母种子液：将斜面菌种接入6° Bé麦芽汁液体培养基中，28℃下，摇瓶培养2 d，镜检细胞数10^8 CFU/mL。

（三）斩切、脱盐

把泡菜加工剩余物（例如，老皮、老筋、菜箅等）进行适当斩切，然后进行加水脱盐，盐脱至3%以内。

（四）压榨、拌和

脱盐后的剩余物，进行压榨脱水，其中均匀地拌入适量的麸皮（添加量约10% ~ 15%）以补充碳源，形成菜渣，菜渣水分控制在60% ~ 65%。

（五）接种、发酵

利用制备好的菌液，菌悬液与水按照1∶1比例进行调配，然后按10% ~ 15%的量均匀地接种于菜渣之中，在28 ~ 30℃下进行微生物发酵，发酵3 ~ 5 d，每天搅拌

2 次。

（六）干燥、粉碎

发酵完成的菜渣，可采用滚筒或振动干燥机械设备进行干燥，之后粉碎，即得 SCP 饲料，其（真）蛋白的含量可达 7% 以上。

图 7-4　制备的 SCP 饲料

四、泡菜加工余料制备可降解日用品

植物纤维环保材料是利用稻壳、稻草、麦秸、玉米秸秆、棉花秆、木屑、竹屑等农作物秸秆或其他植物的秆茎，先制成 10 ~ 200 目的植物纤维粉料，再用特殊工艺制成混合原料，然后模压或注塑成型的一种新型环保材料；天然成分可达 60% 以上；可制成一次性餐饮容器具、可控降解容器、工艺品、日用品、建筑板材、工业包装等物品。原料特点：植物纤维环保材料来源于农作物秸秆和快速再生植物，是自然界中取之不尽用之不竭的可再生资源，是对废弃物或是用处不大的资源的开发利用，可变废为宝节约资源。制品特点：植物纤维环保材料具有强度高，表面纹理天然、质朴，颜色鲜艳，质感新颖，适合制作多次、反复使用的物品，可以替代部分塑料、玻璃、陶、瓷等制品，节省石油资源和能耗。

植物纤维环保制品最初的产品是一次性餐饮具，是为治理"白色污染"而研发，形成了热餐饮具、冷餐饮具、超市生鲜托盘、勺子、筷子等一次性餐饮容器具产品。在研制一次性餐饮容器具时，研制的材料具有强度高，表面纹理天然、质朴，可着色多种鲜艳的颜色，更适合制作多次、反复使用的物品。在此基础上开发出了可降解容器、日用品、工艺品、工业包装盒等。

目前大量的垃圾是非降解废弃物，对生态环境造成严重公害，并且危害人们健康。植物纤维环保材料天然成分可达 80% 以上，制成的物品用后弃于自然环境可自然降解，是一种新型绿色环保材料。

（一）泡菜余料制备可降解日用品工艺路线

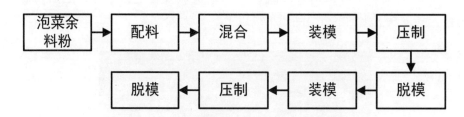

图7-5　泡菜余料制备可降解日用品工艺路线

图7-6　泡菜余料制备的可降解日用品

（二）泡菜余料制备可降解日用品工艺参数

泡菜余料制备可降解纤维日用品的生产是一项涉及化工、机械专业的综合性技术，其采用模压成型的工艺方法。生产的关键工序是将粉状的主体材料按比例配以胶粘剂材料、水和其他助剂之后进行混压，物料在挤压中进行的化学物理过程变化是原料实现粘接和具有良好性能的内在因素。其中，主体原料是将菜渣粉经过粗粉碎和精粉碎制成粒度为10~200目的粉状物料，含有大量的纤维，胶体材料采用淀粉黏和剂。物料混合过程中，水分子使菜渣粉中的淀粉、蛋白质、纤维物质溶胀，小分子的化学助剂随同水分子一同进入淀粉颗粒和蛋白质内部，加速了化学反应的速率。然后，在高温、高压下再加上机械能输入，使物料在机器中处于蒸煮运动，高压和运动摩擦产生的130~140℃高温以使物料得到蒸煮而被糊化。机械能的输入，使部分颗粒菜渣粉融化，水溶性指数大大提高，随着淀粉分子量的减小，增加了物料的水溶剂渗透性、粘度、亲和力，成模性能进一步得到改善。这种高温、高压、高剪切的挤压工序，也产生了少量糊精，对产品有增塑作用。高压过程还能使物料中的蛋白质、淀粉在静水压下呈体积减小的趋势，形成高分子立体结构的氢键、离子键、疏水键等非共价键，结果使蛋白质和淀粉等分别变性和糊化。

1. 配料方案（重量比%）

脱模剂 2.0；无机填料 15；胶粘剂 4；有机助剂 5；固化剂 0.5；增强剂 1.5；水 10；泡菜余料渣粉填料 66。

2. 压制工艺参数

上、下模温 105 ~ 107 ℃，压制时间 30 ~ 40s，成型压力 20 kPa。

3. 检测内容

1）防水、防油性能检测

在不低于 20 ℃的室温下，将容器平放在纸板上，注入沸水（或 95 ℃热水），30 min 后将水倒去，观察其变化；在不低于 20 ℃的室温下，将 95 ~ 105 ℃食用油，用瓷匙加 10 mL 左右于容器中，再移至洁净的餐巾纸上，30 min 后观察其变化。

2）强度性能试验

将容器从高 1 m 处跌落至水泥地面，检查有无破裂。

3）降解性能试验

降解实验采用土壤埋入法，将容器埋于地下 10 cm 处，试验在环境温度 25 ℃左右，土壤湿度大于 70% 的条件下进行，每周翻土一次，目测餐具的降解情况。

第三节　泡菜盐渍水的加工利用

目前，众多大型泡菜加工企业，盐渍蔬菜原料平衡后的盐渍水浓度达 10% ~ 12%，盐渍水重量占总重量的 50% ~ 70%，即一个加工蔬菜量为 10 万 t 的工厂，最后出产泡菜约 3 万 ~ 4 万 t，产生盐渍水 5 万 ~ 6.5 万 t，这部分盐渍水（以 10% 计）仅食盐就有 5 000 ~ 6 500 t，若不进行回收及综合利用，这部分食盐将随着盐渍水的排放而流失，不仅对环境造成极大的危害，而且给企业造成极大的经济损失。

作者及其团队通过对泡菜盐渍水进行不同的工艺处理，得到了浓缩泡菜发酵液、风味发酵液和食盐。不仅解决了盐渍水难处理的问题，避免了泡菜资源的浪费，同时提高了盐渍蔬菜的质量和安全性，增加了泡菜的附加值，降低了盐用量，节省了生产成本，减少了盐渍水排放。

浓缩泡菜发酵液代替酱制品生产中调配的盐水，也可以将其添加到酱制品及发酵性豆制品（豆瓣酱、大豆酱、甜面酱）中后，提升了产品的风味和滋味，提高了现有产品质量和竞争力。利用膜过滤技术处理盐渍水，得到风味发酵液，它可用于盐渍新鲜蔬菜，提高盐渍蔬菜的品质及安全性，同时可通过反渗透和 MVR 工艺，实现了盐渍水中盐的回收。

一、泡菜发酵浓缩液的制备及应用（酱油、豆瓣、新鲜蔬菜）

（一）泡菜浓缩液制备工艺路线：

盐渍水经过粗滤，三效蒸发、二效蒸发、板框过滤、脱色脱臭处理、一效蒸发等工序处理，获得风味好，营养丰富，含盐量高，易于保存的盐渍发酵浓缩液。

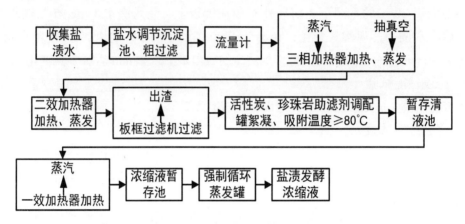

图 7-7　盐渍水回收制备盐渍发酵浓缩液工艺路线

关键工艺说明：

（1）盐渍水处理前，将其收集于调节沉淀池，静置沉淀后，对其上清液进行粗滤，粗滤网规格为网孔直径 0.15 mm，网孔宽 0.25 mm，以除去大颗粒悬浮杂质和残留的蔬菜叶。

（2）采用三效真空浓缩机组，真空负压蒸发方式，蒸发能力大，浓缩速度快，能量消耗低。蒸气可以反复利用三次，与处理量相同的其他浓缩设备相比，蒸汽损耗量可节约一半以上，蒸发每吨水，蒸汽用量仅为 0.27 ~ 0.3 t，三次循环利用蒸汽热能，对蔬菜液进行浓缩，即提高了蒸汽的利用率，也提高了盐渍蔬菜发酵液的处理量。

（3）采用板框过滤机，对蔬菜发酵液进行精滤，以除去发酵液中悬浮的小颗粒物质。

（4）采用填充有活性炭和珍珠岩的过滤装置，对蔬菜发酵液进行脱色脱臭处理，优化选择了最佳的过滤压力、流量和温度，提高了处理量，使处理后的蔬菜发酵液风味更好，色泽更清亮。经脱色、脱臭、三效真空浓缩后，可制成盐浓度高达 23% 的盐渍蔬菜浓缩液。

（二）泡菜发酵液浓缩液的品质评定

1. 感官指标

感官评价邀请食品相关专业人士共 10 人作为评分人员，采用加权法，考察色泽、形态、气味、口感四个方面进行感官评价。结果如表 7-1 所示。

表 7-1　感官指标评定标准

分数	色泽（20%）	杂质（10%）	气味（30%）	口味（40%）
2（很差）	色泽深，不透明	浑浊	发臭有腐烂味	异味较重
4（较差）	色泽略暗，稍透明	颗粒稍多，仍透明	略有异味	略有异味
6（一般）	色泽较深，透明度略差	颗粒少，透明度一般	无发酵香	无异味
8（较好）	红褐色，透亮	肉眼见颗粒较少	发酵香清淡	无异味
10（很好）	红褐色，透亮	无肉眼见颗粒	发酵香浓郁	无异味

泡菜发酵浓缩液样品综合评分为 9.2 分，无论色泽，气味及口味均符合使用要求。

2. 理化指标

泡菜发酵浓缩液理化指标如表 7-2 所示。

表 7-2　泡菜发酵浓缩液理化指标

盐度（%）	23 ~ 26
酸度（g/100 ml，以乳酸计）	0.4 ~ 0.5
氨基态氮（g/100 ml，以氮计）	0.2 ~ 0.4
亚硝酸盐（mg/L，以 $NaNO_2$ 计）	< 10
总砷（mg/L，以 As 计）	< 0.05
总铅（mg/L，以 Pb 计）	< 0.02
黄曲霉毒素 B_1（ug/L）	< 5
农残（179 项检测，普尼测试检测）	未检出

3. 微生物指标

泡菜发酵浓缩液理化指标如下表 7-3 所示。

表 7-3　泡菜发酵浓缩液理化指标

菌落总数 cfu/ml	<100
大肠菌群（MPN/100 mL）	< 30
致病菌（沙门氏菌、志贺氏菌、金黄色葡萄球菌）	未检出

泡菜发酵浓缩液中富含氨基酸、有机酸、各种酯类物质、矿物质及各种维生素，营养十分丰富。通过研究发酵浓缩液，将泡菜发酵浓缩液代替酱制品生产中调配的盐水（可根据生产工艺要求调配蔬菜浓缩液盐度），将其添加到酱制品及发酵性豆制品（豆瓣酱、大豆酱、甜面酱）中后，风味和滋味比不添加的更好，提高了现有产品质量，也提高了产品的竞争力，特别是用在甜豆瓣酱中，效果更是明显。

4. 泡菜发酵浓缩液中的应用

1）泡菜发酵浓缩液在调味品中的应用

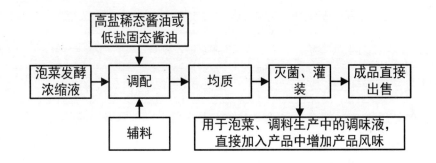

图 7-8　泡菜发酵浓缩液在调味品生产中的应用

如图 7-8 所示，将泡菜发酵浓缩液直接与高盐稀态酱油半成品进行调配，利用蔬菜发酵液的风味成分，进一步提高酱油产品的品质，其可以作为调味液直接用于泡菜和调料产品的调味，也可以再经均质、灭菌处理，作为风味酱油直接出售，其成品具有香气浓郁，营养丰富等特点。

为了更好地体现出使用泡菜发酵浓缩液的优越性，特将使用泡菜发酵浓缩液生产的香辣酱，与未添加浓缩液生产的香辣酱进行理化指标检测及感官评价，结果如表 7-4 所示。

表 7-4　不同香辣酱理化指标及感官分析

项目 指标	香辣酱 （泡菜发酵浓缩液）	香辣酱 （未添加浓缩液）
水分（%）	47.1	47.5
食盐（g/100 g，以 NaCl 计）	6.1	6.2
氨基酸态氮（g/100 g，以氮计）	0.58	0.45
过氧化值（以脂肪计）%	0.08	0.10
色泽	黄褐色或棕褐色，色泽油亮、均匀	黄褐色或棕褐色，色泽均匀
香气	酱香、酯香浓郁，带有辅料香	有酱香，有酯香，带有辅料香
滋味	味鲜美，醇厚	味鲜

2）泡菜发酵浓缩液在辣豆瓣、甜豆瓣、大豆酱等生产中的应用

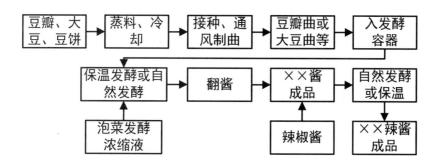

图7-9 泡菜发酵浓缩液在辣豆瓣、甜豆瓣、大豆酱等生产中的应用

3）泡菜高浓度盐渍水两级膜过滤处理设备的研制

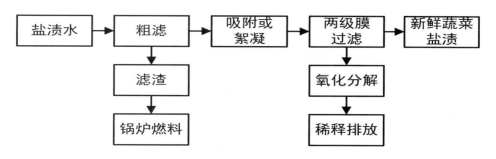

图7-10 两级膜过滤设备处理盐渍水路线

泡菜高浓度盐渍水不仅含有食盐、碳水化合物、风味物质、氨基酸、维生素、矿物质等，还含有大量的草、叶等杂质，蛋白质和微生物菌体。两级膜过滤处理设备主要利用膜的截留特性，通过加压过滤的方式除去盐渍水中的蛋白质、胶体、微生物菌体等，得到安全的、澄清的盐渍水。将过滤后的盐渍水进行理化指标、微生物指标的检测和感官评价，保证了盐渍水的安全，合格后的盐渍水可用来盐渍新鲜蔬菜。

由于两级膜过滤设备中的膜的孔径很小，如果高浓度盐渍水直接进入设备容易造成堵塞，所以需要进行预处理。首先泡菜高浓度盐水通过袋式过滤除去杂质，滤渣可以用作锅炉燃料。然后粗滤后盐渍水再进行吸附或者絮凝沉淀，形成大分子颗粒，易于进行膜过滤。通过多次试验发现，很多澄清剂对盐渍水有一定脱色除杂效果，但尤以"活性炭＋硅藻土"吸附和壳聚糖絮凝这两种方式对盐渍水的处理效果较好，既能最大限度地保留盐渍水中的食盐和各种风味成分，又能将其中的各种杂质、色素等去除。

图 7-11　两级膜过滤设备图

图 7-12 膜过滤设备处理后的盐渍水

二、高浓度泡菜盐渍水的制备及盐的回收

前面已提到，现代调味泡菜的生产加工，1 t 新鲜蔬菜可得泡菜成品约 0.3 t（随品种不同而不同），其余 0.7 t 是加工余料和盐渍水。而这 0.7 t 之中有 0.55 ~ 0.65 t 是盐渍水。如果按一般的蔬菜用盐量 13% 计算，平衡后盐渍水浓度达到 10% ~ 12%，则 1 t 新鲜蔬菜生产加工成泡菜成品后将产生食盐 50 ~ 65 kg 而被废弃（不包括成品脱盐后的食盐）。以此计算，若年产 1 万 t 泡菜产品的企业，若不进行盐渍水回收利用，将有 500 ~ 650 t 食盐随着盐水的排放而流失，不仅对环境造成污染，而且对泡菜企业也是一大损失。

（一）高浓度泡菜盐渍水利用工艺流程

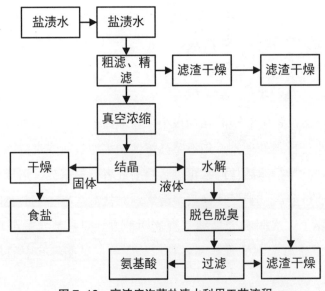

图 7-13　高浓度泡菜盐渍水利用工艺流程

（二）关键工艺说明

1. 盐渍水收集

收集泡渍发酵废水（即盐渍水）到调节池。

2. 盐渍水粗滤

在一定容积的（水泥）池中（池底设置不锈钢滤网，网孔直径 0.15 mm，网孔宽 0.25 mm），采用自然沉降过滤分离法，除去大的菜渣等边角物料及其他固渣，盐渍水则进入下步精滤。此步要求其固渣回收率 > 80%，固渣干物质含量 > 20%。此步可用连续离心机分离，效果更好。

3. 盐渍水精滤

上步收集的盐渍水，进一步过滤，即精滤，除去悬浮的较小和较细的固渣。此时所得盐渍水滤液可用活性炭进行脱色脱臭，再过滤浓缩。可采用板框式压滤机进行过滤（即精滤），或进 2 次以上连续离心分离，以达到精滤的目的。

以上两步过滤所得的菜渣（固渣），可作锅炉燃料。

4. 盐渍水浓缩

将精滤（或脱色）的盐渍水进行浓缩，达到 23% 以上的食盐浓度，然后进入下一步。此步可采用单效或多效浓缩设备（一般为三效），能有效降低能源消耗，将盐渍水浓缩到饱和状态。若不需要固体颗粒食盐，则进行到这步即可用盐渍水浓缩液直接生产调味品。

5. 盐渍水结晶

将浓缩到饱和状态的盐渍水送入结晶器里结晶，然后用离心机分离出盐颗粒，经干燥后得食盐成品，重复用于泡菜生产（例如用于泡渍或制酱油或豆瓣等用）。

6. 盐渍水回收氨基酸

蔬菜中含氮物质一般在 0.4% ~ 3% 之间（豆类除外）。在泡菜发酵生产加工过程中，由于生物酶的作用，可生成多种氨基酸，所以从盐渍水回收氨基酸是可行的。

将第四步的盐渍水浓缩液进行水解，之后脱色脱臭，提取过滤，即得回收氨基酸，用于制酱油或豆瓣等调味品用。

三、泡菜盐渍水多级反渗透浓缩处理设备的研制与应用

前文已提到利用膜的截留特性，通过加压过滤的方式除去盐渍水中的蛋白质、胶体、微生物菌体等，得到安全、澄清的盐渍水。泡菜盐渍水多级反渗透浓缩处理设备包括过滤膜和反渗透膜两个主要组成部分。膜过滤得到澄清的盐渍水，反渗透膜浓缩可以使盐渍水的盐度从 9%~13% 浓缩到 20% 以上，浓盐水再通过 MVR 结晶，得到颗粒状的食盐。

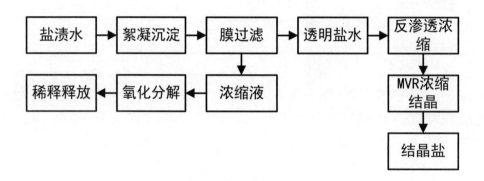

图7-14 多级反渗透浓缩处理设备回收盐的工艺流程

关键工艺说明：

1. 盐水收集

收集泡菜盐渍水到调节池。

2. 絮凝沉淀

将收集的泡菜盐渍水，通过袋式过滤，除去大的菜渣等边角物料及其他固渣，然后加入絮凝剂，搅拌沉淀，取上清液，进入下步精滤。

3. 膜过滤（精滤）

上步收集的盐渍水，通过膜进行过滤，即精滤，除去蛋白质、胶体微粒、菌体等。以上两步过滤所得的浓缩液，可以被氧化分解。

4. 脱色脱臭

由上一步所得的盐水滤液可用活性炭进行脱色脱臭，使盐水滤液达到透明，无异味。

5. 反渗透浓缩

将膜处理后的盐水通过反渗透膜进行浓缩，达到23%以上的食盐浓度，然后进入下一步。

6. MVR 浓缩结晶

将浓缩后的盐水送入 MVR 蒸发器中，通过处理得到结晶盐颗粒，经干燥后得食盐成品，重复用于泡菜生产加工。

图 7-15　泡菜盐渍水多级反渗透浓缩处理设备

图 7-16　盐渍水中析出的盐

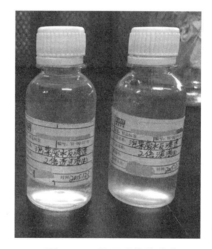

图 7-17　处理后的盐渍水

第四节　泡菜加工节能减排

随着经济的发展，人们对环境保护的意识日益提高，企业的环境保护责任也日益重大，泡菜生产过程中大量的用水和排水给环境和产业的可持续发展带来巨大压力。因此，大力发展泡菜节水新技术，推动泡菜产业水资源可持续利用与水污染控制迫在眉睫。

我国工业用水效率总体水平较低，节水潜力很大。工业节水技术通常是指可提高工业用水效率和效益、减少水损失、可替代常规水资源等的技术。"节水技术"是广

义的，包括节水工艺、节水设备和节水产品等，大多数节水技术也是节能技术、清洁生产技术、环保技术、循环经济技术。发展节水技术对促进节能、清洁生产、减少污水排放、保护水源和发展循环经济有重大作用。发展工业节水技术的根本途径是大力发展节水工艺、淘汰非节水工艺。节水工艺包括改变生产原料、改变生产工艺和设备或用水方式，采用无水生产等三方面内容。

一、工业节水技术概况

目前，国内外对工业节水技术的研究主要集中在两方面，即工业用水重复利用技术和节水冷却技术。

（一）重复利用技术

工业用水重复利用率是反映工业用水效率的重要指标。发展工业用水重复利用技术，提高工业用水重复利用率是当前工业节水的主要途径，包括：

1. 发展重复用水系统，淘汰直流用水系统

工业用水系统分为重复用水系统（又可分为循环用水系统、串联用水系统和回用水系统）和直流用水系统。节约用水必须发展重复用水技术，淘汰直流用水技术。发展重复用水技术的关键是水的处理技术和回用技术。发展水闭路循环工艺，分工序或区域，按不同工艺对水质的要求，采取不同的水处理技术，分系统形成用水逐级闭路循环。

2. 冷凝水的回收再利用技术

冷凝水包括锅炉蒸汽冷凝水、各种工艺冷凝液等。冷凝水的回收再利用不但节水而且节能，冷凝水回收率是工业用水重复利用率的组成部分，发展此项技术十分必要。

3. 发展外排废（污）水回收再利用技术

目前最切实可行的是对外排污水进行适当深度处理，使其水质达到回用冷却水标准，并针对其水质特点开发水质稳定技术和相应的处理技术，使其用作敞开式循环冷却水系统的补充水。

4. 发展"零排放"技术

"零排放"是指工业废水达到微排放。要实现废水真正的零排放，需采用各种技术的组合。目前制约实现废水零排放的关键因素之一就是盐水浓缩技术，由于其高昂的价格，现阶段还不易得到用户的认可，将来随着技术引进和设备国产化的提高，设备价格将会有所下降，其应用也将得到普及和推广。采用盐水浓缩技术可以提高水回收率。实现"零排放"是一个渐近的过程，企业首先应做到外排废水量最小化。

（二）节水冷却技术

工业冷却水用量占工业用水量的 80%。取新水量占工业取水量的 30% ~ 40%。发展高效节水冷却技术，提高冷却水利用效率，减少冷却水用量是工业节水的重点之一。

1. 高效换热技术和设备

为了减少间接冷却水用量，应该充分换热，回收热介质的热量，物料换热技术是其中一项重要节水技术。在生产过程中温度较低的进料与温度较高的出料进行热交换，达到加热进料与冷却出料的双重目的，这种方式或类似热交换方式称为物料换热节水技术。

2. 高效冷却设施

在敞开式循环冷却水系统，循环水的冷却是通过冷却构筑物（冷却设备）实现的，因此冷却构筑物的性能直接影响节水效果，冷却塔是目前最主要的冷却构筑物。应该鼓励发展高效环保节水型冷却塔和其他冷却构筑物。

3. 循环冷却水处理技术

循环冷却系统在运行过程中，需要对冷却水进行处理，达到防腐蚀、阻止结垢、防止微生物粘泥的目的。处理方法有化学法、物理法以及其他方法，目前使用最多的是化学法。

4. 空气冷却替代水冷的技术

空气冷却替代水冷是节约冷却水的重要措施，间接空气冷却可以节水 90%，直接空气冷却可不用水。当前，在北方缺水地区应推广应用现有可行的直接空气冷却技术。目前空气冷却技术存在的冷却效率低、受气候影响、投资较大等技术"瓶颈"。

5. 汽化冷却技术

汽化冷却技术是利用水汽化吸热，带走被冷却对象热量的一种冷却方式。受水汽化条件的限制，在常规条件下，汽化冷却只适用于高温冷却对象。对于同一冷却系统，用汽化冷却所需的水量仅有温度为 10 ℃ 时水冷却水量的 2%，且减少 90% 的补充水量，汽化冷却所产生的蒸汽还可以利用，或者并网发电。

二、泡菜加工主要用水工序简析

泡菜加工时，为了防止采摘后的新鲜蔬菜因为"田间热"而导致的腐败变质，通常会在 24 h 内将新鲜蔬菜直接运入盐渍池中，采取层菜层盐、密闭发酵的盐渍方式使盐坯发酵、增香添味，待盐坯成熟时起池捞出。

传统泡菜加工时，由于盐渍时未对蔬菜原料进行清洗整形而直接整棵入池，因此成熟盐坯不仅带有泥沙、老叶、黄叶、金属屑等杂质，而且还含有 8% ~ 15% 的食盐、农残等多种有机物，因此，泡菜的后续加工必须进行盐坯切分、清洗、脱盐等工

序，将其盐度降至 3% ~ 5%，同时洗去各种固体杂质及有害物，再进入调配、包装、杀菌等工序。现代泡菜加工工艺如下图 7-18 所示。

（一）泡菜加工工艺

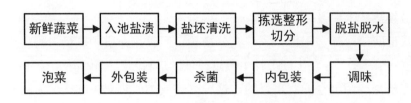

图 7-18　泡菜加工工艺路线图

由图 7-18 分析可知，泡菜企业用水的主要生产单元是：清洗、脱盐、杀菌等。除此之外，其他设备、锅炉房蒸汽供应和车间地面清洗、设备密封等生产辅助单元也有一定的用水量。

（二）各工序用水情况分析

为制定出针对性的清洁生产方案，本书对各操作单元用水量及排水水质做了在线连续监测，取得数百个数据，得出的统计结果如表 7-5 所示。

表 7-5　泡菜加工用水情况一览表

序号	操作单元	用水情况	占总用水量的比例（%）
1	清洗	一般为直流直排用水	20 ~ 30
2	脱盐	循环用水，但过度补充清洁水的现象很严重	30 ~ 40
3	杀菌	一般使用软水，但冷却水回用利用率低、水垢和微生物污染严重。	10 ~ 15
4	车间其他水	主要用于清洗地面、设备、化验、密封等	5 ~ 10
5	锅炉用水	冷凝水回用作为软水，大部分供锅炉消耗，小部分补充冷却塔，排出的废水用于除尘排渣	3 ~ 5

由表 7-5 可知：从总用水量来看，泡菜加工存在较大节水潜力的几个单元是：清洗、脱盐、杀菌，既是泡菜加工主要用水环节和废水排放环节，也是各企业的重点节水环节。

（三）泡菜加工主要废水产生工段简析

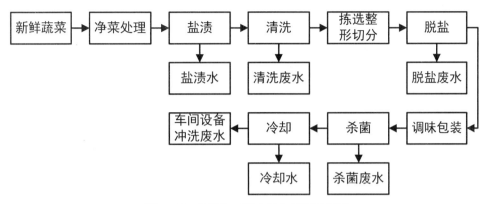

图 7-19　泡菜加工废水产生情况示意图

通过以上泡菜加工工艺和主要废水产生阶段简析，本书重点针对盐渍水、清洗废水、脱盐废水、杀菌废水及车间设备冲洗废水进行研究和评估，设计泡菜加工水闭路循环工艺，分工序、分区域，按不同工艺对水质的要求，采取不同的水回收处理技术。其中，盐渍水在泡菜行业的废水中较为特殊，由于盐渍时并未外加水源，因此，当盐渍工序完成时，盐渍水的水体全部为蔬菜自身组织中的渗出水，这部分水由于盐渍发酵的作用，具有多种成分，与其他生产废水必须分开单独处理。

本书通过分析各工段废水的主要成分，对废水进行分类回收处理，集成盐渍水回收处理及综合利用技术、清洗脱盐废水回收处理及综合利用技术、杀菌废水及车间设备冲洗水回收处理及综合利用技术，以实现泡菜加工废水的逐级闭路循环系统。

三、泡菜加工节能减排新工艺

（一）新鲜蔬菜原料净菜处理研究及应用

1.原料蔬菜净菜处理的意义及目的

净菜处理能够去除鲜菜中腐败微生物，更有利于蔬菜盐渍主导乳酸菌发酵，更好地保证蔬菜盐渍发酵的质量。企业通过管控鲜菜质量，按蔬菜品种适当上调蔬菜收购价格，促使基地菜农为企业提供蔬菜净菜原料。同时，指导菜农将鲜菜中不可食用部分可以通过堆肥发酵，为田地种植再生产提供安全绿色的有机肥料，营造出"企业与基地农民共赢"的合作关系。

2.净菜处理对泡菜生产用盐量的研究

本书针对萝卜、榨菜、豇豆、青菜这四种较有代表性的泡菜加工原料蔬菜进行研究，重点研究了经过净菜处理后的原料净菜率、用盐量及其对稀释用水量的影响。结果如表 7-6 所示。

表 7-6 净菜处理后的原料净菜率、用盐量及其对稀释用水量的影响

蔬菜种类	萝卜	榨菜	豇豆	青菜
鲜菜原料重（kg）	5 000	5 000	5 000	5 000
净菜处理后重（kg）	4 800	4 750	4 850	4 500
净菜率	96%	95%	97%	90%
去掉的杂物（kg）	200	250	150	500
节约盐池使用（个，按 50 t/池计算）	4	5	3	10
降低用盐量（kg，按 10% 的盐渍用盐量计算）	20	25	15	50
稀释用水量（L，按稀释至 1.2% 的盐度计算）	1 660	2 083	1 250	4 166

从表 7-6 中的实验结果可知，鲜菜原料经挑选、摘除、清洗等处理净菜率 93% ~ 97%，杂物去除率为 3% ~ 10%。按一般公司每年收购 10 万 t 鲜蔬菜原料进行盐渍，去除鲜菜中不可食用部分 3% ~ 7%，得到净菜 93% ~ 97%，按使用 10% 的盐（菜重：盐重 =90 : 10）盐渍能够节约 300 ~ 700 t 的盐，节省盐池 6 ~ 14 个（按 50 t/池计算）和其他相关费用支出。

按泡菜行业目前的"稀释排放"的废水排放方式，若将通过净菜处理在盐渍过程中节省下来的盐 300 ~ 700 t，排放至废水中，稀释至含盐量 1.2% 的废水，需要 2.5 万 ~ 5.8 万 t 的水。而通过净菜处理工序，新鲜蔬菜在基地或农户进行分散做加工前处理，如榨菜、萝卜等分散到农户将泥沙清洗干净（此处清洗后废水不会造成环境污染），然后集中收购盐渍发酵，以一般公司年加工 10 万 t 蔬菜的规模，采用该工艺后，一年平均可以节省 5 万 t 以上的水，节水效果明显。

（二）盐渍工艺对泡菜加工废水的排放影响

盐渍工艺对泡菜加工废水的排放大小见图 7-20。

1. 传统高盐盐渍工艺（耗水）

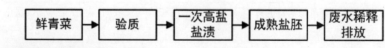

2. 低盐高酸盐渍新工艺（节水）

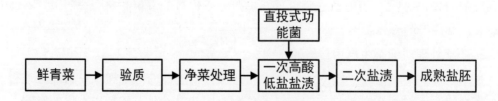

图 7-20 传统盐渍工艺与低盐高酸盐渍工艺对比

四、现代新节水工艺对泡菜加工废水排放量的影响研究

作者针对传统泡菜加工过程中重复循环用水率低、工艺设备落后、盐渍水回收利用率低等弊端进行研究，利用新节水工艺及设备改造提升传统工艺，通过跟踪实验，以吉香居公司的泡青菜生产用水量和节水率为目标，评价新节水工艺对泡菜加工废水排放量的影响。

（一）现代新节水工艺泡菜加工工序

通过上述研究结论，制定了现代新节水泡菜加工工艺，如图 7-21 所示。

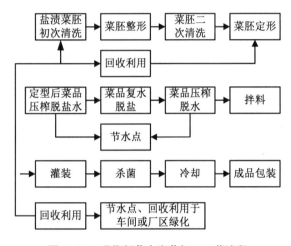

图 7-21　现代新节水泡菜加工工艺流程

（二）现代新节水工艺泡菜加工废水重复循环利用路线

现代新节水工艺集成技术如图 7-22 所示。

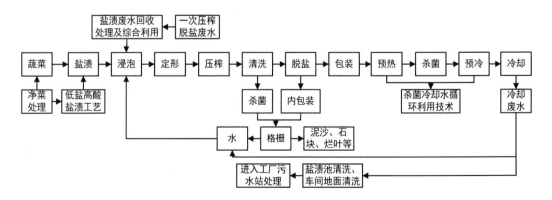

图 7-22　现代新节水工艺泡菜加工废水重复循环利用路线

由图 7-22 可知，现代新节水工艺对泡菜生产废水的重复循环利用分为四部分：

1. 蔬菜原料的收购工序

实施过程中采取减少低品质蔬菜进厂的收购措施。通过提高优良蔬菜收购价格、对混装车进行拣选以及采用在收购地直接检测等方法来减少烂菜进入生产加工流程，同时对蔬菜进行净菜处理，从而达到在原料蔬菜加工清洗阶段大量节水和降低废水中有机物的目的。

2. 盐渍水回收处理及综合利用

盐渍水经脱色、脱臭、三效真空浓缩后，可制成盐渍发酵浓缩液，可以添加到酱制品及发酵性豆制品（豆瓣酱、大豆酱、甜面酱）中后，提高了现有产品质量，也提高了产品的竞争力；采用絮凝技术实现盐渍水的高效低成本回收，并用于新鲜蔬菜盐渍，不仅实现盐渍水的"零排放"，而且高效利用了盐渍水中的食盐、总酸和大量有效成分，提高了盐渍发酵的效率。

3. 多段串联气泡式逆流清洗技术、气泡式脱盐技术

通过优化工艺参数，提高水资源重复利用率，以达到节水清洗、节水脱盐的目的，同时，由于清洗水和脱盐水的成分相似，因此将这两部分的生产废水合并后，用格栅除去泥沙、烂叶、草等杂物后，将水用于清洗前的浸泡，使盐坯更易清洗，提高清洗效率，减少清洗用水量。

4. 其他技术

采用微生物控制技术，优化循环冷却水系统、减少冷却水用量等技术提高了生产过程中的节水水平，通过多次使用的杀菌废水排出后可用于车间地面清洗、盐渍池清洗等，以提高节水率。

新节水工艺应用于现代泡菜生产，能够显著降低用水量和生产废水排放量，实现盐渍废水的"零排放"，并且显著提高水资源的重复利用率，值得大力推广。

第五节　泡菜加工废水处理

泡菜生产加工废水处理与一般的食品企业废水处理的方式方法一样，要求达到国家环境排放标准，在此不再赘述。一般情况下，泡菜生产加工废水的含盐量和有机物含量都很高，如果未经处理直接排放，会给生态环境带来极大的污染和危害，严重影响人们的生活质量和身体健康。

目前，废水处理方法主要分为物理法、物理化学法、生物法。物理化学法处理一般具有成本高，还可能带来二次污染等缺点。而生物处理法由于具有独特的优势而备受青睐，生物法是目前公认的处理废水的一种较好的方法，但是生物处理工艺也存在难题，高盐度会对生物系统产生抑制作用，导致废水处理的效果下降。下面作者主要介绍高盐度废水处理的方法及传统生物法处理泡菜加工废水。

一、高盐有机废水的处理方法

高盐有机废水是含有有机物和 TDS 超过 3.5% 的废水，由于高含盐量限制了废水中有机物的降解，因此高盐废水是废水处理中的重点和难点。在高盐有机废水处理中，处理方法有物理法、化学法、生物法。根据废水性质的不同以及出水用途和水质要求的不同，处理路线不尽相同，一般高盐废水的处理都是以降低废水的 COD 和含盐量为目的。

（一）物化法

焚烧法：对于热值较高的高盐废水，COD 含量高，在 800 ~ 1 000 ℃ 的条件下充分与空气中的氧气反应，COD 转化为气体和固体残渣，从而降低废水中的 COD 含量，这种方法一般适用于 COD 值大于 100 g/L 的废水，且能耗较高。

（二）电解法

高盐废水由于高盐度的存在具有较高的导电性，从而为电化学法降解高盐废水提供了可能性。在电解过程中，有机物电解质溶液可以发生一系列氧化还原反应从而降低 COD。这种方法处理与有机物和无机盐的种类也有关，Cl^- 存在时可在阳极放电，生成 ClO^- 降解 COD，也有实验表明苯酚废水通过电解法处理只改变了 COD 的存在形式并没有减少 TOC（总有机碳）的存在总量。

（三）膜分离工艺

目前较成熟的常用的膜分离工艺有微滤、超滤、纳滤、反渗透四种，微滤和超滤所用膜的孔径较大，对于 COD 和悬浮物的截留作用较好，但不能截留大部分溶解性物质，纳滤可以截留大部分二价离子，反渗透能够截留一价离子，所以根据要求的不同可以选择不同的膜分离工艺进行处理。膜分离工艺处理效果好于一般工艺，成本较高，且膜污染问题较突出，因此受到了一定限制。目前还有一些新型膜分离工艺，如膜蒸馏工艺和清华大学研制的"NANO"膜。膜蒸馏工艺利用疏水膜的疏水性使水蒸气通过膜而隔离其他物质，从而保证出水洁净，膜蒸馏工艺同样存在膜结垢问题，且疏水膜的研制还不能满足大规模应用的要求。清华大学研制的"NANO"膜为纳米结构膜材料，结合反渗透和膜蒸馏的工艺特点，抗污染能力强，截留能力强，有良好的发展前景。

（四）蒸发结晶工艺

蒸发结晶工艺适用于 COD 值较低的工艺，其主要目的是使高盐废水固液分离。目前常用的是多效蒸发工艺和机械压缩蒸发工艺，蒸发结晶工艺瓶颈在于能耗大，经济

效益不好，广东省电力设计院为电厂高含盐废水设计了一套"MVC+MED"处理系统，梯级利用余热热效，降低工艺运行成本，提高环境效益。

（五）吸附工艺

活性炭晶格结构独特，表面有很多含氧官能团，可吸附大量无机物和有机物在表面，同时一些有机物进入活性炭内部微孔形成螯合物，从而净化水质。Fenton 氧化工艺可产生强氧化自由基，自由基可使有机物裂解，从而提高生化活性或去除有机物。活性炭吸附 Fenton 氧化工艺在 Fenton 试剂体系中引入了活性炭，由于活性炭的高效吸附作用，提高了氧化基附近有机物的浓度，从而提高氧化效率，同时由于化学作用的进行，活性炭可以不断解吸再生，循环利用，从而避免二次污染。

（六）生物法

由于高盐废水中的高盐度对微生物的代谢功能有抑制，高盐废水的生化处理效果不能达标，因此生物法工艺着眼于利用嗜盐菌强化高盐废水的生化处理效果。嗜盐菌是指在高盐环境下能够生长的细菌，多生存在高盐环境中。一般在含盐度为 2% ~ 5% 的水体环境下能够良好生存的菌称为弱嗜盐菌，5% ~ 20% 盐度环境下可生存的菌为中度嗜盐菌，一般为真菌，15% ~ 30% 可生存者称为极端嗜盐菌，一般为古细菌。它们可以在高盐度条件下维持体内的低水活度，保持酶活性，高盐废水环境中成长成为优势菌种后可废水 COD 进行降解，使排放水达标。宋晶等从大连旅顺盐场底泥中筛选出嗜盐菌投加于 SBR 反应器，当泥龄控制为 18 d 时，COD 去除率可达 95% 以上，氨氮去除率可达 61% 以上。目前嗜盐菌的研究还在试验中，随着技术成熟，由于生物法无二次污染，成本低廉的特点，这种技术可以广泛应用于工程实践。生物法的目的是降解水体中的有机污染物，对于高盐废水中的无机离子还需要与物化方法配合进行深度处理。

二、传统生物法处理泡菜加工废水

目前，泡菜加工废水的处理方法主要分为物理化学法和生物化学法。物理化学法一般包括电解法、反渗透法、渗透法蒸馏法、焚烧法等，但费用较高，还可能带来二次污染。而生物处理由于具有独特的优势而备受青睐，是目前公认的较好的方法。嗜盐菌价廉，来源广，可以利用许多有机物（包括难降解和有毒物质）作为碳源，因此利用嗜盐细菌处理泡菜高盐废水具有广阔的应用前景。

目前快捷的嗜盐菌选择驯化方法及嗜盐菌的降盐机理是研究热点。国内外已有许多学者筛选、培养出了各种嗜盐菌种，但大多数研究尚处在实验的配水阶段，如何利用嗜盐菌的降盐机理，并结合合适的构筑物处理实际的工业废水，还有待于进一步地研究和探讨。耐盐酵母菌的耐盐机理还没有彻底弄清，目前应用实例较少，但已有学者研究表明酵母基因组中约有 200 个基因与盐有关，在高盐条件下，酵母菌的基质利用率、污泥最大比增长率、半速率常数以及营养物去除能力更高，比普通的好氧或厌氧细菌处理效果更好。将嗜盐菌和耐盐酵母菌结合处理高盐废水，充分发挥它们在实际废水中的处理作用，对实际应用和理论研究均具有重要意义。

（一）嗜盐菌耐盐机理的研究

嗜盐菌指在高盐环境下生长的细菌，根据其对盐的耐受程度不同分为四类：第一类，非嗜盐菌，最适盐度小于 2%，多数普通真细菌和多数淡水微生物。第二类，弱嗜盐菌，最适盐度是 2% ~ 5%，多数海洋微生物。第三类，中等嗜盐菌，最适盐度 5% ~ 20%，肋生弧菌，盐脱氮副球菌属。第四类，极端嗜盐菌 15% ~ 30% 盐沼盐杆菌，鳕盐球菌属。在耐盐机理方面，针对高盐环境中盐浓度、pH 值、氧气、养分等方面的变化，为在高盐环境中存活，不同嗜盐菌有着不同的适应机制。

以嗜盐古细菌和某些厌氧异养型真细菌为主要类型的微生物通过在胞内保持持久性高浓度钾离子（4 ~ 5 mol/L）来维持渗透压的平衡；其余大多数耐盐微生物通过控制胞内相容性溶质（糖、多元醇、甜菜碱、氨基酸等）的浓度来维持渗透压的平衡。微生物界在研究耐盐菌的同时也注意到了耐盐放线菌和酵母菌，研究表明，酵母基因组中约有 200 多个基因与盐有关。在处理高有机物、高含盐废水方面，耐盐酵母菌有着比普通菌更好的效果。含盐量的变化可能引起微生物代谢途径的改变，当盐度升高时，微生物需要一个适应期。驯化过程就是使代谢方式逐渐适应高盐环境，并使耐盐菌大量增殖的过程。生物体强大的适应能力使其表现出可驯化性。

（二）耐盐微生物的分离与鉴定

嗜盐菌是一类生长在盐湖、海洋等高盐环境下的有着独特生理性质的微生物。在耐盐微生物的分离与鉴定方面，国内外学者对各种耐盐菌进行了鉴定，鉴定的耐盐菌种属包括梭菌属（*Clostridium*）、嗜盐单胞菌属（*Halomonas*）、葡萄球菌属（*Staphylococcus*）、芽孢杆菌属（*Gracilibacillus*）等。主要筛选方式有：高盐度废水驯化筛选、土壤分离、海水沉积物分离、盐湖沉积物分离等。通过高盐度废水驯化筛选，从含盐 7.2% 的腌废水中分离出一种木糖葡萄球菌，在逐步提高盐度至 3% 左右时对 COD 的去除效率提高至 94%，对盐度高达 7.2% 的盐渍水的处理效率也达到 88%；从被硝基苯污染的土壤中分离出的一种极端耐盐菌株可以在 NaCl 浓度高达 12% 的环境下生存，为高盐度废水生物处理提供一个新的思路；从被化工废水污染的沿岸沉积物中分离出的嗜盐单胞菌菌株，在 10% ~ 20% NaCl 浓度下有着最佳效果，对测试染料的脱色率达 90% 以上；从柴达木盆地盐湖沉积物中分离出的芽孢杆菌属菌株 YIM — C229 t 适宜生长在 NaCl 浓度 5% ~ 8% 的环境中。

综上所述，可以看出生物法处理泡菜高盐废水因其独有优势成为现今的主流处理手段。同时，对嗜盐菌等耐盐微生物的研究给生物法处理高盐废水技术带来了良好的发展前景。泡菜高盐废水的合理处置势在必行，开发出一套效果优良、经济合理的处理工艺成为现今的当务之急。在实际工程中，利用生化法直接处理高盐度泡菜废水的应用仍存在一定困难，在耐盐微生物的培育驯化和降盐机理方面还需要进行大量的研究工作，面对这种情况，我们的研究人员注意到组合工艺处理高盐泡菜废水的优势，以物化和生化法组合的处理工艺综合了不同技术的优点，取得了优良的效果，也成为未来研究发展的方向。

（三）四川企业泡菜生产加工废水处理

现阶段四川泡菜企业使用目前常用的 IC 反应和人工湿地处理生产加工废水方式。泡菜生产加工废水主要包括泡渍（盐渍）发酵废水（盐水）、脱盐废水、洗菜洗瓶洗车间废水、生活废水等，为高浓度的有机废水（COD ≥ 8 000 mg/L），适宜用 IC 反应处理。

1. IC 反应特点

IC 反应器又称内循环厌氧反应器（Internal Circulation，IC），是第 3 代高效厌氧反应器。它是在 UASB 反应器的基础上发展起来的，与 UASB 反应器相比，它具有高径比大、处理容量多、投资少、占地小、有机负荷高、出水稳定和耐冲击负荷能力强等特点，因而受到业界的高度重视，被称为目前世界上处理效能最高的厌氧产甲烷反应器，适合处理高浓度的有机废水，产生沼气。图 7-23 所示为 IC 反应器基本结构。

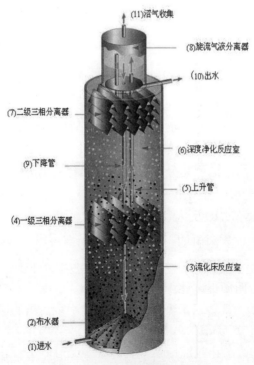

图 7-23　IC 反应器基本构造

第七章 泡菜加工综合利用

IC 反应器由相似的 2 层 UASB 反应器串联而成。按功能划分，反应器由下而上共分为 5 个区：混合区、第 1 厌氧区、第 2 厌氧区、沉淀区和气液分离区。

1）混合区

反应器底部进水、颗粒污泥和气液分离区回流的泥水混合物有效地在此区混合。

2）第 1 厌氧区

混合区形成的泥水混合物进入该区，在高浓度污泥作用下，大部分有机物转化为沼气。混合液上升流和沼气的剧烈扰动使该反应区内污泥呈膨胀和流化状态，加强了泥水表面接触，污泥由此而保持着高的活性。随着沼气产量的增多，一部分泥水混合物被沼气提升至顶部的气液分离区。

3）气液分离区

被提升的混合物中的沼气在此与泥水分离并导出处理系统，泥水混合物则沿着回流管返回到最下端的混合区，与反应器底部的污泥和进水充分混合，实现了混合液的内部循环。

4）第 2 厌氧区

经第 1 厌氧区处理后的废水，除一部分被沼气提升外，其余的都通过三相分离器进入第 2 厌氧区。该区污泥浓度较低，且废水中大部分有机物已在第 1 厌氧区被降解，因此沼气产生量较少。沼气通过沼气管导入气液分离区，对第 2 厌氧区的扰动很小，这为污泥的停留提供了有利条件。

5）沉淀区

第 2 厌氧区的泥水混合物在沉淀区进行固液分离，上清液由出水管排走，沉淀的颗粒污泥返回第 2 厌氧区污泥床。从 IC 反应器工作原理中可见，反应器通过两层三相分离器来实现 SRT>HRT，获得高污泥浓度；通过大量沼气和内循环的剧烈扰动，使泥水充分接触，获得良好的传质效果。

本装置通过厌氧反应过程产生的沼气为推动力，以气带水的形式形成内水力循环，使微生物和废水充分接触，增强液流速度，提高反应效率。

2. IC 反应与人工湿地

泡菜生产加工废水经过 IC 反应器处理后，泵入曝气池，在好氧条件下继续反应，再经过水生植物塘、人工湿地等吸附池，即可达到排放标准，如图 7-24 所示。

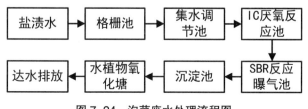

图 7-24 泡菜废水处理流程图

图 7-25　工厂污水处理　　　　　　　　图 7-26　IC 反应器

图 7-27　水植物氧化塘

参考文献

[1] 陈功 . 中国泡菜加工技术 [M]. 北京：中国轻工业出版社，2011.

[2] Harris L J. The microbiology of vegetable fermentations [M]. Microbiology of fermented foods. Springer,Boston,MA,1998: 45–72.

[3] 方心芳 . 泡菜的研究 [J]. 黄海（发酵与菌学特辑）.1947，9（3）：49–56.

[4] Hsiohui Chao (Xuehui Zhao). Microbiology of paw–tsay:Lactobacilli and lactic acid fermentation[J]. Food Research,1949,14(5): 405–412.

[5] 章善生 , 中国微生物学会 , 酿造学会 , 等 . 中国酱腌菜 [M]. 北京：中国商业出版社 , 1994.

[6] 陈功 , 余文华 , 张其圣 , 等 . 泡菜直投式菌剂制备及应用研究 [J]. 四川食品与发酵 ,2008,44（4）:19–23.

[7] 中国医学科学院肿瘤防治研究所流行病学室 , 中国医学科学院情报研究所统计室 , 中国科学院微生物研究所一室 . 我国食管癌流行因素的初步调查研究 [J]. 肿瘤防治研究 ,1977,（02）:1–8.

[8] Yang, C. S. Research on esophageal cancer in China: a review[J]. Cancer research 1980,40, 2633–2644.

[9] 陆士新 , 王英林 , 李铭新 . 真菌对食物中致癌物亚硝胺及其前体物形成的影响 [J]. 中国医学科学院学报 ,1980,2:24.